平面设计与制作

突破平面

Premiere Pro 2022 视频编辑与制作

铁钟 路邵珺 刘凡 / 编著

清華大学出版社
北京

内 容 简 介

本书深入分析了Premiere Pro的主要功能和命令，针对后期剪辑中经常用到的字幕编辑、图形特效、视频效果与过渡转场进行了详细的讲解。实例部分由易到难、由浅入深、步骤清晰明了、通俗易懂，适用于不同层次的视频制作。本书配有教学视频，并分为两部分。第一部分为基础教学视频，主要讲解Premiere Pro相关的基础知识及应用方法；第二部分为实例教学视频，以实例为主讲解Premiere Pro的进阶应用方法。随书还附赠大量的视频素材，读者可以根据需要进行练习和使用。

本书适合从事短视频制作、自媒体栏目包装、电视广告编辑与合成的广大初、中级从业人员作为自学用书阅读，也适合作为相关院校数字媒体艺术、影视创作和电视编导专业的基础教材。

本书封面贴有清华大学出版社防伪标签，无标签者不得销售。
版权所有，侵权必究。举报：010-62782989，beiqinquan@tup.tsinghua.edu.cn。

图书在版编目（CIP）数据

突破平面Premiere Pro 2022视频编辑与制作 / 铁钟，路邵珺，刘凡编著. — 北京：清华大学出版社，2023.1

（平面设计与制作）

ISBN 978-7-302-62540-7

Ⅰ. ①突… Ⅱ. ①铁… ②路… ③刘… Ⅲ. ①视频编辑软件 Ⅳ. ①TP317.53

中国国家版本馆CIP数据核字(2023)第017766号

责任编辑：陈绿春
封面设计：潘国文
责任校对：胡伟民
责任印制：沈　露

出版发行：清华大学出版社
　　网　址：http://www.tup.com.cn，http://www.wqbook.com
　　地　址：北京清华大学学研大厦A座　　邮　编：100084
　　社 总 机：010-83470000　　邮　购：010-62786544
　　投稿与读者服务：010-62776969，c-service@tup.tsinghua.edu.cn
　　质量反馈：010-62772015，zhiliang@tup.tsinghua.edu.cn
印 装 者：三河市天利华印刷装订有限公司
经　　销：全国新华书店
开　　本：188mm×260mm　　印　张：15.5　　字　数：480千字
版　　次：2023年3月第1版　　印　次：2023年3月第1次印刷
定　　价：88.00元

产品编号：092537-01

前 言

随着视频拍摄设备的不断升级，人们可以使用手机、微单等较为轻便的设备记录影像，并且这些设备也能提供较为专业的影像质量。虽然市场上出现了很多可以帮助用户制作和剪辑视频的手机 App，但随着大众对于影像作品质量需求的不断提高，简单的剪辑制作软件已经不能满足自媒体从业者的制作需求。Premiere Pro 正是一款适合专业人员使用的视频剪辑软件，因其操作便捷和功能强大占据视频剪辑软件市场的主导地位。作为一款专业的视频剪辑与制作软件，Premiere Pro 经过不断更新，其功能基本可以满足媒体从业者的大部分视频编辑需求。本书适合作为短视频制作、自媒体栏目包装、电视广告编辑与合成等初、中级从业人员的自学用书，也适合作为相关院校数字媒体艺术、影视创作和电视编导等专业的基础教材。

本书配有教学视频，还附赠大量的视频素材，读者可以根据需要进行练习和使用。

本书共 8 章，内容如下。

第 1 章：讲解 Premiere Pro 的基础知识，包括软件界面、素材管理与基本工作流程。

第 2 章：讲解 Premiere Pro 的剪辑及关键帧的相关操作方法。

第 3 章：讲解 Premiere Pro 的字幕编辑与基本图形等。

第 4 章：讲解 Premiere Pro 的视频效果，包括变换效果、扭曲效果、透视效果等。

第 5 章：讲解 Premiere Pro 的视频过渡效果，包括划像类、擦除类、溶解类等。

第 6 章：讲解 Premiere Pro 的调色与调音技巧。

第 7 章：讲解 Premiere Pro 的渲染与输出方法。

第 8 章：讲解 Premiere Pro 的综合案例，通过案例介绍视频编辑与制作流程。

本书由铁钟、路邵珺、刘凡执笔编写，王芳源、曹璠、要中慧、甘丹雪、崔惠媛等参与了部分章节的编写和材料整理工作。本书为上海市虚拟环境下的文艺创作重点实验室的科研教学成果。由于编者水平有限，书中难免出现不妥之处，希望读者不吝赐教。

本书的配套素材、视频教学文件和赠送素材请扫描下面的二维码进行下载。如果在下载过程中碰到问题。请联系陈老师，联系邮箱为 chenlch@tup.tsinghua.edu.cn。

如果有技术性的问题。请扫描下面的技术支持二维码，联系相关技术人员进行处理。

配套素材

视频教学

赠送素材

技术支持

编者

2023 年 1 月于上海佘山

目 录

第1章 Premiere Pro基础

1.1 走进 Premiere Pro \001

1.2 视频编辑基础知识 \001

1.2.1 非线性编辑的概念 \001

1.2.2 常用名词与术语 \002

1.2.3 视频文件格式 \003

1.3 Premiere Pro 界面 \004

1.3.1 工作界面 \004

1.3.2 自定义工作区 \005

1.3.3 首选项设置 \008

1.3.4 快捷键设置 \009

1.4 创建与导入文件 \010

1.4.1 创建和配置项目 \010

1.4.2 项目设置 \010

1.4.3 创建并设置序列 \011

1.4.4 保存和打开项目 \013

1.4.5 素材的导入 \014

1.5 Premiere Pro 素材管理 \017

1.5.1 项目面板 \017

1.5.2 素材的查找和预览 \018

1.5.3 素材的分类管理 \018

1.5.4 设置代理素材 \019

1.6 基础工作流程 \019

1.6.1 创建项目文件 \019

1.6.2 添加素材 \021

1.6.3 编辑素材 \021

1.6.4 创建字幕 \029

1.6.5 编辑字幕动画 \030

1.6.6 编辑音频素材 \032

1.6.7 项目打包输出 \032

第2章 认识剪辑

2.1 何为剪辑 \034

2.1.1 剪辑的基本概念 \034

2.1.2 剪辑的节奏 \035

2.2 素材剪辑的基本操作 \036

2.2.1 “源监视器”面板 \036

2.2.2 子剪辑设置 \037

2.2.3 “工具”面板 \038

2.2.4 “时间轴”面板 \039

2.2.5 放大或缩小时间轴轨道 \040

2.2.6 添加与删除轨道 \040

2.2.7 剪辑素材 \041

2.2.8 设置标记点 \042

2.2.9 调整素材的播放速度 \043

2.2.10 实例：为素材设置标记 \043

2.3 分离素材 \046

2.3.1 切割素材 \046

2.3.2 插入和覆盖编辑 \046

2.3.3 提升和提取编辑 \047

2.3.4 分离和链接素材 \048

2.3.5 实例：在素材间插入新的素材 \048

2.4 认识关键帧 \050

2.4.1 什么是关键帧 \051

2.4.2 “效果控件”面板 \051

2.4.3 实例：为素材设置关键帧动画 \052

2.5 创建关键帧 \053

2.5.1 “切换动画”按钮 \053

2.5.2 “添加/移除关键帧”按钮 \054

2.5.3 “节目”监视器 \055

2.6 移动关键帧 \056

2.6.1 移动单个关键帧 \056

2.6.2 移动多个关键帧 \056

2.7 删除关键帧 \058

2.7.1 使用快捷键快速删除关键帧 \058

2.7.2 “添加/移除关键帧”按钮 \059

2.7.3 利用快捷菜单清除关键帧 \059

2.8 复制关键帧 \059

2.8.1 在快捷菜单中复制 \060

2.8.2 复制关键帧到另外一个素材中 \060

2.9 关键帧插值 \061

2.9.1 临时插值 \061

2.9.2 空间插值 \064

第3章 字幕与图形

3.1 字幕 \067

3.1.1 字幕工作区 \068

3.1.2 添加字幕 \069

3.1.3 风格化字幕 \070

3.1.4 语音转录文字 \070

3.2 基本图形 \072

3.2.1 基本图形面板 \072

3.2.2 创建文本图层 \073

3.2.3 创建形状图形 \073

3.2.4 创建剪辑图层 \073

3.2.5 创建蒙版图层 \074

3.2.6 操作图形图层 \074

3.2.7 创建样式 \074

3.2.8 将图形导出为动态图形模板 \075

3.2.9 安装和管理字幕模板 \075

3.2.10 使用动态模板 \075

3.2.11 实例：基本图形跨软件协同 \076

第4章 视频效果

4.1 认识视频效果 \080

4.1.1 什么是视频效果 \080

4.1.2 使用视频效果 \080

4.1.3 实例：添加视频效果 \081

4.2 变换效果 \082

4.2.1 垂直翻转 \082

4.2.2 水平翻转 \083

4.2.3 羽化边缘 \083

4.2.4 自动重构 \083

4.2.5 裁剪 \084

4.3 扭曲效果 \084

4.3.1 偏移 \084

4.3.2 变形稳定器 \085

4.3.3 变换 \085

4.3.4 放大 \086

4.3.5 旋转扭曲 \086

4.3.6 果冻效应修复 \087

4.3.7 波形变形 \087

4.3.8 湍流置换 \088

4.3.9 球面化 \088

4.3.10 边角定位 \089

4.3.11 镜像 \089

4.3.12 镜头扭曲 \089

4.4 透视效果 \090

4.4.1 基本3D \090

4.4.2 径向阴影 \091

4.4.3 投影 \091

4.4.4 斜面Alpha \091

4.4.5 边缘斜面 \092

4.5 实例：变形类视频特效 \092

4.6 杂色与颗粒效果 \093

4.6.1 中间值 \094

4.6.2 杂色 \094

4.6.3 杂色Alpha \094

4.6.4 杂色HLS \095

4.6.5 杂色HLS自动 \095

4.6.6 蒙尘与划痕 \095

4.7 模糊与锐化效果 \096

4.7.1 减少交错闪烁 \096

4.7.2 复合模糊 \096

4.7.3 方向模糊 \097

4.7.4 相机模糊 \097

4.7.5 通道模糊 \097

4.7.6 钝化蒙版 \098

4.7.7 锐化 \098

4.7.8 高斯模糊 \098

4.8 实例：画面质量类视频特效 \099

4.9 风格化效果 \100

4.9.1 Alpha发光 \100

4.9.2 复制 \101

4.9.3 彩色浮雕 \101

4.9.4 曝光过度 \101

4.9.5 查找边缘 \102

4.9.6 浮雕 \102

4.9.7 画笔描边 \102

4.9.8 粗糙边缘 \103

4.9.9 纹理 \103

4.9.10 色调分离 \104

4.9.11 闪光灯 \104

4.9.12 阈值 \104

4.9.13 马赛克 \104

4.10 生成效果 \105

4.10.1 书写 \105

4.10.2 单元格图案 \105

4.10.3 吸管填充 \106

4.10.4 四色渐变 \107

4.10.5 圆形 \107

4.10.6 棋盘 \107

4.10.7 椭圆 \108

4.10.8 油漆桶 \108

4.10.9 渐变 \109

4.10.10 网格 \109

4.10.11 镜头光晕 \110

4.10.12 闪电 \110

4.11 实例：光照类视频特效 \111

4.12 时间效果 \112

4.12.1 残影 \113

4.12.2 色调分离时间 \113

4.13 实用程序效果 \113

4.14 沉浸式视频 \114

4.14.1 VR分形杂色 \114

4.14.2 VR发光 \114

4.14.3 VR平面到球面 \115

4.14.4 VR投影 \115

4.14.5 VR数字故障 \115

4.14.6 VR旋转球面 \115

4.14.7 VR模糊 \116

4.14.8 VR色差 \116

4.14.9 VR锐化 \116

4.14.10 VR降噪 \116

4.14.11 VR颜色渐变 \117

4.15 视频效果 \117

4.15.1 SDR遵从情况 \117

4.15.2 剪辑名称 \118

4.15.3 时间码 \118

4.15.4 简单文本 \118

4.16 过渡效果 \119

4.16.1 块溶解 \119

4.16.2 径向擦除 \119
4.16.3 渐变擦除 \119
4.16.4 百叶窗 \120
4.16.5 线性擦除 \120

4.17 调整效果 \120

4.17.1 ProeAmp \120
4.17.2 光照效果 \121
4.17.3 卷积内核 \121
4.17.4 提取 \122
4.17.5 色阶 \122

4.18 通道效果 \122

4.18.1 反转 \122
4.18.2 复合运算 \123
4.18.3 混合 \123
4.18.4 算术 \123
4.18.5 纯色合成 \124
4.18.6 计算 \124
4.18.7 设置遮罩 \124

第5章 视频过渡

5.1 认识视频过渡 \126

5.1.1 使用过渡效果 \126
5.1.2 视频过渡效果参数调整 \128

5.2 3D 运动类过渡效果 \129

5.2.1 立方体旋转 \129
5.2.2 翻转 \129

5.3 划像类过渡效果 \130

5.3.1 交叉划像 \130
5.3.2 圆划像 \130
5.3.3 盒形划像 \131
5.3.4 菱形划像 \131
5.3.5 实例："划像"过渡效果 \132

5.4 擦除类视频过渡效果 \133

5.4.1 划出 \133
5.4.2 双侧平推门 \134
5.4.3 带状擦除 \134
5.4.4 径向擦除 \135
5.4.5 插入 \135
5.4.6 时钟式擦除 \135
5.4.7 棋盘 \136
5.4.8 棋盘擦除 \136
5.4.9 楔形擦除 \137
5.4.10 水波块 \137
5.4.11 油漆飞溅 \137
5.4.12 渐变擦除 \138
5.4.13 百叶窗 \138
5.4.14 螺旋框 \139
5.4.15 随机块 \139
5.4.16 随机擦除 \139
5.4.17 风车 \140
5.4.18 实例：擦除类视频过渡效果 \140

5.5 溶解类过渡效果 \142

5.5.1 Morphcut \142
5.5.2 交叉溶解 \142
5.5.3 叠加溶解 \143
5.5.4 白场过渡 \143
5.5.5 胶片溶解 \144
5.5.6 非叠加溶解 \144
5.5.7 黑场过渡 \144
5.5.8 实例：溶解类过渡效果 \145

5.6 内滑类视频过渡效果 \146

5.6.1 中心切入 \146
5.6.2 内滑 \147
5.6.3 带状内滑 \147
5.6.4 急摇 \147
5.6.5 拆分 \148
5.6.6 堆 \148
5.6.7 实例:"中心切入"过渡效果 \149

5.7 缩放类视频过渡效果 \150

5.7.1　交叉缩放 \150
5.7.2　实例："交叉缩放"过渡效果 \151
5.8　页面剥落类视频过渡效果 \152
5.8.1　翻页 \152
5.8.2　页面剥落 \153
5.8.3　实例："翻页"过渡效果 \153
5.9　沉浸式视频类过渡效果 \155
5.9.1　VR光圈擦除 \155
5.9.2　VR光线 \155
5.9.3　VR渐变擦除 \156
5.9.4　VR漏光 \156
5.9.5　VR球形模糊 \156
5.9.6　VR色度泄漏 \157
5.9.7　VR随机块 \157
5.9.8　VR默比乌斯缩放 \158
5.9.9　实例："VR光圈擦除"特效 \158

第6章　调色与调音

6.1　调色前的准备工作 \160
6.1.1　调色关键词 \160
6.1.2　实例：调色的基本流程 \163
6.2　图像控制类视频调色效果 \165
6.2.1　灰度系数校正 \165
6.2.2　颜色平衡（RGB） \166
6.2.3　颜色替换 \167
6.2.4　实例：使用颜色替换效果制作视频 \167
6.2.5　颜色过滤 \169
6.2.6　黑白 \169
6.3　过时类视频效果 \170
6.3.1　RGB曲线 \170
6.3.2　RGB颜色校正器 \170
6.3.3　三向颜色校正器 \171
6.3.4　高度曲线 \172
6.3.5　亮度校正器 \173
6.3.6　快速颜色校正器 \174
6.3.7　自动对比度 \174
6.3.8　自动色阶 \175
6.3.9　自动颜色 \176
6.3.10　视频限幅器 \177
6.3.11　阴影/高光 \177
6.4　颜色较正效果 \178
6.4.1　ASC CDL \178
6.4.2　Lumetri颜色 \178
6.4.3　亮度与对比度 \179
6.4.4　保留颜色 \179
6.4.5　均衡 \180
6.4.6　更改为颜色 \180
6.4.7　更改颜色 \181
6.4.8　色彩 \181
6.4.9　视频限制器 \182
6.4.10　通道混合器 \182
6.4.11　颜色平衡 \183
6.4.12　颜色平衡（HLS） \183
6.5　综合实例：水墨画效果 \184
6.6　音频效果 \186
6.6.1　对音频效果的处理方式 \187
6.6.2　Premiere Pro处理音频的流程 \187
6.6.3　实例：调节影片的音频 \188

第7章　渲染与输出

7.1　基本概念 \190
7.1.1　码率 \190
7.1.2　比特率 \190
7.1.3　码流 \191
7.1.4　采样率 \191
7.1.5　帧速率 \191
7.1.6　分辨率 \191
7.2　用 Premiere Pro 输出影片 \191
7.2.1　输出类型 \191

7.2.2 基本工作界面 \192

7.3 视频预览 \192

7.3.1 源视图 \192

7.3.2 输出视图 \192

7.3.3 时间轴和时间显示 \193

7.4 导出设置 \194

7.4.1 封装格式 \195

7.4.2 编码格式 \195

7.4.3 设置位置与名称 \196

7.5 Adobe Media Encoder 输出影片 \196

7.5.1 Adobe Media Encoder界面 \197

7.5.2 对影片进行编辑 \197

第8章 综合案例制作

8.1 动态图形案例 \199

8.2 分屏特效案例 \206

8.3 文字遮罩案例 \211

8.4 轨道遮罩案例 \215

8.5 综合应用案例 \225

第1章
Premiere Pro基础

Premiere Pro 作为一款视频剪辑软件，在业内受到广泛欢迎，虽然市场上的视频剪辑软件很多，但是 Premiere Pro 作为初学者迈入专业制作门槛的第一款软件是非常合适的。不同于市场上的其他视频剪辑软件，Premiere Pro 的功能更为全面，包含从采集、剪辑、调色，到音频、字幕、输出等一整套流程，并与其他 Adobe 软件高效集成，足以完成视频剪辑的所有工作，可以创建高质量的视频作品。

1.1 走进 Premiere Pro

Premiere Pro 是一款非线性视频编辑软件，可以编辑各种素材，无论是来自专业相机还是来自手机的素材都可以编辑，而且分辨率最高支持8K。凭借软件对文件的支持、简便的工作流程和更快的渲染速度，可以随心所欲地进行创作。

而 After Effects 是一款特效制作软件，可以使用该软件创建电影级字幕、片头和转场特效，从剪辑中删除物体、点一团火或下一场雨、将徽标或人物制作成动画，甚至在 3D 空间中添加各种特效也非常容易。利用 After Effects 这款行业标准的动态图形和视觉效果软件，可以将任何灵感付诸现实。

两者的区别在于，After Effects 的工作方式是对逐个镜头进行单独编辑，而 Premiere Pro 是把很多镜头按照时间轴的顺序混合成一段视频。所以，不建议使用 After Effects 剪辑大量的视频素材，Premiere Pro 对这种操作更擅长，如图 1.1.1 所示。

图1.1.1

1.2 视频编辑基础知识

1.2.1 非线性编辑的概念

1. 线性编辑

传统的线性编辑是录像机通过机械运动使用磁头将 25 fps（帧 / 秒）的视频信号依次记录在磁带上，在编辑时也必须依次寻找所需的视频画面。用传统的线性编辑方法在插入与原画面时间不等的画面时，或者删除节目中某些片段时，都要进行重新编辑，而且每编辑一次，视频质量都会有所下降（磁头磨损磁带）。

2. 非线性编辑

非线性编辑是把输入的各种音视频信号进行AD（模 / 数）转换，采用数字压缩技术存入计算机中。非线性编辑没有采用磁带而是用硬盘作为存储介质，记录数字化的音视频信号。硬盘可以满足在 1/25s 内完成任意一帧画面的随机读取和存储，从而实现音视频编辑的非线性。

非线性编辑系统将传统的电视节目后期制作系统中的切换机、数字特技机、录像机、录音机、编辑机、调音台、字幕机、图形创作系统等集成于一台计算机中，用计算机来处理、编辑图像和声音，再将编辑好的音视频信号导出为不同格式的文件。能够编辑数字视频数据的软件称为“非线性编辑软件”，如 Premiere Pro 等，如图 1.2.1 所示。

图1.2.1

1.2.2 常用名词与术语

1. 帧

帧就是影视动画中的最小单位——单幅影像画面，相当于电影胶片上的每一格镜头。一帧就是一幅静止的画面，播放连续帧就形成了动画，如电视节目等。通常说的“帧数”，简单地说，就是在 1s 传输的帧数，也可以理解为图形处理器每秒能够刷新几次，通常用 fps（Frames Per Second，帧速率）表示。

2. 帧速率（时基）

帧速率（fps）是指画面每秒传输的帧数，通俗地讲，就是指动画或视频的画面数，帧是视频中最小的时间单位。例如，30fps 是指每秒由 30 幅画面组成，所以 30 fps 在播放时会比 15 fps 的视频流畅得多。

3. 场

因为电视有信号频率不同的问题，无法在制式规定的刷新时间内（PAL 制是 25 fps）同时将一帧图像显现在屏幕上，只能将图像分成两个半幅的图像，一先一后地显现，上半幅优先称为“顶场先”，下半幅优先称为“底场先”。

4. 高宽比

当为序列（视频制作项目）设置宽度和高度后，序列的宽高比例也会随着数值进行更改。例如，设置宽度为 720px、高度为 576px，此时画面像素为 720px × 576px。需要注意的是，此处的“宽高比”是指在 Premiere Pro 中新建序列的宽度和高度的比例。

5. 制式

PAL（Phase Alternative Line）制是德国在 1962 年制定的彩色电视广播标准，采用逐行倒相正交平衡调幅的技术，克服了 NTSC（National Television System Committee）制相位敏感造成色彩失真的缺点。这种制式的帧速率为 25 fps，每帧 625 行 312 线，标准分辨率为 720px × 576px。

NTSC 制是 1952 年由美国国家电视标准委员会制定的彩色电视广播标准，采用正交平衡调幅的技术方式，故也称为“正交平衡调幅制”。这种制式的帧速率为 29.97 fps，每帧 525 行 262 线，标准分辨率为 720px × 480px。

6. 标清和高清

所谓“标清”（Standard Definition），是指物理分辨率在 720P 以下的一种视频格式，其视频的垂直分辨率为 720 线逐行扫描。具体来说，就是分辨率在 400 线左右的 VCD、DVD、电视节目等“标清”视频格式，即标准清晰度。

所谓“高清”（High Definition，HD），即物理分辨率达到 720P 以上。关于高清的标准，国际上公认的有两个标准：视频垂直分辨率超过 720P 或 1080I，视频宽高比为 16 ：9。

7. 分辨率

720P、1080I、1080P、a1080、a720、816P、4K，前三个是用于标识高清影片分辨率的关键指标。其中，数字后跟随的I和P分别是Interlace scan（隔行扫描）和Progressive scan（逐行扫描）的缩写，而数字反映的是高清影片的垂直分辨率。如720P就是指1280px×720px逐行扫描，1080I就是1920px×1080px隔行扫描，这是一种将信号源的水平分辨率按照约定俗成的方法进行缩略的命名规则。720P分辨率是高清信号的准入门槛，720P标准也被称为HD标准，而1080I和1080P被称为Full HD（全高清）标准。

4K分辨率属于超高清分辨率，在此分辨率下，观众可以看清画面中的每一个细节。影院如果采用4096px×2160px的分辨率播放影片，无论在影院的哪个位置，观众都可以清楚地看到画面的每一个细节。4K分辨率是指水平方向每行像素达到或接近4096px。而根据使用范围的不同，4K分辨率也有各种各样的衍生分辨率，例如Full Aperture 4K的4096px×3112px、Academy 4K的3656px×2664px以及UHDTV标准的3840px×2160px等，都属于4K分辨率的范畴，如图1.2.2所示。

图1.2.2

需要注意的是分辨率的提升可以带来画质的提升，但是对于编辑这些素材的硬件配置也需要相应提升，这些高分辨素材文件尺寸较大，在编辑和预览这些素材时系统的读取运算的负担较重，Premiere Pro通过软件或代理的方式可以进行优化，但并不是所有播出平台都可以支持大分辨率视频的上传，所以可以根据自身需要调整分辨率。

8. 升格与降格

升格与降格是电影摄影中的一种技术手段，电影的拍摄标准是24 fps，也就是每秒拍摄24帧画面，这样在放映时才能看到正常速度的连续画面。但为了实现一些简单的技巧，例如慢镜头效果，就要改变正常的拍摄速度，使播放视频高于24 fps，这就是升格，放映效果就是慢动作。

如果降低拍摄速度（低于24 fps），就是降格，放映效果就是快动作。

图1.2.3展示了24 fps与48 fps的关系，如果以48 fps的帧速率拍摄，就能够在半秒内拍摄24帧画面。慢动作画面就是以高于标准帧速率拍摄的手法来实现的。

图1.2.3

9.VR视频（全景）

全景视频是一种用3D摄像机进行全方位360°拍摄的视频，用户在观看视频的时候，可以随意调节视频角度进行观看。Premiere Pro与After Effects都添加了编辑此类视频的功能，软件会自动展开VR视频，方便用户在平面视角进行编辑，添加字幕与特效时，系统会自动进行变形处理，如图1.2.4所示。

图1.2.4

1.2.3 视频文件格式

Premiere Pro支持导入的格式包括AAF、ARRIRAW、AVI、Adobe After Effects文本模

板、Adobe After Effects 项目、Adobe Audition 轨道、Adobe Illustrator、Adobe Premiere Pro 项目、Adobe Title Designer、Adobe 声音文档、Biovision Hierarchy、CMX3600 EDL、Canon Cinema RAW Light、Canon RAW、Character Animator、Cinema DNG、Cineon/DPX、Comma Seperate Value、CompuSerce GIF、EBU N19 字幕、Final Cut Pro XML、HEIF、JPEG、JSON、MBWF/RF64、MP3、MPEG、MXF、MacCaption VANC 等。

Premiere Pro 支持导出的格式包括 AAC、AIFF、Apple ProRes MXF OP1a、AS-10、AS-11、AVI、AVI（未压缩）、BMP、DNxHR/DNxHD MFX OP1a、DPX、GIF、H.264、H.264 蓝光、HEVC（H.265）、JPEG、JPEG2000 MXF OP1a、MP3、MPEG2、MPEG2 蓝光、MPEG2-DVD、MPEG4、MFX OP1a、OpenEXR、p2 影片、PNG、QuickTime、Targa、TIFF、Windows Media、Wraptor DCP、动画 GIF、波形音频。

某些文件格式（如 MOV、AVI 和 MXF）是容器文件格式，而不是特定的音频、视频或图像数据格式。容器文件可以使用包含各种压缩和编码方案编码的数据。Adobe Media Encoder 可以为这些容器文件的视频和音频数据编码，具体取决于安装了哪些编解码器。许多编解码器必须安装在操作系统中，并作为 QuickTime 或 Video for Windows 格式中的一个组件来使用，如图 1.2.5 所示。

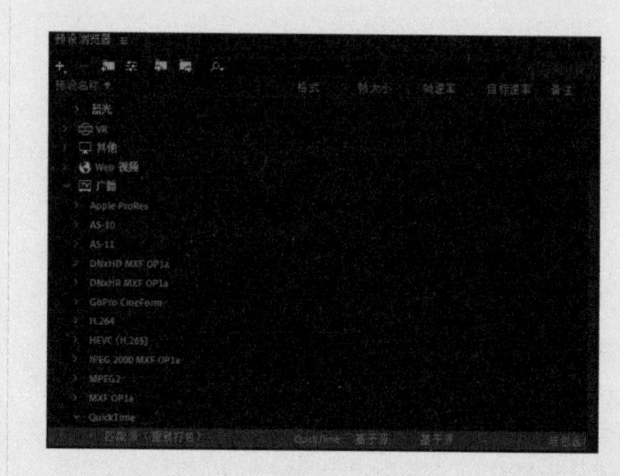

图1.2.5

1.3 Premiere Pro 界面

1.3.1 工作界面

Premiere Pro 为剪辑人员提供了强大且实用的工具，如果是 Adobe 软件的老用户，操作起来会感到非常熟悉。Premiere Pro 的工作窗口和面板是该软件的重要组成部分，所有的剪辑工作都要通过这些组件来完成，而且 Premiere Pro 还为剪辑人员提供了更加合理的界面组合方式，如图 1.3.1 所示。

在编辑素材的过程中，可以通过 Premiere Pro 窗口中的各种命令来完成一系列操作，从而达到令人满意的效果。Premiere Pro 的窗口主要由6部分组成，分别是“预设”面板、“源”面板、“节目”面板、“项目”面板、“时间线”面板和“工具”面板。它们是 Premiere Pro 的重要组成部分，所以认识并熟悉这些面板，是学习 Premiere Pro 的第一步。关于这些面板的详细使用方法，在后文相关的章节会详细介绍。

A：“预设”面板：可以在这里切换不同的预设界面，系统提供了多种预设方案，包括学习、组件、颜色等，用于对应不同的编辑操作场景，默认的工作界面是“学习”预设，但建议初学者把工作界面切换为“编辑”预设。

B:“源”面板：又称为“素材”面板，可以在这里预览素材。

C:“节目”面板：用于查看当前编辑的素材内容。

D:“项目”面板：用于管理项目中的各种组件。

E:“时间线”面板：该面板是使用频率最高

的面板，主要用于视频素材和音频素材的编辑，也是进行素材剪辑的主要操作区域。

F:“工具”面板：该面板中的工具主要用于剪辑素材，单击任意工具按钮，鼠标指针都会切换为该工具的形状。在实际工作中，主要使用快捷键切换对应的工具，这样可以使操作更便捷，如图 1.3.2 所示。

图1.3.1

图1.3.2

1.3.2 自定义工作区

当熟悉了 Premiere Pro 的界面后，可以根据工作的需要和操作习惯设置不同模式的工作界面。在“窗口”→“工作区”子菜单中选择不同的预置命令，即可将工作区域进行相应的调整，如图 1.3.3 所示。

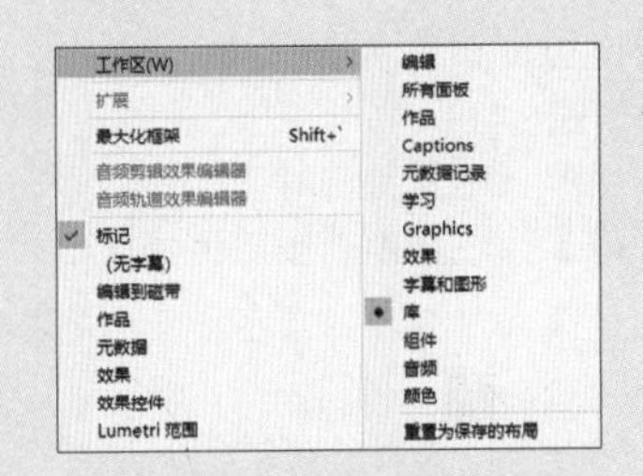

图1.3.3

1. “编辑”模式

执行“窗口”→“工作区”→“编辑”命令，此时界面进入“编辑”模式，“监视器”面板和“时间线”面板为主要工作区域，适用于视频编辑，如图 1.3.4 所示。

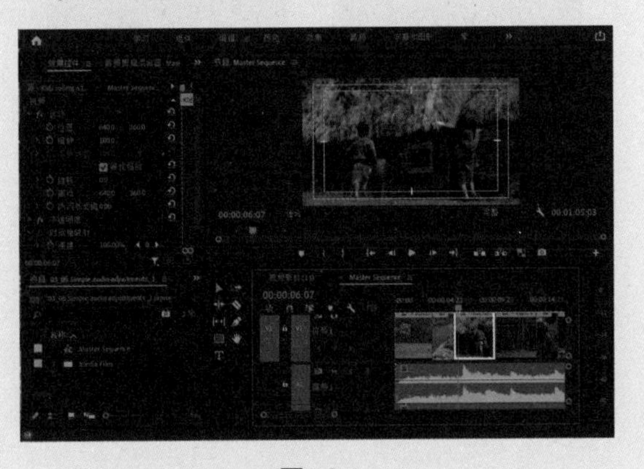

图1.3.4

2. “所有面板”模式

执行“窗口”→“工作区”→“所有面板”命令，

此时界面进入“所有面板”模式，如图 1.3.5 所示。

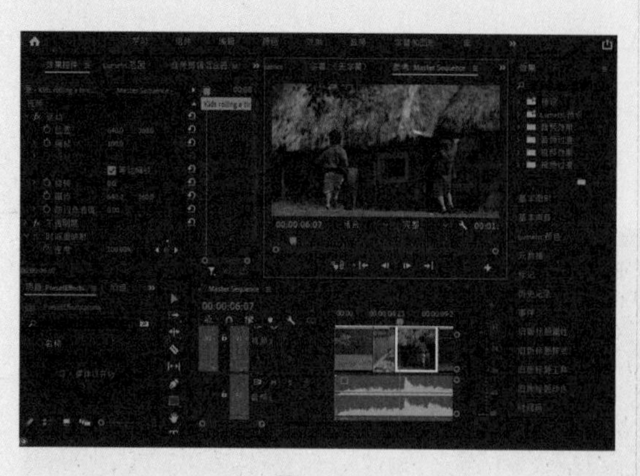

图1.3.5

3.“元数据记录”模式

执行“窗口”→“工作区”→“元数据记录”命令，此时界面进入“元数据记录”模式，如图 1.3.6 所示。

4.“学习”模式

执行“窗口”→“工作区”→“学习”命令，此时界面进入“学习”模式，如图 1.3.7 所示。

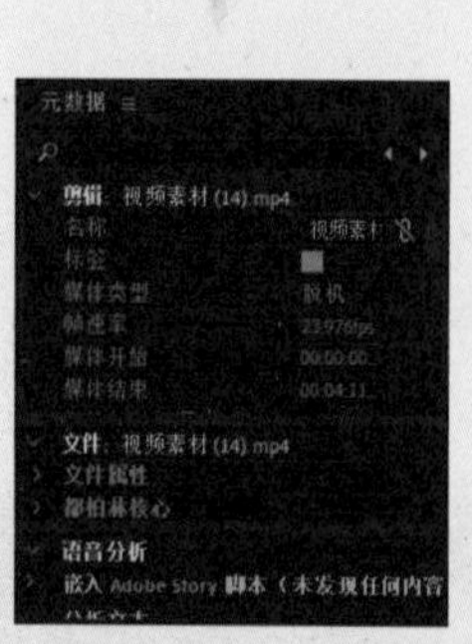

图1.3.6

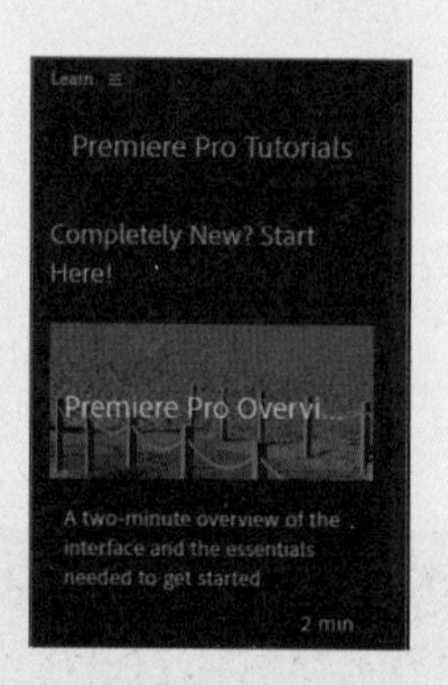

图1.3.7

5.“效果”模式

执行“窗口”→“工作区”→“效果”命令，此时界面进入“效果”模式，左上角会出现“效果”面板，如图 1.3.8 所示。

6.“图形”模式

执行“窗口”→“工作区”→“字幕和图形”命令，此时界面进入“字幕和图形”模式，可以在右侧编辑“基础图形”，如图 1.3.9 所示。

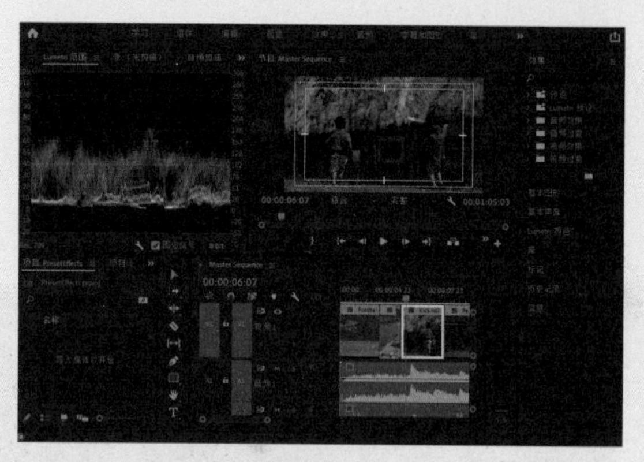

图1.3.8

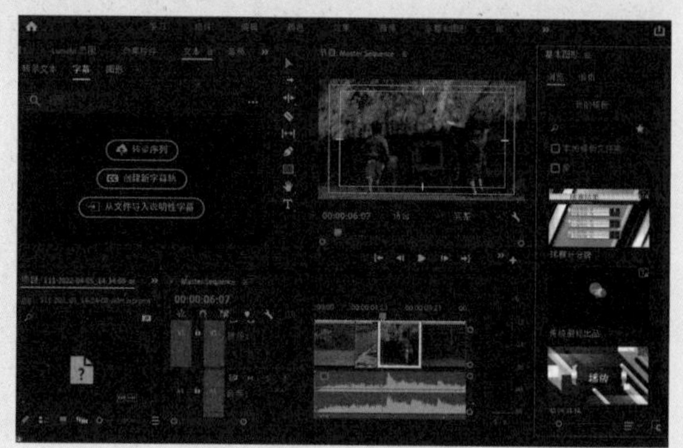

图1.3.9

7.“库”模式

执行“窗口”→“工作区”→“库”命令，此时界面进入“库”模式，该模式需要用户登录自己的 Creative Cloud 账户，如图 1.3.10 所示。

图1.3.10

还有很多方便的工作模式在这里就不逐一介绍了，用户可以自行尝试调整，找到符合自己工作需求的模式。

8. 修改工作区顺序或删除工作区

01 若想修改当前工作区顺序，可以单击工作区菜单栏右侧的»按钮，在弹出的菜单中选择“编辑工作区”选项，如图 1.3.11 所示。

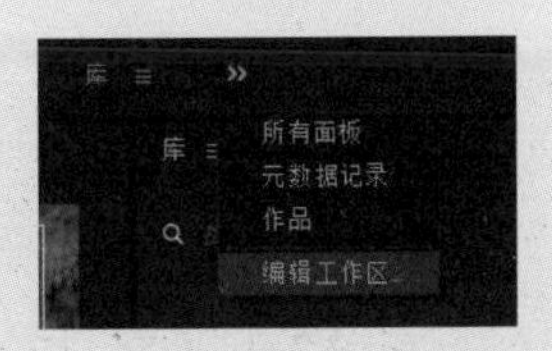

图1.3.11

02 在弹出的“编辑工作区”对话框后，可以在菜单栏中执行“窗口”→“工作区”→“编辑工作区”命令，打开“编辑工作区”对话框，如图 1.3.12 所示。

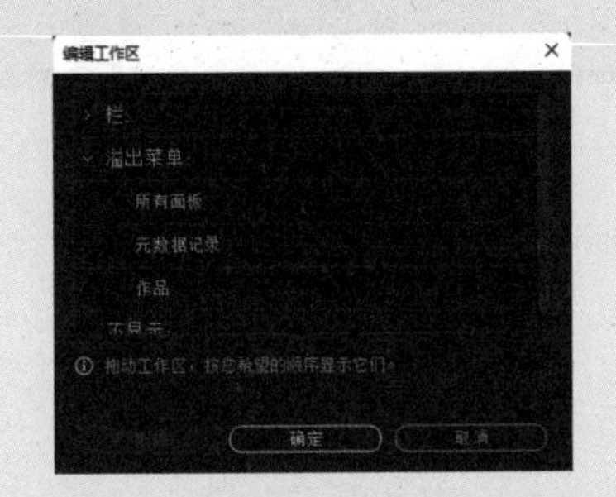

图1.3.12

03 在“编辑工作区”对话框中选择想要移动的界面，按住鼠标左键将其拖至合适的位置，释放鼠标后即可完成移动。单击“确定”按钮，此时工作区界面完成修改，若想恢复到默认状态，可以单击“取消”按钮取消当前操作。

04 若要删除工作区，可以选中需要删除的工作区，单击“编辑工作区”对话框左下角的“删除”按钮，接着单击“确定”按钮，即可完成删除操作。删除所选工作区后，下次启动 Premier Pro 时，将使用新的默认工作区，将其他界面依次向上移动，填补此处位置。

“预设”面板，如图 1.3.13 所示。

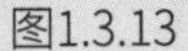

图1.3.13

用户可以按快捷键 Shift+`（Tab 键上面的键）可以最大化或恢复显示单个面板（最大化框架）。调整面板大小可以通过拖动两个面板之间的区域，鼠标指针也会变成调整状态的图标，如图 1.3.14 所示。

图1.3.14

在工作中为了方便操作，可以在面板空白区域右击，在弹出的快捷菜单中选择“浮动面板”选项，即可将面板单独提取出来，如图 1.3.15 所示。

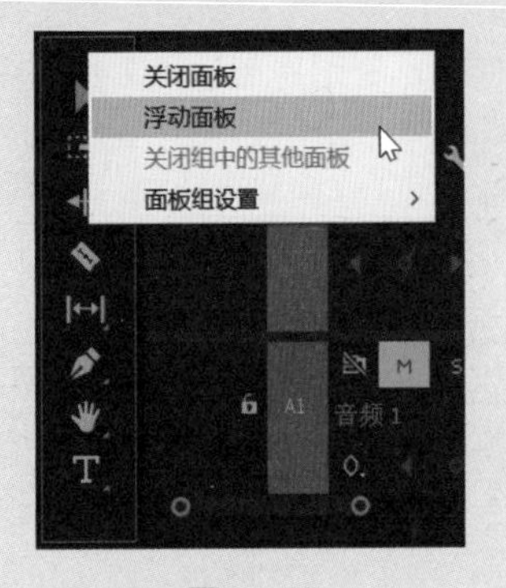

图1.3.15

如果需要将面板恢复到嵌入状态，可以拖动浮动面板空白区域，至想要嵌入的区域即可，如图 1.3.16 所示。

图1.3.16

9. 如何恢复默认设置

如果发现工作区被自己调整得比较混乱，可以随时将工作区恢复到默认布局，执行“窗口”→“工作区”→“重置为保存的布局”命令，或按快捷键 Alt+Shift+0，如图 1.3.17 所示。

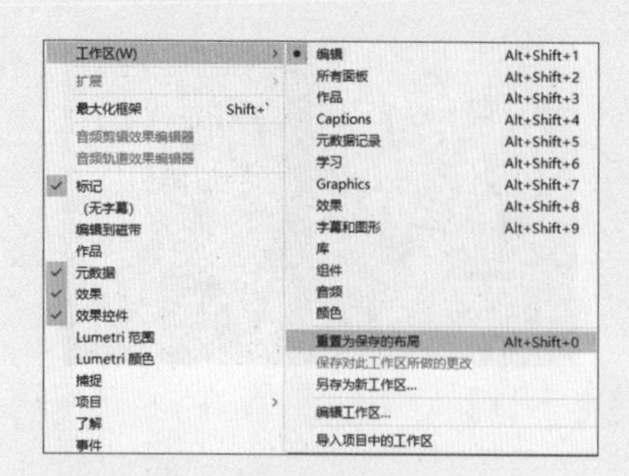

图1.3.17

10. 如何保存工作区

调整工作区后，可以将当前的工作区保存为自定义工作区。若想将自定义工作区保存，可以执行“窗口”→“工作区”→“另存为新工作区”命令，将自定义工作区保存起来，以便下次使用，如图 1.3.18 所示。

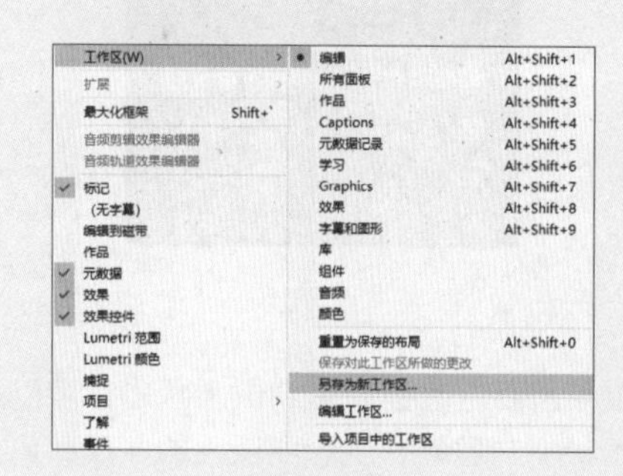

图1.3.18

1.3.3 首选项设置

首选项是针对 Premiere Pro 从外观到播放、音频等配置设置命令，从而充分利用 Premiere Pro 的功能。用户可以自定义 Premiere Pro 的外观和行为，从确定过渡的默认长度到设置用户界面的亮度。其中大部分首选项一直有效，直至更改它们，可以在“编辑”→“首选项”子菜单中找到相应的命令。

常规：在“首选项”对话框的“常规”选项卡中，可以自定义“显示事件指示器”“显示工具提示”“超宽动态范围监控（可用时）”等选项，还可以选择启动时显示 Premiere Pro 的主页、显示最近打开的对话框等，如图 1.3.19 所示。

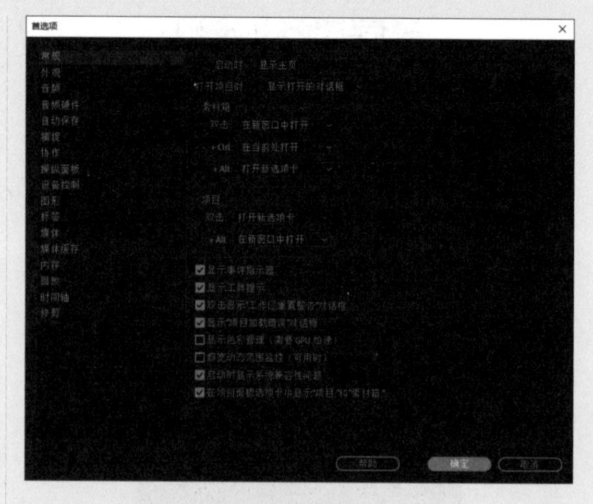

图1.3.19

外观：在“首选项”对话框的“外观”选项卡中，可以设置界面的总体亮度，还可以控制高亮颜色、交互控件及焦点指示器的亮度和饱和度，如图 1.3.20 所示。

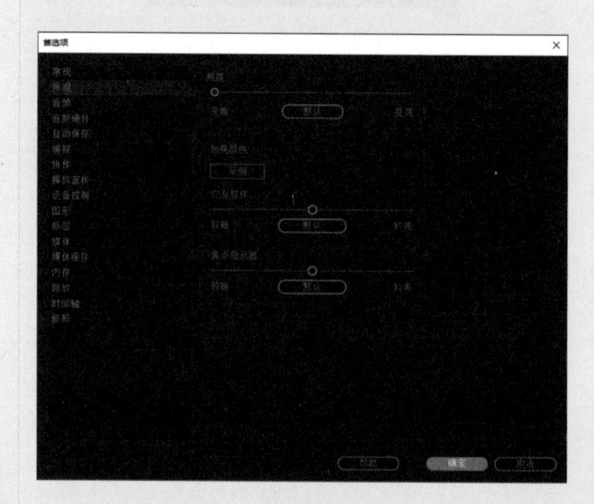

图1.3.20

自动保存：默认情况下，Premiere Pro 会每 15 分钟自动保存一次项目（文件），并将项目文件的最近 20 个版本保留在硬盘上，用户可以随时还原到以前保存的版本。存档项目的多个迭代所占用的磁盘空间相对较小，因为项目文件比源音频文件小很多。如果想对这些默认设置进行调整，可以在“首选项”对话框的“自动保存”选项卡中，进行相应的调整，如图 1.3.21 所示。

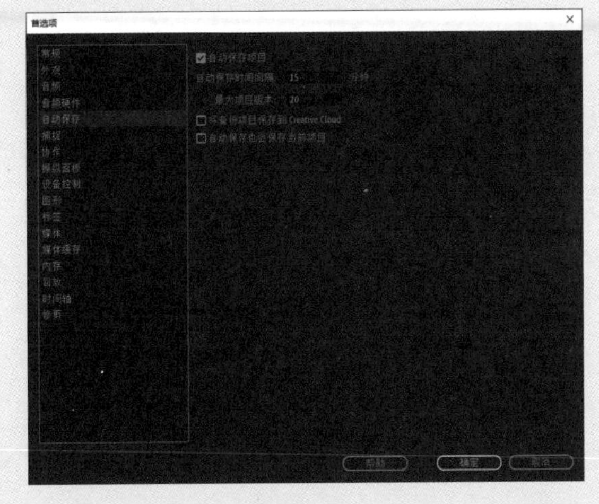

图1.3.21

图1.3.22

媒体缓存：在“首选项”对话框的“媒体缓存”选项卡中，可以控制 Premiere Pro 存储加速器文件（包括 peak 文件 和合成音频文件）的位置。清除旧的或不使用的媒体缓存文件，有助于保持软件的最佳性能。每当源媒体需要缓存时，都会重新创建已删除的缓存文件，如图 1.3.22 所示。

1.3.4　快捷键设置

许多命令具有等效的快捷键，因此可以最大限度地减少使用鼠标操作的情况，也可以创建或编辑快捷键。对话框中紫色的键是操作的快捷键。绿色的键是特定于面板的快捷键。同时带紫色和绿色的键代表已分配的键（这些键也分配有操作命令）的面板命令，如图 1.3.23 所示。

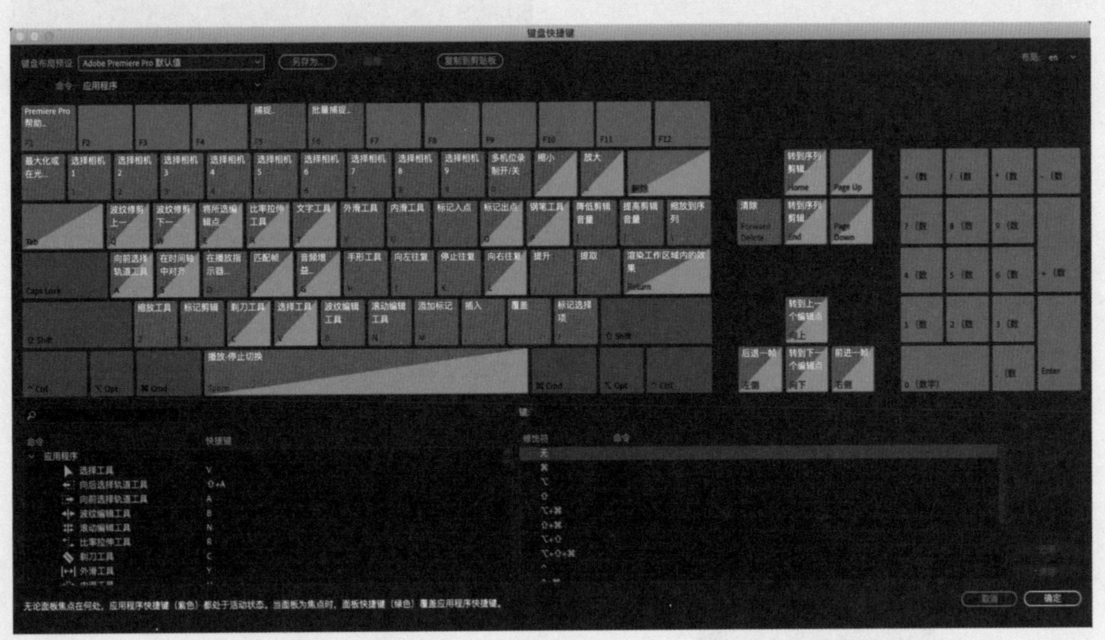

图1.3.23

1.4 创建与导入文件

在 Premiere Pro 中，创建项目是为获得某个视频剪辑而产生的任务集合，也可以理解为对某个视频文件的剪辑处理工作而创建的框架。在制作影片时，由于所有操作都在一个已经完成剪辑等待输出的项目中，其保存了视频剪辑使用的所有素材文件、特效参数、滤镜参数、音频混合等信息，如图 1.4.1 所示。

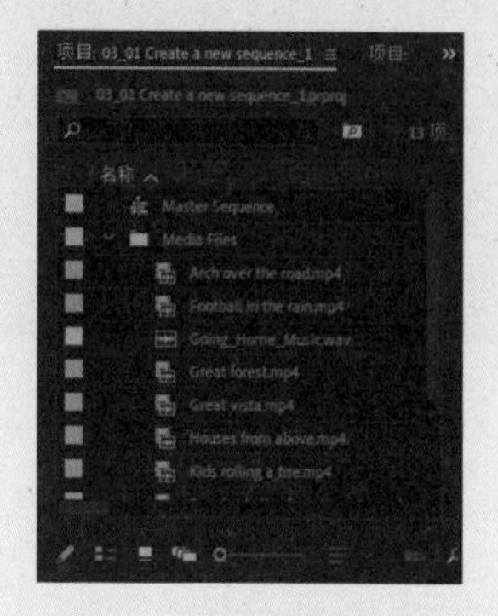

图1.4.1

1.4.1 创建和配置项目

在 Premiere Pro 中，所有的影视编辑任务都会以项目的形式出现，所以创建项目文件是 Premiere Pro 进行视频制作的首要工作，创建项目是开始整个影片后期制作流程的第一步。用户首先应该按照影片制作的需要配置好项目文件，然后根据计算机的硬件情况，对软件的参数进行设置，然后导入素材开始剪辑工作。

在开始新的剪辑工作之前，必须新建一个项目。在启动 Premiere Pro 时，将会弹出欢迎界面。在该界面中，系统列出了部分最近使用的项目以及“新建项目”和“打开项目”按钮。单击“新建项目”按钮，即可创建项目，也可以执行“文件”→“新建”→“项目”命令，完成相同的工作，如图 1.4.2 所示。

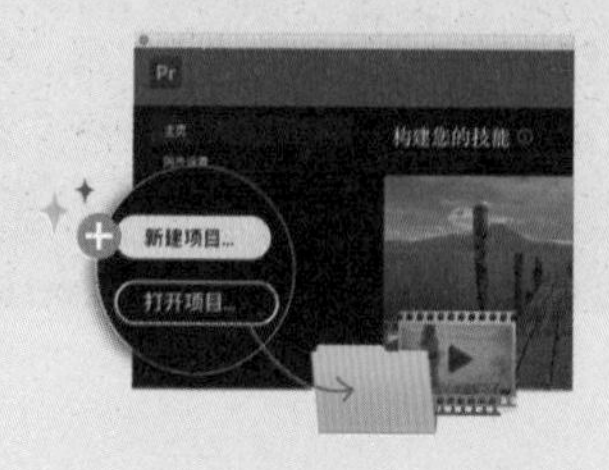

图1.4.2

1.4.2 项目设置

单击“新建项目”按钮后，系统将自动弹出“新建项目”对话框，在该对话框中可以对项目的设置信息进行一系列调整，使其满足编辑视频的要求。

1. 设置常规信息

在默认状态下，“新建项目”对话框显示“常规”选项卡，在其中可以对项目的名称、保存位置进行设置，还可以对渲染程序、音视频的显示格式、捕捉格式等进行设置，如图 1.4.3 所示。

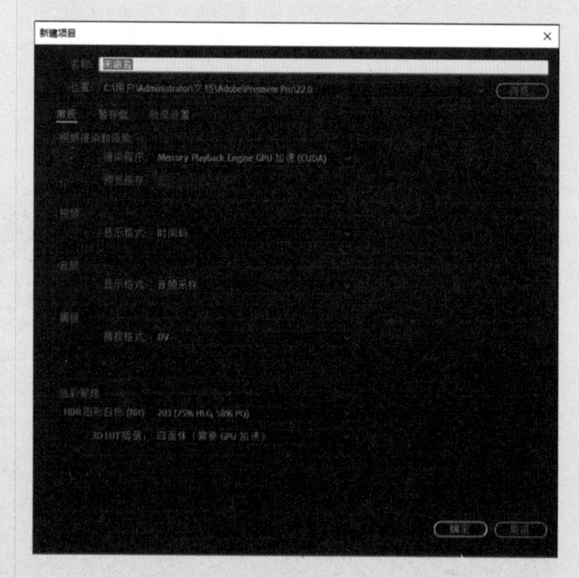

图1.4.3

在“常规”选项卡中，部分选项的含义和功能如下。

※ 显示格式（视频）：调整视频素材的格式信息。

※ 显示格式（音频）：调整音频素材的格式信息。

※ 捕捉格式：当需要从摄像机等设备获取素材时，可以通过调整“捕捉格式”选项，要求 Premiere Pro 以规定的采集方式获取素材。

2. 配置暂存盘

在“新建项目”对话框的“暂存盘”选项卡中，可以设置采集到的音视频素材、视频预览文件和音频预览文件的保存位置，单击“新建项目”对话框中的“确定”按钮，即可创建项目文件，如图 1.4.4 所示。

图1.4.4

1.4.3 创建并设置序列

Premiere Pro 内所有组接在一起的素材，以及这些素材所应用的各种滤镜和自定义设置，都必须放置在一个名为“序列”的 Premiere Pro 项目文件中。可以看出，序列对项目极为重要，所以只有当项目内拥有序列时，才可以进行影片的编辑操作。

1. “序列预设”选项卡

新建项目文件后，Premiere Pro 将会弹出“新建序列”对话框。在该对话框中包括“序列预设”“设置”“轨道”和“VR 视频”4 个选项卡，而且 Premiere Pro 还提供了非常多的序列预设，如图 1.4.5 所示。

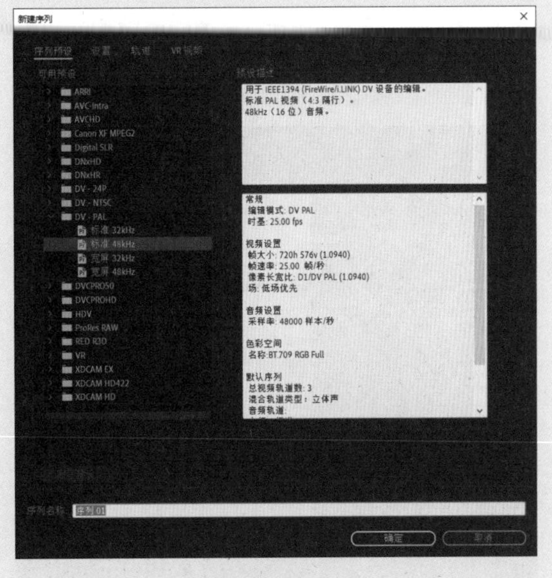

图1.4..5

北美标准：在软件提供的这些类型中，AVC-Intra、AVCHD、Digital SLR、DV-24P、DV-NTSC 为北美标准类型。需要使用北美标准的用户可以在这些预设中选择，如图 1.4.6 所示。

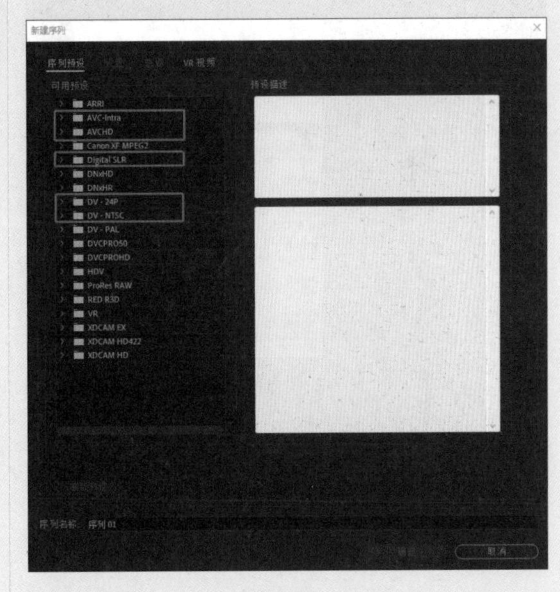

图1.4.6

欧洲标准：Premiere Pro 提供的序列预设中，DV-PAL 为欧洲标准，如图 1.4.7 所示。

典型序列类型：在预设中，DVCPRO50、DVCPROHD、HDV、 Mobile & Devices、XDCAM EX、XDCAM HD422 和 XDCAM HD

类别包含的设置适合大多数情况下使用，如图 1.4.8 所示。

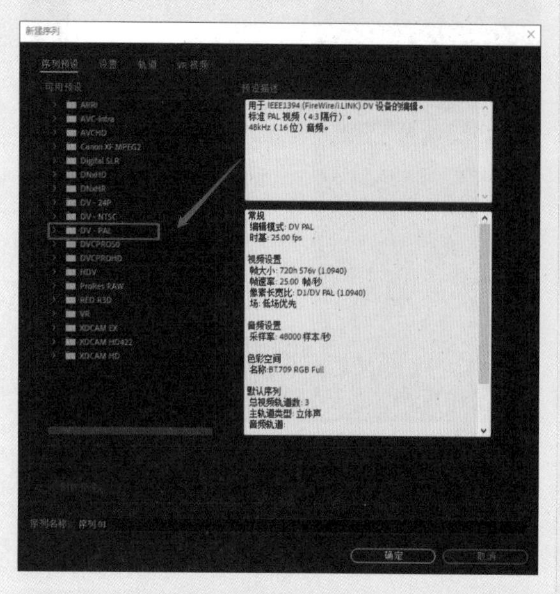

图1.4.7

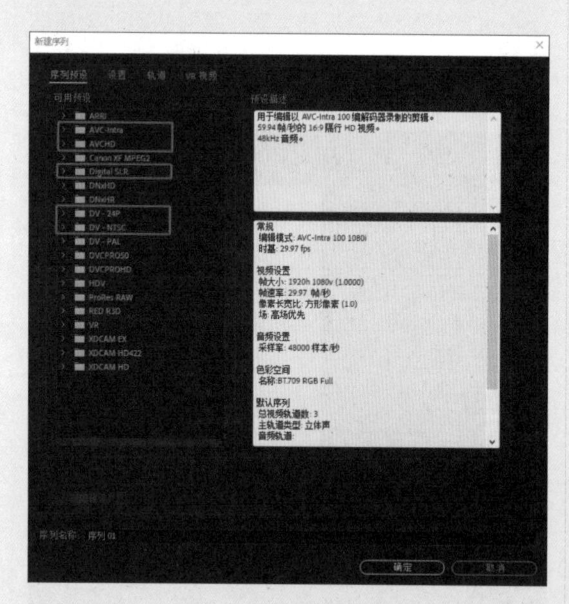

图1.4.8

日本松下标准预设：可以选择 AVC-Intra、DVCPRO50、DVCPROHD 和 ProRes RAW 预设，如图 1.4.9 所示。

2.“设置”选项卡

“设置”选项卡是用来对视频的编辑模式、帧大小、像素长宽比、采样率、视频预览等参数进行详细的设置，在正式开始剪辑视频之前，必须做出正确的常规设置。“设置”选项卡包括“编辑模式”“时基”“视频”“音频”和“视频预览”等选项，如图 1.4.10 所示，主要参数介绍如下。

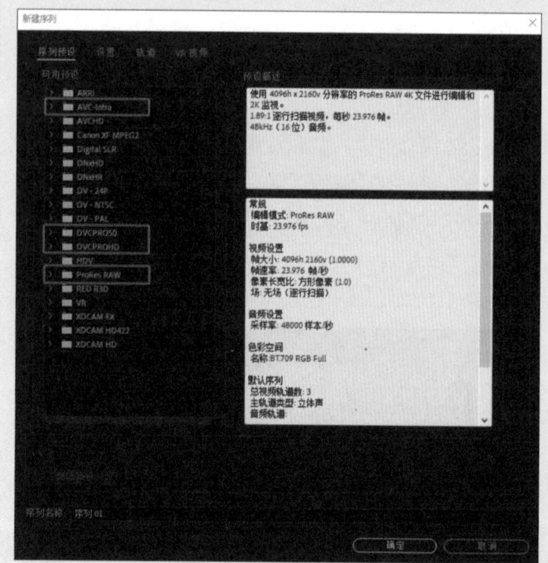

图1.4.9

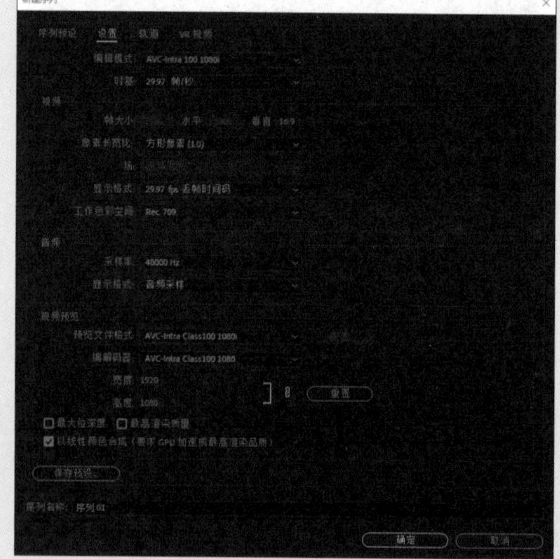

图1.4.10

编辑模式：在“编辑模式”下拉列表中预设了多种视频编辑模式，可以根据需要选择不同的选项。在选择不同模式时，下面的参数会自动进行相应的调整，除分辨率不可调整外，可以根据需要对其他参数进行相应的调整，如像素长宽比、场等。如果需要设定符合用户自身要求的视频制式，可以选择 Desktop 选项，此时就会激活下面的所有参数，根据需要进行相应的设置即可。

时基：该参数在选择不同制式时有相应的数值。在选择 Desktop 选项时，可以根据需要进行调整。

视频：在该选项区中，可以调整与视频画面相关的各项参数，其中的“帧大小”选项用于设置视频画面的分辨率；“像素长宽比”下拉列表则根据编辑模式的不同，提供“方形像素（1.0）”等多种选项供用户选择；至于“场”下拉列表，则用于设置扫描方式（隔行扫描或逐行扫描）；“显示格式”下拉列表用于设置序列中的视频标尺单位。

音频：在该选项区中，可以设置音频的采样率和音频在“时间线”面板中的显示格式。“采样率”用于统一控制序列内的音频文件的采样率；而“显示格式”则用于调整序列中的音频标尺单位。

视频预览：在该选项区中，“预览文件格式”用于控制 Premiere Pro 将用哪种文件格式生成相应序列的预览文件。当采用 Microsoft AVI 作为预览文件格式时，可以在“编解码器”下拉列表中选择生成预览文件时采用的编码方式。此外，在选中“最大位深度”和“最高渲染质量”复选框后，还可以提高预览文件的质量。

3.“轨道”选项卡

“轨道”选项卡用来添加音视频轨道。刚开始学习视频剪辑时，两三条轨道就可以满足编辑的需要，但随着制作水平的提高，要求也越来越高，添加的特效越来越多，画面中的信息也越来越多，这时就需要更多的轨道，如图 1.4.11 所示。

4. 手机视频、竖版画面设置

现在使用抖音和快手 App 的人特别多，在编辑视频时需要在“新建序列”对话框的“设置”选项卡中，将“编辑模式”设置为“自定义”，然后将“帧大小”调整为 1080 和 1920，“像素长宽比”为“方形像素（1.0）”，单击“确定”按钮即可将剪辑的视频设置为竖版画面，如图 1.4.12 所示。

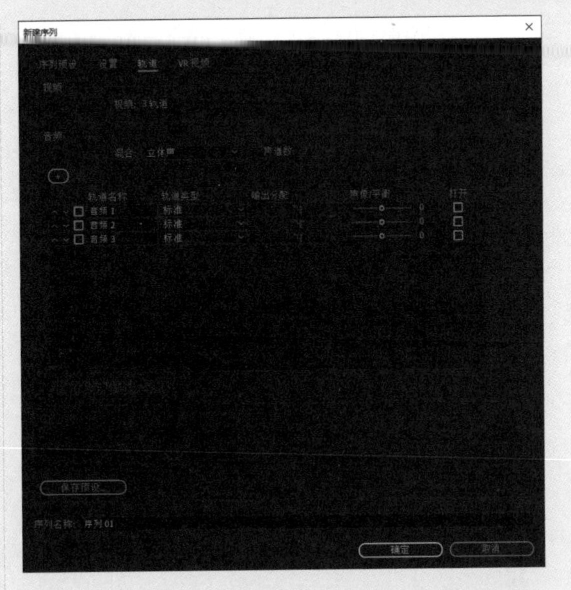

图1.4.11

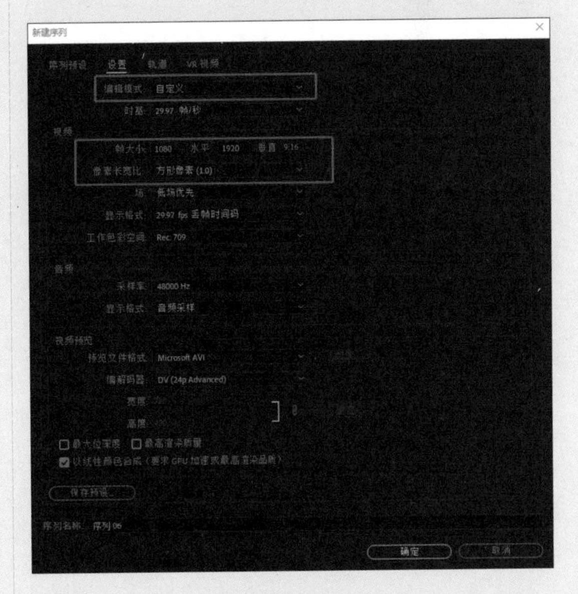

图1.4.12

1.4.4 保存和打开项目

在剪辑影片的时候，必须对项目文件做出的更改及时保存，避免当发生计算机死机、断电等情况时，影响整个项目制作的进度。保存项目的另一个作用在于，可以随时对已保存的项目进行重新编辑。

在项目的编辑过程中，要养成随时保存项目文件的好习惯，以免意外丢失数据，造成不必要的损失。在Premiere Pro中保存项目有很多种方法，具体如下。

（1）执行“文件”→“保存”命令，保存项目文件。

（2）执行“文件”→“另存为”命令，在弹出的“保存项目”对话框中，设置项目名称和存储位置，再单击“保存”按钮，保存项目文件，如图 1.4.13 所示。

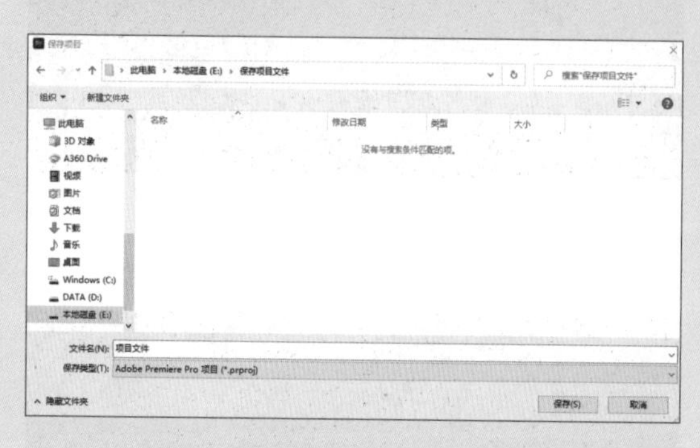

图1.4.13

（3）执行“文件”→“保存副本”命令，弹出“保存项目”对话框，设置项目名称和存储位置，再单击“保存”按钮，为项目保存副本，如图 1.4.14 所示。

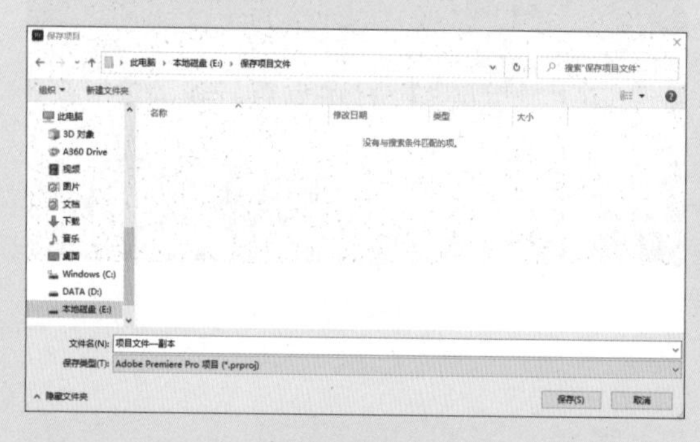

图1.4.14

在视频制作时，首先要熟练掌握项目文件的基本操作才能编辑出精彩的视频片段。接下来针对项目文件进行讲解，打开项目文件的方法有以下 3 种方式。

（1）启动 Premiere Pro 软件时，会弹出“开始”窗口，单击“打开项目”按钮，在弹出的“打开项目”对话框中选择文件所在的路径，在文件夹中选择已存在的 Premiere Pro 项目文件，单击“打开”按钮，此时该文件在 Premiere Pro 中打开。

（2）执行“文件”→“打开项目”命令，或按快捷键 Ctrl+O，弹出“打开项目”对话框，在其中选择项目文件的路径，选中 Premiere Pro 项目文件，单击“打开”按钮，此时该文件在 Premiere Pro 中打开。

（3）在要打开项目文件的路径中，双击要打开的文件，即可在 Premiere Pro 中打开。

1.4.5 素材的导入

在视频剪辑中，所有的视频素材、音频素材、图片素材都需要导入软件才能进行编辑。Premiere Pro 支持多种格式的文件素材，包括 MP4、PNG、JPEG 和 PSD。下面介绍导入素材文件的方法。

1. 导入视频素材

以下内容以导入视频素材为例，介绍导入素材的方法。

（1）执行“文件”→“导入”命令，或者在“项目”面板的空白处右击，并在弹出的快捷菜单中选择“导入”选项，如图 1.4.15 所示。在弹出的“导入”对话框中选择需要导入的素材文件，然后单击“打开”按钮，即可将该素材文件导入“项目”面板。

（2）调出“媒体浏览器”面板，并找到素材文件所在的文件夹，选择一个或多个素材，右击并在弹出的快捷菜单中选择“导入”选项，即可将选中的素材导入“项目”面板，如图 1.4.16 所示。

（3）打开素材所在的文件夹，选中要导入的一个或多个素材，按住鼠标左键并将其拖至“项目”面板中，即可将相应素材导入“项目”面板。

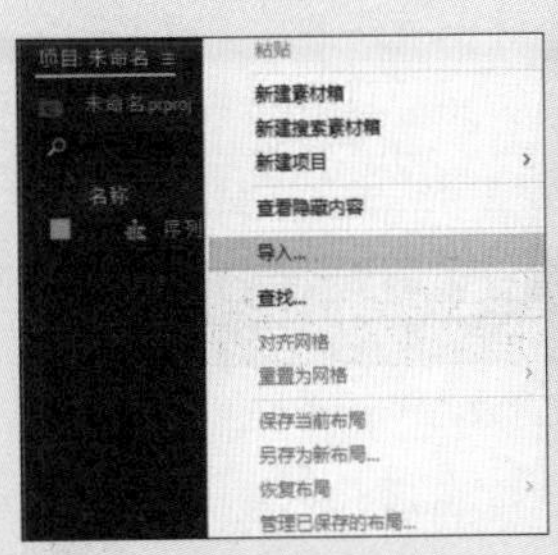

图1.4.15

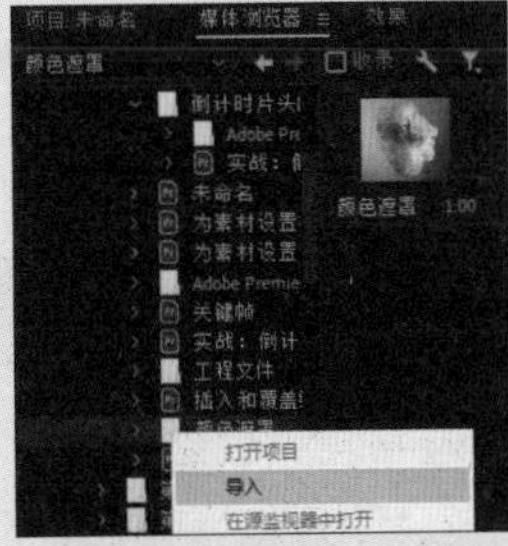

图1.4.16

2. 导入 PSD 工程文件

在 Premiere Pro 中导入 PSD 文件，可以合并图层或者分离图层，在分离图层中又可以选择导入单个图层或者多个图层，其功能非常强大，具体的操作步骤如下。

01 启动 Premiere Pro，在欢迎窗口中单击“新建项目”按钮，也可以在 Premiere Pro 工作窗口中执行“文件”→“新建”→“项目”命令，然后在弹出的“新建项目”对话框中设置文件的名称以及项目存储的位置，如图 1.4.17 所示。

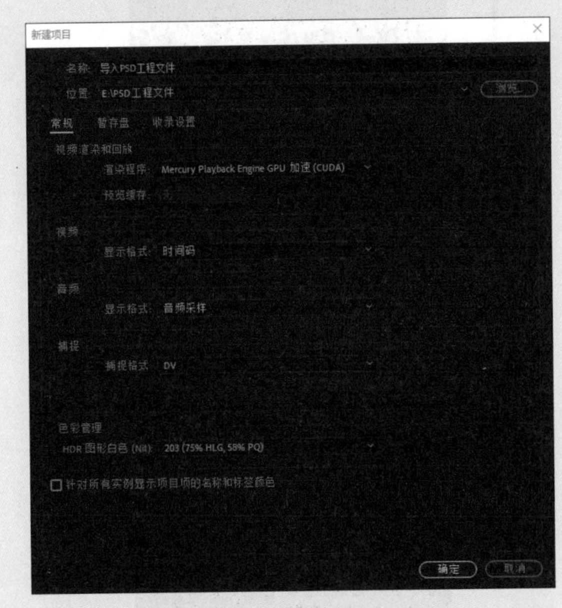

图1.4.17

02 执行“文件”→“新建”→“序列”命令，弹出“新建序列”对话框，设置序列名称，单击“确定”按钮新建序列，如图 1.4.18 所示。

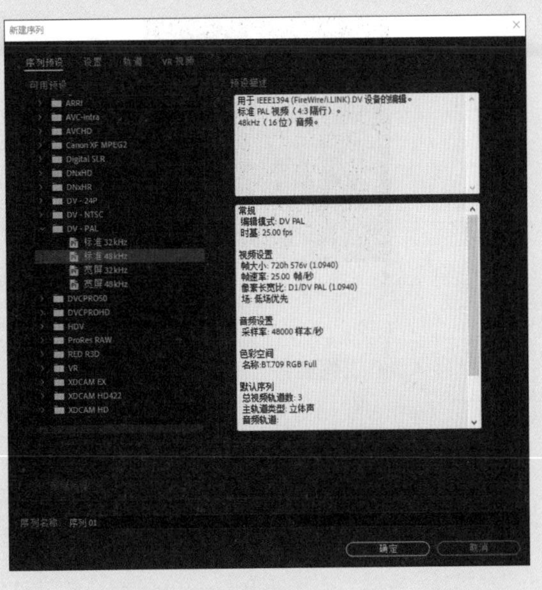

图1.4.18

03 调出“媒体浏览器”窗口，找到素材所在的文件夹，选中要导入的 PSD 文件素材，右击并在弹出的快捷菜单中选择“导入”选项，弹出“导入分层文件：×××”对话框，在“导入为”下拉列表中选择“各个图层”选项，选择需要的图层，单击“确定”按钮，即可将图层素材导入“项目”面板，如图 1.4.19 和图 1.4.20 所示。

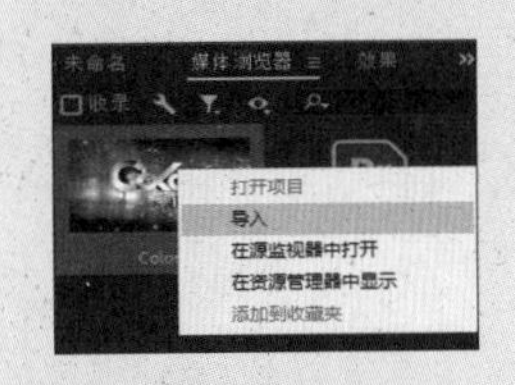

图1.4.19

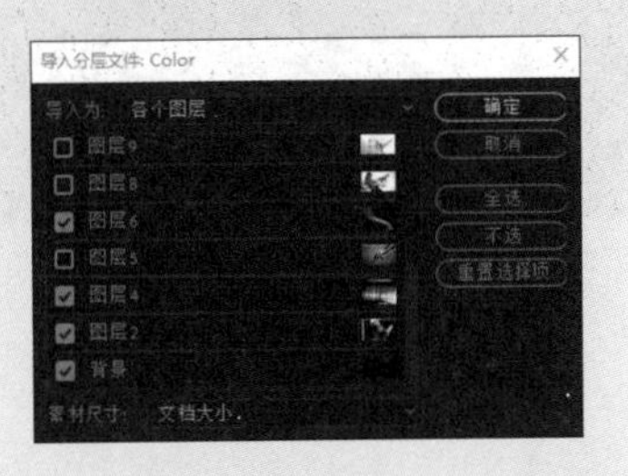

图1.4.20

04 打开“项目”面板即可看到导入的图层素材成为了一个素材箱，双击该素材箱即可看到其中的各个图层素材，如图 1.4.21 所示，执行“文件”→“保存”命令，保存该项目。

图1.4.21

3. 导入 AE 工程文件

在 Premiere Pro 中导入 AE 工程文件后，可以编辑 AE 文件素材，其功能非常强大，具体的操作步骤如下。

01 启动 Premiere Pro，在欢迎窗口中单击“新建项目”按钮，也可以在 Premiere Pro 工作窗口中执行“文件”→“新建”→“项目”命令，然后在弹出的“新建项目”对话框中设置文件的名称以及项目存储的位置，如图 1.4.22 所示。

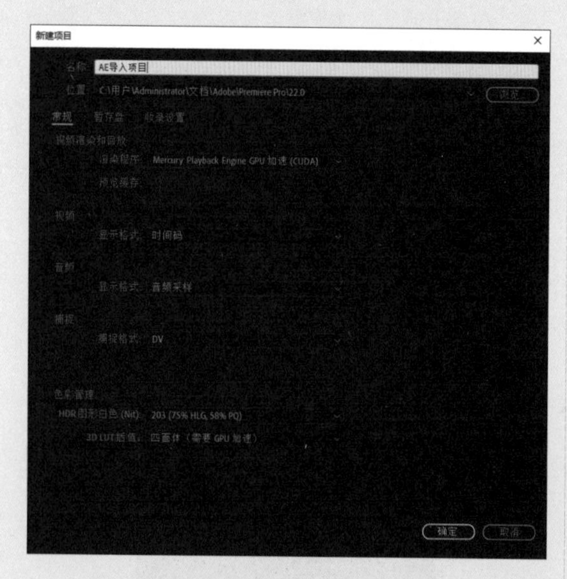

图1.4.22

02 执行“文件”→“新建”→“序列”命令，弹出“新建序列”对话框，设置序列名称，单击“确定”按钮新建序列，如图 1.4.23 所示。

03 执行“文件”→“导入”命令，在弹出的“导入”对话框中选择需要导入的 AE 文件，单击“确定”按钮。在弹出的“导入 After Effects 合成”对话框中选择要导入的合成，单击“确定”按钮，如图 1.4.24 所示。

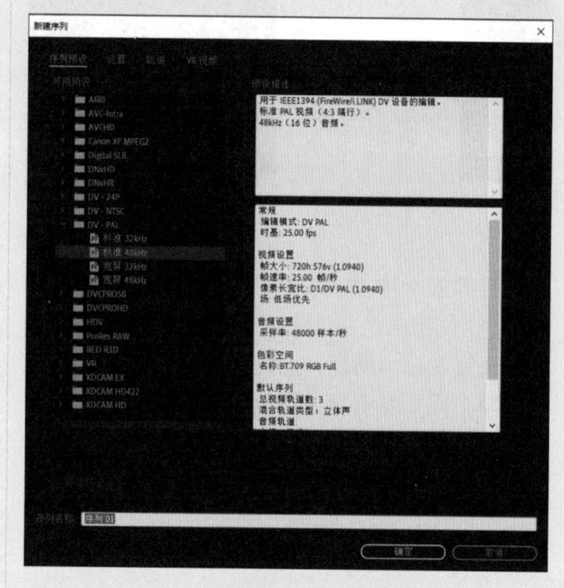

图1.4.23

图1.4.24

04 打开“项目”面板即可看到导入的 AE 工程文件，执行“文件”→“保存”命令，保存该项目，如图 1.4.25 所示。

图1.4.25

1.5 Premiere Pro 素材管理

在一般情况下，Premiere Pro 项目中的所有素材都将显示在“项目”面板中，而且由于名称、类型等属性的不同，素材在“项目”面板中的排列方式往往会比较杂乱，在一定程度上会影响工作效率。所以，必须对项目中的素材进行统一管理，例如将相同类型的素材放在同一个文件夹中，或者将相关的素材放在一起。

1.5.1 项目面板

“项目”面板主要用于显示素材文件，如图 1.5.1 所示。

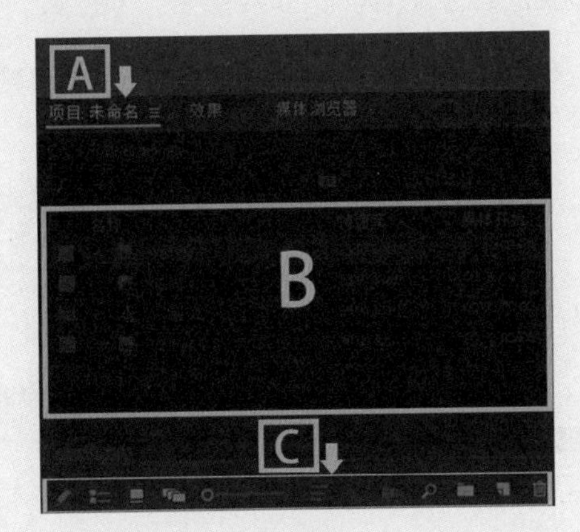

图1.5.1

A：“项目”面板，用于显示、存放和导入素材文件。

B：素材存放区，用于存放素材文件和序列。

C：“项目”面板工具，具体工具的用法介绍如下。

※ 只读 / 读写项目：单击该按钮，在只读与读写之间切换。

※ 列表视图：将“项目”面板中的素材文件以列表的形式呈现。

※ 图标视图：将“项目”面板中的素材文件以图标的形式呈现。

※ 自由切换视图：可以将“项目”面板中的素材文件自由摆放。

※ 调整图标大小：可以调整“项目”面板中的素材文件图标和缩览图的大小。

※ 自动匹配序列：可以将文件存放区中选中的素材按顺序排列。

※ 查找：单击该按钮，在弹出的“查找”对话框中查找所需的素材文件。

※ 新建素材箱：可以在文件存放区中新建一个文件夹，将素材文件移至文件夹中，方便素材的整理。

※ 新建项：单击该按钮，创建新的素材。

※ 清除：选择需要删除的素材文件，单击该按钮，可以将素材文件删除（原始素材文件保留），快捷键为 Backspace。

1.“媒体浏览器”面板

“媒体浏览器”面板用于快速浏览计算机中的素材文件，可以将素材导入项目、在源监视器中预览等，如图 1.5.2 所示。

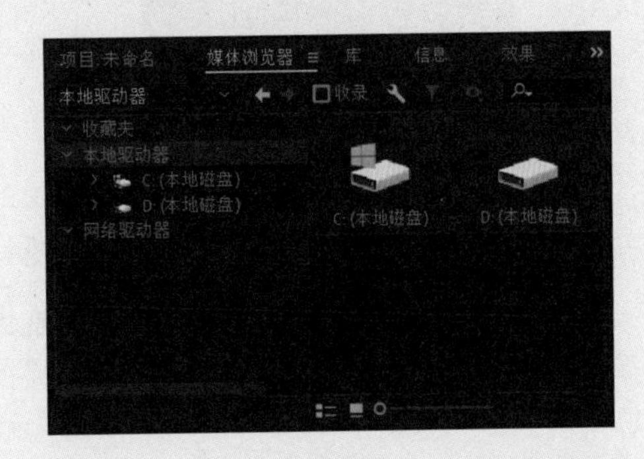

图1.5.2

2.“效果”面板

“效果”面板中展示了软件提供的所有效果，包括预设、Lumetri 预设、音频效果、音频过渡、视频效果和视频过渡，如图 1.5.3 所示。

图1.5.3

1.5.2　素材的查找和预览

在实际应用中，一个序列中导入的素材会非常多，要想尽快找到需要的素材，可以使用素材查找功能。Premiere Pro 已经将这一功能作为快捷命令整合到“项目”窗口中，方便对素材进行查找。

在文本框中输入素材的名称，即可显示与名称相关的素材。

对于找到的素材，可以通过源监视器进行预览，这种预览方式可以通过下方的工具按钮进行一些基础的编辑操作，如图 1.5.4 所示。

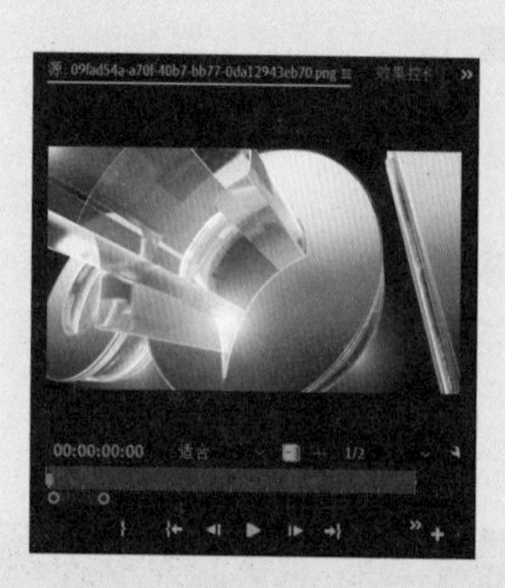

图1.5.4

正确使用导入素材的前提是需要了解素材的相关信息，查看素材信息可以通过两种方式实现。

（1）在“项目”窗口中选中素材，即可在窗口右侧显示素材的类型、帧、入点、出点、持续时间和帧速率等信息，拖动窗口底部的滑块可以依次看到素材的各个属性参数，如图 1.4.5 所示。

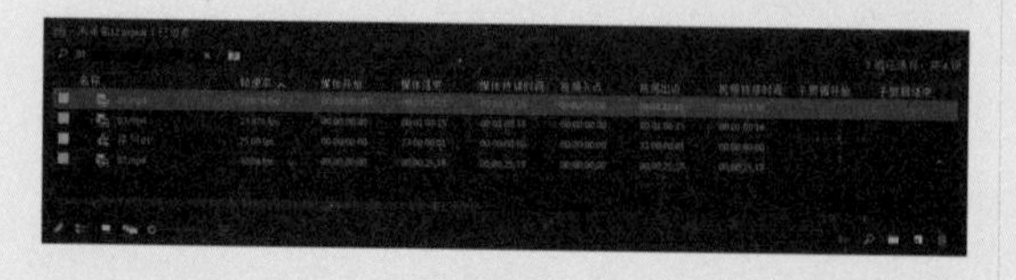

图1.4.5

（2）要了解更多信息时，可以在选中的素材上右击，在弹出的快捷菜单中选择“属性”选项，即可出现更多的信息，通过这些信息可以清楚地了解素材的类型、大小、路径和格式等相关信息。

1.5.3　素材的分类管理

在“项目”面板中，当素材文件的数量和种类较多时，可以按照素材的种类、格式或内容等进行分类管理，这样便于在编辑的过程中查找、调用素材。用户可以在“项目”面板中新建文件夹，将同类的素材放在同一个文件夹中。

在“项目”面板中新建文件夹的方法有 3 种，具体如下。

（1）执行“文件”→“新建”→“素材箱”命令。

（2）在“项目”面板的空白处右击，在弹出的快捷菜单中选择“新建素材箱”选项。

（3）单击“项目”面板底部的“新建素材箱”按钮，即可在“项目”面板中添加一个名为“素材箱 01”的素材箱。

用户可以将“项目”面板中同类型的素材选中，然后拖至该素材箱中。单击“素材箱 01”前的三角按钮，展开“素材箱 01”，此时可以看到刚拖入的全部素材，如图 1.5.6 所示。采用同样的方法，可以分别新建“视频”“音频”“图片”“动画”等素材箱，将素材分别放到相应的素材箱中，实现分类管理。

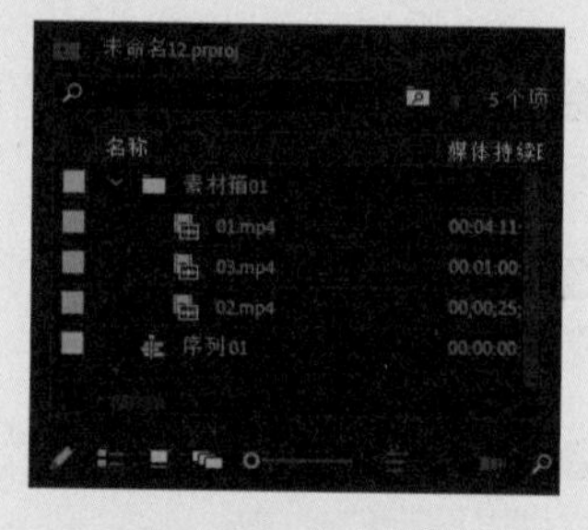

图1.5.6

为了方便查找素材，有时需要对素材进行重命名。用户可以在“项目”面板中选择需要重命名的素材，双击素材名称，并输入新的名称，单击“确定”按钮后，“项目”面板中的原素材名称被修改。采用相同的办法，还可以为素材箱重命名。

1.5.4 设置代理素材

选择需要创建代理的文件并右击，在弹出的快捷菜单中选择“代理”→“创建代理”选项，在创建的代理窗口中，单击“添加收录预设”按钮，将收录预设导入。此时预设栏中会显示该收录预设，单击“浏览”按钮，可以设置代理文件的存放路径。待代理文件创建完成后，即可在 Premiere Pro 中用代理文件监看。单击“节目”窗口右下角的“编辑器”按钮，在弹出的面板中按住“切换代理”按钮，并拖入下方的蓝色框中，单击“确定”按钮，如图 1.5.7 所示。

图1.5.7

当选中“切换代理”按钮时，按钮显示为蓝色，可以在“节目”窗口和“源监视器”窗口中以代理文件的形式监看。

1.6 基础工作流程

下面通过一个简单的实例，了解 Premiere Pro 的基本工作流程。首先，收集或制作所需的素材，然后导入软件中进行编辑。选择合适的背景素材，根据视频所需的长度，在软件中对背景素材的长度进行调整。根据视频的长度，调整各个照片素材所需的持续时间。然后根据背景素材的效果，适当调整各个照片素材在“时间线”面板中的入点位置。对背景素材应用键控效果，丰富视频画面。

在字幕设计器中创建需要的字幕，然后根据需要将这些字幕添加到“时间线”面板的视频轨道中。对素材添加视频运动效果和淡入淡出效果，使视频效果更加丰富。最后，添加合适的音乐素材，并根据视频所需长度，对音乐素材进行编辑。

根据工作流程，可以将其分为 8 个阶段——创建项目文件、添加素材、编辑素材、创建字幕、编辑字幕动画、编辑音频素材、项目打包、输出视频，具体的操作步骤如下。

1.6.1 创建项目文件

01 启动 Premiere Pro，在欢迎窗口中单击“新建项目”按钮，也可以在 Premiere Pro 工作窗口中执行“文件”→“新建”→“项目”命令，在弹出的“新建项目”对话框中设置项目的名称，如图 1.6.1 所示。

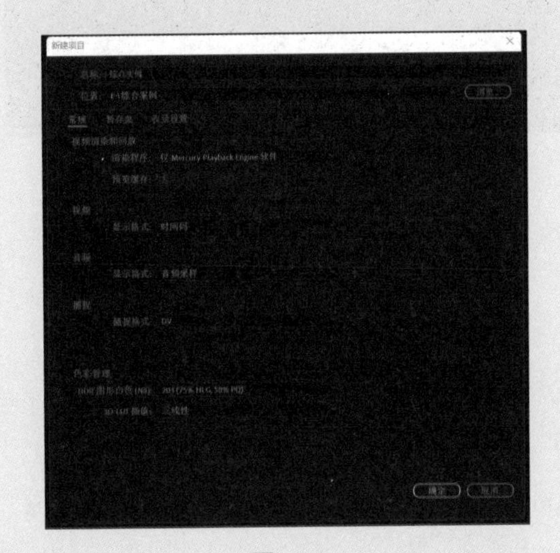

图1.6.1

02 在“新建项目”对话框中单击“浏览”按钮，在弹出的“请选择新项目的目标路径”对话框中设置项目的保存路径，单击“选择文件夹”按钮，如图1.6.2所示。

图1.6.2

03 执行“编辑”→“首选项”→“时间线”命令，弹出“首选项”对话框，设置“静止图像默认持续时间”为4.00秒，如图1.6.3所示。

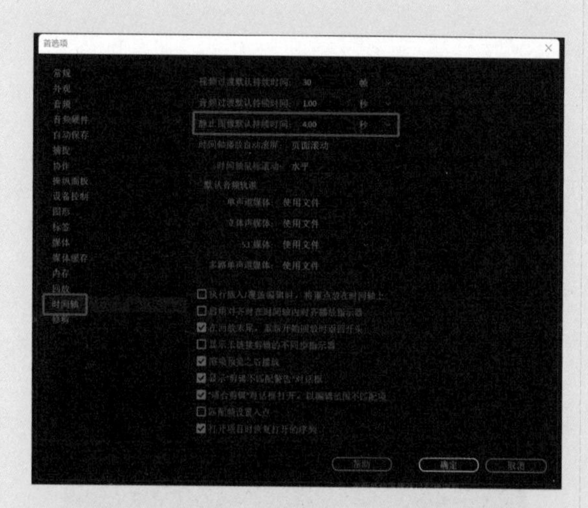

图1.6.3

04 执行“文件”→“新建”→“序列”命令，弹出“新建序列”对话框，选择HDV 1080p24预设选项，如图1.6.4所示。

05 进入“设置”选项卡，在“编辑模式”下拉列表中选择HDV 1080p选项，如图1.6.5所示。

06 进入“轨道”选项卡，设置“视频”为4轨道，单击“确定”按钮，如图1.6.6所示。

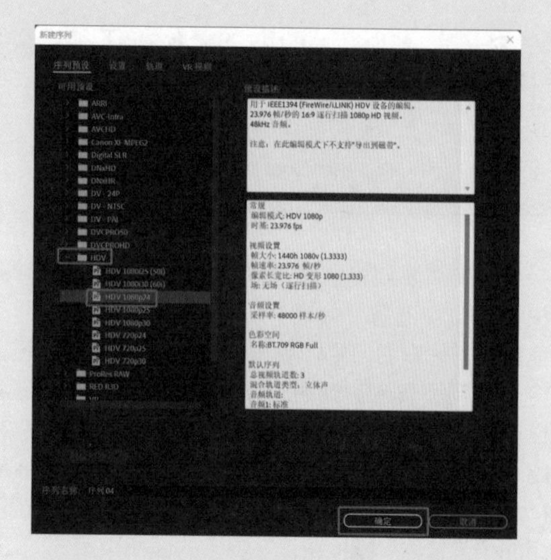

图1.6.4

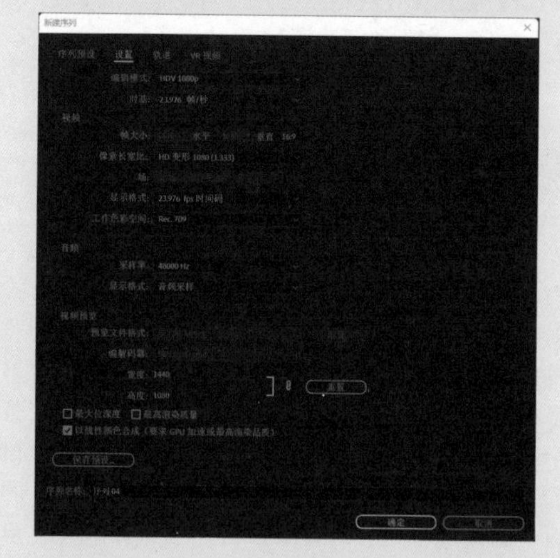

图1.6.5

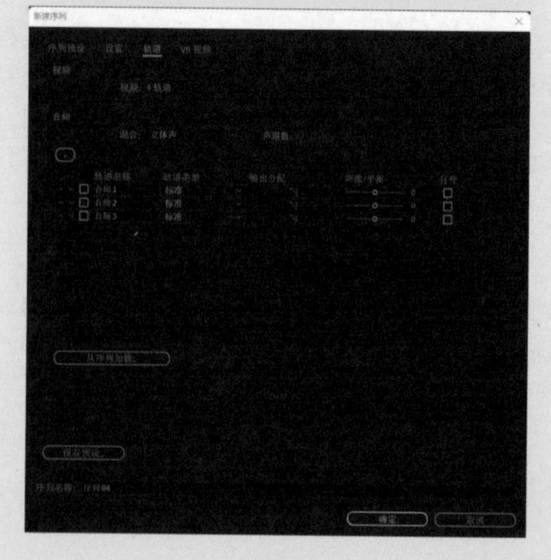

图1.6.6

1.6.2 添加素材

01 打开 Premiere Pro 的一个项目后，执行“文件”→“导入”命令，选择本例中需要的素材，如图 1.6.7 所示。

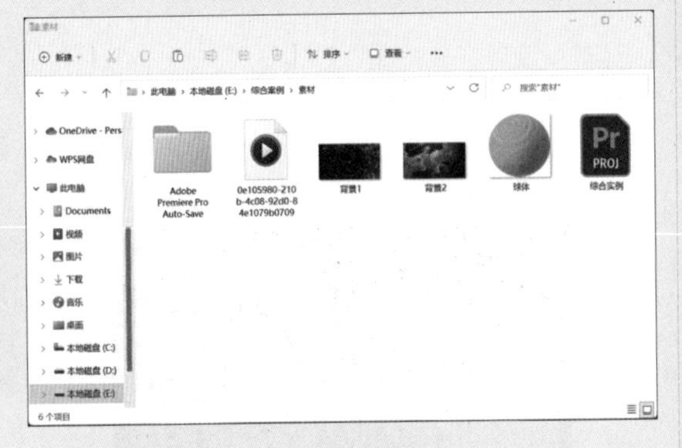

图1.6.7

02 在“项目”面板中创建 3 个素材箱，然后分别对其进行命名。在“项目”面板中将照片、字幕和音乐素材分别拖入对应的素材箱中，对项目中的素材进行分类管理，如图 1.6.8 和图 1.6.9 所示。

图1.6.8

图1.6.9

1.6.3 编辑素材

01 继续上一个实例的操作。将“项目”面板中的“背景 1.png”素材添加到“时间线”面板的 V1 轨道上，并设置结束帧为 00:00:01:06，如图 1.6.10 所示。

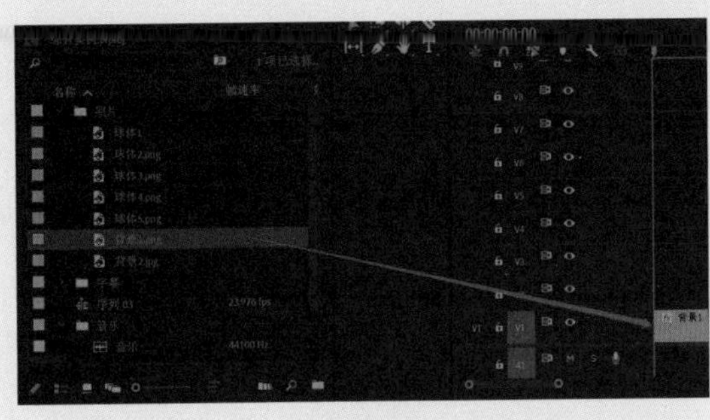

图1.6.10

02 将“项目”面板中的“球体 1.png”素材文件拖至 V2 轨道上，并设置结束帧为 00:00:01:06，如图 1.6.11 所示。

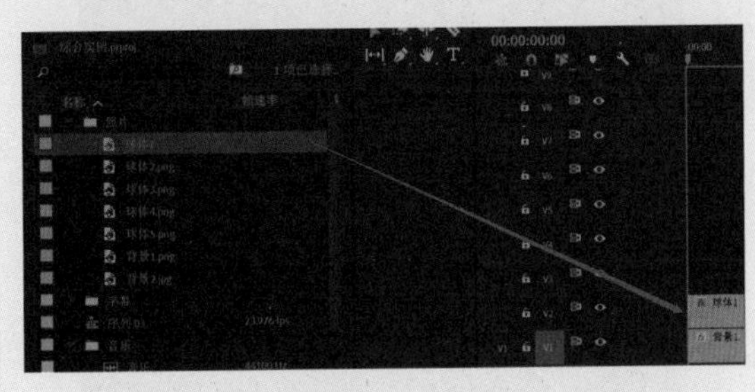

图1.6.11

03 选择 V2 轨道上的“球体 1.png”素材文件，然后在“效果控件”面板中展开“运动”效果，设置“位置”为 721.1，543.1，“缩放”为 3.0，“旋转”为 14.0°，接着展开“不透明度”属性，设置“不透明度”100.0%，为不透明度创建关键帧。将播放头指针拖至 00:00:00:10，设置“缩放”为 20，“旋转”为 123.0°。将播放头指针拖至 00:00:00:20，设置“缩放”为 50.0，“旋转”为 235.0°。将播放头指针拖至 00:00:01:06，设置“缩放”为 80.0，“旋转”为 374°，“透明度”为 10.0%，如图 1.6.12~图 1.6.15 所示。

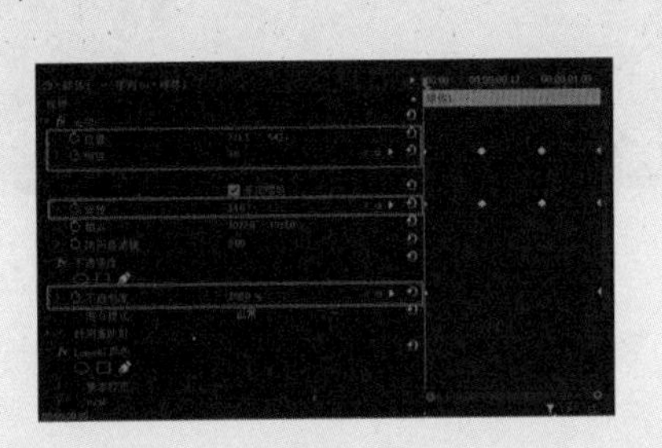

图1.6.12

图1.6.13

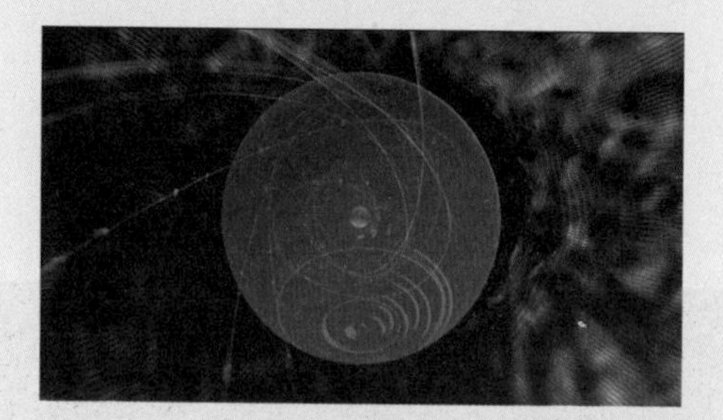

图1.6.14

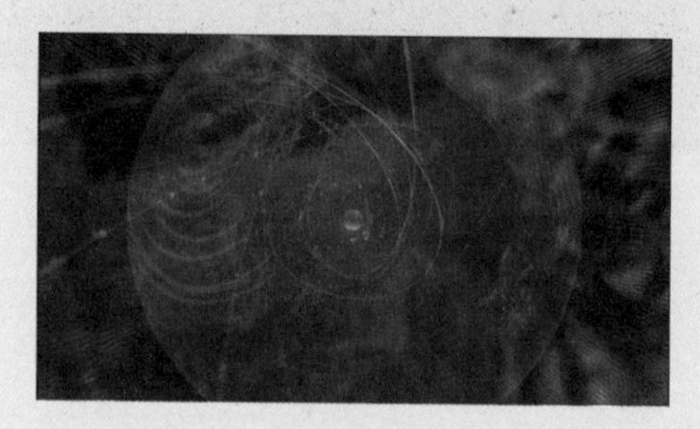

图1.6.15

04 添加图片过渡效果。执行“窗口”→“效果”命令，打开“效果”面板，搜索“交叉溶解”效果，拖入“背景 1”和“背景 2”的交界处，如图 1.6.16 所示。

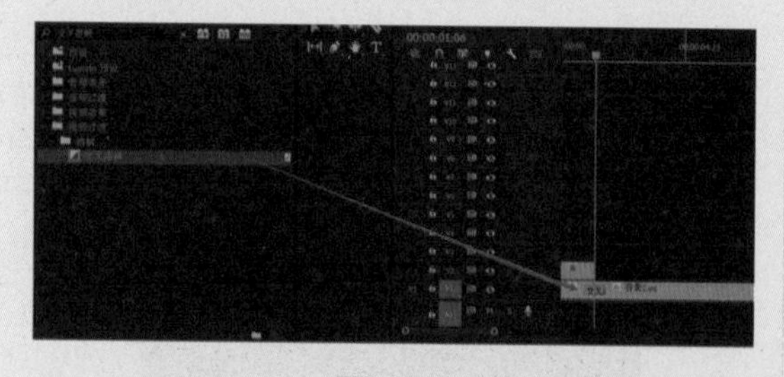

图1.6.16

05 制作水波纹效果。在“项目”面板空白处右击，在弹出的快捷菜单中选择“新建项目”→“颜色遮罩”选项。弹出“新建颜色遮罩”对话框，单击“确定”按钮，如图 1.6.17 所示。

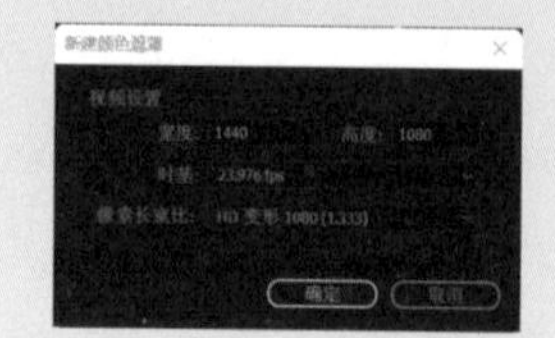

图1.6.17

06 在弹出的“拾色器”对话框中选择白色，单击“确定”按钮，如图 1.6.18 所示。

图1.6.18

07 在“选择名称”对话框中设置名称后，单击“确定”按钮，如图 1.6.19 所示。

图1.6.19

08 将“项目”面板中的“颜色遮罩”拖入 V3 轨道上，并设置起始帧为 1.06s，结束帧为 1.16s，如图 1.6.20 所示。

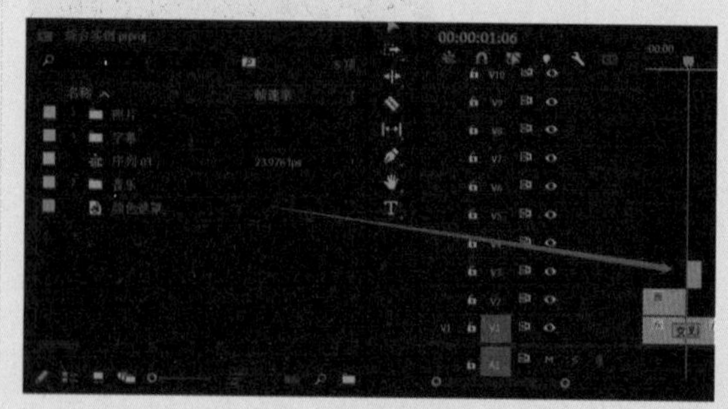

图1.6.20

09 为颜色遮罩添加效果。执行“窗口”→“效果”命令，打开“效果”面板，搜索“圆形”效果，并将其拖入V3轨道的颜色遮罩中，如图1.6.21所示。

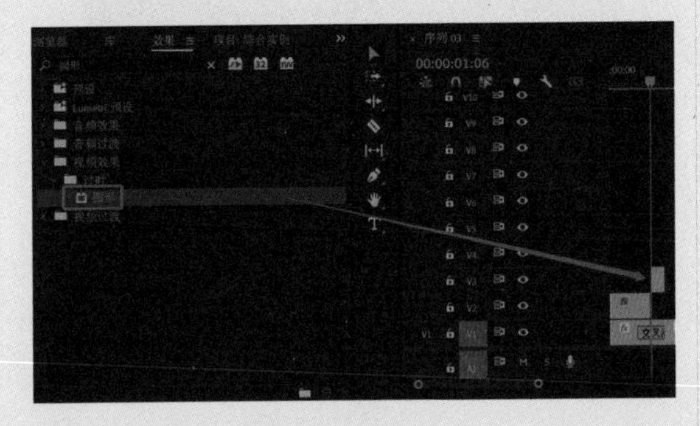

图1.6.21

10 选中时间轴中的V3轨道颜色遮罩，并在“效果控件”面板中展开“圆形”效果，设置关键帧，“中心”为27.0，1117.0，“半径”为504.3，“边缘半径”为486.1，如图1.6.22所示。

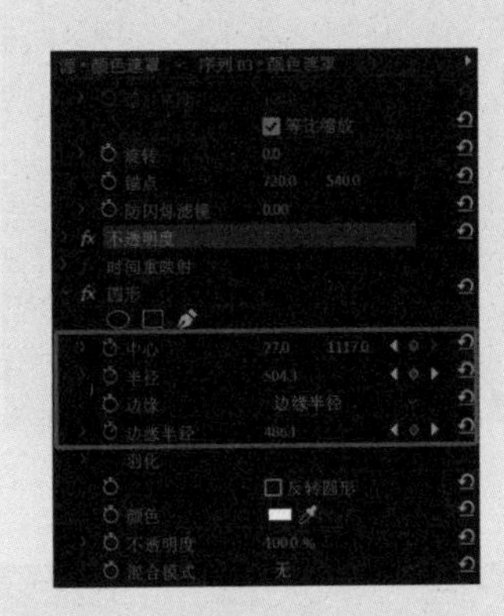

图1.6.22

11 添加运动效果。选中V3轨道的颜色遮罩，将播放头指针拖至00:00:01:07，修改“边缘半径”为549.6，调整时间轴到00:00:01:08，修改“半径”为632.0，“边缘半径”为620.0，如图1.6.23和图1.6.24所示。

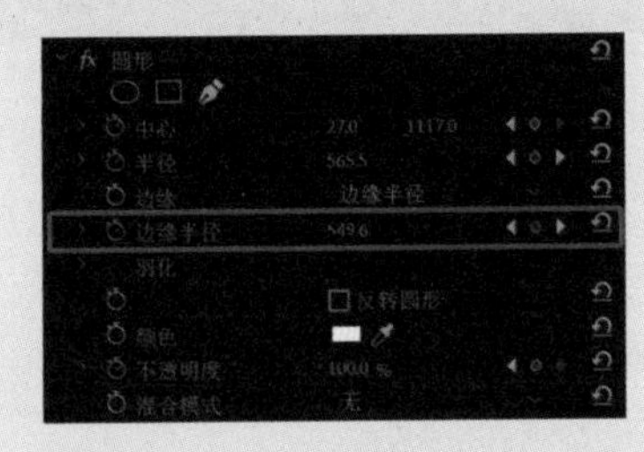

图1.6.23

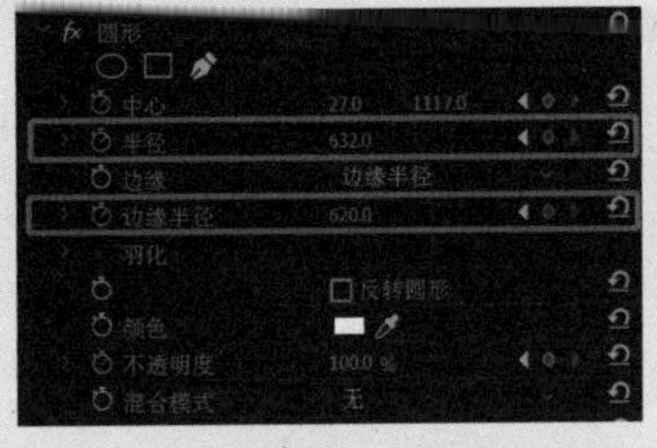

图1.6.24

12 为关键帧设置缓出和缓入效果。将播放头指针拖至00:00:01:06，选中“半径”和“边缘半径”的关键帧，添加缓出效果，如图1.6.25所示；将播放头指针拖至00:00:01:07，选中“边缘半径”的关键帧，添加缓入效果，如图1.6.26所示。

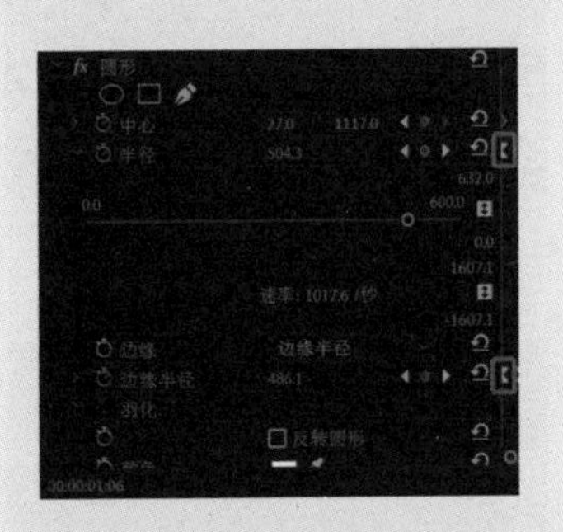

图1.6.25

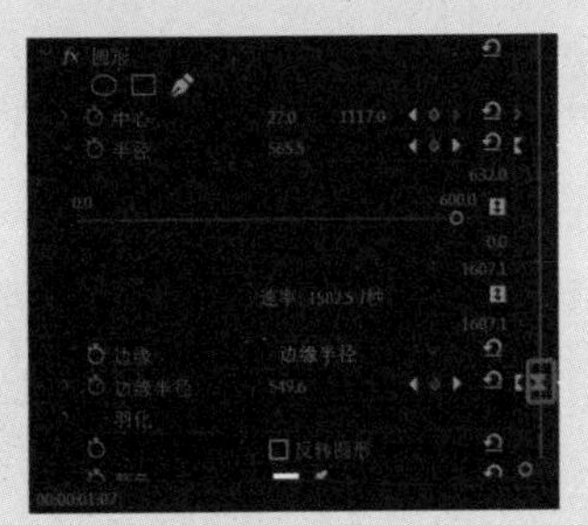

图1.6.26

13 为颜色遮罩添加效果。执行“窗口”→“效果”命令，打开“效果”面板，查找“粗糙边缘”效果并拖至V3的颜色遮罩上，如图1.6.27所示。在“效果控件”面板中展开“粗糙边缘”效果，将播放头指针拖至00:00:01:07，为“边框”属性设置关键帧，参数为4.0；将播放头指针拖至00:00:01:08，修改“边框”为18.0；将播放头指针拖至00:00:01:14，修改“边框”为21.0，如图1.6.28~图1.6.32所示。

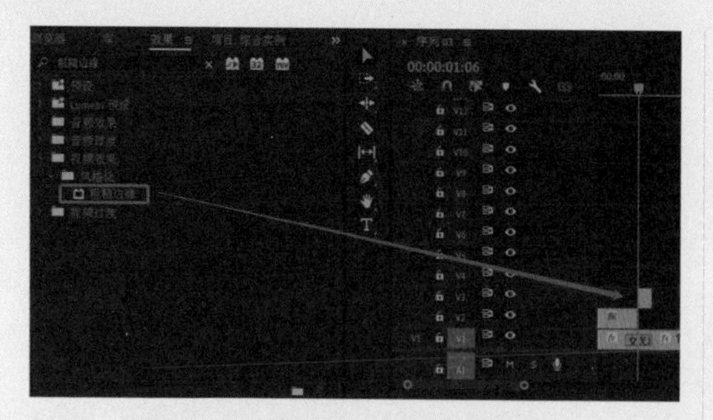

图1.6.27

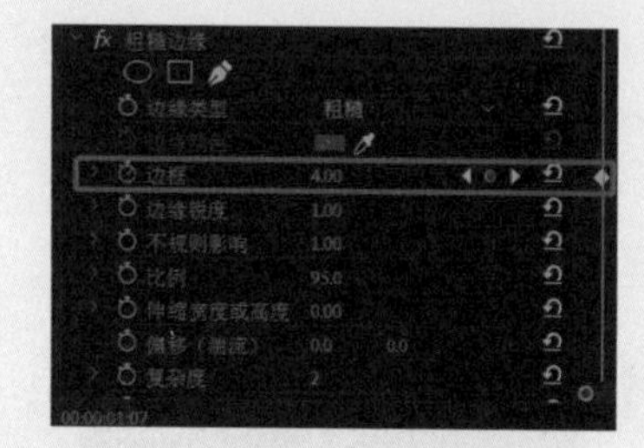

图1.6.28

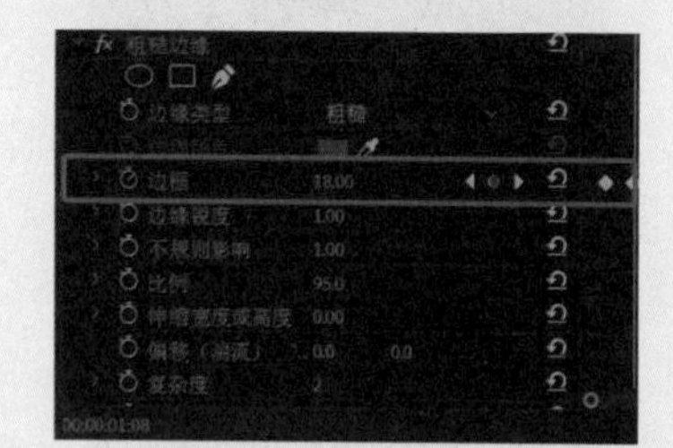

图1.6.29

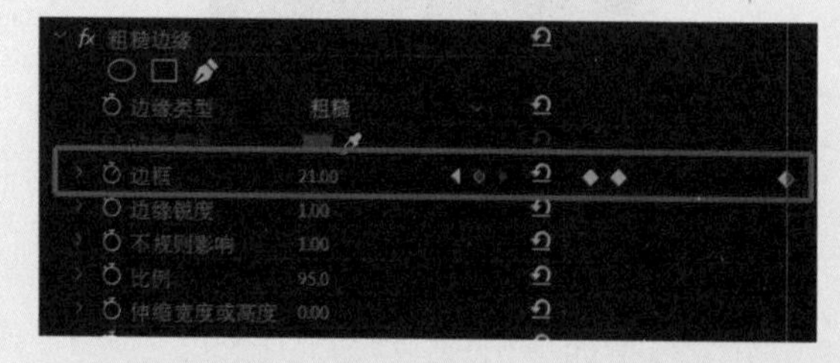

图1.6.30

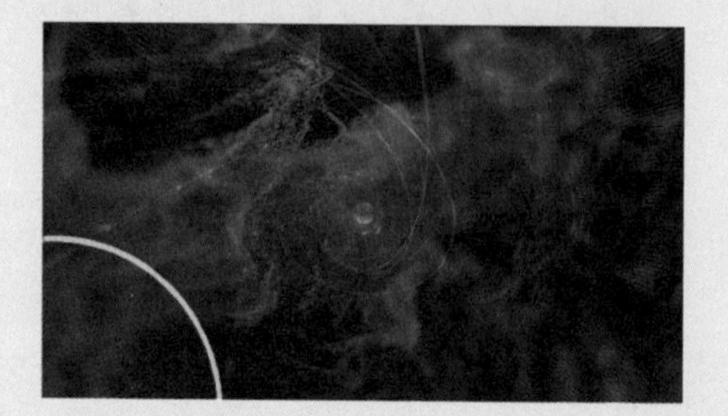

图1.6.31

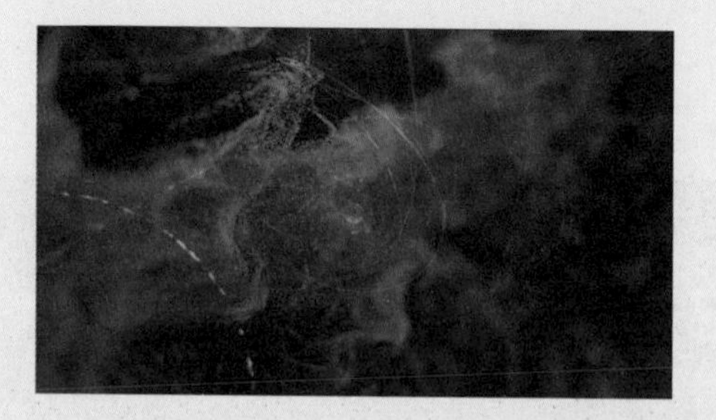

图1.6.32

14 调整颜色遮罩的不透明度。选中时间轴中V3轨道上的颜色遮罩，在V3起始位置执行“效果控件”→“运动”→“不透明度”命令，添加关键帧，设置参数为100.0%，在V3结束位置调整“不透明度”为0.0%，如图1.6.33和图1.6.34所示。

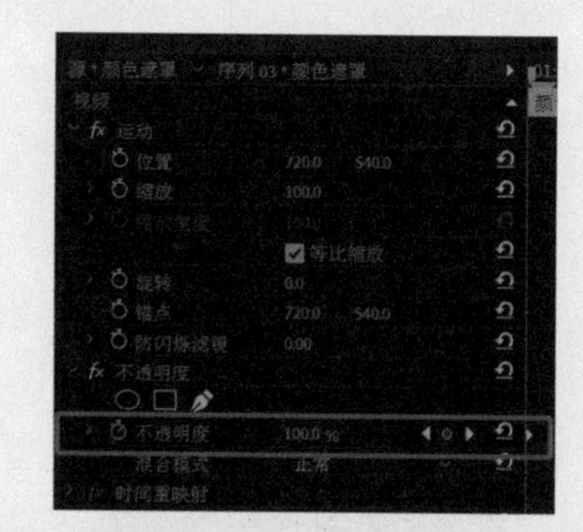

图1.6.33

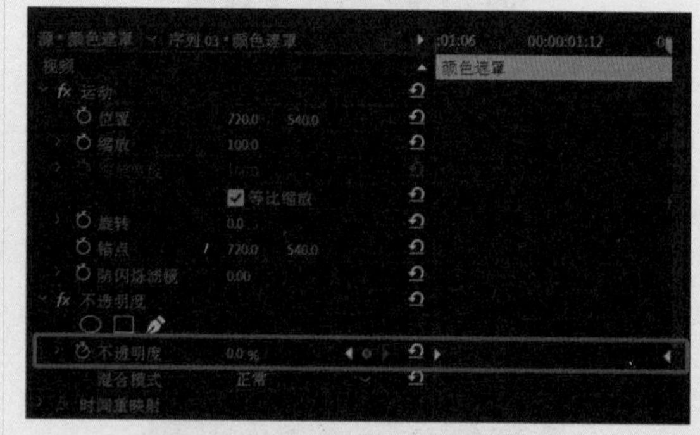

图1.6.34

15 将“项目”面板中的“球体2.png”素材拖至“时间轴”面板的V4轨道上，并设置起始帧与V3轨道起始帧对齐，设置结束帧为00:00:10:00，如图1.6.35所示。

16 选择V4轨道上的“球体2.png”素材，然后在

“效果控件”面板中展开“运动”效果，设置“位置”为1513.0，597.4，“缩放”为9.0。展开“不透明度”属性，设置“不透明度”为0.0%，为不透明度创建关键帧。将播放头指针拖至00:00:01:11，创建“旋转”关键帧，参数为34.6；将播放头指针拖至00:00:02:06，设置“缩放”为10.1，“旋转”为-64.4°，“不透明度”为100.0%；将播放头指针拖至00:00:03:15，设置“位置”为540.0，597.4，“缩放”为69.0，“旋转”为-336.4°，“不透明度”为85.0%，如图1.6.36~图1.6.41所示。

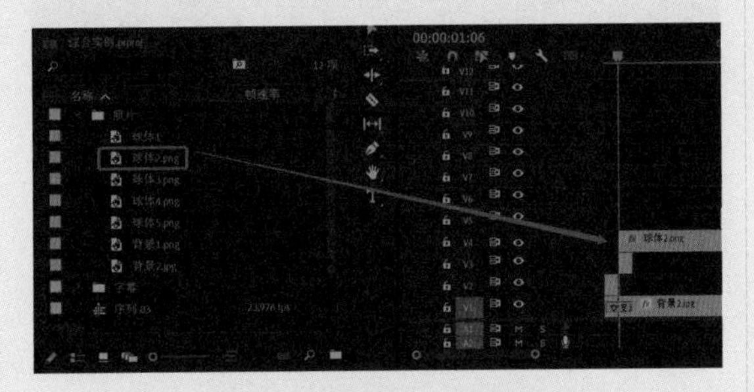

图1.6.35

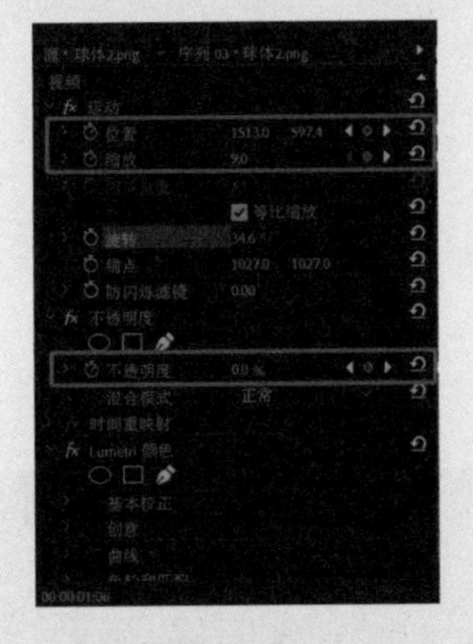

图1.6.36

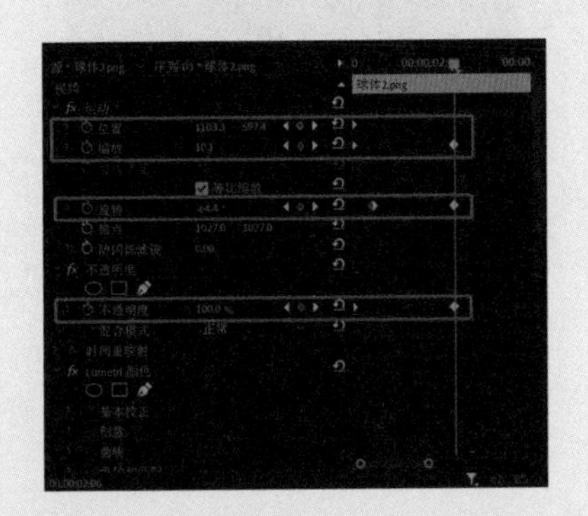

图1.6.37

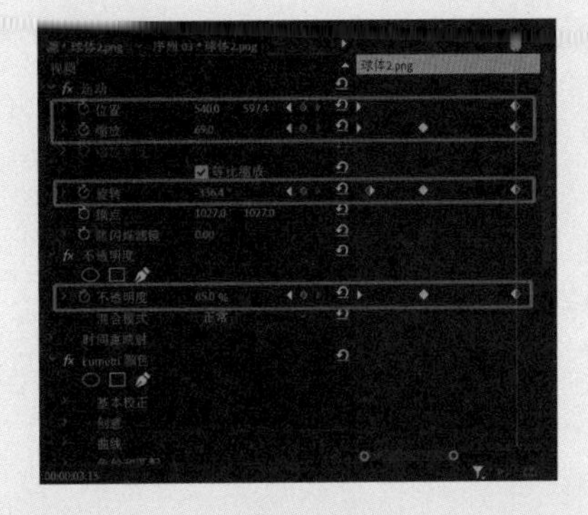

图1.6.38

图1.6.39

图1.6.40

图1.6.41

17 为“球体2”添加动效。执行“窗口”→“效果”命令，打开“效果”面板，搜索“湍流置换”特效，如图1.6.42所示。

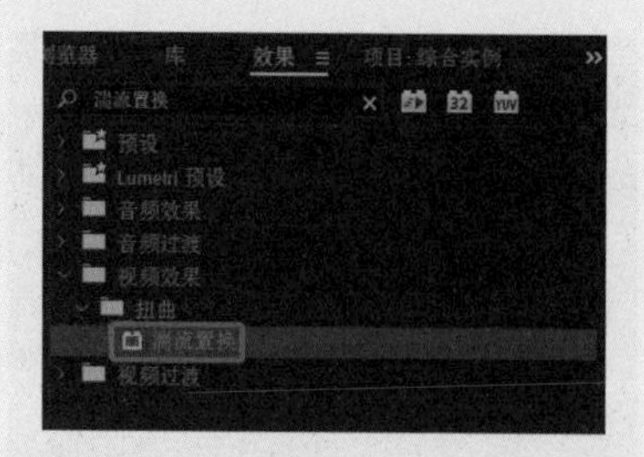

图1.6.42

18 将“湍流置换”特效拖入V4轨道的“球体2”素材中，在“效果控件”面板中设置“湍流置换”参数，创建关键帧，将播放头指针拖至00:00:03:17，设置“数量”为0.0，大小为10.0；将播放头指针拖至00:00:03:19，设置“数量”为5000.0，大小为67.0；将播放头指针拖至00:00:03:22，设置“数量”为10000.0，“大小”为80.0，创建“演化”关键帧，参数为365.0；将播放头指针拖至00:00:04:02，设置“大小”为545.0，如图1.6.43~图1.6.45所示。

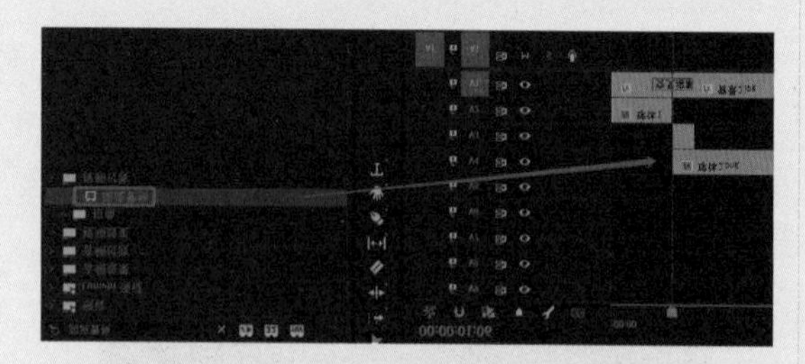

图1.6.43

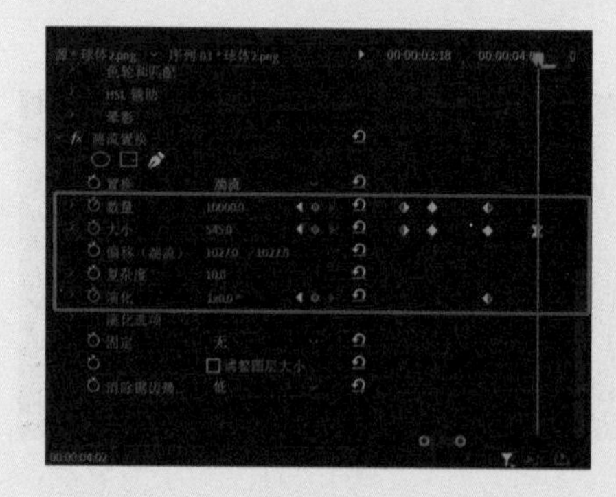

图1.6.44

19 将“项目”面板中的“球体3.png”素材拖至V5轨道上，并设置起始帧与V3轨道起始帧对齐，设置结束帧为00:00:10:00，如图1.6.46所示。

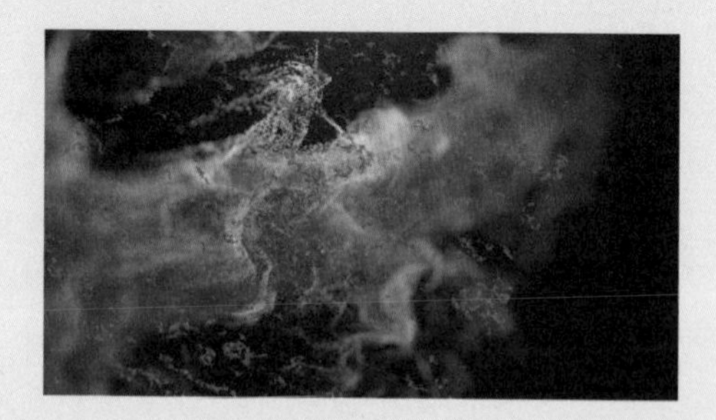

图1.6.45

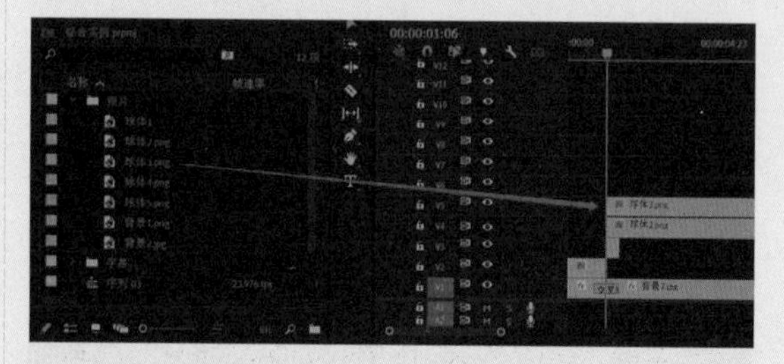

图1.6.46

20 选择V5轨道上的“球体3.png”素材，并在“效果控件”面板中展开“运动”效果，设置“位置”为192.5，873.0，接着展开“不透明度”属性，设置“不透明度”为0.0%，为不透明度创建关键帧。将播放头指针拖至00:00:01:16，设置“旋转”为−154.0°，“不透明度”为90.0%；将播放头指针拖至00:00:02:07，设置“位置”为220.5，−127.0，“旋转”为−340.0°，“不透明度”为0.0%；如图1.6.47~图1.6.51所示。

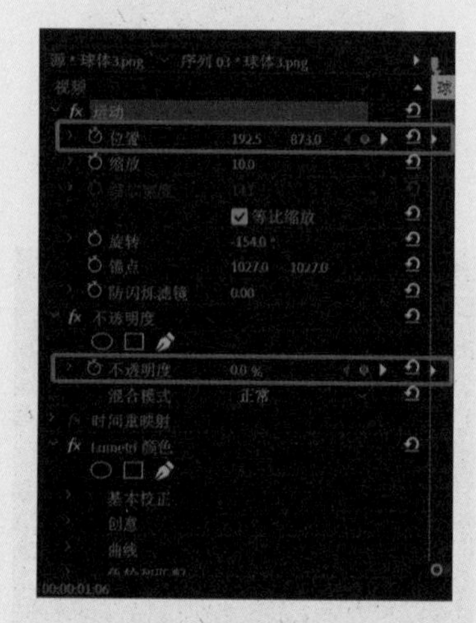

图1.6.47

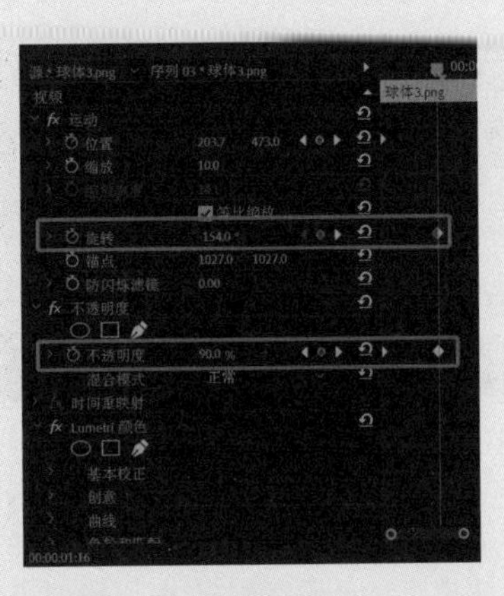

图1.6.48

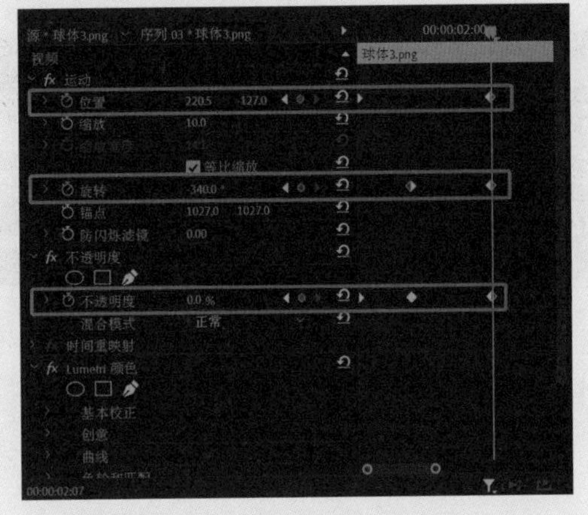

图1.6.49

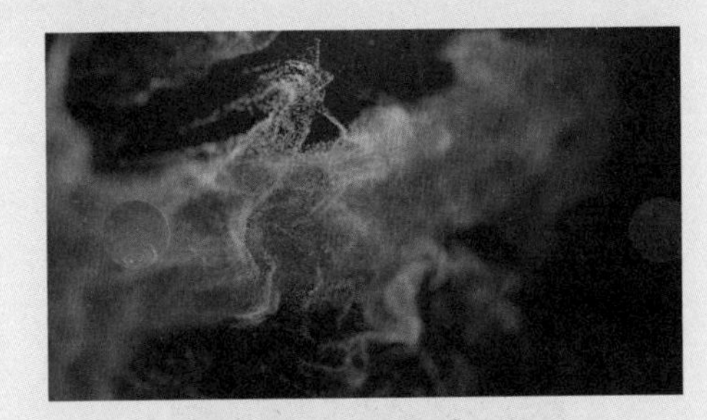

图1.6.50

图1.6.51

21 在 V6 轨道以步骤 05~步骤 13 同样的方式，在球体 2 旁边添加“水波纹”效果，设置起始帧为 00:00:02:02，结束帧为 00:00:02:13，如图 1.6.52~图 1.6.54 所示。

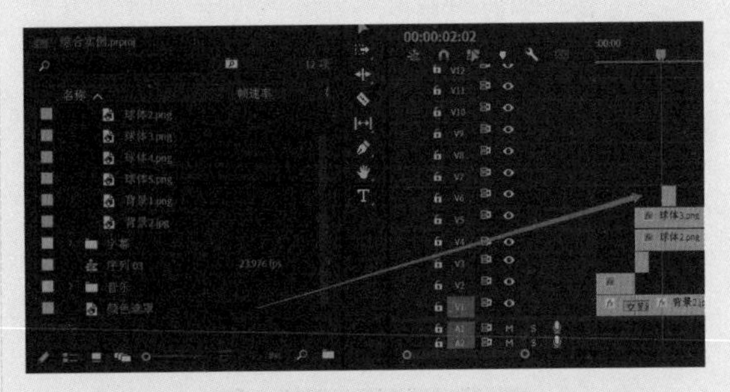

图1.6.52

图1.6.53

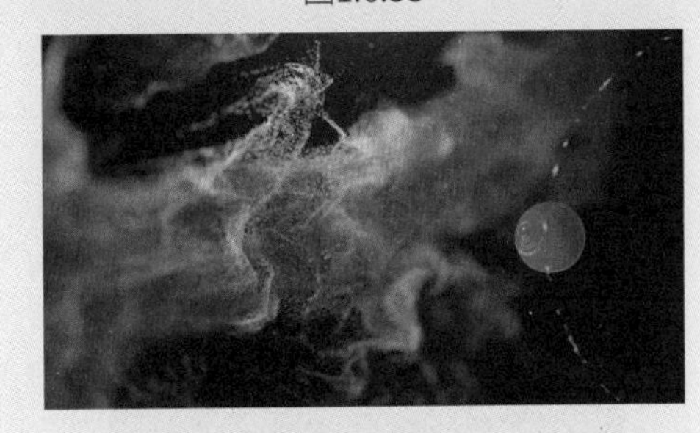

图1.6.54

22 将“项目”面板中的“球体 4.png”素材拖至 V7 轨道上，并设置起始帧为 00:00:02:04，设置结束帧为 00:00:10:00，如图 1.6.55 所示。

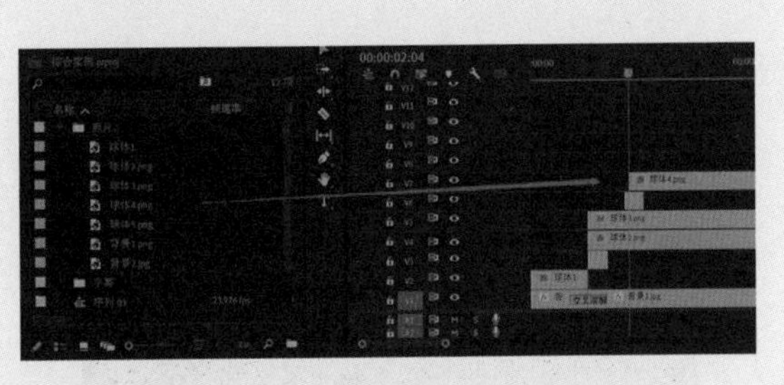

图1.6.55

23 选择V7轨道上的“球体4.png”素材，然后在“效果控件”面板中展开“运动”效果，设置“位置”为444.1，945.0，“旋转”为1×65.0°，接着展开“不透明度”属性，设置“不透明度”为0.0%，为不透明度创建关键帧。将播放头指针拖至00:00:02:20，设置“不透明度”为100.0%；将播放头指针拖至00:00:02:21，设置“旋转”为391.0°，“不透明度”为0.0%；将播放头指针拖至00:00:05:03，设置“位置”为1222.1，−97.0；如图1.6.56~图1.6.59所示。

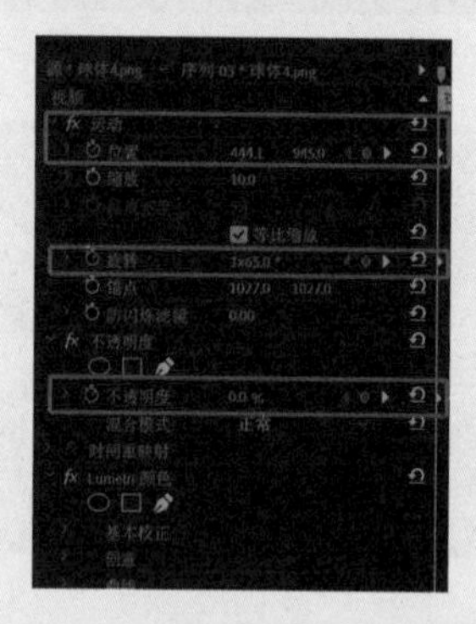

图1.6.56

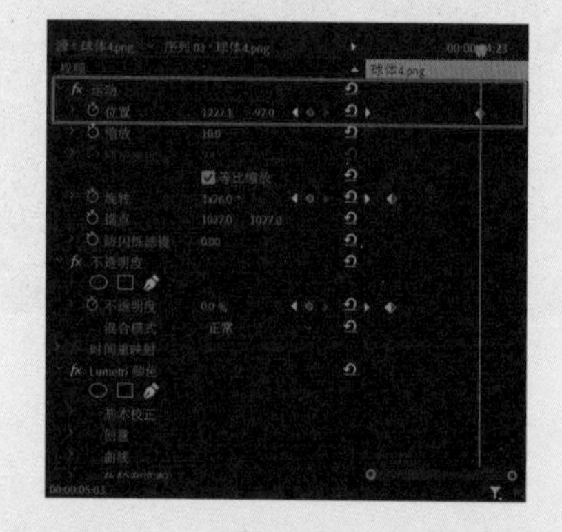

图1.6.57

图1.6.58

图1.6.59

24 将“项目”面板中的“球体5.png”素材拖至V8轨道上，并设置起始帧为00:00:04:23，设置结束帧为00:00:10:00，如图1.6.60所示。

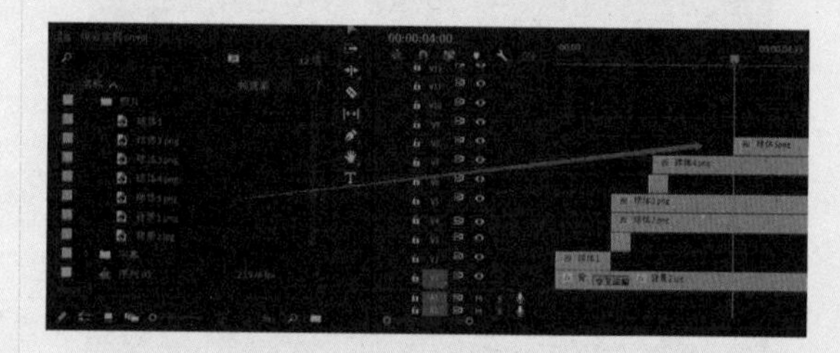

图1.6.60

25 选择V8轨道上的“球体5.png”素材，然后在“效果控件”面板中展开“运动”效果，设置“位置”为697.4，462.4，“缩放”为6.0，“锚点”为441.0，986.0，接着展开“不透明度”属性，设置“不透明度”为20.0%，为不透明度创建关键帧。将播放头指针拖至00:00:04:21，设置“位置”为697.4，270.4，“锚点”为441.0，986.0，“不透明度”为96.4%；将播放头指针拖至00:00:10:00时，设置“不透明度”为0.0%，如图1.6.61~图1.6.63所示。

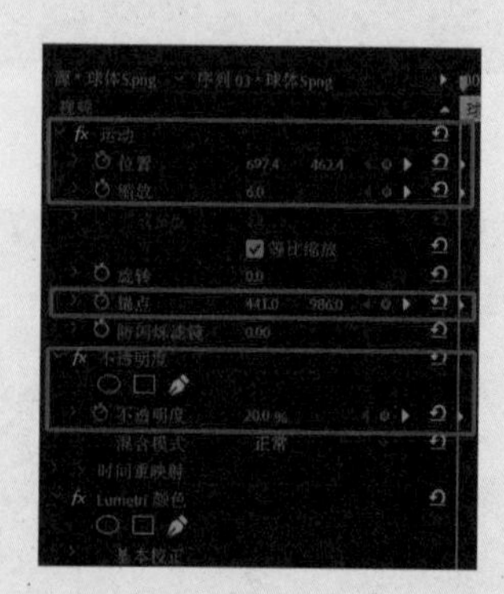

图1.6.61

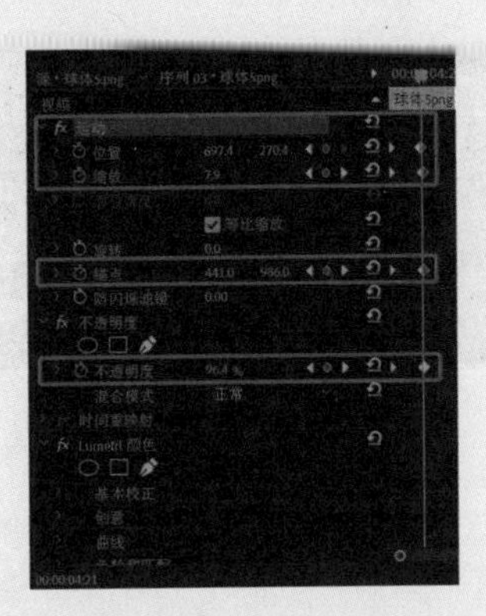

图1.6.62

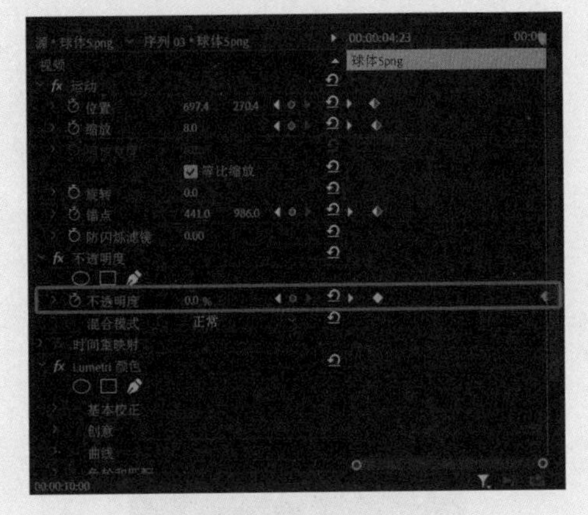

图1.6.63

1.6.4 创建字幕

01 执行“文件”→“新建”→“旧版标题”命令，在打开的“新建字幕”对话框中输入字幕名称并单击“确定”按钮，如图 1.6.64 所示。

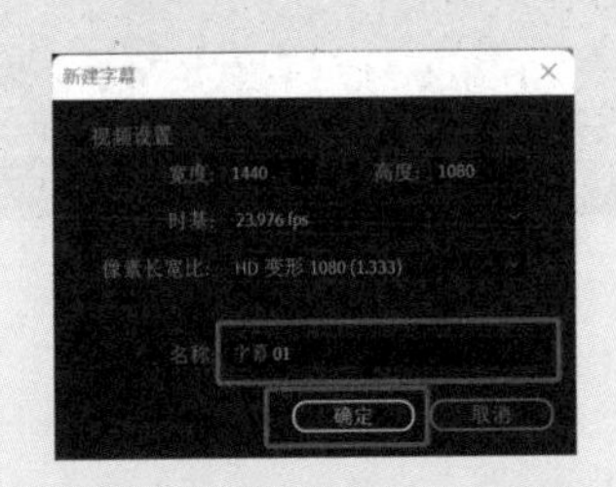

图1.6.64

02 在旧版标题工具栏中单击“钢笔”工具按钮，在绘图区绘制两条曲线，并适当调整曲线形态，在“旧版标题属性”面板中调整线宽和颜色，如图 1.6.65~ 图 1.6.68 所示。

图1.6.65

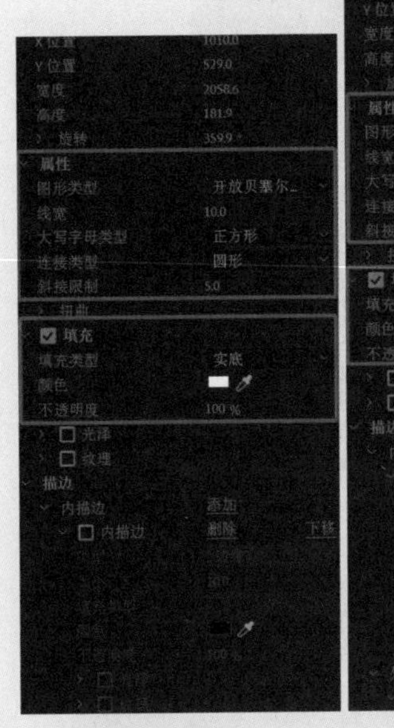

图1.6.66

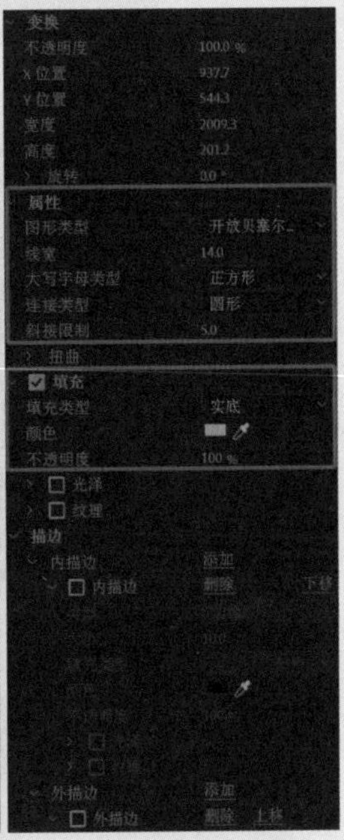

图1.6.67

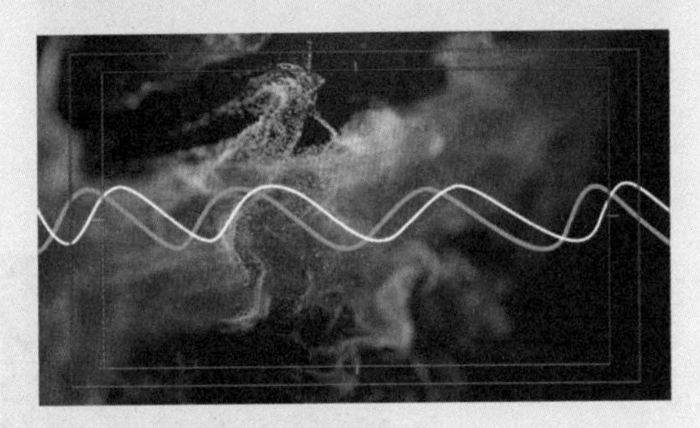

图1.6.68

03 使用同样的方法创建“字幕 02”。在工作区域输入相应的文字，并适当调整文字的位置、字体、大小和行距。在“字幕属性”面板中向下拖动滚动条，选中“阴影”复选框，设置“颜色”为红色，“角度”为 135.0°，“距离”为 29.0，“大小”为 16.0，“扩展”为 30.0，如图 1.6.69 和图 1.6.70 所示。

04 关闭字幕设计器，在“项目”面板中新建一个名为“字幕”的素材箱，将创建的字幕拖入该素材箱中，如图 1.6.71 和图 1.6.72 所示。

图1.6.69

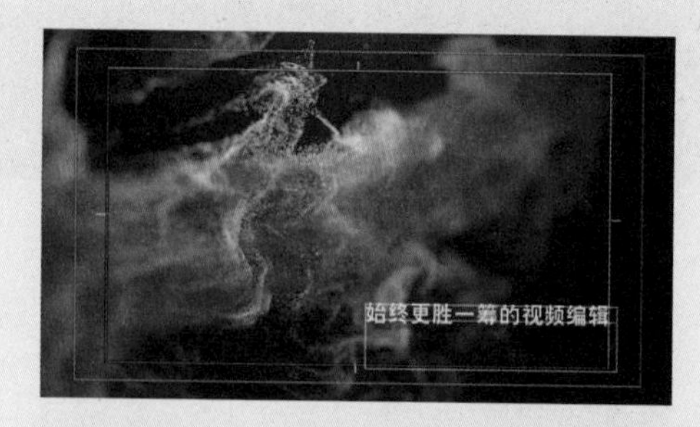

图1.6.70

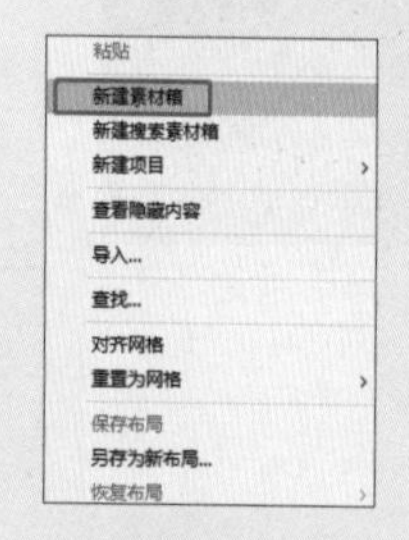

图1.6.71

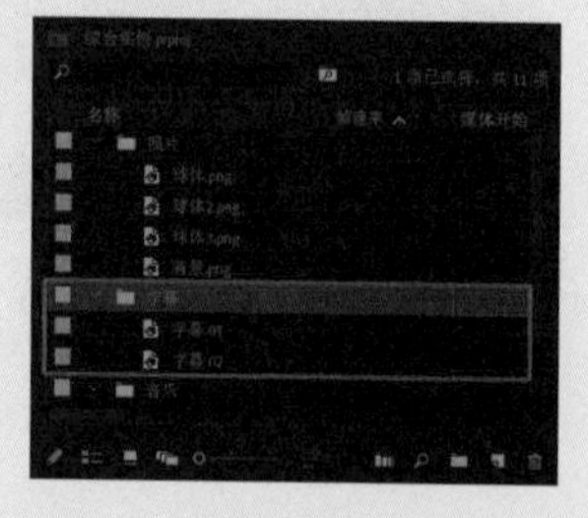

图1.6.72

1.6.5 编辑字幕动画

01 将“项目”面板中的“字幕 01”素材拖至 V9 轨道上，设置起始帧为 00:00:04:05，结束帧为 00:00:06:00，如图 1.6.73 所示。

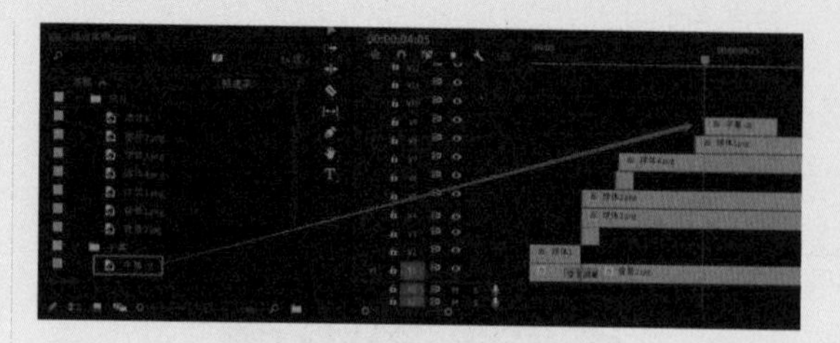

图1.6.73

02 选择 V9 轨道上的“字幕 01”素材，在“效果控件”面板中展开“运动”属性，设置“位置”为 720.0，540.0，为“不透明度”添加关键帧，设置参数为 0.0%；将播放头指针拖至 00:00:04:15，添加“不透明度”关键帧，设置参数为 100.0%；将播放头指针拖至 00:00:05:16，添加“不透明度”关键帧，设置参数为 0.0%，如图 1.6.74 和图 1.6.75 所示。

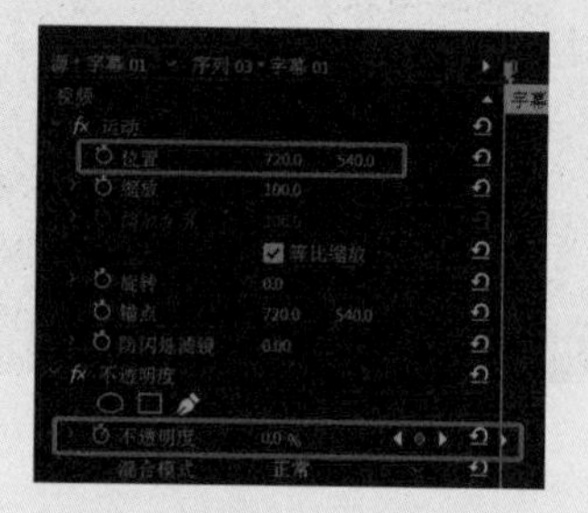

图1.6.74

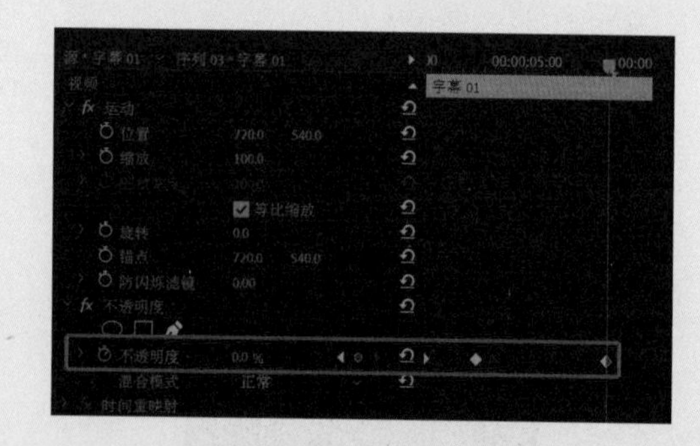

图1.6.75

03 为“字幕 01”添加动效。执行“窗口”→“效果”命令，打开“效果”面板，搜索“波形变形”特效，并拖入“字幕 01”中，如图 1.6.76 和图 1.6.77 所示。

04 将“字幕 02”素材拖至 V10 轨道上，设置起始帧为 00:00:05:05，结束帧为 00:00:10:00，如

图 1.6.78 所示。

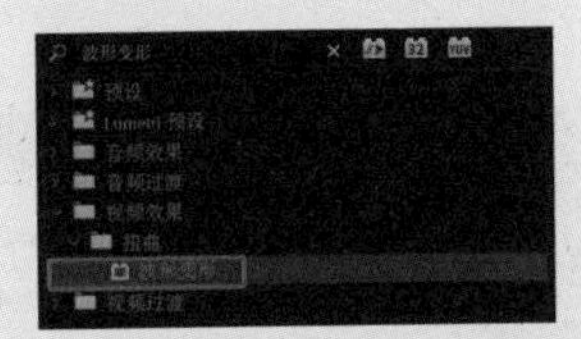

图1.6.76

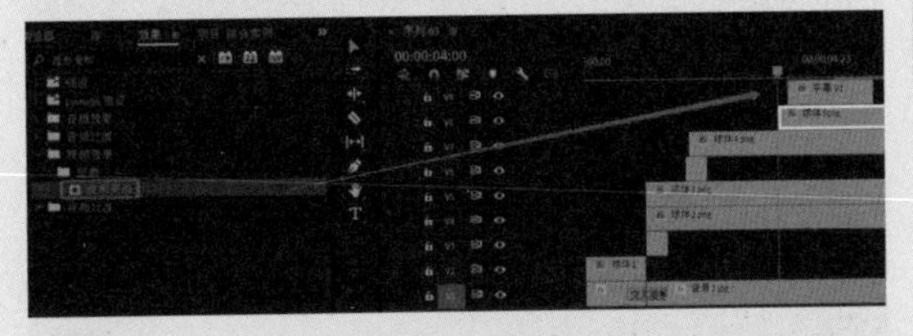

图1.6.77

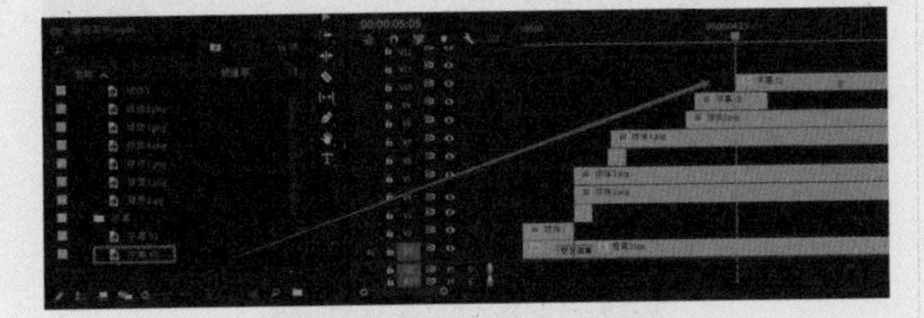

图1.6.78

05 在 00:00:05:05 为“缩放”添加关键帧，设置“缩放”为 70.0，为“不透明度”添加关键帧，设置“不透明度”为 0.0%；将播放头指针拖至 00:00:06:05，设置“缩放”为 100.0，“不透明度”为 100.0%；将播放头指针拖至 00:00:10:00，设置“不透明度”为 0.0%，如图 1.6.79 所示。

06 执行“窗口”→“基本图形”命令，打开“基本图形”面板。在“浏览”选项卡选中图形模板“影片标题”，如图 1.6.80 所示。

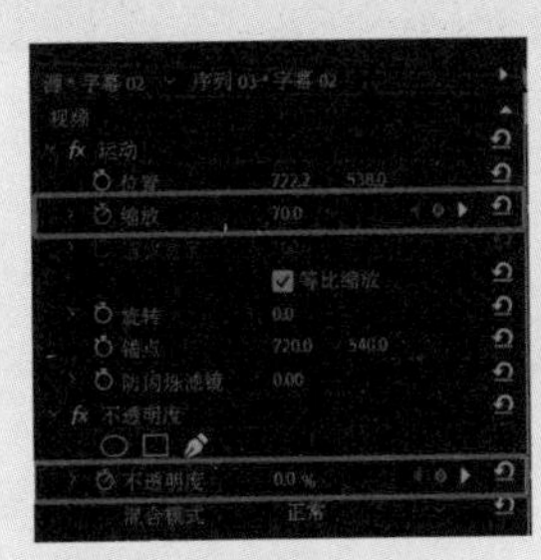

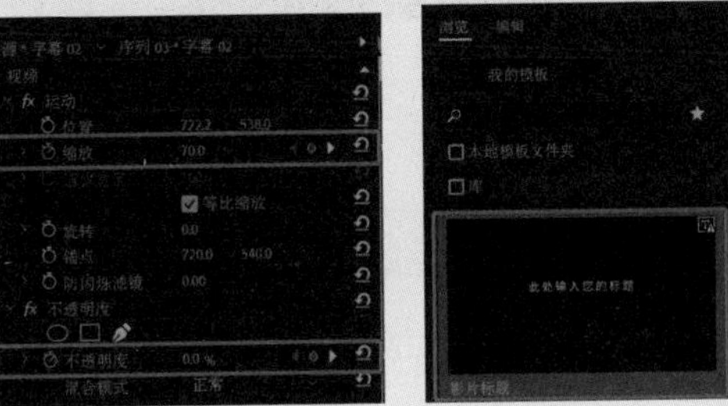

图1.6.79　　图1.6.80

07 将“项目”面板中的“影片标题”模板拖至 V11 轨道，设置其起始帧为 00:00:04:05，与字幕 1 起始点对齐，结束帧为 00:00:10:00，如图 1.6.81 所示。

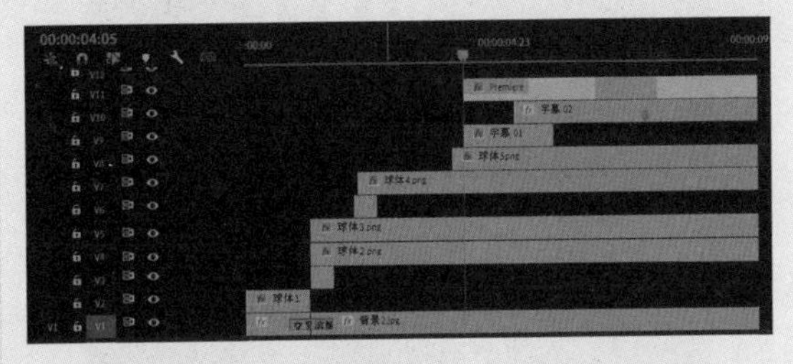

图1.6.81

08 修改文字。执行“基本图形”→“编辑”命令，选中下方的文本层并双击，设置标题为 Premiere，如图 1.6.82~ 图 1.6.86 所示。

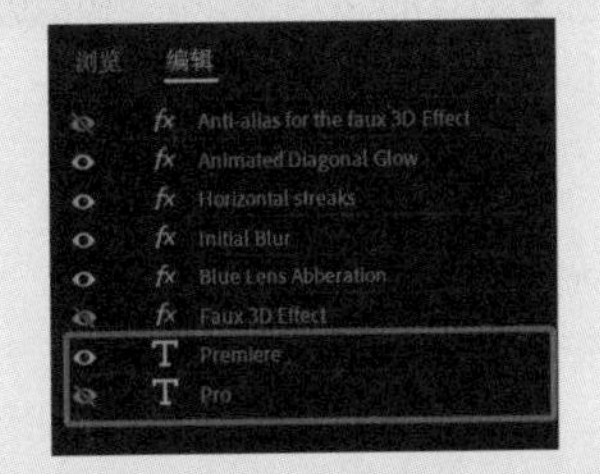

图1.6.82

图1.6.83

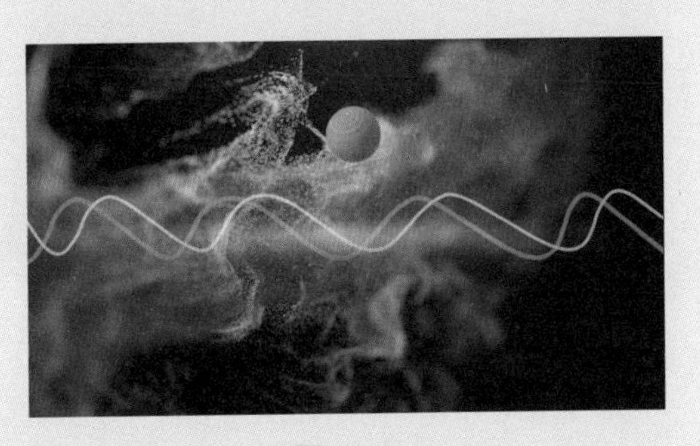

图1.6.84

图1.6.85

图1.6.86

1.6.6 编辑音频素材

01 将“项目”面板中的“音乐.mp3”素材拖至“时间轴”面板的A1轨道中，将其入点放置在00:00:00:00，如图1.6.87所示。

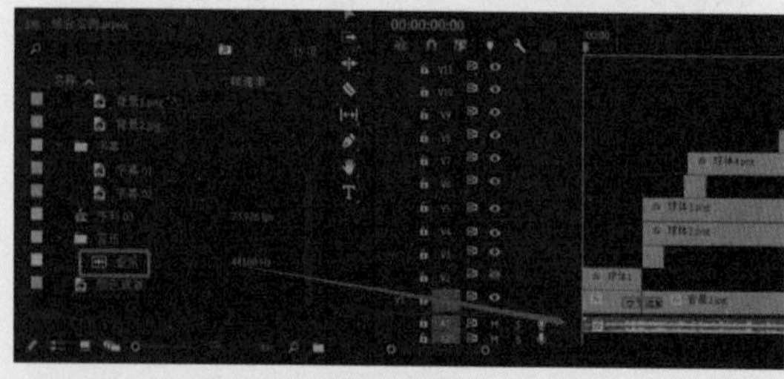

图1.6.87

02 将播放头指针拖至00:00:10:00，单击“工具”面板中的“剃刀工具”按钮，并在此时间点单击，将音频素材分割。选中音频素材后面多余的音频，按Delete键将其删除，如图1.6.88和图1.6.89所示。

03 展开A1轨道，分别在00:00:00:00、00:00:01:00、00:00:08:00和00:00:10:00的位置为音乐素材添加关键帧，并向下拖动00:00:00:00和00:00:10:00的关键帧，将其音量调为最小，制作声音的淡入淡出效果，如图1.6.90和图1.6.91所示。

图1.6.88

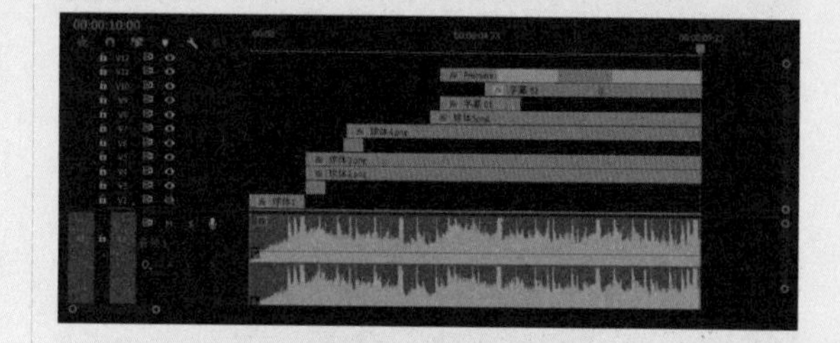

图1.6.89

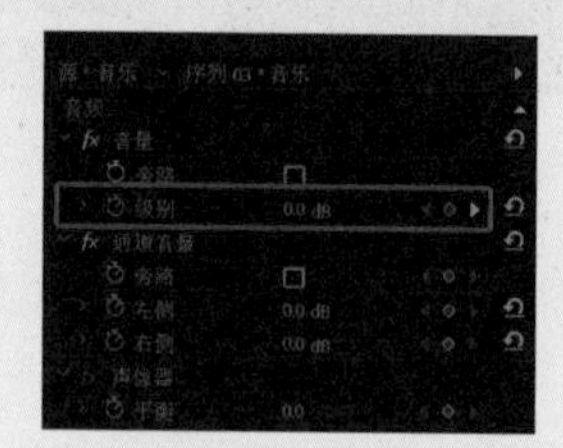

图1.6.90

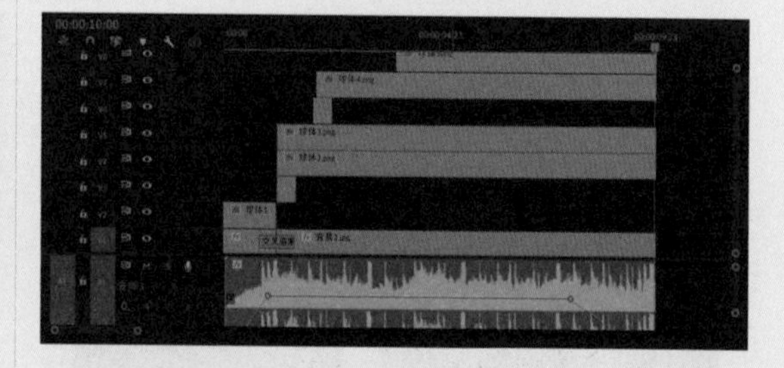

图1.6.91

1.6.7 项目打包输出

我们在制作视频时经常会将文件备份或将复制到其他计算机上使用，那么在移动文件位置后，通常会出现素材丢失等现象，所以我们需要将文件“打包”处理，方便该文件移动位置后再次使用。

01　打开素材文件，执行“文件”→“项目管理”命令，此时会弹出“项目管理器”对话框，选中“序列 03”复选框，该序列是我们需要应用的序列文件。接下来在“生成项目”选项区选中“收集文件并复制到新位置”单选按钮，并单击“浏览”按钮选择文件的目标路径。最后单击“确定”按钮，完成素材的打包操作。此时要注意，尽量选择磁盘空间较大的分区进行存储，如图 1.6.92 所示。

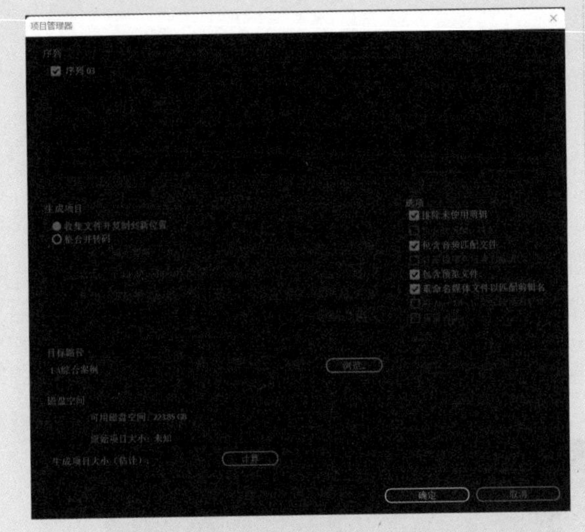

图1.6.92

02　在打包时所选择的路径文件夹中将出现打包的素材文件，如图 1.6.93 所示。

图1.6.93

下面将视频输出，具体的操作如下。

01　执行“文件”→“导出”→“媒体”命令，打开“导出设置”对话框，在“格式”下拉列表中选择一种视频格式（如 H.264），在“输出名称”选项中单击输入视频文件的名称，如图 1.6.94 所示。

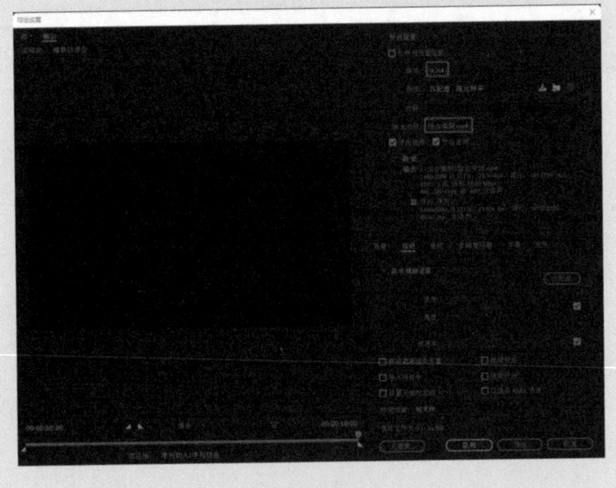

图1.6.94

02　在打开的“另存为”对话框中设置存储文件的名称和路径，然后单击“保存”按钮，返回“导出设置”对话框。在“音频”选项卡中设置音频的参数，然后单击“导出”按钮，将项目文件导出为视频文件，如图 1.6.95 和图 1.6.96 所示。

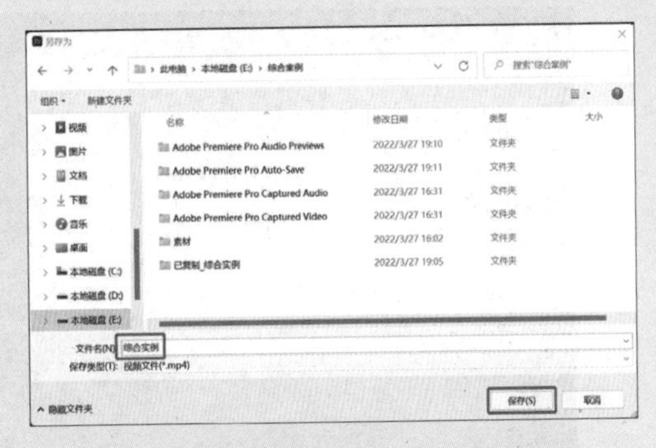

图1.6.95

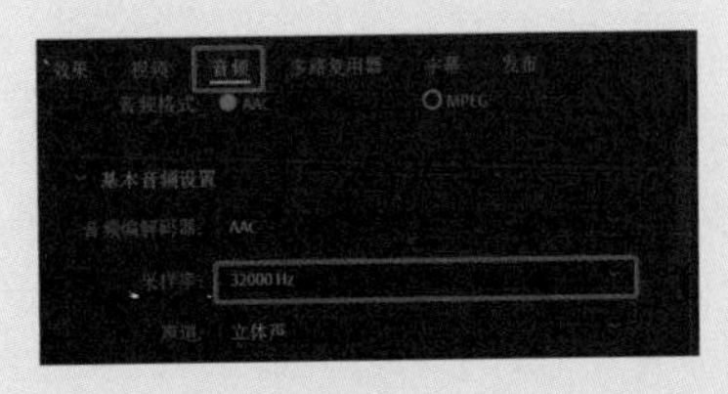

图1.6.96

03　将项目文件导出为视频文件后，可以在相应的位置找到该文件，并且可以使用媒体播放器对该文件进行播放。至此，完成了本例的制作。

第2章
认识剪辑

2.1 何为剪辑

剪辑的主要目的是对所拍摄的镜头（视频）进行分割、取舍，重新排列组合为一个有节奏、有故事性的作品。接下来学习在 Premiere Pro 中进行视频剪辑所涉及的主要知识点。

2.1.1 剪辑的基本概念

剪辑可以理解为裁剪、编辑，它是视频制作中必不可少的一道工序，在一定程度上决定着作品的质量，更是视频的升华和创作的主要手段，通过剪辑能影响作品的叙事性、节奏性和情感表现。“剪”和“辑”是相辅相成的，二者不可分离，其本质是通过视频中主体动作的分解组合来完成蒙太奇形象的塑造，从而传达故事情节，完成内容叙述，如图 2.1.1 所示。

图2.1.1

沃尔特·默奇作为经历过胶片时代到数字时代的剪辑大师，在其著作《眨眼之间》中提出了剪辑的六个组成部分：51% 的情绪，23% 的故事，10% 的节奏，7% 的视线追踪，5% 的二维图像，4% 的三维空间。可以看出情绪最为重要，占了一半以上的元素。情绪并不是指带有强烈的情绪进行剪辑，而是通过画面让观众产生共鸣。

常见的剪辑方式如下。

1. 蒙太奇

将不同场景、不同时空的画面剪辑在一起，指视频影片通过画面或声音进行组接，从而用于为叙事创造节奏、烘托气氛、营造情绪。剪辑的过程可以按照时间发展的顺序进行，也可以进行非线性操作，从而得到倒叙、重复、节奏等剪辑特色。例如，电影中将多个平行时间发生的事情一起展现给观众，或者电影中刺激动态的镜头突然转到缓慢静止的画面。常见的有平行蒙太奇、交叉蒙太奇、颠倒蒙太奇、联想蒙太奇、心理蒙太奇和抒情蒙太奇等。

2. 视线

常规剪辑手段包括，将人物视线所及的场景连接起来，或者引导观众注意画面中的某一个事物。例如，第一个镜头是人物的表情特写或近景，下一个镜头则切换到人物所看到的画面或在第三人视角所看到的人物所处的场景画面，也可以不让观众看到人物所看到的画面制造悬念，引入剧情。

3. 拆分

将音画分离的剪辑手段，主要为 J-CUT 和 L-CUT，这种剪辑方式经常出现在对话场景中。J-CUT 一般指声音在画面出现之前就开始了，正好对应了“时间线”面板上，声音轨道和画面轨道所形成的 J 形画面，如图 2.1.2 所示。

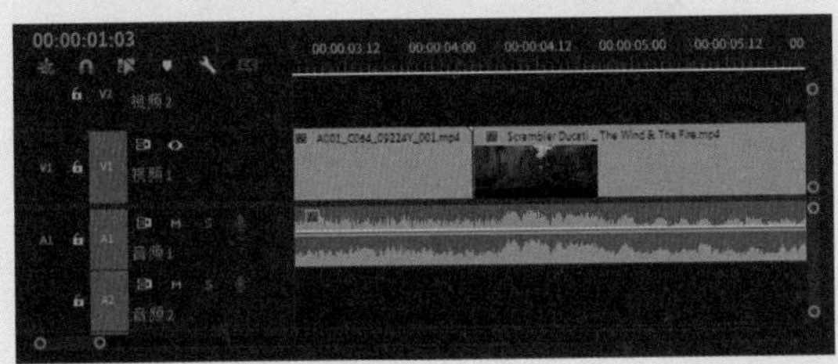

图2.1.2

L-CUT 则是指画面已经切换，而声音还在继续，对应了“时间线”面板上，声音轨道和画面轨道所形成的 L 形画面，如图 2.1.3 所示。

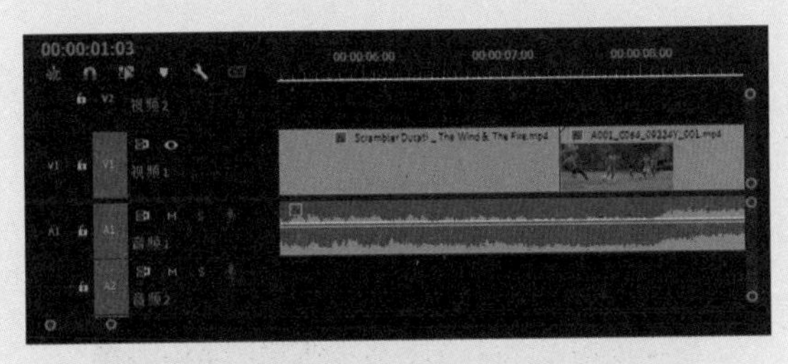

图2.1.3

2.1.2 剪辑的节奏

剪辑很大程度上用于控制镜头的时长，当我们表现一场酣畅淋漓的打斗动作画面时，一般会使用时长较短的镜头不断切换，烘托紧张的情绪，也可以在某些关键动作的镜头上使用升格手法表现，拉长一个本来动作时长很短的画面，表现动作的细节，以强化画面的紧张情绪。当观众看了很多的影片后，就会对镜头的时长产生主观的带入感，例如，让你想象一个浪漫的画面时，我们的脑海中一般会浮现一个长镜头。1942 年拍摄的《卡萨布兰卡》总镜头数为 812 个，而 2010 年的《盗梦空间》则为 2730 个，如果大家感兴趣可以去看《更快，更紧凑，更黑暗：好莱坞电影 75 年间的变迁》这篇论文，作者统计了 1935 年至 2010 年上映的 160 部电影的镜头数量和时长，可以看出好莱坞电影的剪辑节奏变得越来越快，越来越紧凑。剪辑的节奏可以影响影片的叙事方式和视觉感受，能够推动画面的情节发展，如图 2.1.4 所示。

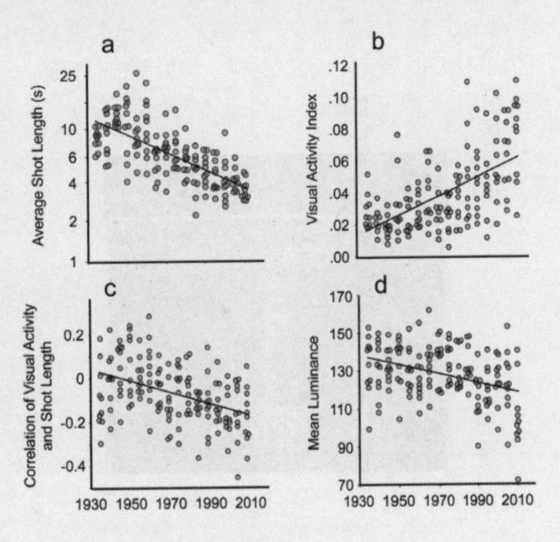

图2.1.4

常见的剪辑节奏可分为以下几种方法。

1. 静接静

“静接静”是指在一个动作结束时另一个动作以静的形式切入，通俗来讲，上一帧结束在静止的画面上，下一帧以静止的画面开始。“静接静”同时还包括场景转换和镜头组接等，它不强调视频运动的连续性，更多注重的是镜头的连贯性。

2. 动接动

“动接动”是指在镜头运动中通过推、拉、移等动作表现主体的切换，以接近的方向或速度进行镜头组接，从而产生动感效果。例如，人物的运动、景物的运动等，借助此类素材进行动态组接。

3. 静接动 / 动接静

“静接动”是指动感微弱的镜头与动感明显的镜头进行组接，在节奏上和视觉上具有很强的推动感；“动接静”与“静接动”相反，同样会产生抑扬顿挫的画面感觉。

2.2 素材剪辑的基本操作

本节介绍在剪辑过程中所能使用到相关面板命令的功能和操作方法。

2.2.1 “源监视器”面板

在将素材放入视频序列之前，可以使用“源监视器”面板预览和修整这些素材。要使用“源监视器”面板预览素材，只需将“项目”面板中的素材拖入“源监视器”面板，然后单击“播放－停止切换”按钮即可，如图 2.2.1 所示。

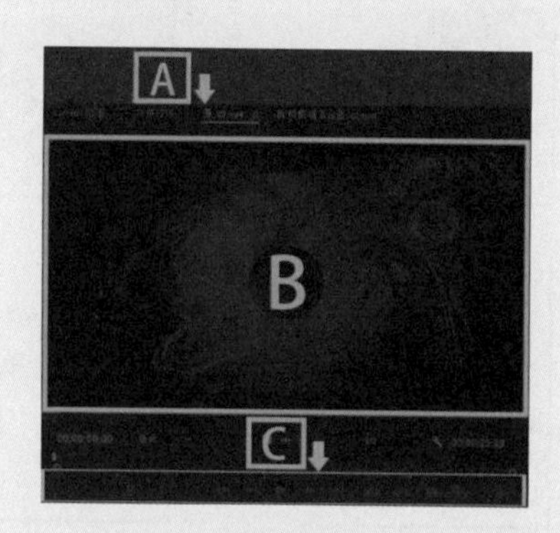

图2.2.1

A：“源监视器”面板。

B：“源监视器”面板的预览窗口，用于预览素材。

C：“源监视器”面板的工具，具体介绍如下。

※ 设置标记：可以在素材的任意一点设置标记。

※ 标记入点：指定素材开始帧的位置，被称为“入点”。

※ 标记出点：指定素材结束帧的位置，被称为“出点”。

※ 跳转入点：跳转至入点位置。

※ 步退：后退一帧。

※ 播放－停止切换：播放或者停止播放素材。

※ 步进：前进一帧。

※ 跳转出点：跳转至出点位置。

※ 插入：在播放头指针的位置添加素材，播放头指针后面的素材向后移动。

※ 覆盖：在播放头指针的位置添加素材，重复部分被覆盖，并不会向后移动。

※ 导出单帧：导出单帧到项目中。

※ 比较视图：如果对视频进行过编辑，单击“比较视图”按钮，会将两个版本的同帧视频进行对比显示，如图 2.2.2 所示。

图2.2.2

※ 按钮编辑器：重置工具布局，单击“源监视器”右下角的“按钮编辑器”按钮，在弹出的“按钮编辑器”对话框中，选择要使用的按钮，拖入下方蓝色框中，单击“确定”按钮，即可重置工具栏布局，如图 2.2.3 所示。

图2.2.3

※ 播放邻近区域：单击该按钮，可播放时间线附近的素材。

※ 循环播放：单击该按钮，可以将当前的文件素材循环播放。

※ 安全边距：单击该按钮，可以在画面周围显示安全框。

※ 隐藏字幕显示：单击该按钮，可以隐藏字幕。

※ 切换代理：单击该按钮，可以将当前素材切换为代理素材。

※ 切换 VR 视频显示：单击该按钮，可以切换到 VR 视频显示状态。

※ 切换多机位视图：单击该按钮，切换到多机位视图模式，可以编辑从不同的机位同步拍摄的视频素材。

※ 选择缩放级别：选择缩放比例，调整监视器中显示画面的大小。

※ 选择回放分辨率：控制在播放视频时所显示视频的分辨率，该选项不会影响源视频，只是在播放时为流畅预览提供的功能。如果编辑时播放卡顿就将分辨率降到 1/2 或 1/4，在播放时会变模糊，但不影响影片最终生成的质量。

2.2.2 子剪辑设置

子剪辑设置的操作步骤如下。

01 启动 Premiere Pro，在欢迎窗口中单击“新建项目”按钮，也可以在 Premiere Pro 工作窗口中执行“文件”→“新建”→“项目”命令，并在弹出的“新建项目”对话框中设置文件的名称及项目存储位置，如图 2.2.4 所示。

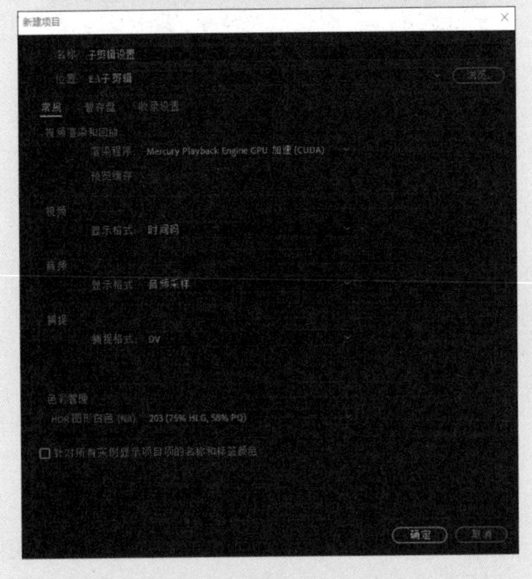

图2.2.4

02 执行“文件”→“新建”→“序列”命令，弹出“新建序列”对话框，设置序列名称，单击“确定”按钮，新建序列，如图 2.2.5 所示。

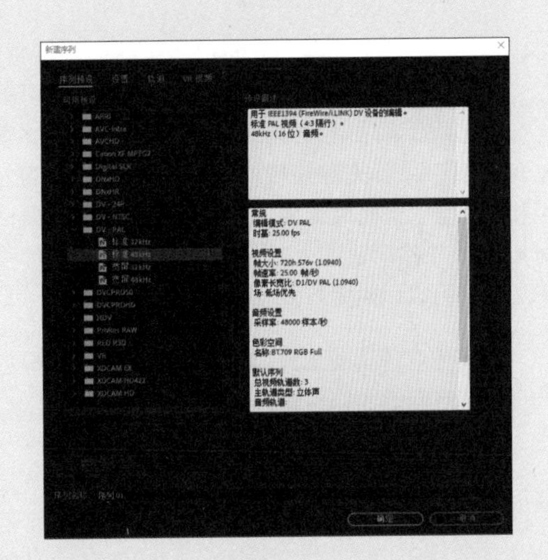

图2.2.5

03 导入需要处理的素材内容，执行“剪辑”→“编辑子剪辑”命令，在弹出的“编辑子剪辑”对话框中选中“将修剪限制为子剪辑边界”复选框，单击“确定”按钮，如图 2.2.6 所示。

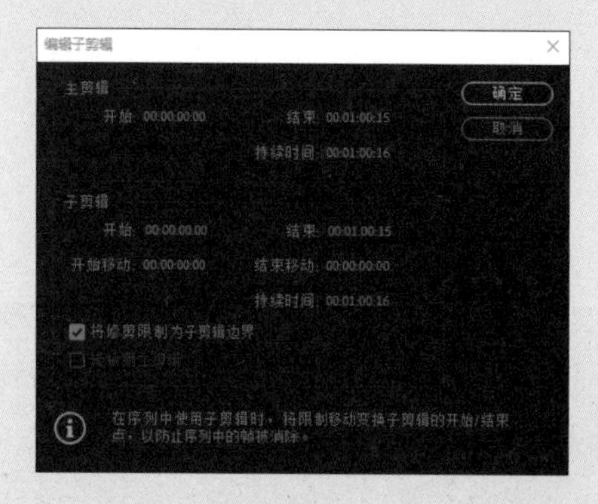

图2.2.6

2.2.3 “工具”面板

“工具”面板主要用来对“时间线”面板中的素材进行编辑，通过“工具”面板，用户可以在“时间线”面板中完成素材的移动、剪辑、对齐、创建关键帧，以及对时间线进行缩放等操作，如图2.2.7 所示。熟练掌握“工具”面板中各个工具的使用方法，是学好 Premiere Pro 的必经之路。

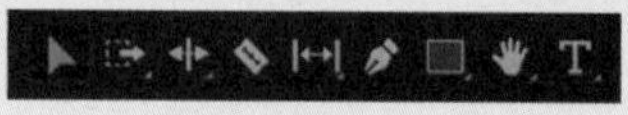

图2.2.7

“工具”面板中的工具详解如下。

选择工具：用于选择和移动时间线上的素材，例如，调节关键帧和淡化线、设置素材的入点和出点等。“选择工具”是使用最频繁的工具，可以选择并移动轨道上的片段，如果要移动片段的边缘，可以以拖曳方式裁剪片段。

向前选择轨道工具 / 向后选择轨道工具：选择箭头方向的全部素材，如图 2.2.8 所示。

图2.2.8

波纹编辑工具：用于改变影片的入点和出点。在剪辑好的素材上改变素材的时间长度，将鼠标放在素材的开始或结束的位置，拖动鼠标，完成对素材的缩放，同时其他的素材会自动进行调整。如果将素材进行了编组处理，也可以配合 Alt 键，直接对单个素材进行编辑，如图 2.2.9 所示。

滚动编辑工具：选择该工具，在更改素材出、入点时，相邻素材的出、入点也会随之发生改变，如图 2.2.10 所示。

图2.2.9 　　图2.2.10

比率拉伸工具：选择该工具，可以更改素材的长度和帧速率，如图 2.2.11 所示。

“剃刀工具”：这是使用非常频繁的工具，用于对素材的剪辑。如果音视频链接被打断，单纯使用“剃刀工具”，只能对素材的视频或者音频部分进行剪辑，配合使用 Shift 键，可以同时对音视频轨道进行剪辑。在没有断开音视频链接的时候，可以配合 Alt 键，单独对音频或视频进行剪辑。

外滑工具：在不改变素材在轨道中的位置和长度的情况下，使用该工具可以改变素材的入点和出点，相当于重置入点和出点。编辑方法为，将“外滑工具”放置到需要改变入点和出点的素材上，然后拖动它，可以通过查看“监视器”窗口的时间码精确操作。

内滑工具：改变相邻素材的出、入点位置，如图 2.2.12 所示。

图2.2.11 　　图2.2.12

钢笔工具：在“时间线”面板中，可以使用“钢笔工具”调整参数或添加关键帧，如图 2.2.13 所示。

矩形工具：可以在“监视器”面板中绘制矩形。

椭圆工具：可以在“监视器”面板中绘制椭圆形，如图 2.2.14 所示。

图2.2.13 　　图2.2.14

手掌工具：可以拖动“时间线”面板中的片段，调整其显示位置。

缩放工具：可以放大或缩小“时间线”面板中的素材。

文字工具：可以在“监视器”面板中单击并输入横排文字。

垂直文字工具：可以在“监视器”面板中单击并输入直排文字。

2.2.4 “时间轴”面板

“时间线”面板可以编辑和剪辑音视频素材，为影片添加字幕和效果等，是 Premiere Pro 最重要面板，如图 2.2.15 所示，主要组件的使用方法如下。

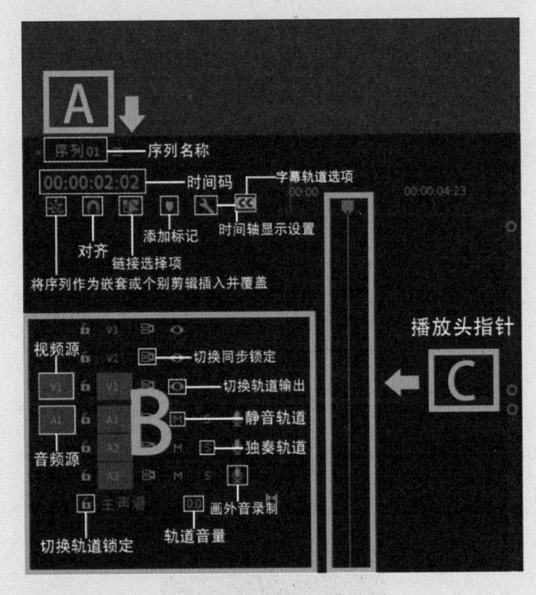

图2.2.15

00:00:02:02 时间码：显示当前播放头指针所在的位置。

播放头指针：单击并拖动播放头指针，即可显示当前时间位置的素材画面。

切换轨道锁定：单击该按钮，停止使用该轨道。

切换同步锁定：单击该按钮，可以限制在修剪期间的轨道转移。

切换轨道输出：单击该按钮，即可隐藏该轨道中的素材，以黑场视频的形式呈现在“节目监视器”面板中。

M 静音轨道：单击该按钮，音频轨道会将当前的声音静音。

S 独奏轨道：单击该按钮，该轨道成为独奏轨道。

画外音录制：单击该按钮，可以通过录音设备（麦克风）录音。

0.0 轨道音量：该数值越大，轨道中素材的音量越大。

更改缩进级别：更改时间线的时间间隔，向左滑动级别增大，素材所占面积较小；反之，级别变小，素材所占面积较大。

V1 视频轨道：可以在该轨道中编辑静帧图像、序列、视频等素材。

A1 音频轨道：可以在该轨道中编辑音频素材。

1. 关于时间码

视频中的每一帧都有一个唯一的时间码，一般我们使用时间码的标准格式为“小时 : 分钟 : 秒 : 帧”，如图 2.2.16 所示。

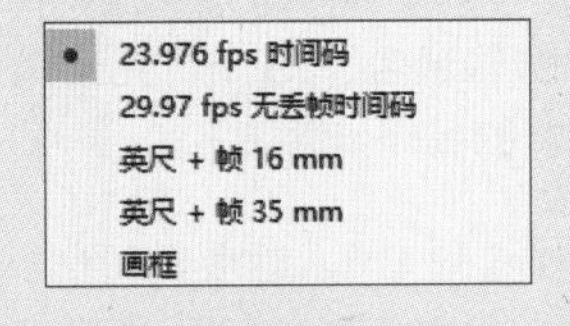

图2.2.16

备注：无丢帧格式的 PAL 制式视频，其时间码中的分隔符为冒号（:），而丢帧格式的 NTSC 制式视频，其时间码中的分隔符为分号（;），例如，00:00;30:00。

2. 定位与查找

在时间码上按时间定位，输入 :011520，则定位到 00:01:15:20；输入 :0500，则定位到

00:00:05:00，即第 5 秒。在时间码上，若要按帧号定位，首先右击时间码，在弹出的快捷菜单中选择“帧”选项，输入的数字就是要定位的帧号。

如果要在时间线中按剪辑名等进行查找，按快捷键 Ctrl+F，弹出“在时间轴中查找”对话框，按照要搜索的目标属性进行设置即可，如图 2.2.17 所示。

图2.2.17

2.2.5 放大或缩小时间轴轨道

有时候时间轴上的素材轨道会很短，不利于操作，如何放大呢？有两种方法。第一种是按下键盘上的 + 或 − 键，对时间线轨道进行缩放；第二种是按住 Alt 键滚动鼠标滚轮。注意，这两种方法都是以鼠标指针的位置作为缩放中心的。

2.2.6 添加与删除轨道

Premiere Pro 软件支持视频轨道、音频轨道和音频子混合轨道各 103 个，完全满足影视编辑的需要，具体的操作步骤如下。

01 启动 Premiere Pro，新建项目和序列。在轨道编辑区的空白区域右击，在弹出的快捷菜单中选择“添加轨道”选项，如图 2.2.18 所示。

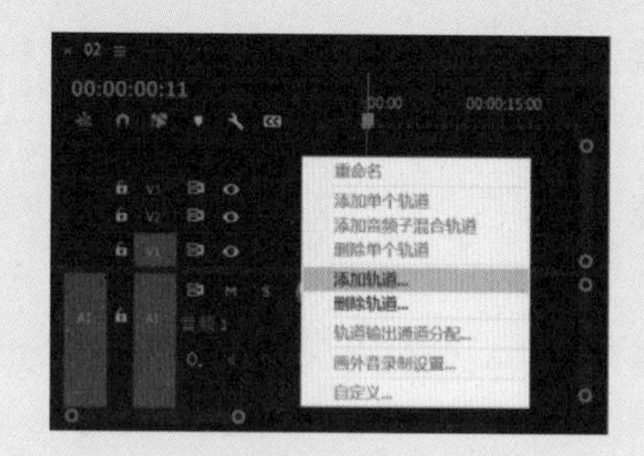

图2.2.18

02 弹出“添加轨道”对话框，在其中可以添加视频轨道、音频轨道和音频子混合轨道。单击“添加”后的数字 1，出现文本框，输入数字 2，单击“确定”按钮，即可添加两条视频轨道，如图 2.2.19 所示。

图2.2.19

03 在轨道编辑区的空白区域右击，在弹出的快捷菜单栏中选择“删除轨道”选项，如图 2.2.20 所示。

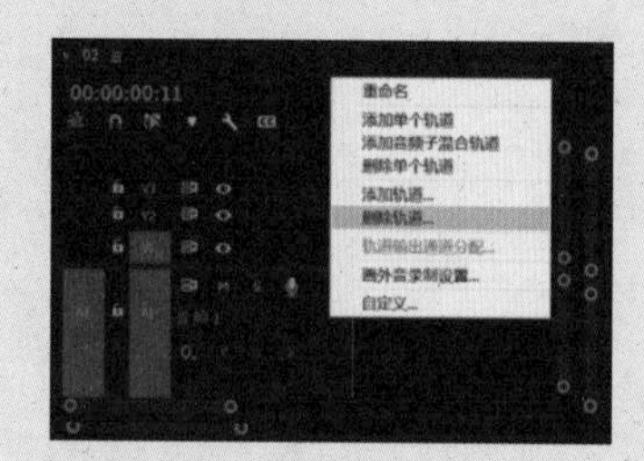

图2.2.20

04 弹出“删除轨道”对话框，选中“删除音频轨道”复选框，单击“确定”按钮，如图 2.2.21 所示。

图2.2.21

此时的轨道分布情况如图 2.2.22 所示。

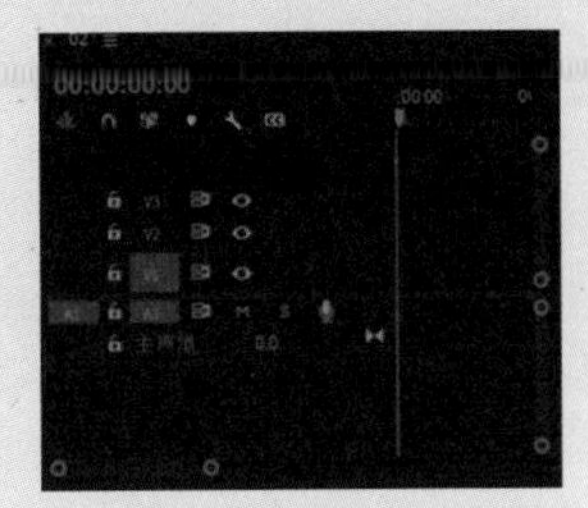

图2.2.22

2.2.7　剪辑素材

将素材导入项目后，剪辑素材的操作是不可或缺的，具体的操作步骤如下。

01　启动 Premiere Pro，单击“新建项目”按钮，在弹出的“新建项目”对话框中，设置项目名称和存放的位置，单击“确定”按钮，如图 2.2.23 所示。

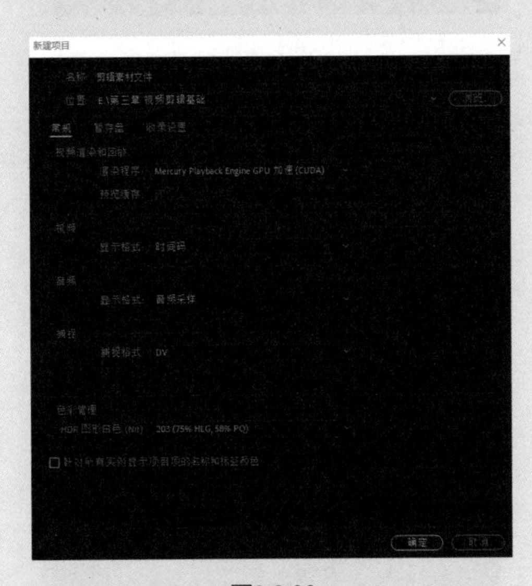

图2.2.23

02　执行“文件”→“新建”→“序列”命令，在弹出的“新建序列”对话框中，保持默认设置，单击“确定”按钮，如图 2.2.24 所示。

03　进入 Premiere Pro 操作界面，执行“文件”→“导入”命令，在弹出的“导入”对话框中，选择需要导入的素材文件，单击“打开”按钮，如图 2.2.25 所示。

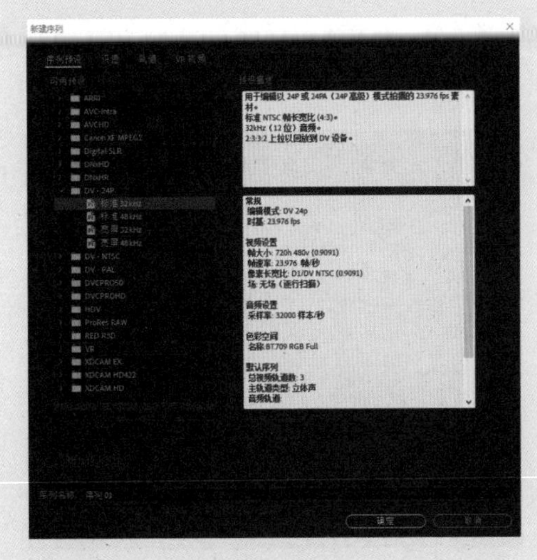

图2.2.24

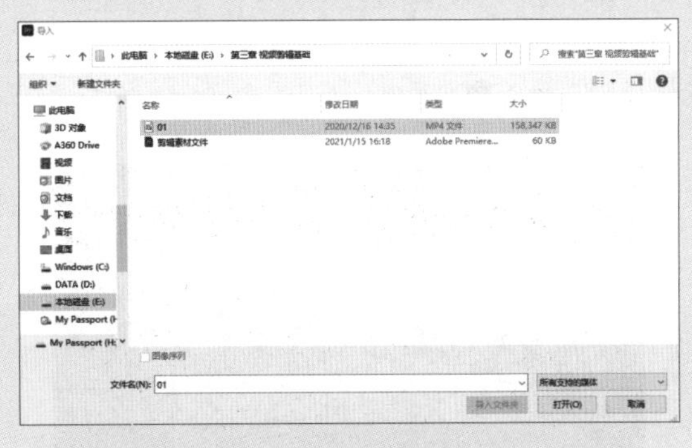

图2.2.25

04　在“项目”面板中选择素材，按住鼠标左键将其拖至“源监视器”面板中，然后释放鼠标，如图 2.2.26 所示。

图2.2.26

05 将时间滑块放置在00:00:00:00，单击“标记入点”按钮，标记入点，如图2.2.27所示。

图2.2.27

06 将时间滑块放置在00:02:06:00，单击“标记出点”按钮，标记出点，如图2.2.28所示。

图2.2.28

07 将素材从“项目”面板中拖入“时间线”面板中，即可看到素材的播放时间由原来的4分11秒变成了现在的2分06秒，如图2.2.29所示。

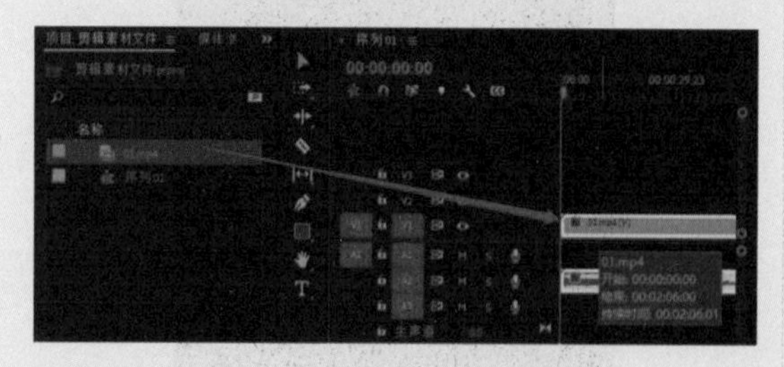

图2.2.29

2.2.8 设置标记点

素材开始帧的位置被称为“入点”，素材结束帧的位置被称为“出点”。下面介绍如何使用“选择工具”设置素材的入点和出点，具体的操作步骤如下。

01 打开项目文件。在“项目”面板中导入素材，并将素材添加到“时间线”面板中，将播放头指针移至影片起始的位置，如图2.2.30所示。

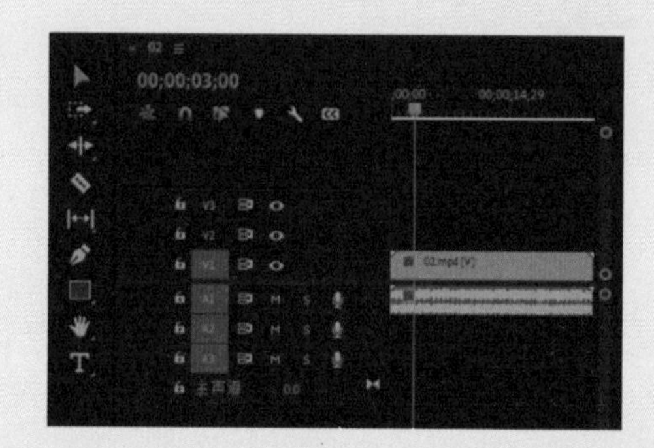

图2.2.30

02 选择“工具”面板中的“选择工具”，移至“时间线”中素材的左侧边缘，单击边缘并将其拖至播放头指针的位置，即可设置素材的入点。在单击并拖动素材时，时间码会显示在该素材的旁边，显示编辑更改的精确数值，如图2.2.31所示。

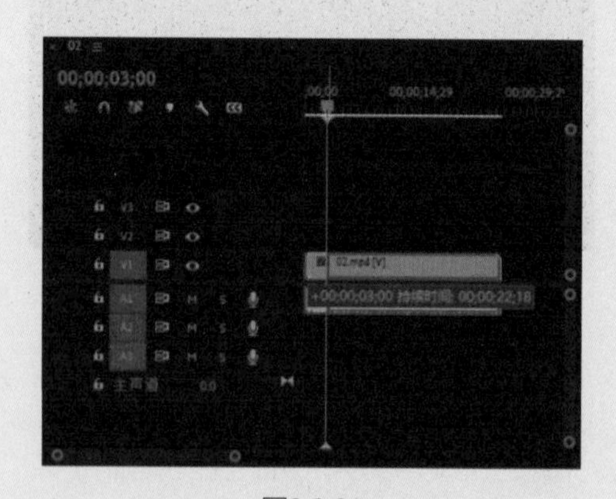

图2.2.31

03 将“选择工具”移至“时间线”中素材的右侧边缘，单击边缘并将其拖至作为素材结束点的位置，即可设置素材的出点。在单击并拖动素材时，时间码会显示在该素材的旁边，显示编辑更改的精确数值，如图 2.2.32 所示。

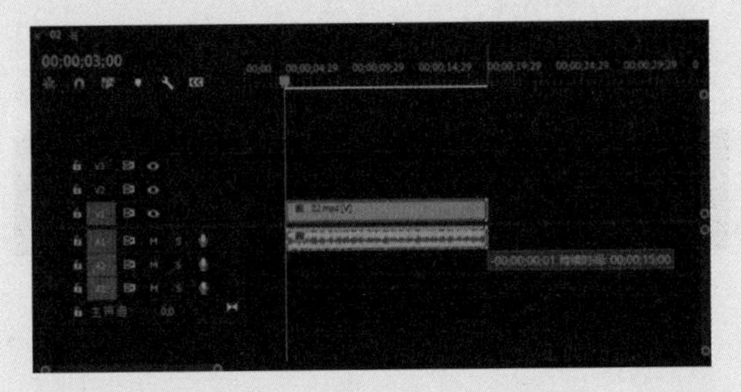

图2.2.32

2.2.9 调整素材的播放速度

因为影片的需要，有时为了增加画面的表现力，需要将素材快放或慢放，此时就需要调整素材的播放速度，具体的操作步骤如下。

01 打开项目文件，导入素材，将素材拖入“时间线”面板中，如图 2.2.33 所示。

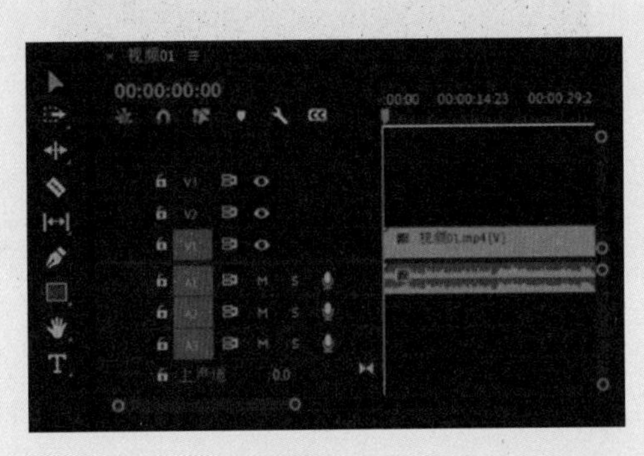

图2.2.33

02 选择“时间线”面板中的素材并右击，在弹出的快捷菜单中选择“速度 / 持续时间”选项，弹出“剪辑速度 / 持续时间”对话框，在“速度”文本框中输入 200，并选中“保持音频音调”复选框，单击“确定”按钮完成设置，如图 2.2.34 所示。这样加快播放速度后依然可以保持音频的音调。

03 设置参数后可以在“节目监视器”面板中预览调整播放速度后的效果。

04 若要倒放视频，选择“时间线”面板中的素材并右击，在弹出的快捷菜单中选择“速度 / 持续时间”选项，弹出“剪辑速度 / 持续时间”对话框，选中“倒放速度”复选框，整个视频就会倒放，单击“确定”按钮完成设置，如图 2.2.35 所示。

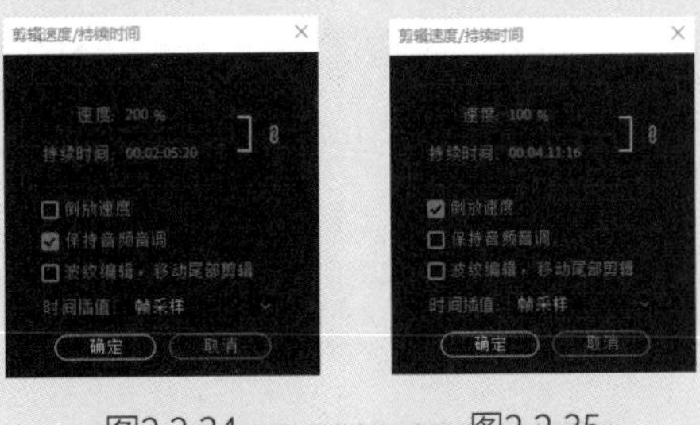

图2.2.34　　图2.2.35

2.2.10 实例：为素材设置标记

下面是以实例的形式详细介绍为素材设置标记的操作方法。

01 打开项目文件，在“项目”面板中导入素材，将素材拖入“源监视器”面板中。设置时间为 00:00:04:23，单击“标记入点”按钮以添加入点，在“源监视器”面板下方会出现一个入点标记，如图 2.2.36 所示。

图2.2.36

02 设置时间为 00:00:14:15，单击“标记出点”按钮以添加出点，在“源监视器”面板下方会出现一个出点标记，如图 2.2.37 所示。

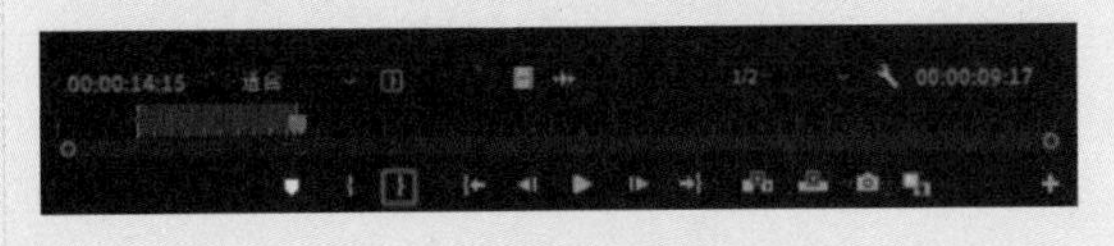

图2.2.37

03 将素材从“源监视器”面板中拖入“时间线”面板，如图 2.2.38 所示。

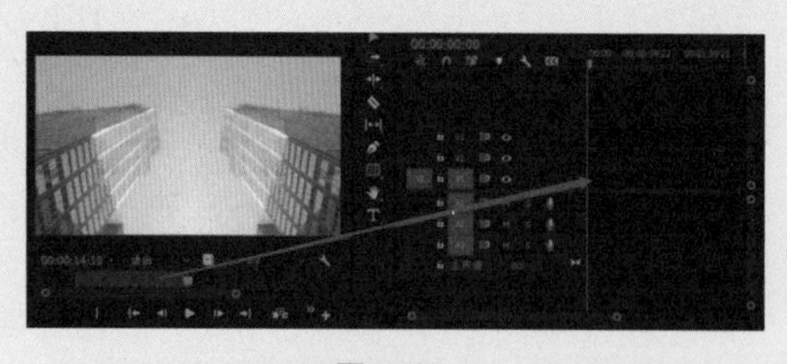

图2.2.38

04 这段素材有链接的音频，需要将音频删除。选择“时间线”面板中的素材并右击，在弹出的快捷菜单中选择“取消链接”选项，解除视频和音频之间的链接，如图 2.2.39 所示。

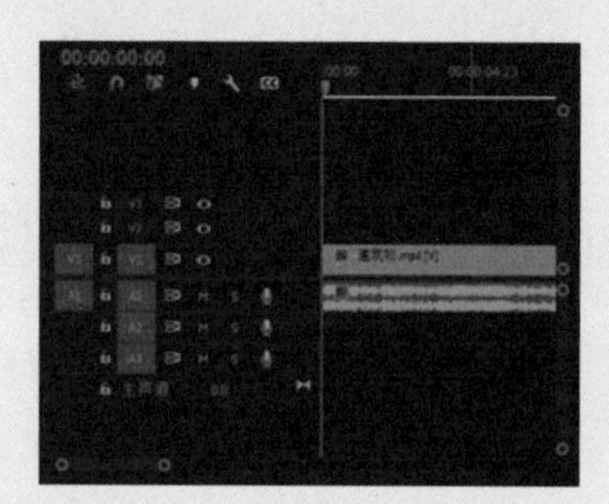

图2.2.39

05 选择取消链接后的音频素材，执行“编辑”→“清除”命令，清除音频，如图 2.2.40 所示。

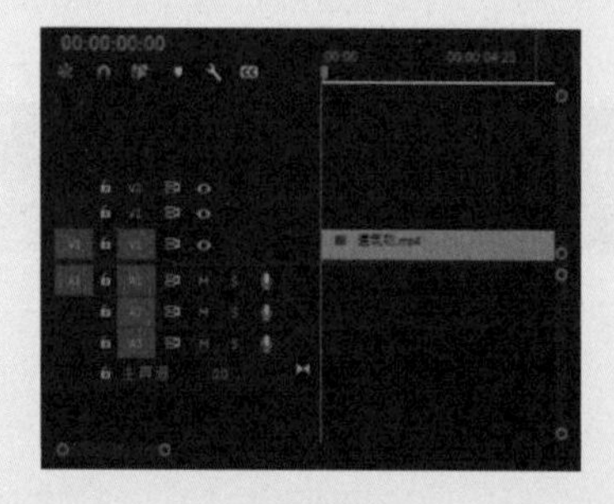

图2.2.40

06 在“源监视器”面板中设置时间为 00:00:20:20，单击“标记入点”按钮以添加入点，在“源监视器”面板下方会出现一个入点标记，如图 2.2.41 所示。

图2.2.41

07 在“源监视器”面板中设置时间为 00:00:31:15，单击“标记出点”按钮以添加出点，在“源监视器”面板下方会出现一个出点标记，如图 2.2.42 所示。

图2.2.42

08 将“源监视器”面板中的素材拖入“时间线”面板中，放置在第一段素材后面，如图 2.2.43 所示。

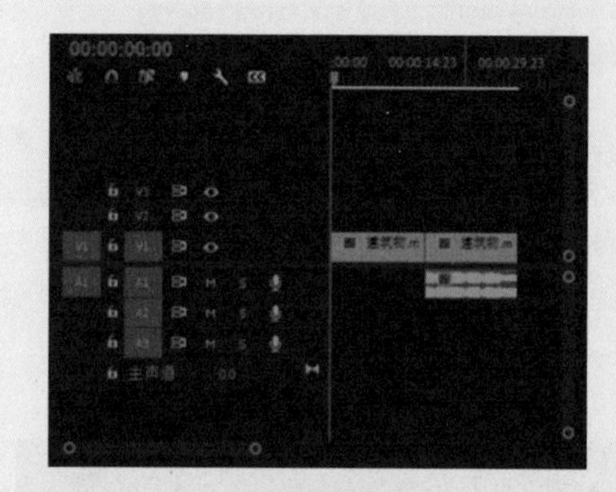

图2.2.43

09 选择“时间线”面板中的音频素材并右击，在弹出的快捷菜单中选择“取消链接”选项，解除视频和音频的链接关系。选择“时间线”面板中的音频素材并右击，在弹出的快捷菜单中选择“清除”选项，清除音频，如图 2.2.44 所示。

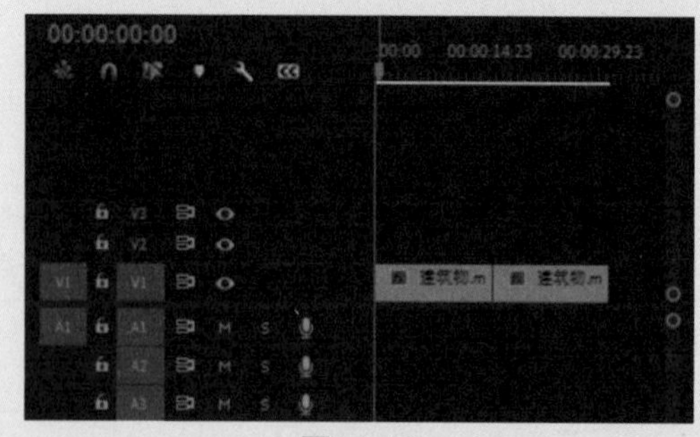

图2.2.44

10 在“源监视器”面板中设置时间为 00:00:36:21，单击“标记入点”按钮，添加入点标记，如图 2.2.45 所示。

图2.2.45

11　在“源监视器”面板中设置时间为00:00:52:15，单击“标记出点”按钮，添加出点标记，如图2.2.46所示。

图2.2.46

12　将素材从“源监视器”面板中拖入“时间线”面板，并与前一段素材相邻，如图2.2.47所示。

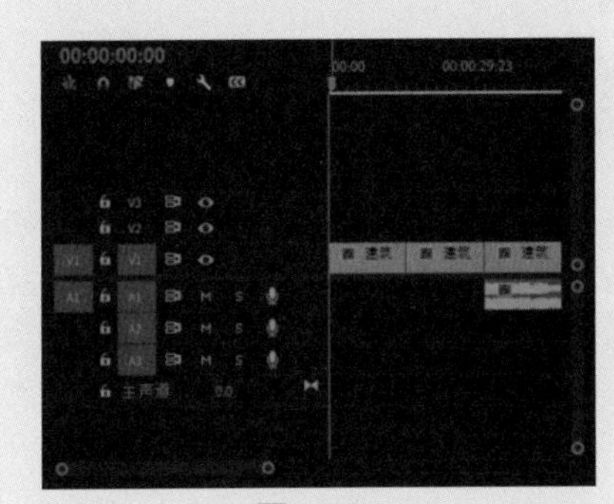

图2.2.47

13　采用同样的方法，取消音视频的链接并清除音频，如图2.2.48所示。

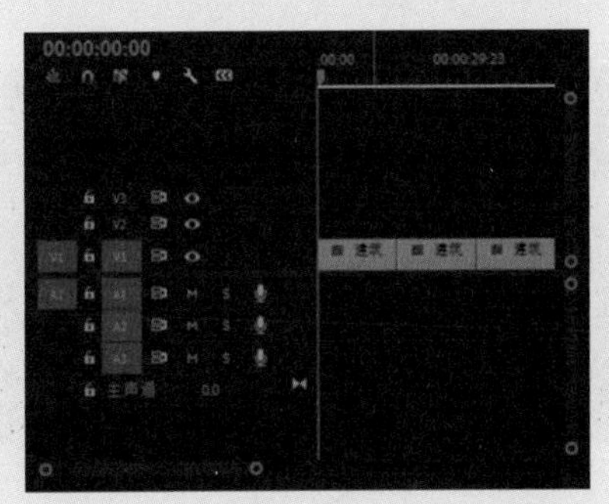

图2.2.48

14　打开“效果”面板，展开“视频过渡”文件夹，再展开“溶解”文件夹，选择“交叉溶解”特效，将其拖至“时间线”面板中的第一段素材和第二段素材之间，如图2.2.49所示。

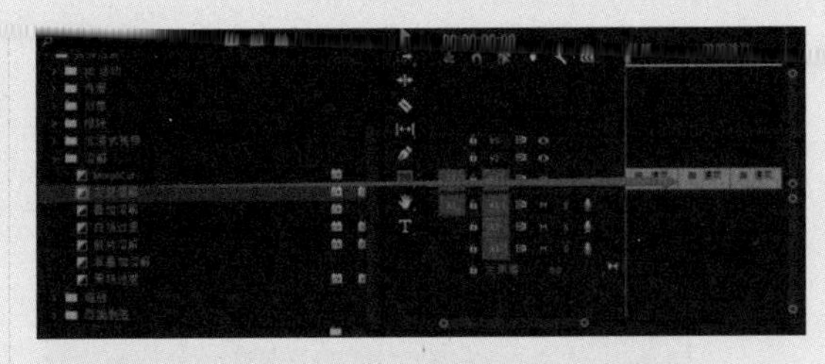

图2.2.49

15　在“效果”面板中选择“溶解”文件夹中的“胶片溶解”特效，将其拖至视频轨道中的第二段素材和第三段素材之间，如图2.2.50所示。

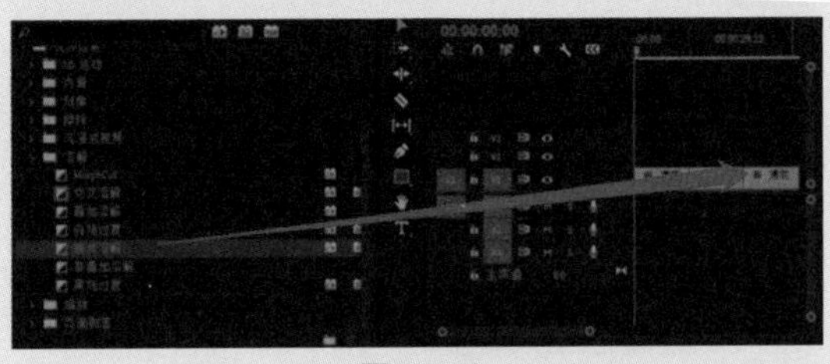

图2.2.50

16　在“效果”面板中选择“溶解”文件夹中的“黑场过渡”特效，将其拖至“时间线”面板中最后一段素材的结束处，如图2.2.51所示。

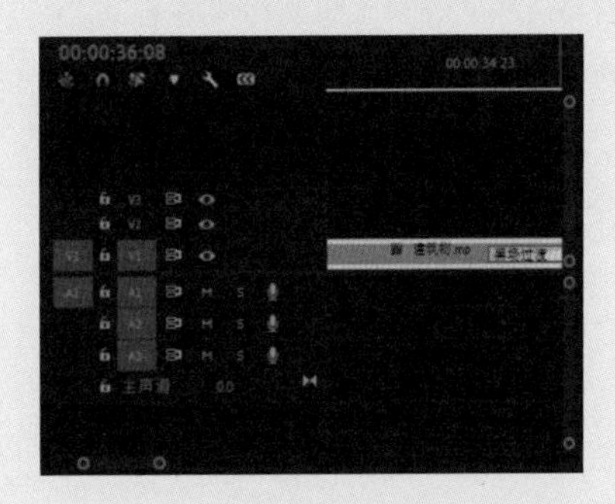

图2.2.51

17　按空格键预览效果，如图2.2.52~图2.2.54所示。

图2.2.52

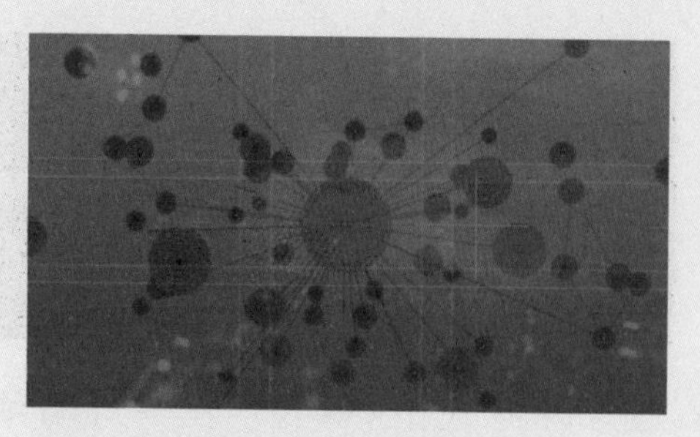

图2.2.53

图2.2.54

2.3 分离素材

Premiere Pro 分离素材的方法有很多，包括切割素材、提升和提取编辑、插入和覆盖编辑等。下面具体介绍分离素材的操作方法。

2.3.1 切割素材

“工具”面板中的“剃刀工具”可以快速剪辑素材，下面介绍具体的操作方法。

01 打开项目文件，将素材添加到“时间线”面板中，将播放头指针移至想要切割的帧上，在“工具”面板中选择“剃刀工具”，如图 2.3.1 所示。

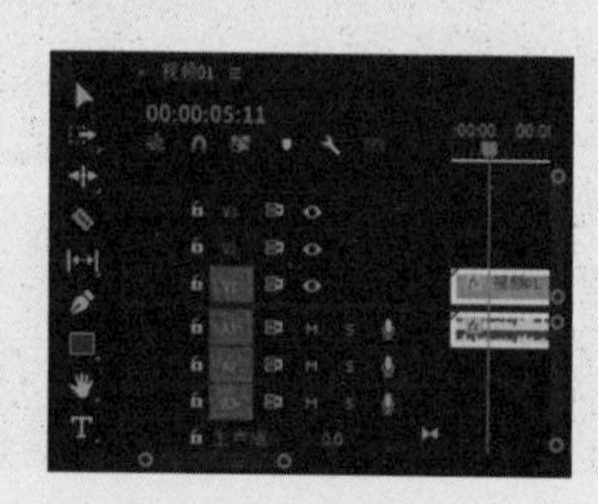

图2.3.1

02 单击播放头指针选择的帧，即可切割目标轨道上的素材，如图 2.3.2 所示。

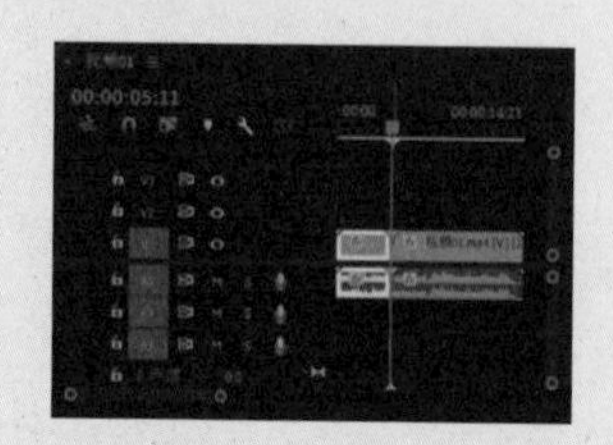

图2.3.2

2.3.2 插入和覆盖编辑

插入编辑是指在播放头指针位置添加素材，播放头指针后面的素材向后移动；而覆盖编辑是指在播放头指针位置添加素材，重复部分被覆盖，并不会向后移动。下面介绍插入和覆盖编辑的操作方法。

01 打开项目文件，将播放头指针放置在合适的位置，将“项目”面板中的 02.png 素材拖入“源监视器”面板，单击“源监视器”面板下方的“插入”按钮，如图 2.3.3 和图 2.3.4 所示。

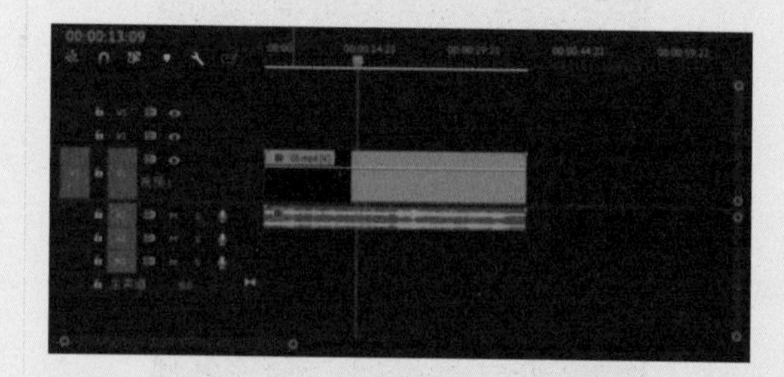

图2.3.3

02 此时在播放头指针位置已插入素材，可以看到序列的出点向后移动了 5 秒，如图 2.3.5 所示。

03 保持播放头指针的位置不变，将“项目”面板中的 04.jpg 素材拖入“源监视器”面板，单击

“源监视器”面板下方的“覆盖”按钮，如图 2.3.6 所示。

图2.3.4

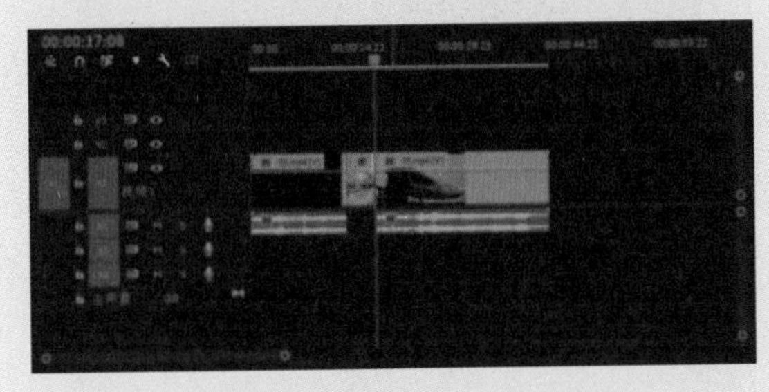

图2.3.5

图2.3.6

此时在播放头指针位置已添加了素材，如图 2.3.7 所示。

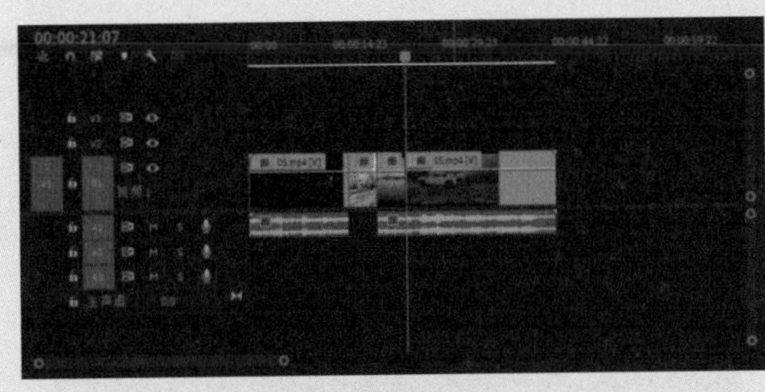

图2.3.7

2.3.3 提升和提取编辑

通过执行“提升”或“提取”命令，可以使用序列标记从“时间线”中轻松移除素材片段。在执行“提升”命令时，从“时间线”中提升一个片段，然后在已删除素材的位置留下一段空白区域；在执行“提取”命令时，移除素材的一部分，然后素材后面的帧会前移，补上删除部分的空缺，因此不会有空白区域。下面介绍提升和提取编辑的操作方法。

01 打开项目文件，将播放头指针放置在 00:00:03:08，按 I 键标记入点，如图 2.3.8 所示。

图2.3.8

02 将播放头指针放置在 00:00:10:05，按 O 键标记出点，如图 2.3.9 所示。

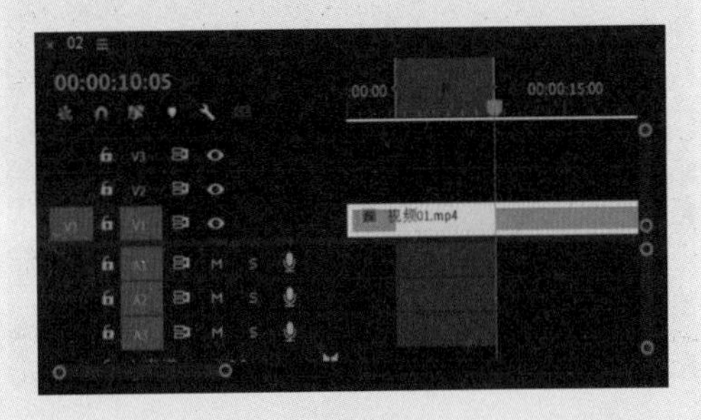

图2.3.9

03 执行“序列”→“提升”命令，或者单击“节目监视器”面板中的“提升”按钮，即可完成提升操作，如图 2.3.10 所示。

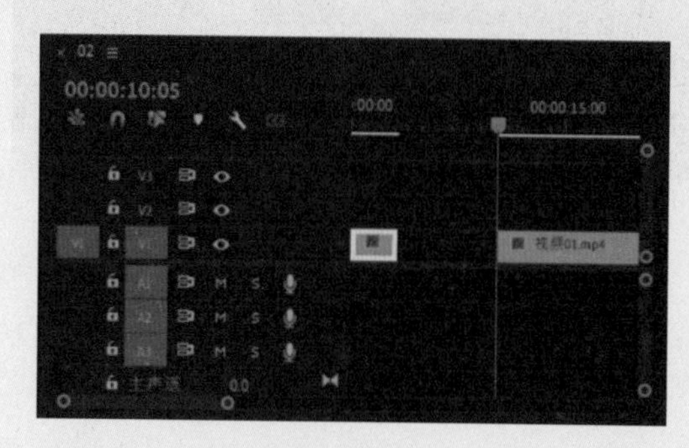

图2.3.10

04 执行“编辑”→“撤销”命令，撤销上一步操作，使素材回到执行“提升”命令前的状态，如图 2.3.11 所示。

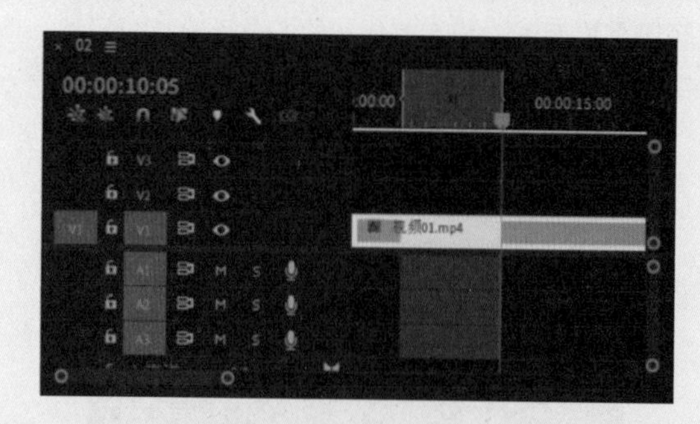

图2.3.11

05 执行“序列”→“提取”命令，或者单击“节目监视器”面板中的“提取”按钮，即可完成提取操作，此时从入点到出点之间的素材都已被移除，并且出点之后的素材向前移动，没有留下空白，如图 2.3.12 所示。

图2.3.12

2.3.4 分离和链接素材

在 Premiere Pro 中处理带有音频的视频文件时，有时需要把视频和音频分离进行不同的处理，这就需要用到分离操作。而某些单独的视频和音频需要同时编辑，就需要将它们链接起来，以便于操作。

要将链接的音视频分离，只需要执行“剪辑”→“取消链接”命令，即可分离视频和音频，此时视频素材的名称后面少了V字符，如图2.3.13所示。

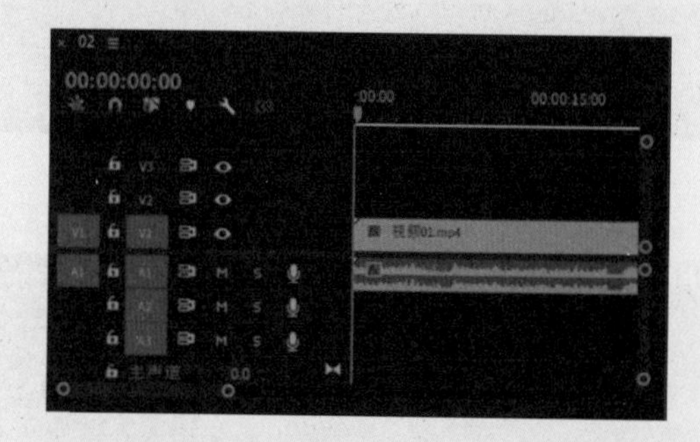

图2.3.13

若将视频和音频链接起来，只需同时选中要链接的视频和音频素材，执行“剪辑”→“链接”命令，即可链接视频和音频素材，而原来的视频素材的名称后面多了 V 字符，如图 2.3.14 所示。

图2.3.14

2.3.5 实例：在素材间插入新的素材

下面以实例的形式讲述在素材中插入新的素材的操作方法。

01 在“项目”面板中右击，在弹出的快捷菜单中选择“导入”选项，在弹出的对话框中选择需要导入的素材，单击“打开”按钮。

02 在“项目”面板中选择“视频 01.mp4”素材，将其拖至视频轨道中，并将播放头指针移至合适的位置（00:00:04:11），如图 2.3.15 所示。

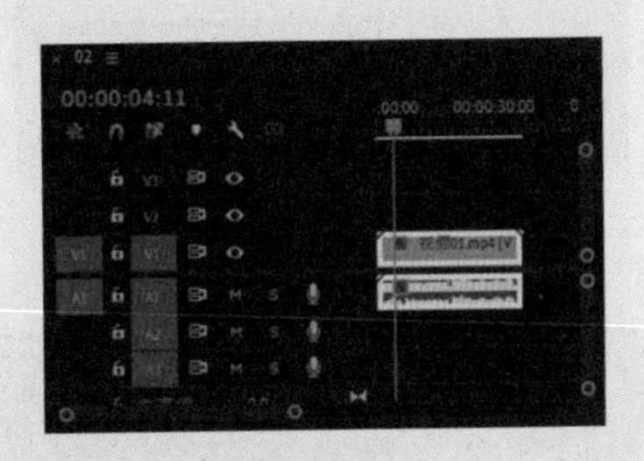

图2.3.15

03 在“项目”面板中选择“视频 02.mp4”素材，将其拖入“源监视器”面板中查看效果，然后单击“源监视器”面板下方的“覆盖”按钮。回到“时间线”面板，可以发现此时“视频 02.mp4”素材已经添加到了视频轨道中，如图 2.3.16 所示。

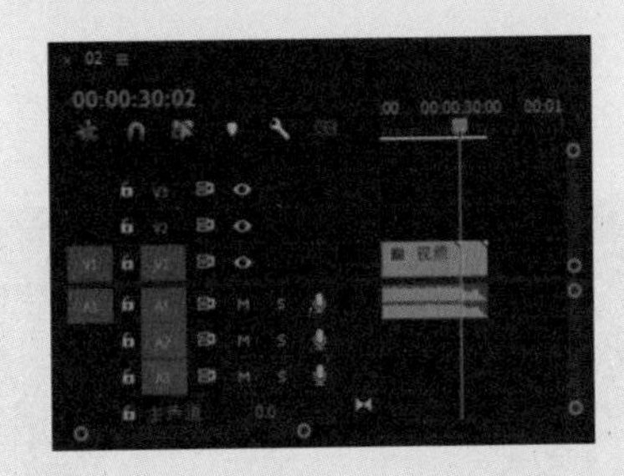

图2.3.16

04 在“项目”面板中选择“视频 03.mp4”素材，将其拖至视频轨道中，在“节目监视器”面板中，设置时间为 00:00:26:13，单击“标记入点”按钮标记入点，如图 2.3.17 所示。

05 在“节目监视器”面板中，设置时间为 00:00:51: 20，单击“标记出点”按钮标记出点，如图 2.3.18 所示。

06 单击“节目监视器”面板下方的“提取”按钮，回到“时间线”面板，可以发现此时视频轨道中的“视频 03.mp4”素材中间提取了一段素材且不留空白，如图 2.3.19 所示。

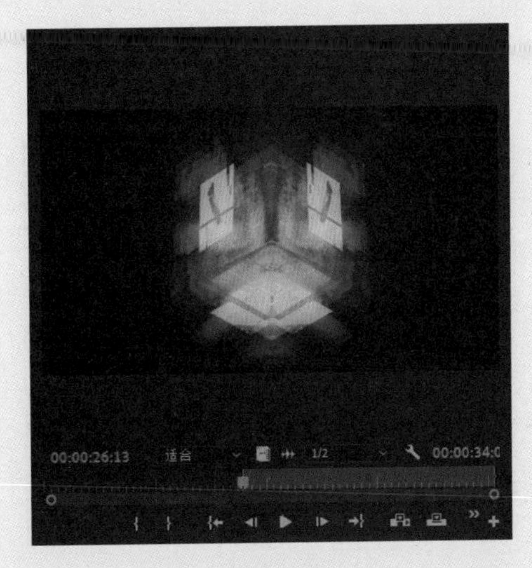

图2.3.17

图2.3.18

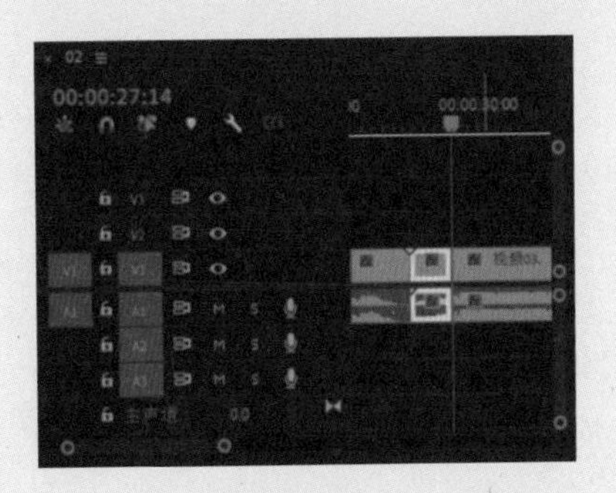

图2.3.19

07 在“项目”面板中选择“视频 04.mp4”素材，将其拖入“源监视器”面板，在“源监视器”面板中查看素材，设置时间为 00:00:16:06，单击“标记入点”按钮添加入点标记，如图2.3.20所示。

图2.3.20

08 在“节目监视器”面板中，设置时间为00:00:49:21，单击“标记出点”按钮添加出点标记，如图2.3.21所示。

图2.3.21

09 单击“源监视器”面板下方的“插入”按钮，在视频轨道中插入入点和出点之间的素材，如图2.3.22所示。

10 在“项目”面板中选择“视频01.mp4”素材，将其拖至“时间线”面板中所有素材的末端，将鼠标放置在素材左侧，按住鼠标左键，向右拖至合适的位置，如图2.3.23所示。

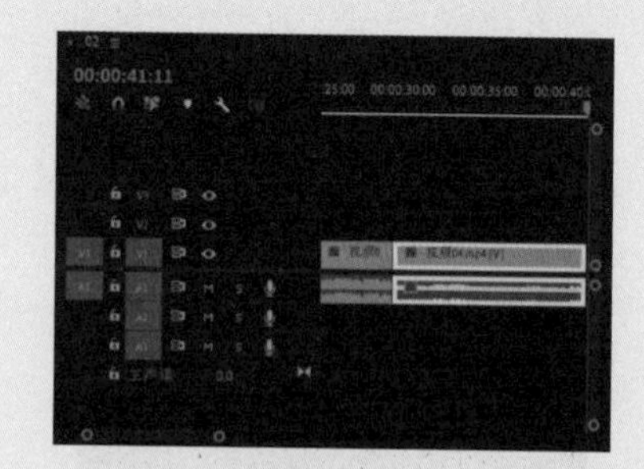

图2.3.22

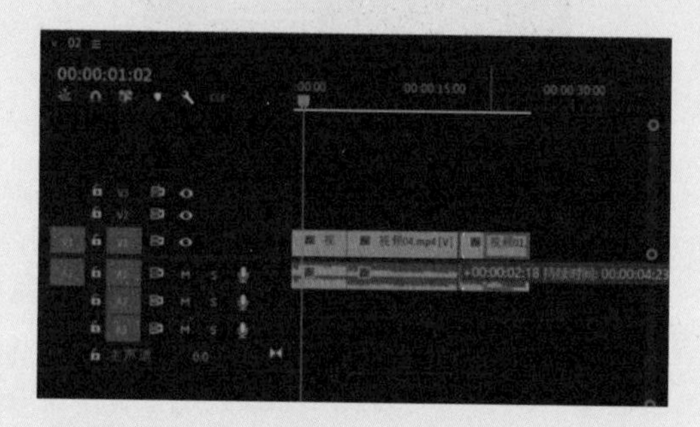

图2.3.23

11 释放鼠标剪辑素材，选中剩下的部分素材，按住鼠标左键移至与前一段素材衔接的位置，如图2.3.24所示。

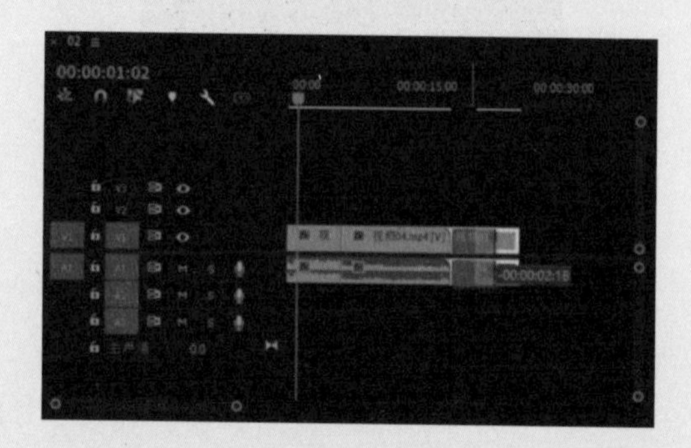

图2.3.24

12 按空格键预览影片效果，执行“文件”→“保存”命令，保存项目。

2.4 认识关键帧

关键帧动画通过为素材的不同时刻设置不同的属性，系统会自动为关键帧中间补齐属性变化，使该过程中产生动画的变换效果。任何一段素材被导入Premiere Pro中，系统都会赋予其基本属性，在“效果控件”面板中可以看到这些属性，只要属性前有码表图标都可以制作该属性的关键帧动画，如图2.4.1所示。

图2.4.1

2.4.1 什么是关键帧

“帧”是动画中的单幅画面，是最小的计量单位。影片是由一幅幅连续的图片组成的，每幅图片就是一帧，PAL 制式为每秒 25 帧，NTSC 制式为每秒 30 帧，而“关键帧”是指动画上关键的时刻，至少有两个关键时刻才能构成动画。可以通过设置动作、效果、音频及多种其他属性参数，使画面形成连贯的动画效果。

2.4.2 “效果控件”面板

“效果控件”面板用于调整素材的位置、缩放、不透明度等参数，为素材添加特效，以及为素材设置关键帧等。当一种特效添加到素材中时，该面板显示该特效的相关参数，可以通过参数设置对特效进行修改，以便达到所需的最佳效果。

默认状态下的“效果控件”面板主要有“运动”“不透明度”和“时间重映射”三种效果，如图 2.4.2 所示。

在“效果控件”面板中包括很多按钮，下面详细讲解。

显示 / 隐藏时间视图：单击该按钮，可以显示或隐藏右侧的“时间线”视图。

图2.4.2

显示 / 隐藏视频效果：单击该按钮，可以显示或隐藏素材的视频效果，方便合理利用“效果控件”面板的空间。

复位到初始：在每个效果的右侧均有该按钮，用于恢复该效果的默认参数。

特效关键帧开启：该按钮用于设置特效是否制作动画。当该按钮显示为时，特效可以设置动画；当按钮显示为时，特效参数不能设置动画。

特效开头：该按钮用于控制特效是否有效。当该按钮显示为时，特效被应用于素材；当该按钮显示为时，特效不可用。

音频循环播放：该按钮用于控制循环播放影片的音频。

音频播放：该按钮用于控制播放影片中的音频。

过滤属性：该按钮用于过滤未添加关键帧或未添加效果的属性。

添加 / 删除关键帧：该按钮用于为素材添加或者删除关键帧。

2.4.3 实例：为素材设置关键帧动画

下面以实例的形式详细介绍为素材设置关键帧动画的操作步骤。

01 执行“文件”→“新建”→“项目”命令，并在弹出的“新建项目”对话框中设置“名称”，接着单击“浏览”按钮设置保存路径，最后单击“确定”按钮，如图 2.4.3 所示。

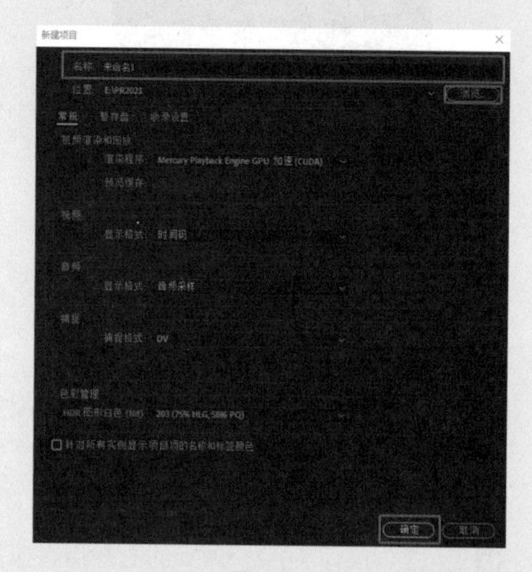

图2.4.3

02 在“项目”面板的空白处右击，在弹出的快捷菜单中选择“新建项目”→“序列”选项，在弹出的“新建序列”窗口中选择 DV-PAL 文件夹中的“标准 48kHz”选项，单击“确定”按钮，如图 2.4.4 所示。

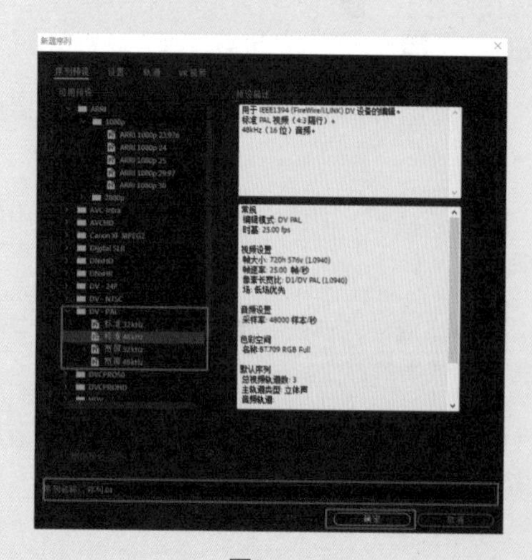

图2.4.4

03 在“项目”面板的空白处双击，选择“夕阳.jpg”素材，单击“打开”按钮导入。

04 将“项目”面板中的“夕阳.jpg”素材拖至“时间线”面板中的 V1 轨道上，如图 2.4.5 所示。

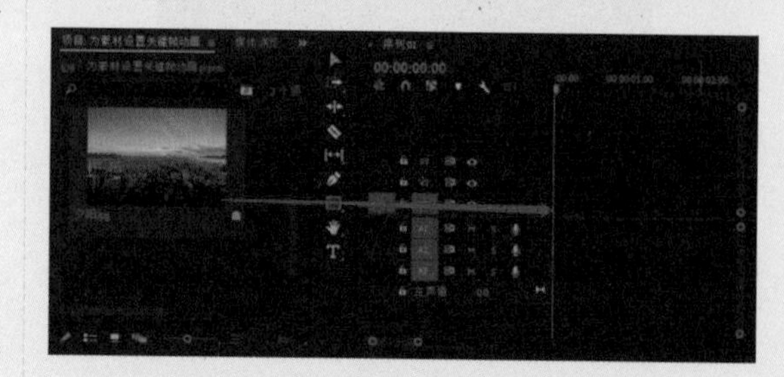

图2.4.5

05 在“时间线”面板中右击该素材，在弹出的快捷菜单中选择“缩放为帧大小”选项，此时图片缩放到画布以内，如图 2.4.6 和图 2.4.7 所示。

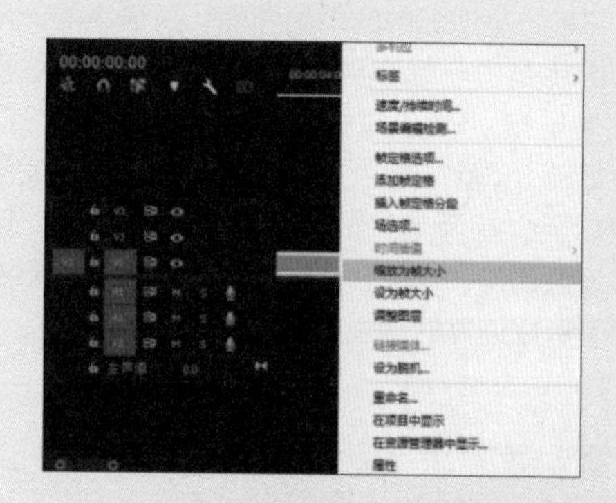

图2.4.6

图2.4.7

06 在“时间线”面板中选择“夕阳.jpg”素材，将播放头指针移至起始帧，然后在“效果控件”面板中单击激活“缩放”和“不透明度”前的“切换动画”按钮，创建关键帧，当按钮变为蓝色的时，关键帧开启。接着设置"缩放"值为310.0，"不透明度"值为0.0%。将播放头指针拖至第3秒，设置"缩放"值为110.0，"不透明度"值为100.0%，此时画面呈现动画效果。需要注意的是，当本书中出现单击激活"不透明度"前面的"切换动画"按钮时，表示此时的"不透明度"属性是被激活的状态，并变为蓝色。若已经被激活，则无须单击；若未被激活，则需要单击，如图2.4.8~图2.4.12所示。

图2.4.8

图2.4.9

图2.4.10

图2.4.11

图2.4.12

2.5 创建关键帧

关键帧动画常用于制作影视、微电影、广告等动态设计中。在 Premiere Pro 中创建关键帧的方法主要有3种，分别是在"效果控件"面板中单击"切换动画"按钮添加关键帧；使用"添加/移除关键帧"按钮添加关键帧；在"节目监视器"中添加关键帧。下面介绍创建关键帧的操作方法。

2.5.1 "切换动画"按钮

在"效果控件"面板中，每种属性前都有"切换动画"按钮，单击该按钮即可启用关键帧，此时"切换动画"按钮变为蓝色，再次单击该按钮，则会关闭该属性的关键帧，此时“切换动画”按钮变为灰色。在创建关键帧时，至少在同一属性中添加两个关键帧，画面才会呈现动画效果。下面介绍添加关键帧的具体操作步骤。

01 启动 Premiere Pro 软件，新建项目和序列，并导入合适的图片素材。将图片素材拖至“时间线”面板中并将其选中。在“效果控件”面板中将播放头指针拖至合适的位置，更改所选属性的参数。以“缩放”属性为例，此时单击“缩放”属性前的“切换动画”按钮，即可创建第 1 个关键帧，如图 2.5.1 所示。

02 继续拖曳播放头指针，然后更改属性的参数，此时会自动创建第 2 个关键帧，按空格键播放视频，即可看到动画效果，如图 2.5.2~ 图 2.5.6 所示。

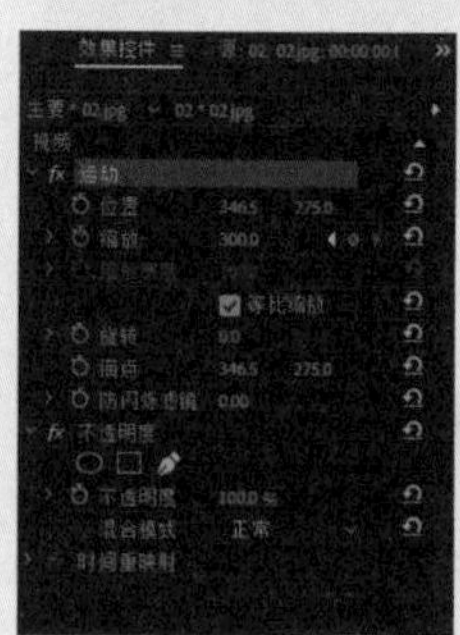

图2.5.1

图2.5.2

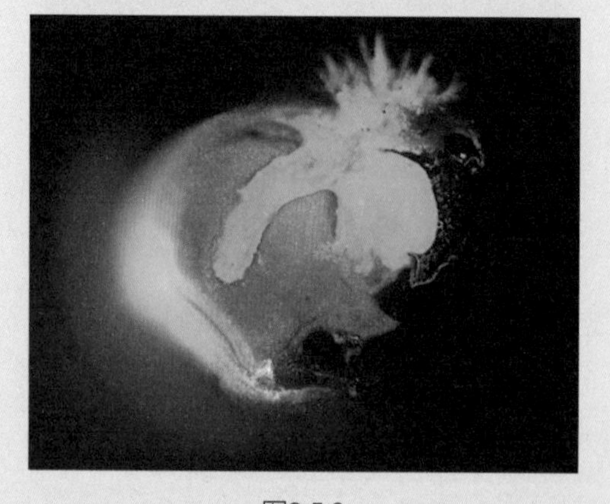

图2.5.3

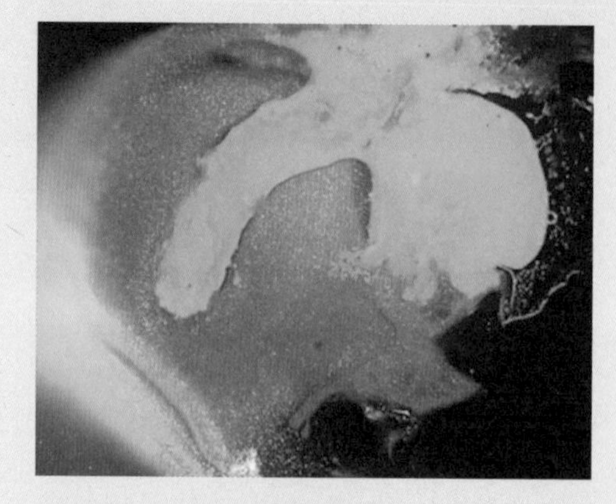

图2.5.4

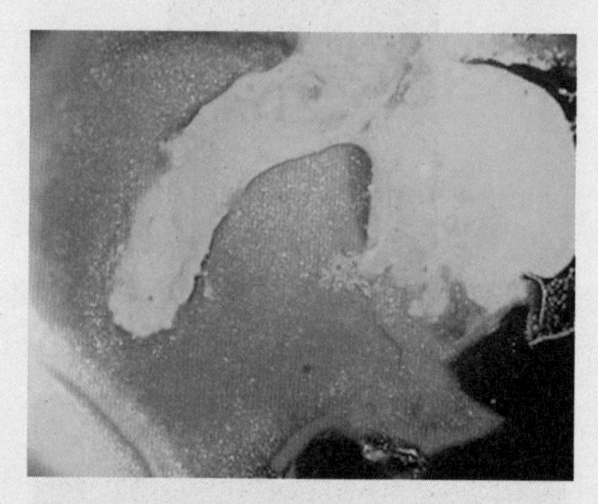

图2.5.5

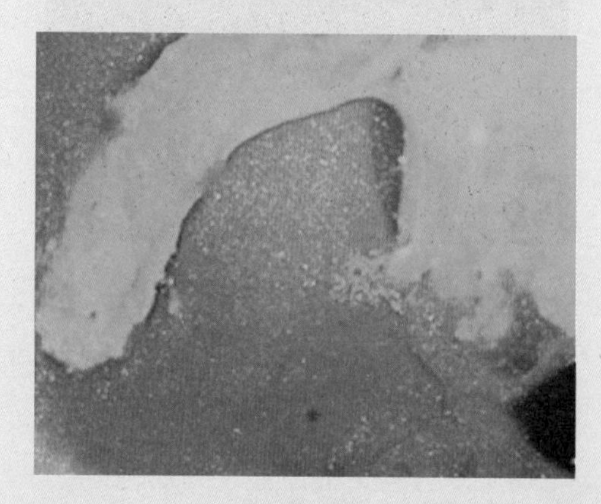

图2.5.6

2.5.2 “添加 / 移除关键帧”按钮

下面介绍使用“添加 / 移除关键帧”按钮添加关键帧的具体操作步骤。

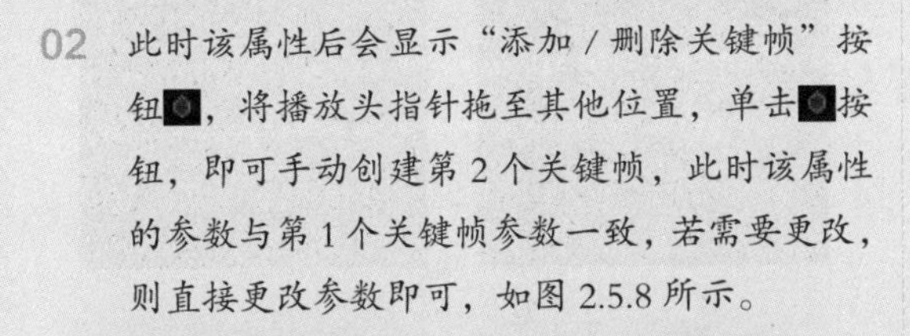

01 在“效果控件”面板中将播放头指针拖至合适的位置，单击“位置”参数前的“切换动画”按钮，即可创建第 1 个关键帧，如图 2.5.7 所示。

02 此时该属性后会显示“添加 / 删除关键帧”按钮，将播放头指针拖至其他位置，单击按钮，即可手动创建第 2 个关键帧，此时该属性的参数与第 1 个关键帧参数一致，若需要更改，则直接更改参数即可，如图 2.5.8 所示。

图2.5.7

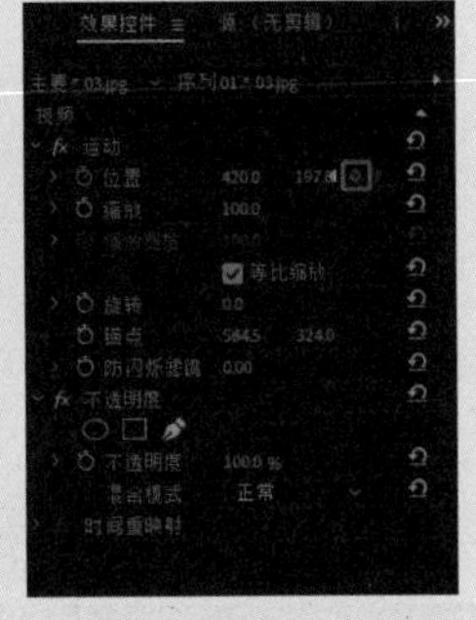

图2.5.8

2.5.3 “节目”监视器

下面介绍在“节目监视器”面板中添加关键帧的具体操作步骤。

01 在“效果控件”面板中将播放头指针拖至合适的位置，更改所选属性的参数，然后单击该属性前面的按钮，此时会自动创建关键帧，如图 2.5.9 和图 2.5.10 所示。

图2.5.9

图2.5.10

02 移动播放头指针的位置，在“节目监视器”面板中选中该素材并双击，此时素材周围出现控制点，接下来将鼠标指针放置在控制点上，按住鼠标左键并拖动缩放素材，此时在“效果控件”面板中的时间线上自动创建关键帧，如图 2.5.11 和图 2.5.12 所示。

图2.5.11

图2.5.12

提示： 在为“效果”面板中的效果添加关键帧或更改关键帧参数时，使用的方法与“运动”和“不透明度”属性的添加方式相同，如图2.5.13和图2.5.14所示。

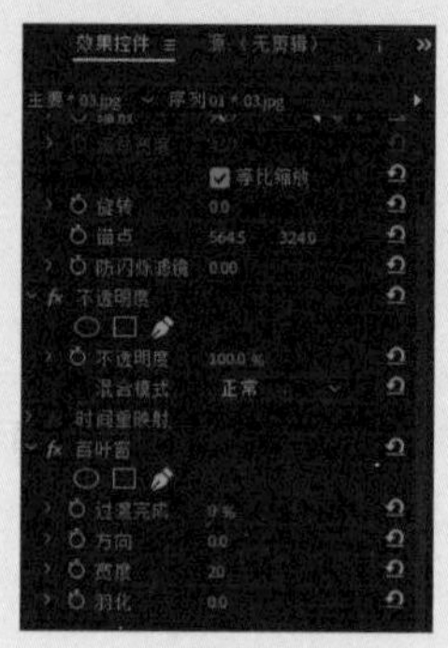

图2.5.13

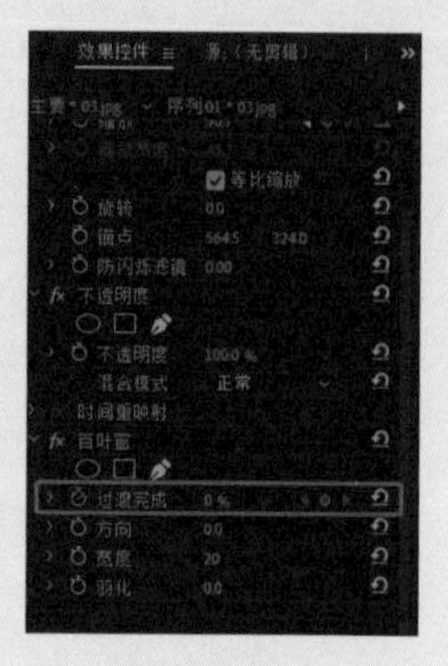

图2.5.14

2.6 移动关键帧

移动关键帧所在的位置可以控制动画的节奏，例如两个关键帧隔得越远动画呈现的效果越慢，越近则越快。下面将介绍移动关键帧的操作方法。

2.6.1 移动单个关键帧

在“效果控件”面板中展开已制作完成的关键帧效果，单击“工具”面板中的“选择工具”按钮，将鼠标指针放在需要移动的关键帧上方，按住鼠标左键左右移动，当移至合适的位置时释放鼠标，完成移动操作，如图 2.6.1 和图 2.6.2 所示。

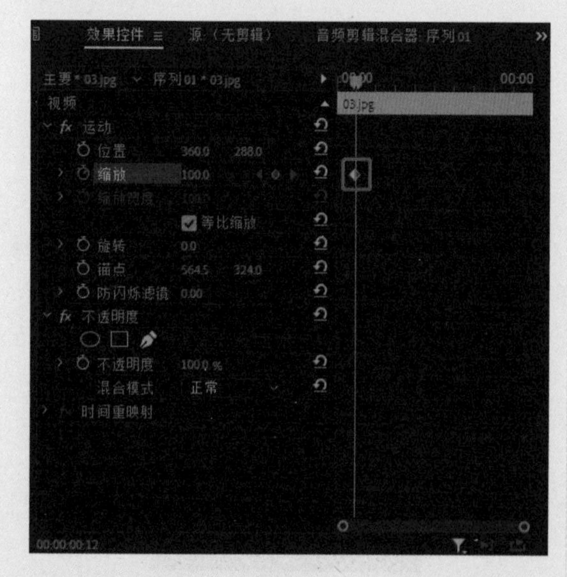

图2.6.1

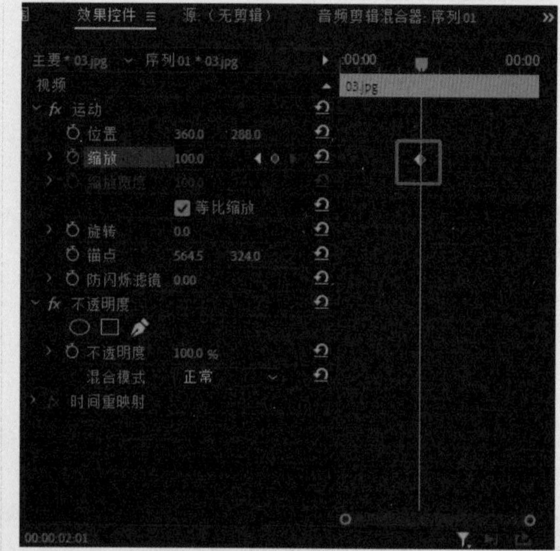

图2.6.2

2.6.2 移动多个关键帧

下面介绍移动多个关键帧的具体操作方法。

01 单击“工具”面板中的“选择工具”按钮，按住鼠标左键将需要移动的关键帧框选，接着将选中的关键帧向左或向右拖动，即可完成移动操作，如图 2.6.3 和图 2.6.4 所示。

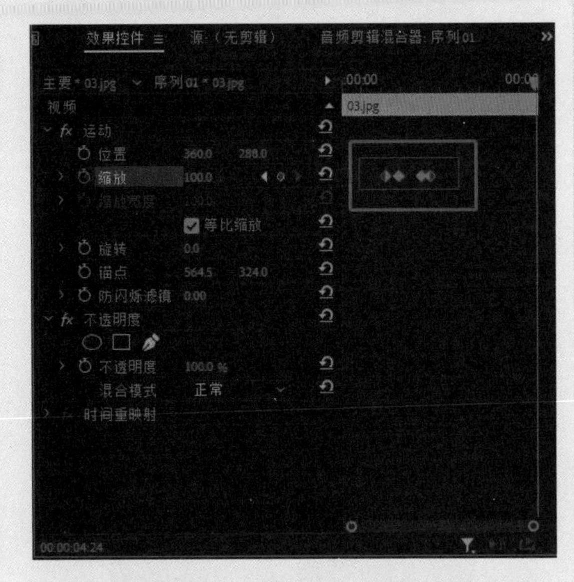

图2.6.3

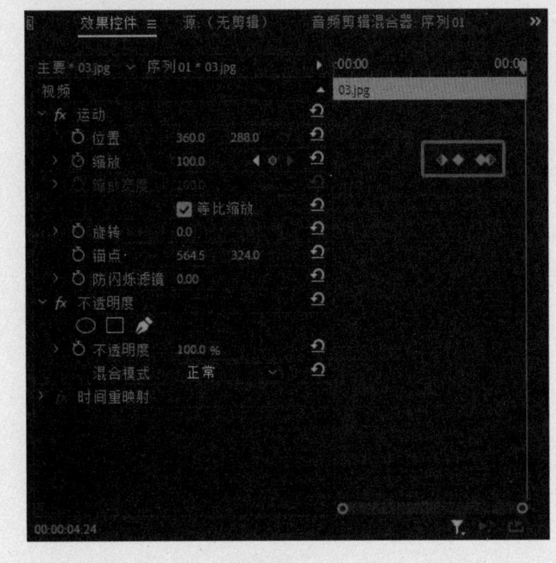

图2.6.4

02　想要移动的关键帧不相邻时，单击“工具”面板中的“选择工具”按钮▶，按住 Ctrl 键或 Shift 键，选中需要移动的关键帧并拖动，如图 2.6.5 和图 2.6.6 所示。

在“节目监视器”中对“位置”属性手动制作关键帧，具体的操作步骤如下。

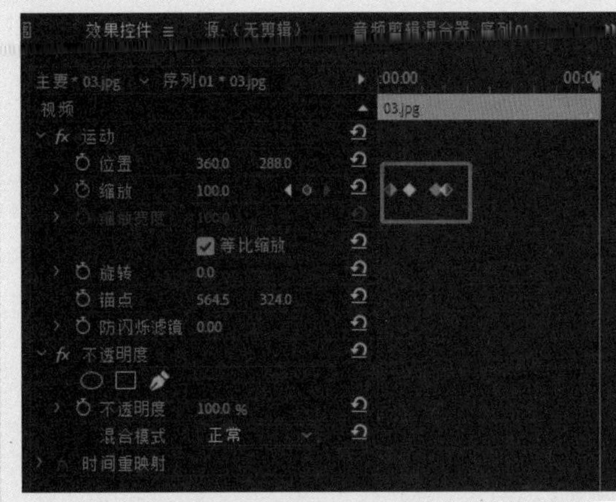

图2.6.5

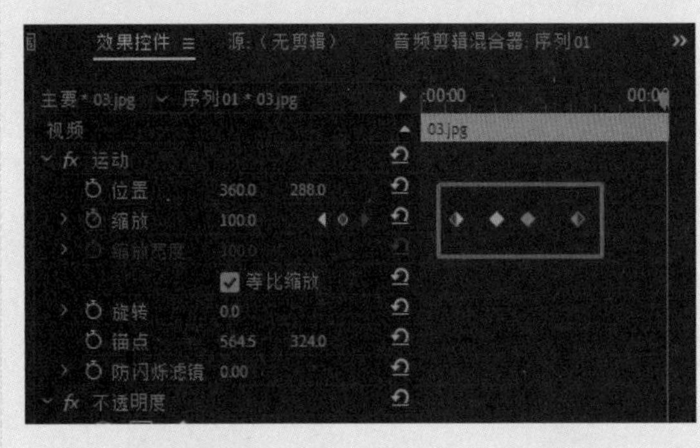

图2.6.6

01　选择设置完关键帧的“位置”属性，在“节目监视器”中双击，此时素材周围出现控制点，如图 2.6.7 和图 2.6.8 所示。

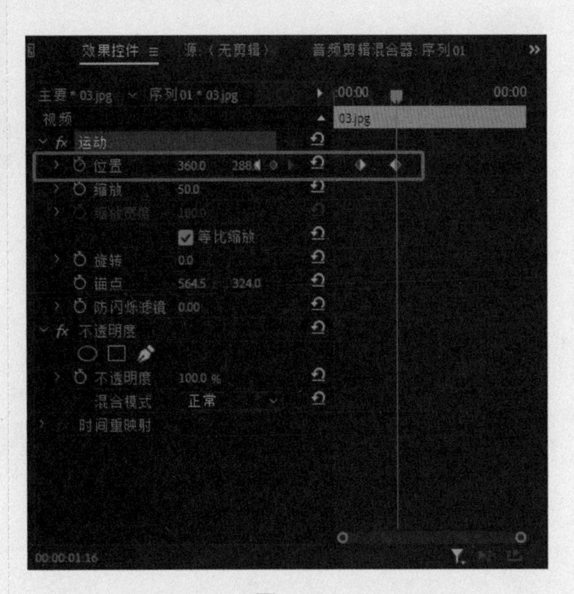

图2.6.7

图2.6.8

02 单击“工具”面板中的“移动工具”按钮，在“节目监视器”中拖动路径的控制柄，将直线路径手动调整为弧线，此时播放时间线查看效果时，素材以弧形的运动方式呈现在画面中，如图 2.6.9~ 图 2.6.11 所示。

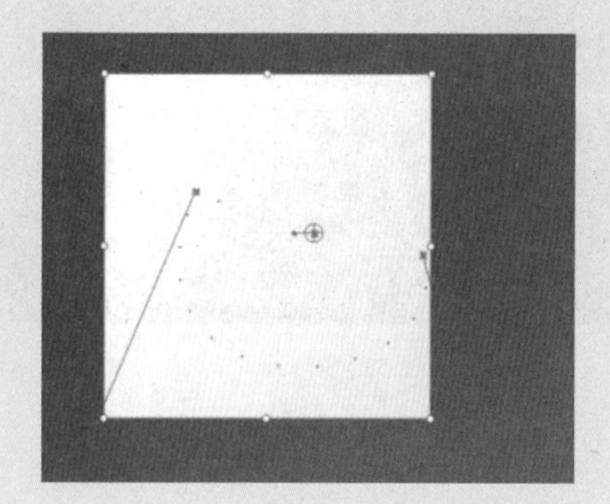

图2.6.9

图2.6.10

图2.6.11

2.7 删除关键帧

在实际操作中，有时会在素材中添加一些多余的关键帧，这些关键帧既无实质性用途又使动画变得复杂，此时需要将多余的关键帧删除。删除关键帧的常用方法有3种，下面将介绍删除关键帧的操作方法。

2.7.1 使用快捷键快速删除关键帧

单击“工具”面板中的“选择工具”按钮▶，在“效果控件”面板中选择需要删除的关键帧，按 Delete 键即可完成删除操作，如图 2.7.1 和图 2.7.2 所示。

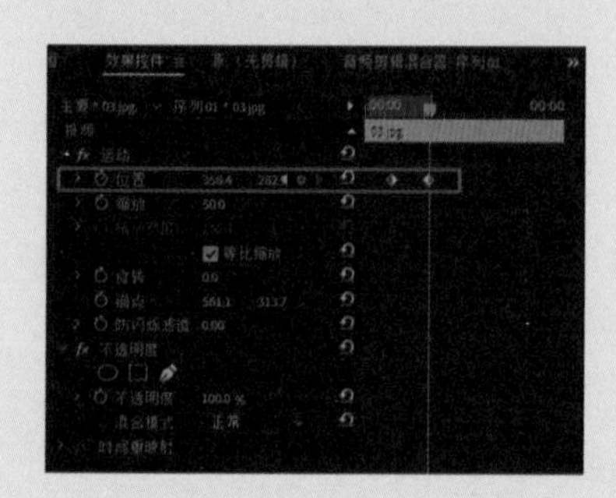

图2.7.1

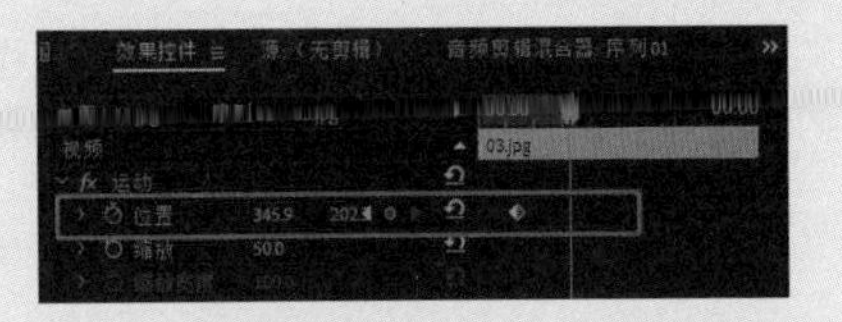

图2.7.2

2.7.2 “添加 / 移除关键帧”按钮

在“效果控件”中将播放头指针拖至需要删除的关键帧上，此时单击已启用的“添加 / 移除关键帧”按钮，即可删除关键帧，如图 2.7.3 和图 2.7.4 所示。

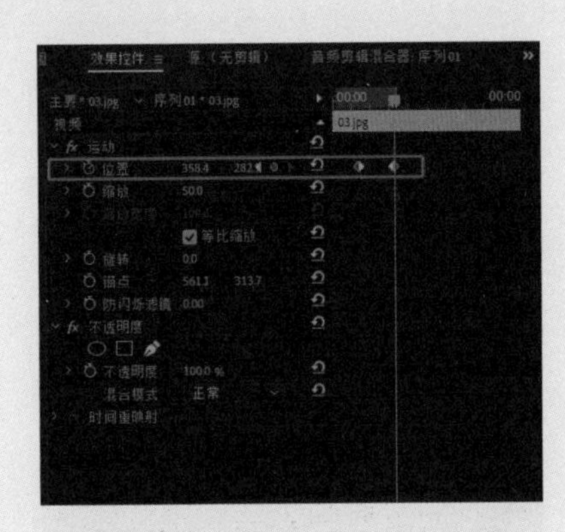

图2.7.3

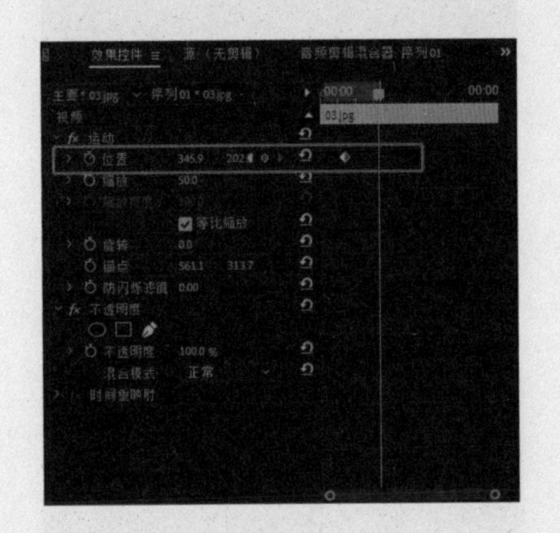

图2.7.4

2.7.3 利用快捷菜单清除关键帧

单击“工具”面板中的“移动工具”按钮，右击需要删除的关键帧，在弹出的快捷菜单中选择“清除”选项，即可删除关键帧，如图 2.7.5 和图 2.7.6 所示。

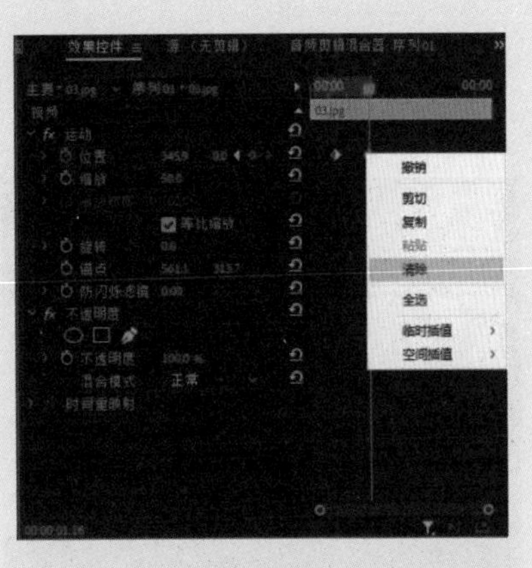

图2.7.5

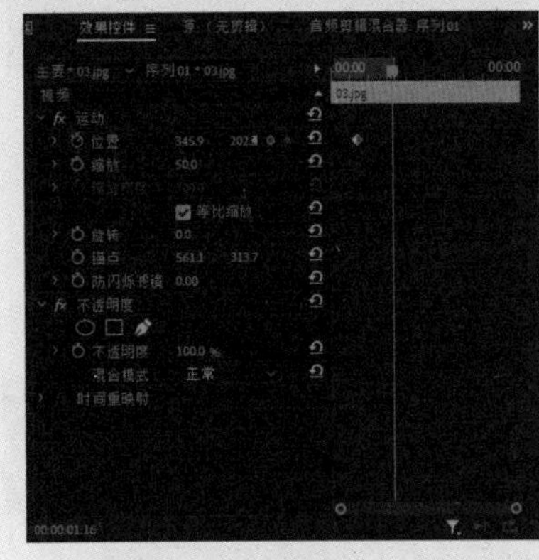

图2.7.6

2.8 复制关键帧

在制作影片或动画时，经常会遇到不同素材使用同一组关键帧参数的情况，此时可以选中这组制作好的关键帧，使用复制、粘贴命令快速完成其他素材的动画制作。复制关键帧有两种方法，下面介绍复制关键帧的具体操作方法。

2.8.1 在快捷菜单中复制

下面介绍在快捷菜单中复制关键帧的具体操作步骤。

01 单击“工具”面板中的“选择工具”按钮▶，在“效果控件”面板中右击需要复制的关键帧，在弹出的快捷菜单中选择“复制”选项，如图2.8.1所示。

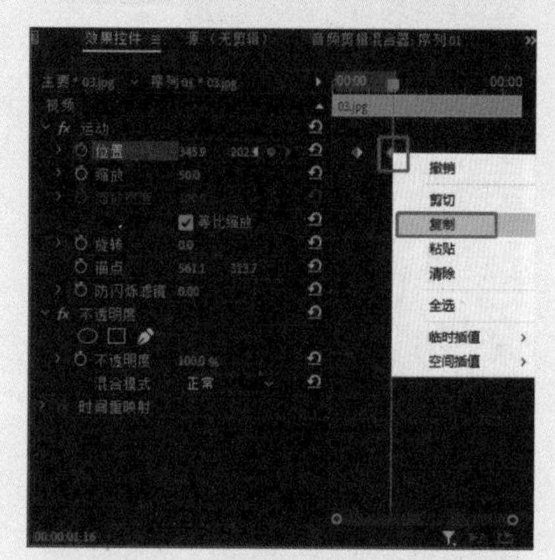

图2.8.1

02 将播放头指针拖至合适的位置并右击，在弹出的快捷菜单中选择“粘贴”选项，此时复制的关键帧出现在时间线上，如图2.8.2所示。

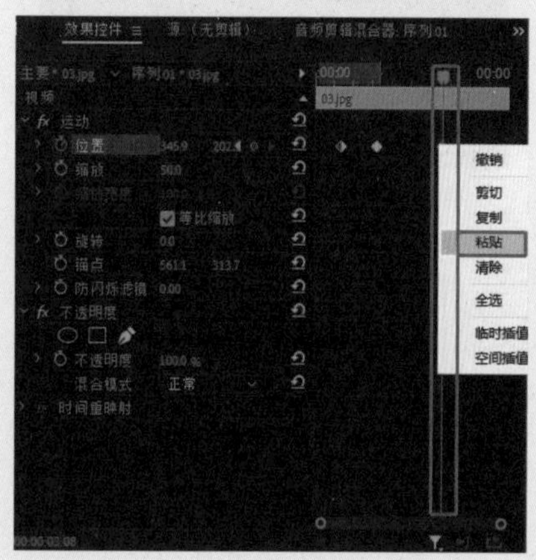

图2.8.2

2.8.2 复制关键帧到另外一个素材中

除了可以在同一个素材中复制、粘贴关键帧，还可以将关键帧动画复制到其他素材上。下面介绍复制关键帧到另外一个素材的具体操作步骤。

01 选择一个素材的关键帧，例如“位置”属性中的所有关键帧，如图2.8.3所示。

图2.8.3

02 右击并在弹出的快捷菜单中选择“复制”选项，然后在“时间线”面板中选择另一个素材，并选择“效果控件”中的“位置”属性，如图2.8.4所示。

图2.8.4

03 右击并在弹出的快捷菜单中选择“粘贴”选项，完成复制操作，如图2.8.5所示。

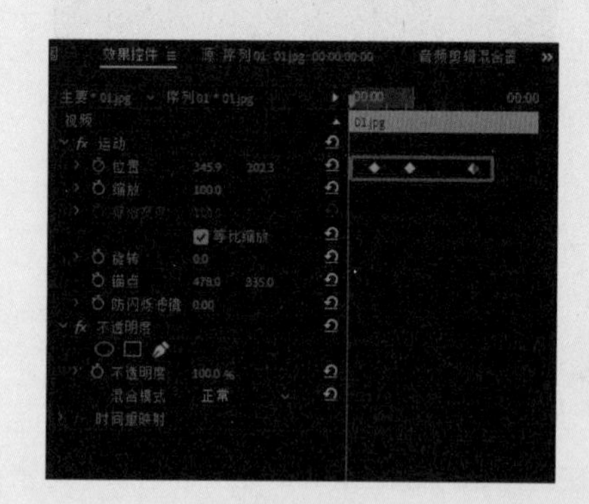

图2.8.5

2.9 关键帧插值

插值是指在两个已知值之间填充未知数据的过程。关键帧插值可以控制关键帧的速度变化状态，主要分为“临时插值”和“空间插值”两种。在一般情况下，系统默认使用线性插值。若想更改插值类型，可以右击相应的关键帧，在弹出的快捷菜单中更改类型，如图 2.9.1 所示。下面将介绍关键帧插值的操作方法。

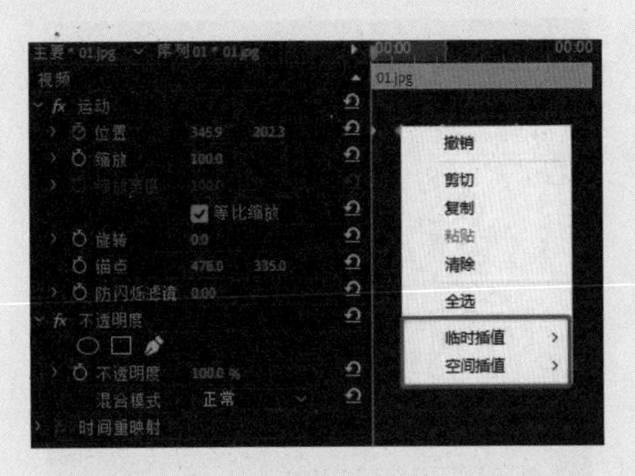

图2.9.1

2.9.1 临时插值

“临时插值”是控制关键帧在时间线上的速度变化状态，下面介绍临时插值的具体操作方法。

1. 线性

“线性”插值可以创建关键帧之间的匀速变化。首先在“效果控件”面板中针对某一个属性添加两个或两个以上关键帧，然后右击添加的关键帧，在弹出的快捷菜单中选择“临时插值”→“线性”选项，拖动播放头指针，当其与关键帧位置重合时，该关键帧由灰色变为蓝色◆，此时的动画效果更为匀速平缓，如图 2.9.2 和图 2.9.3 所示。

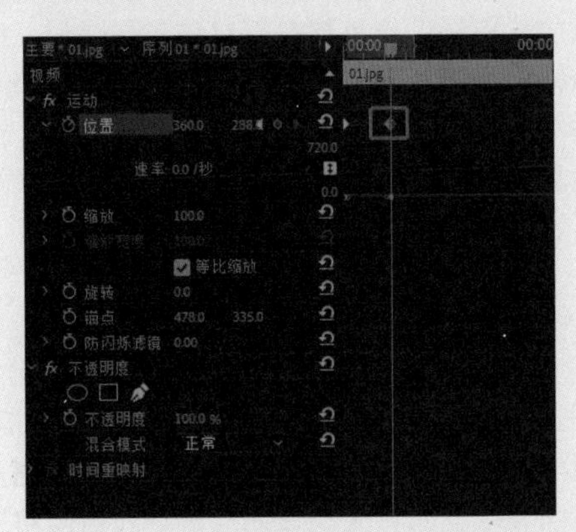

图2.9.2

图2.9.3

2. 贝塞尔曲线

“贝塞尔曲线”插值可以在关键帧的任意一侧手动调整曲线的形状及变化速率。执行“临时插值”→“贝塞尔曲线”命令时，拖动播放头指针，当其与关键帧位置重合时，该关键帧样式为■，并且可以在“节目监视器”中通过拖动曲线控制柄来调节曲线，从而改变动画的运动速度。在调节的过程中，单独调节其中一个控制柄，另一个控制柄不发生变化，如图 2.9.4 和图 2.9.5 所示。

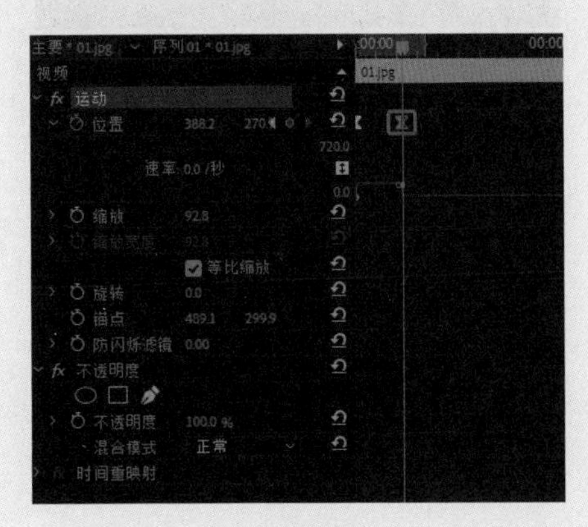

图2.9.4

图2.9.5

3. 自动贝塞尔曲线

“自动贝塞尔曲线”插值可以调整关键帧的平滑变化速率。执行“临时插值”→“自动贝塞尔曲线”命令时，拖动播放头指针，当其与关键帧位置重合时，该关键帧样式为。在曲线节点的两侧会出现两个没有控制线的控制点，拖动控制点可将自动曲线转换为弯曲的贝塞尔曲线，如图 2.9.6 和图 2.9.7 所示。

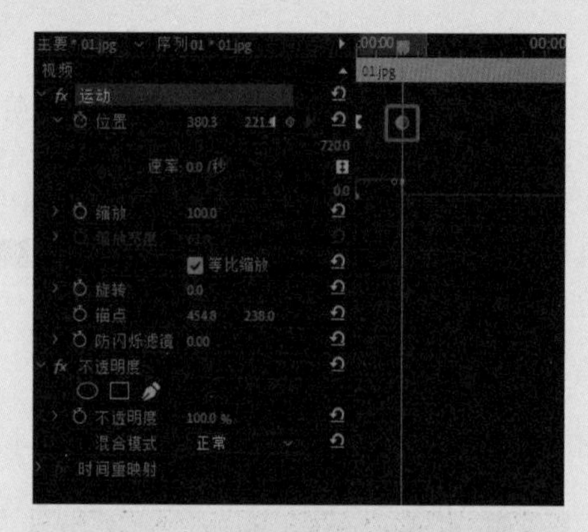

图2.9.6

图2.9.7

4. 连续贝塞尔曲线

“连续贝塞尔曲线”插值可以通过关键帧的平滑程度改变帧速率。执行“临时插值”→“连续贝塞尔曲线”命令，拖动播放头指针，当其与关键帧位置重合时，该关键帧样式为。双击“节目监视器”中的画面，此时会出现两个控制柄，可以通过拖动控制柄来改变两侧的曲线弯曲程度，从而改变动画效果，如图 2.9.8 和图 2.9.9 所示。

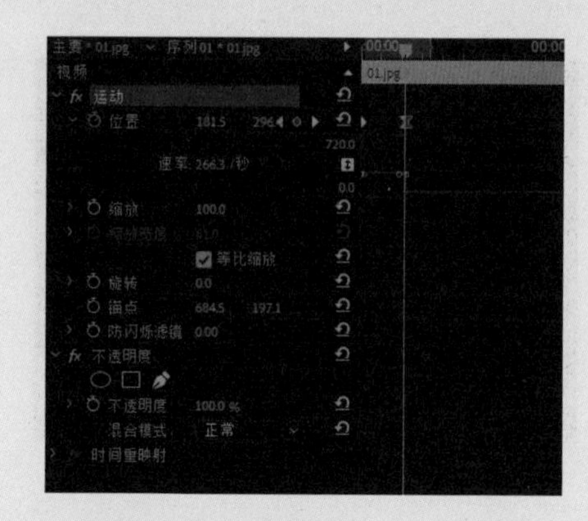

图2.9.8

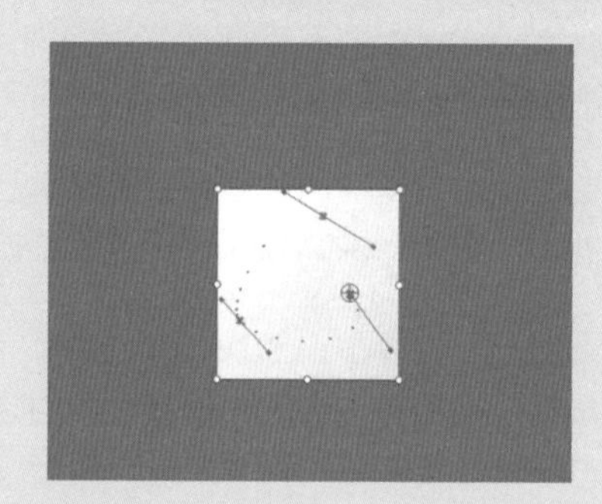

图2.9.9

5. 定格

“定格”插值可以更改属性值且不产生渐变过渡。执行“临时插值”→“定格”命令时，拖动播放头指针，当其与关键帧位置重合时，该关键帧样式为，两个速率曲线节点将根据节点的运动状态自动调节帧速率曲线的弯曲程度。当动画播放到该关键帧时，将出现保持前一关键帧画面的效果，如图 2.9.10~ 图 2.9.12 所示。

6. 缓入

“缓入”插值可以减慢进入关键帧的变化。执行“临时插值”→“缓入”命令时，拖动播放头指针，当其与关键位置重合时，该关键帧样式为，速率曲线节点前面将变成缓入的曲线。当拖动播放头指针播放动画时，动画在进入该关键帧时速度逐渐减缓，消除因速度波动大而产生的画面不稳定感，如图 2.9.13~ 图 2.9.15 所示。

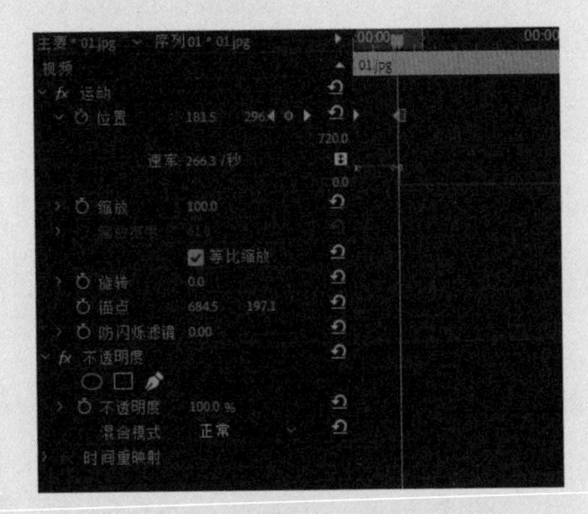

图2.9.10

图2.9.11

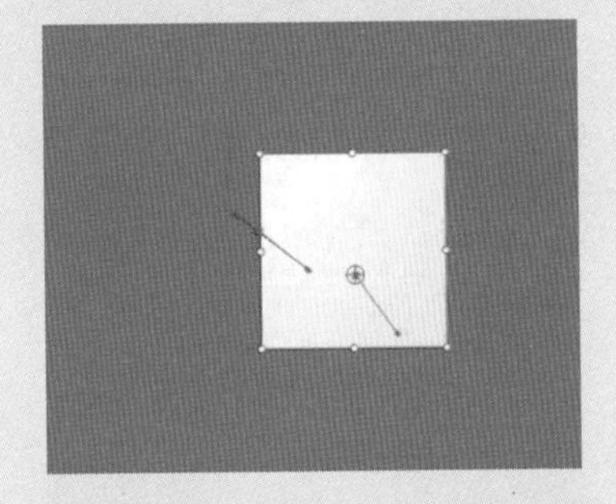

图2.9.12

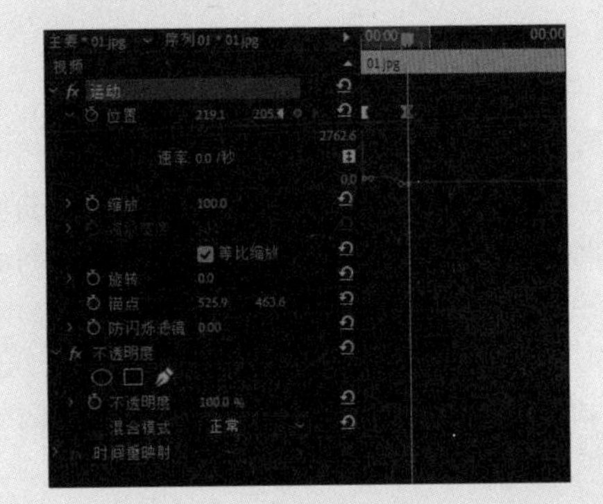

图2.9.13

图2.9.14

图2.9.15

7. 缓出

“缓出”插值可以逐渐减慢离开关键帧的变化。执行“临时插值”→“缓出”命令时，拖动播放头指针，当其与关键帧位置重合时，该关键帧样式为▣。速率曲线节点后面将变成缓出的曲线。当播放动画时，可以使动画在离开该关键帧时帧速率减缓，同样可以消除因速度波动大而产生的画面不稳定感，与缓入是相同的道理，如图 2.9.16~ 图 2.9.18 所示。

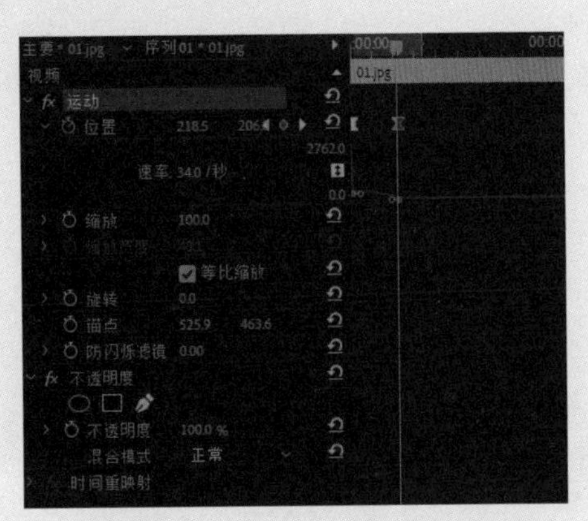

图2.9.16

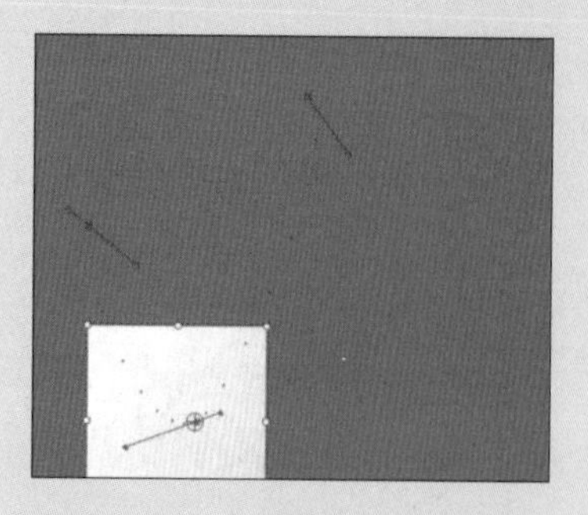

2.9.17

图2.9.18

2.9.2 空间插值

“空间插值”可以设置关键帧的转场特效，如转折强烈的线性方式、过渡柔和的自动贝塞尔曲线方式等。下面介绍空间插值的具体操作方法。

1. 线性

在执行“空间插值”→“线性”命令时，关键帧两侧线段为直线，角度转折较明显，播放动画时会产生位置突变的效果，如图 2.9.19 和图 2.9.20 所示。

图2.9.19

图2.9.20

2. 贝塞尔曲线

在执行“空间插值”→“贝塞尔曲线”命令时，可以在“节目监视器”中手动调节控制点两侧的控制柄，通过控制柄来调节曲线形状和画面的动画效果，如图 2.9.21 和图 2.9.22 所示。

图2.9.21

图2.9.22

3. 自动贝塞尔曲线

在执行“空间插值”→“自动贝塞尔曲线”命令时，更改自动贝塞尔关键帧数值，控制点两侧的控制柄位置会自动更改，以保持关键帧之间的平滑速率。如果手动调整自动贝塞尔曲线的方向控制柄，则可以将其转换为连续贝塞尔曲线的关键帧，如图 2.9.23 和图 2.9.24 所示。

图2.9.23

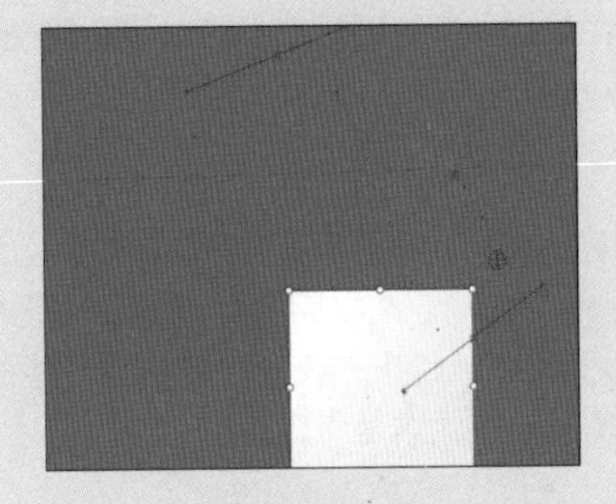

图2.9.24

4. 连续贝塞尔曲线

在执行“空间插值”→“连续贝塞尔曲线”命令时，也可以手动设置控制点两侧的控制柄来调整曲线方向，与“自动贝塞尔曲线”的操作相同，如图 2.9.25 和图 2.9.26 所示。

图2.9.25

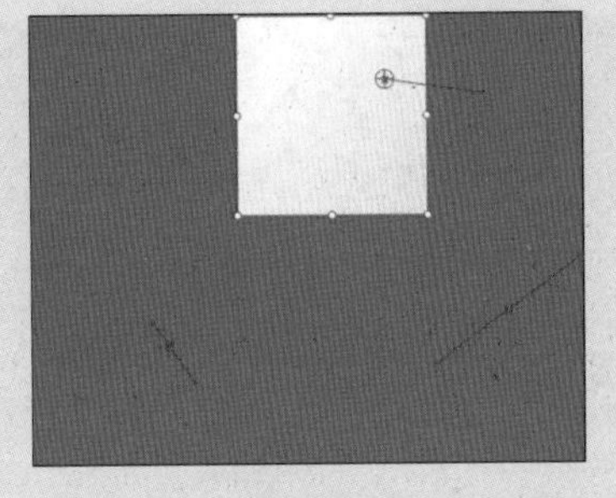

图2.9.26

第3章

字幕与图形

Premiere Pro 中有强大的文本编辑功能，包括转录文本、字幕和图形。不仅有多种文字工具供操作者使用，还可以使用多种参数设置面板修改文字效果。本章将讲解多种类型文本的创建及属性的编辑方法，通过文字设置动画，制作出完整的视频作品。除了简单地输入文字，还可以通过设置文字的样式、质感等制作出更精彩的文字效果，如图 3.0.1 所示。

图3.0.1

在 Premiere Pro 中可以创建横排和竖排文字，除此之外，还可以沿路径排列文字，通过设置文字的样式、质感等制作更精彩的文字效果，如图 3.0.2 所示。

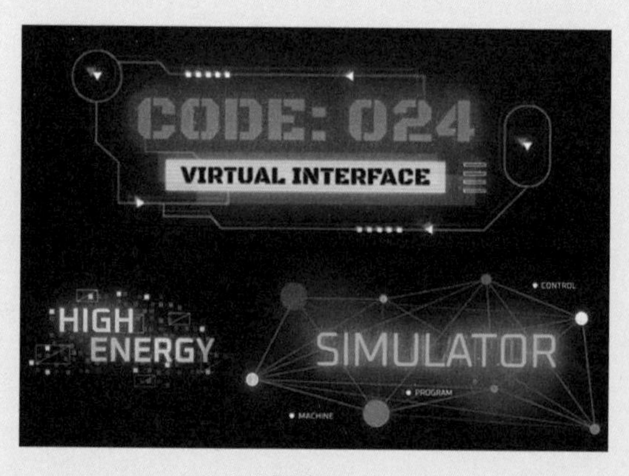

图3.0.2

需要注意的是，Premiere Pro 对于文本的相关功能更新很多，新版本升级了旧版字幕，用户可以使用“基本图形”面板中的字幕工具重新创建大部分效果。如果是初学者，尽量从 Premiere Pro 15.4 以后的版本开始学习，如果对 Premiere Pro 有一定了解，可以在“基本图形”面板中找到对应的字幕工具。

字幕是影片的重要组成部分，可以起到提示人物和地点名称的作用，并可以作为片头的标题和片尾的滚动字幕。在 Premiere Pro 添加文本与字幕有多种方法，大致分为片头文本与说明字幕两种，如图 3.0.3 所示。

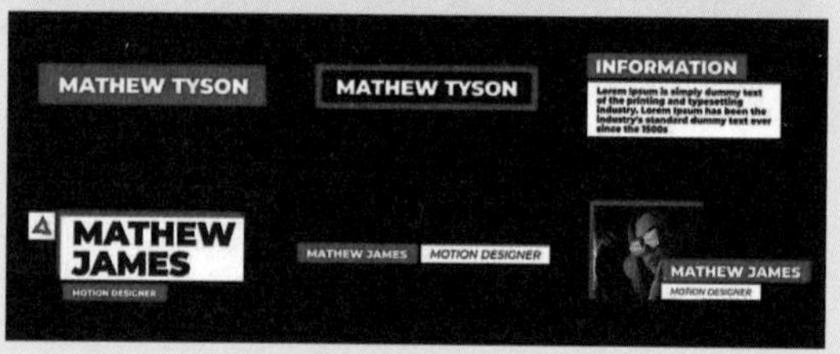

图3.0.3

片头文本更倾向于 Logo 的演绎，这类文本制作精良，带有动态效果，如果需要制作更为复杂的文本特效，需要使用 After Effects 或三维软件单独进行制作，再将序列帧导入 Premiere Pro 合成，如图 3.0.4 所示。

现在的 After Effects 与 Premiere Pro 可以通用基本图形，也就是说，在 After Effects 中编辑的文字特效，可以将工程文件导入 Premiere Pro 中，相应的修改都会在工程文件中显现，大幅提高了工作效率，如图 3.0.5 所示。

带有功能性的字幕一般不会添加过多的动态效果，使用的字体也都是黑体或宋体等常规字体，复杂的字体和动效会影响阅读效率，高识别率是这类文本的首要任务。如何正确而快速地阅读文本才是这种类型字幕需要解决的问题。Adobe Sensei 提供支持自动生成字幕、语音到文本转录、转换为字幕轴等功能。Premiere Pro 的转录功能支持 13 种语言，但在转录的过程中，也会出现个别错误，需要人工修正。

Premiere Pro 同样支持手工添加字幕。选择要添加字幕的语言，并添加预先准备好的字幕后，即可对字幕进行编辑及样式修改，如图 3.0.6 所示。

图3.0.4

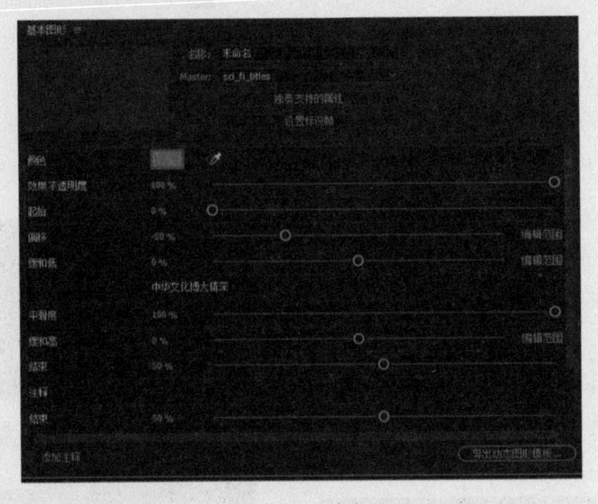

图3.0.5

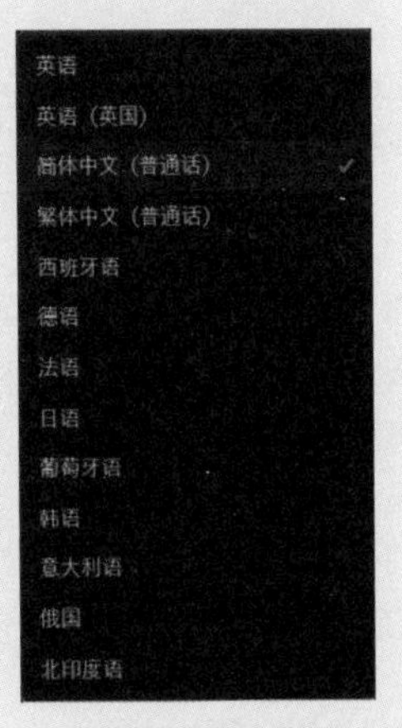

图3.0.6

3.1 字幕

旧版字幕在 Premiere Pro 中使用了很长一段时间，主要用于创建字幕、演职员表和简单的动画效果。但旧版字幕有某些限制，而“基本图形”面板中提供的综合性文本和图形工具针对这些限制进行了改进。本书为了方便早期版本的用户适应字幕的工作流程，将对旧版字幕工作区进行讲解，如果是初学者可以直接跳过本节。提示对话框界面，如图 3.1.1 所示。

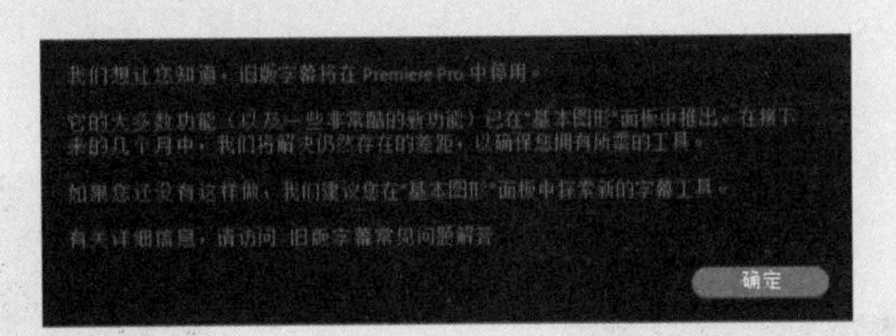

图3.1.1

在新版本软件中，依然可以调出“字幕”面板，但是不建议大家学习和使用，旧版字幕使用较旧的代码库，而“基本图形”面板是一个现代化的字幕和图形解决方案，利用了额外的跨应用程序技术，如图 3.1.2 所示。

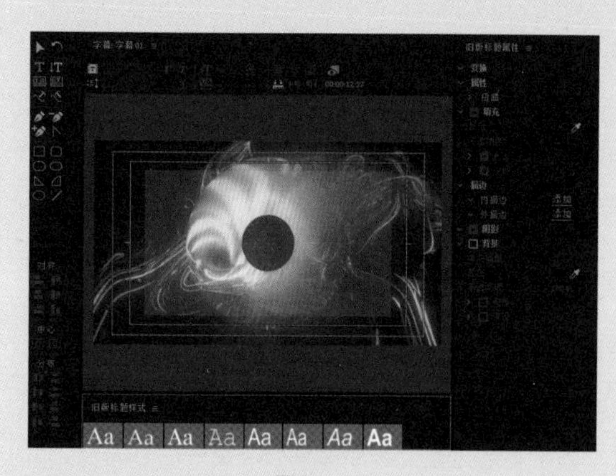

图3.1.2

3.1.1 字幕工作区

在进行字幕编辑工作时，可以执行“窗口”→“工作区”→“字幕”命令，将字幕工作区显示出来，其主要包括4个界面。文本面板，可以在该面板编辑字幕文件；节目监视器，用来显示当前编辑的字幕外观；基本图形，编辑字幕的外观以及相关参数；字幕轨道，用于编辑字幕的显示时间，如图3.1.3所示。

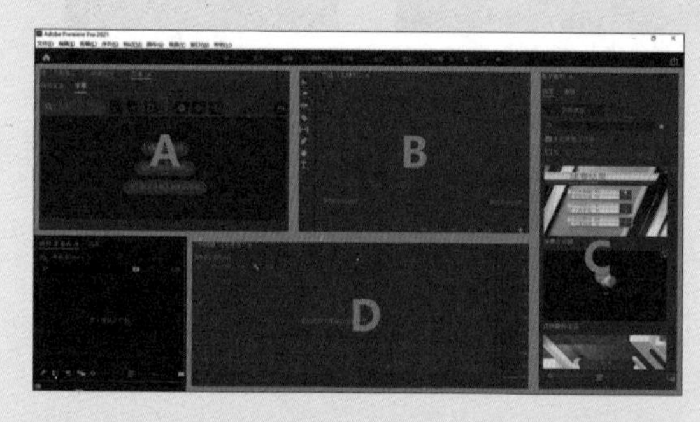

图3.1.3

A：文本面板

“文本”面板中的字幕区，在默认情况下会出现在界面的左侧，也可以通过执行“窗口”→“工作区”→“字幕”命令打开，如图3.1.4所示。

图3.1.4

搜索框：用于搜索字幕中的文本。

向上搜索：上一个搜索结果。

向下搜索：下一个搜索结果。

替换：替换当前搜索结果。

增加新字幕分段：在当前时间位置添加新字幕文本。

拆分字幕：复制选中的字幕，通过删减而达到拆分的目的。

合并字幕：选中多个字幕将其合并为一个。

B：节目监视器

“节目监视器”可以显示字幕样式，如图3.1.5所示。

图3.1.5

C：基本图形

在Premiere Pro中，“基本图形”面板也可以用于编辑字幕的外观，并利用图形模板，如图3.1.6所示。

图3.1.6

D：字幕轨道

相较于旧版本，Premiere Pro 将字幕文件独立于“时间线”的顶部轨道上，用户可以更加方便、快捷地寻找并修改字幕文件，有效提高工作效率，如图 3.1.7 所示。

图3.1.7

图3.1.9

图3.1.10

图3.1.11

3.1.2 添加字幕

添加字幕的方式主要有 3 种，分别是手动创建字幕、从第三方服务导入字幕文件、自动将语音转为文本。

1. 手动创建字幕

在创建说明字幕时，当文字较短时，可以直接手动输入字幕，创建手动字幕的步骤如下。

01 创建一条新的字幕轨道。在“文本”面板的“字幕”选项卡中单击“创建新字幕轨”按钮，如图 3.1.8 所示。

图3.1.8

02 弹出“新字幕轨道”对话框，在“格式”下拉列表中选择“副标题”选项，“样式”可以根据需要选择，最后单击“确定”按钮，如图 3.1.9 所示。此时，“时间线”最上方会出现一条专属的字幕轨道，如图 3.1.10 所示。

03 单击“字幕”选项卡中的⊕按钮添加新字幕分段，就会出现一条新的字幕轨道，按照需要修改内容即可，在字幕轨道中也可以显示相应的内容，如图 3.1.11 所示。

2. 导入字幕文件

如果已经拥有第三方服务提供的字幕文件，也可以直接在软件中使用并编辑。导入字幕文件的方法如下。

将字幕文件导入“项目”面板，之后可以直接将其拖入“时间线”面板，弹出“新字幕轨道”对话框，如图 3.1.12 所示。或者单击“文本”面板中“字幕”选项卡的“从文件导入说明性字幕”按钮。设置参数的方法与手动字幕相同，最后单击“确定”按钮。

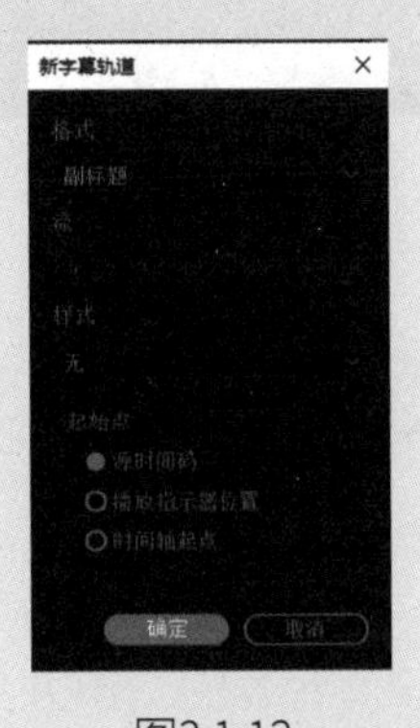

图3.1.12

此时“时间线”面板上方会自动创建该字幕文件的轨道，并根据文件分成一个个独立的字幕块。同时，在“字幕”面板中也会显示该字幕文件的详细信息，可以根据需要调节每个字幕块的文字内容，如图 3.1.13 所示。

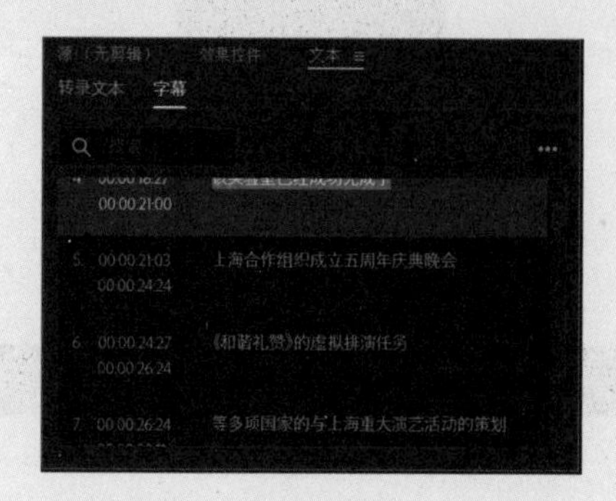

图3.1.13

3.1.3 风格化字幕

如果需要使用字幕样式，可以选中字幕块，在“基本图形”面板的“编辑”选项卡中修改相应参数。如果需要修改整个字幕的样式，可以在“字幕”面板中全部选中字幕，并在“基本图形”面板的“编辑”选项卡中修改，如图 3.1.14 所示。

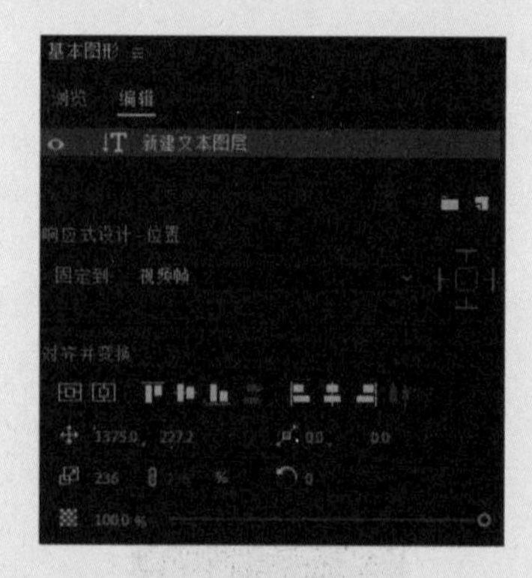

图3.1.14

3.1.4 语音转录文字

在视频编辑进入收尾阶段时，通常得到的是语音字幕文件，然而旧版 Premiere Pro 并不支持语音文件到文本的转录，用户时常需要借助第三方软件进行转换，耗费大量的时间与精力。在 Premiere Pro 中，借助 Adobe Sensei 机器学习的强大功能，用户可以直接在软件内实现语音到文本的转录，并将其添加到“时间线”中。如果需要修改字幕样式，只需在“基本图形”面板中调整即可。语音到文本功能可供全世界的用户使用，其包括 13 种语言，并且无须额外付费，有效提高了工作效率。将语音转录到文本的具体操作分为创建转录、修改字幕、生成字幕三个步骤，具体如下。

1. 创建转录

在“文本”面板的“转录文本”选项卡中单击“创建转录”按钮，在弹出的“创建转录文本”对话框中调整参数后单击“转录”按钮，即可创建转录文本，如图 3.1.15 所示。

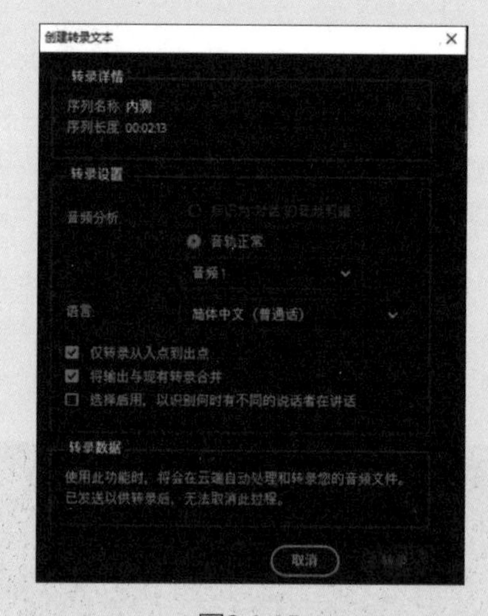

图3.1.15

“创建转录文本”对话框中各选项的具体使用方法如下。

音频分析：选中标记为对话的音频剪辑或从特定声音文件中选择音频进行转录。

语言：选择语言类型。

仅转录从入点到出点：如果在项目中标记了素材的出入点，选中此复选框即可输出区间内的文本结果。

将输出与现有转录合并：在特定入点和出点之间进行转录时，用户可以将自动转录插入现有转录中。

选择后用，以识别何时有不同的说话者在讲话：如果语音文件中有多个说话者，可以选中此复选框用于识别区分。

2. 编辑字幕

编辑说话者。编辑转录文件中的说话者，单击说话者底部的■按钮，选择弹出菜单中的“编辑说话者”选项，进而在弹出的对话框中修改名称，如图 3.1.16 所示，最后单击“保存”按钮即可。

图3.1.16

替换文本。如果需要替换转录文件中的文本，在“字幕”面板的搜索框中输入想要替换的原文字，并单击“搜索”按钮，即可查找出所有相关词汇，单击■按钮即在“搜索”文本框中输入想要替换的文字，单击“替换”或“全部替换”按钮，替换当前选中文本或者全部替换，如图 3.1.17 所示。

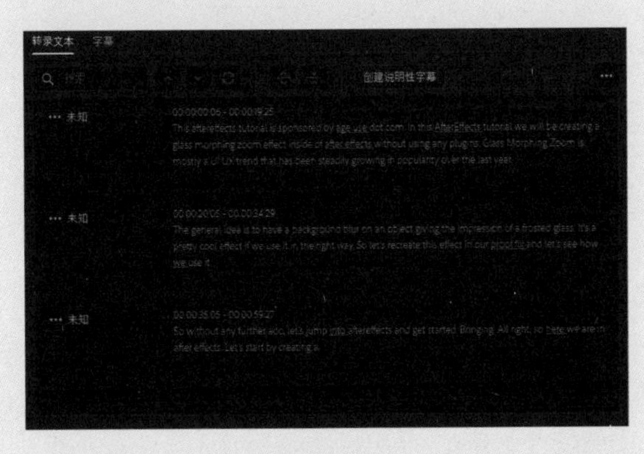

图3.1.17

其他转录选项，如图 3.1.18 所示，具体用法如下。

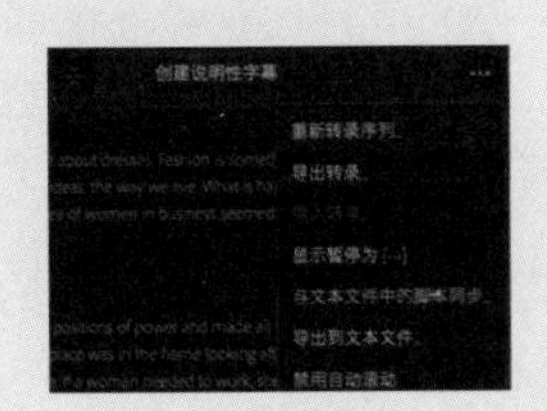

图3.1.18

导出转录：将当前转录文本导出为 prtranscript 文件，后续如需使用可以直接导入。

导入转录：将转录文本直接从外部导入。

显示暂停为 [···]：将停顿显示为省略号，以便转录文本显示对话中存在的空白。

导出到文本文件：将当前转录文本导出为 TXT 文件。

禁用自动滚动：如果希望在“时间线”中拖动或播放序列时，在“文本”面板中保持一部分转录内容可见，需要选择该选项。

修改字幕后，即可将其转换为“时间线”上的字幕。在“转录文本”选项卡中单击“创建说明性字幕”按钮，如图 3.1.19 所示。

图3.1.19

此时会弹出“创建字幕”对话框，其显示了有关如何在“时间线”上排列字幕的选项，如图3.1.20 所示，具体用法如下。

图3.1.20

从序列转录创建：即默认选项，以当前序列转录文本创建字幕。

创建空白轨道：如果想手动添加字幕或将现有字幕文件导入“时间线”即可选择该选项。

字幕预设：默认字幕选项，适用于大多数场景。

格式：为视频选择字幕格式，字幕适用于大多数场景。

流：为字幕格式选择不同的广播流。

样式：如果之前保存了字幕样式，可以在此处选择它们。

最大长度（以字符为单位）、最短持续时间（以秒为单位）、字幕之间的间隔（帧）：用于设置每行字幕文本的最大字数、最短持续时间或指定字幕之间的间隔。

行数：设置字幕为单行还是双行。

3. 生成字幕

单击“生成字幕”面板中的“创建”按钮，软件会将字幕加入“时间线”，并与对话节奏一致。在“文本”面板也会显示，如图 3.1.21 和图 3.22 所示。

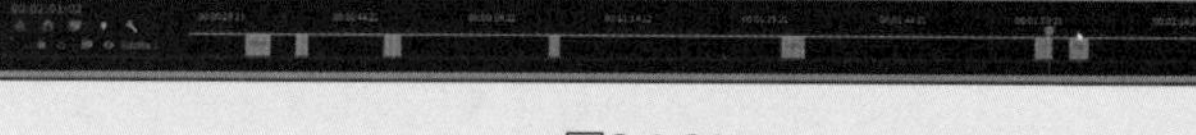

图3.1.21

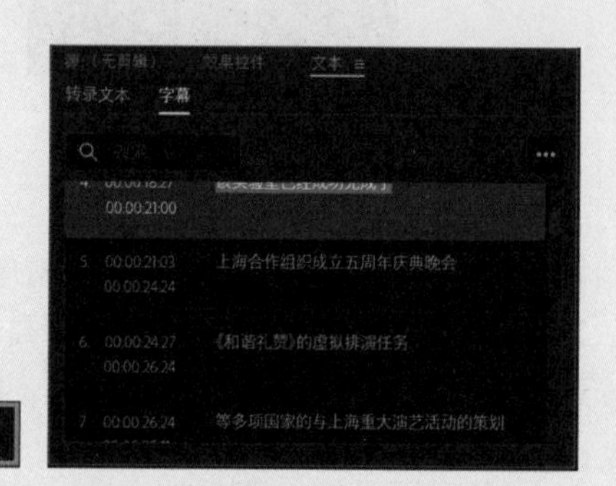

图3.1.22

3.2 基本图形

3.2.1 基本图形面板

Premiere Pro 中的“基本图形”面板具有强大的功能，可以直接在 Premiere Pro 中创建图形和动画。“基本图形”面板也可以用于编辑字幕的外观并利用图形模板。将工作区切换到“字幕和图形”模式就可以看到“基本图形”面板，下设“浏览”和“编辑”两个选项卡，如图 3.2.1 所示。

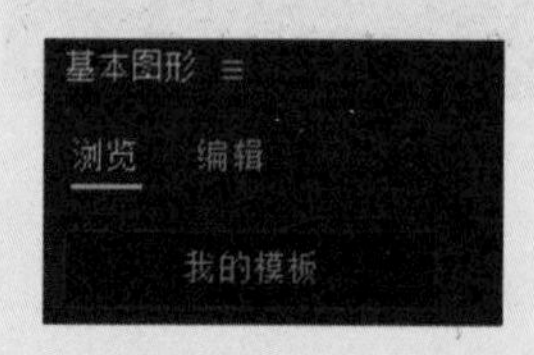

图3.2.1

“浏览”选项卡：可以浏览动态图形模板，如需使用则将选定的模板拖入“时间线”并修改相关属性即可；“编辑”选项卡：用于设置字幕的对齐和变换、更改外观属性、编辑文本属性等，如图 3.2.2 所示。

“编辑”选项卡的功能如下。

文本：主要用于设置文本的字体、样式、行间距等。值得一提的是，如果需要批量修改文本的字体，则可以执行“图形”→“替换项目中的字体”命令，批量修改文本字体，如图 3.2.3 所示。

对齐并变换：主要用于调整文本的对齐方式、位置、锚点位置、缩放比例、旋转角度以及不透明度等属性，如图 3.2.4 所示。

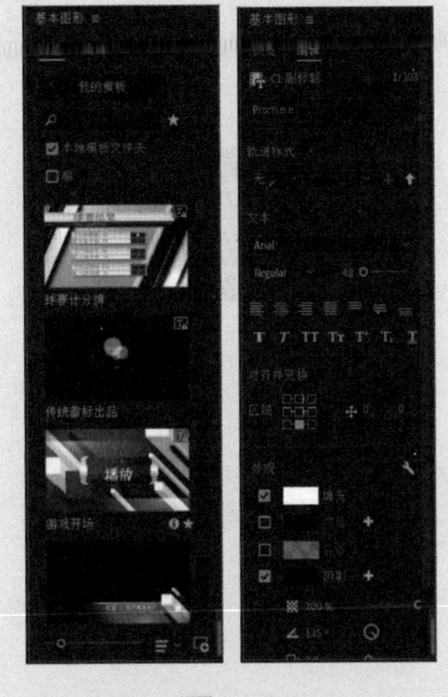

图3.2.2

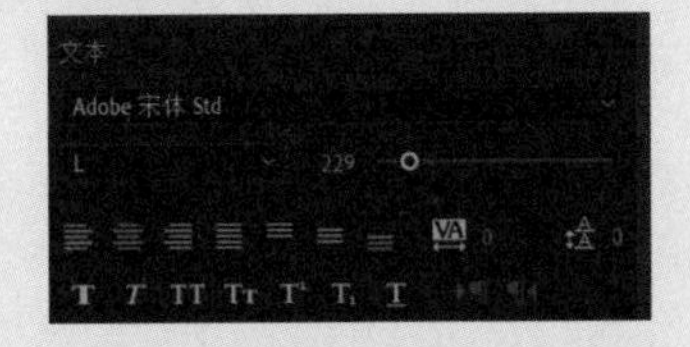

图3.2.3

图3.2.4

外观：主要用于设置文本的填充、描边、背景、阴影、蒙版等的效果。在 Promiere Pro 2022 中，可以为同一个对象叠加多个描边与阴影效果，这为美化文字效果提供了便利。可以选中相应的复选框启用图层的填充、阴影、描边等功能。另外，单击“外观”面板右上角的按钮，如图3.2.5所示，则会弹出“图形属性”对话框。

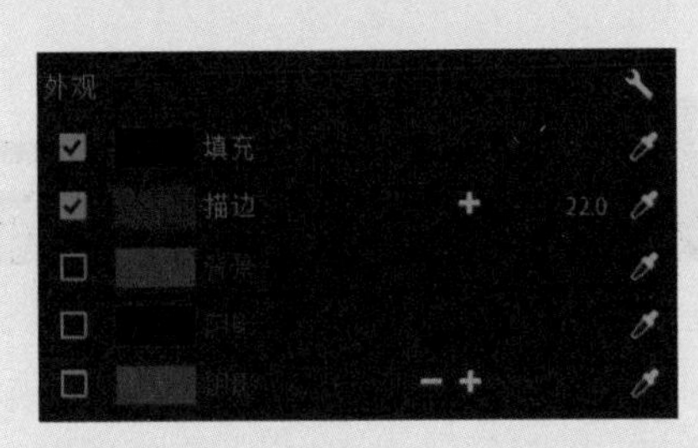

图3.2.5

3.2.2 创建文本图层

如果需要在项目中创建文本图层，需要执行以下操作。

选中“工具”面板中“文字工具”，在“监视器”面板中单击并输入文本，之后调整“基本图形”面板中“编辑”选项卡的文字属性。

3.2.3 创建形状图形

在 Promiere Pro 中，创建形状图层的工具主要有 3 种，分别是钢笔工具、矩形工具、椭圆工具。其中，只有“钢笔工具”可以创建不规则图形，也可以将矩形、椭圆等规则图形修改为不规则图形。

在“字幕”面板中，“矩形工具”与“椭圆工具”的选择方式相同，单击并按住“钢笔工具”按钮，鼠标向右滑动随后即可选中，用户可以根据需求在“监视器”面板中绘制形状，如图 3.2.6 所示。

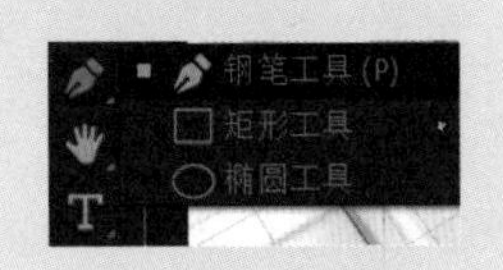

图3.2.6

在利用“钢笔工具”绘制图形时，可以在创建锚点之后长按鼠标左键创建贝塞尔曲线，随后即可通过“选择工具”对图形进行调整。

3.2.4 创建剪辑图层

在 Premiere Pro 中，如果需要在项目中添加静止图片或视频素材图层，可以采取以下方法。

在“基本图形”面板的“编辑”选项卡中单击“新建图层”按钮，选择弹出菜单中的“来自文件”选项，即可插入新图层。或者直接将素材从素材库中拖入图层框，如图 3.2.7 所示。

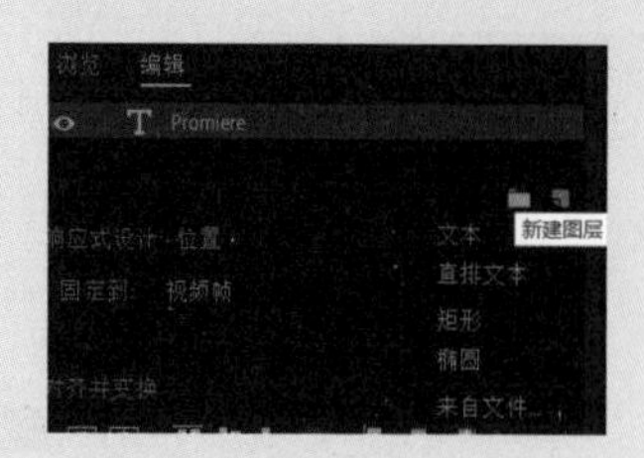

图3.2.7

此时，即可在图层框看到剪辑图层，如图3.2.8所示。

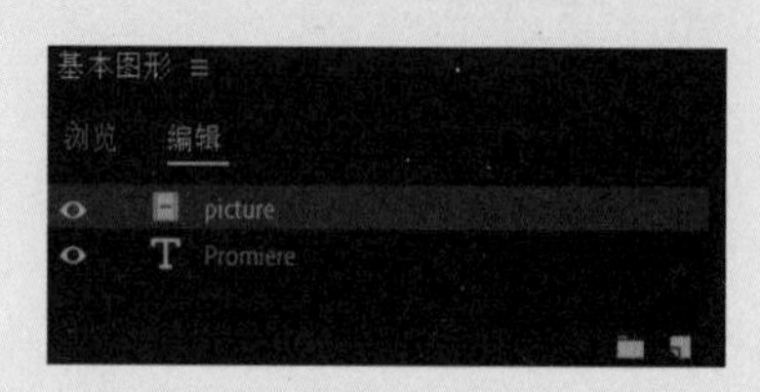

图3.2.8

3.2.5 创建蒙版图层

在“基本图形”面板中，可以使用蒙版来创建动态效果，显示和移除Premiere Pro标题中的动画，方法是将文本和形状转换到蒙版图层。蒙版将隐藏图层的一部分内容，并显示“基本图形”面板图层堆叠中图形下面的一部分图层。具体的操作步骤如下。

01 进入“基本图形”面板的“编辑”选项卡，选中已经创建好的文本图层或图形图层。

02 在底部的“外观”区域，选中“形状蒙版”或“文本蒙版”复选框，如图3.2.9所示。

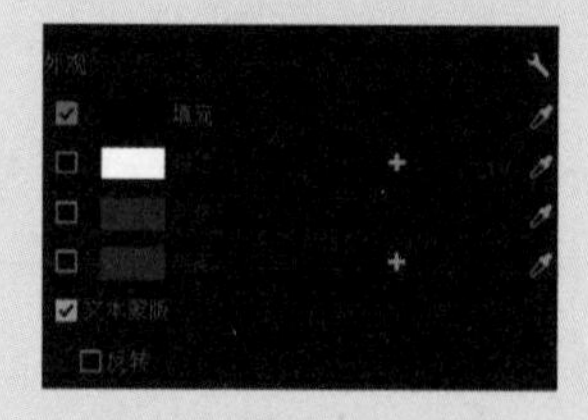

图3.2.9

03 此时软件将为图层创建一个蒙版，使该图层以外的内容透明显示，只显示其下方的所有图层。如果需要所有内容在该图层外显示，在该图层区域内透明，只需选中“反转”复选框。值得注意的是，蒙版只针对其所在组的其他图层，对于其他图层组并不适用，如图3.2.10所示。

图3.2.10

3.2.6 操作图形图层

在Premiere Pro中，创建图形图层之后，可以执行“基本图形”→“编辑”→“变换”命令对图层进行调整修改。用户批量选择图层后，还可以修改对齐方式、位置、旋转角度、缩放比例、不透明度等参数。

如果需要对图层进行分组，可以选中图层，单击“图层”面板右下角的“创建组”按钮■。与此同时，也可以右击选中目标图层，在弹出的快捷菜单中对图层进行重命名、剪切、复制等操作。

3.2.7 创建样式

在项目中，如果需要反复利用某个样式，则可以保存该样式，以便后续重复利用，可以快速批量应用于不同的图层。

在“时间线”面板中选中目标图形剪辑，在“基本图形”面板的“编辑”选项卡中修改大小、透明度等属性后，弹出“样式”面板，单击“创建样式”按钮，如图3.2.11所示，在弹出的“新建文本样式”对话框中设置样式名称，单击“确定”按钮，如图3.2.12所示。

图 3.2.11　　图 3.2.12

创建样式后，即可在“样式”下拉列表中找到该样式，在“项目”面板中也可以找到该样式，如果需要应用该样式，可以直接将其拖至“时间线”中的图形上。右击该样式，在弹出的快捷菜单中选择“导出文本样式”选项，选择路径并设置名称，之后导入字幕文件时可以直接使用此样式，如图3.2.13和图3.2.14所示。

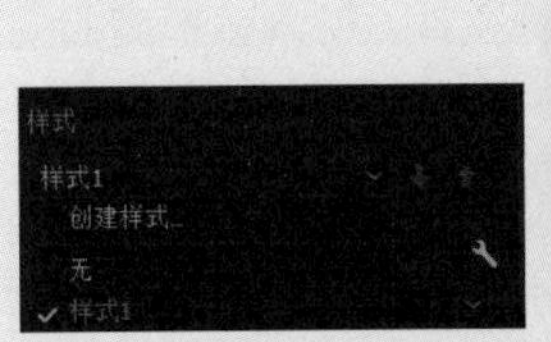

图3.2.13

图3.2.14

3.2.8 将图形导出为动态图形模板

如果需要保存当前图形为动态图形模板，以便后期重复利用，可以导出该模板。执行“图形”→“导出动态图形模板”命令，或者直接右击，在弹出的快捷菜单中选择“动态图形模板”选项。但值得注意的是，该模板只能在 Premiere Pro 中使用，而不适用 After Effects。

Premiere Pro 内置了大量的字幕模板，可以更快捷地设计字幕，以满足各种影片或电视节目的制作需求。字幕中包括的图片和文本，可以根据视频制作的需求对其中的元素进行修改。还可以将自制的字幕存储为模板随需调用，从而大幅提高工作效率。通过 Adobe 资源中心，还可以在线下载所需的字幕模板。

3.2.9 安装和管理字幕模板

1. 安装动态图形模板

如果需要将本地的动态图形模板导入项目中，在“基本图形”面板的“浏览”选项卡中单击右下角的按钮，在弹出的菜单中选中目标文件并打开，使其在“浏览”对话框中出现。

2. 管理动态图形模板

对于保存或者编辑后的模板，可以对其进行重命名，也可以将其删除，具体的操作步骤如下。

01 弹出“字幕”窗口，执行“图形”→“基本图形”→“我的模板”命令，进入“基本图形”面板中的“浏览”选项卡，如图3.2.15所示。

图3.2.15

02 选择一个模板类型。

03 如果要重命名该模板，可以在模板菜单中执行“重命名模板”命令，打开模板名称框，输入一个新的名称，如图3.2.16所示。

图3.2.16

04 如果要删除该模板，可以从模板菜单中执行“删除模板”命令，弹出“确认文件删除”对话框，单击“是”按钮即可。

3.2.10 使用动态模板

动态图形模板为用户提供现有的设计结构，并提供创作与修改的自由，也是向视频添加自定义图形和动画的最快方式，用户可以轻松使用动态图形模板完成创作。但是要在系统之间共享字幕模板，必须保证每个系统中都包括所有的字体、纹理、Logo 和图片。下面介绍修改模板内容的步骤。

01 打开模板后，执行“图形”→“基本图形”→“我的模板”命令，进入“基本图形”面板中的“浏览”选项卡，如图 3.2.17 所示。

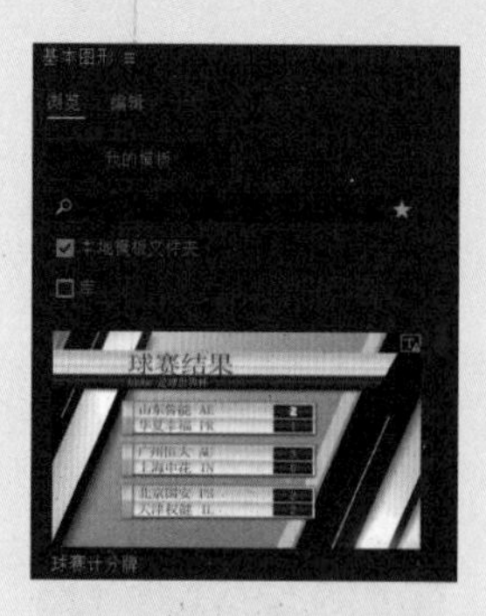

图3.2.17

02 选择一个模板类型，将其拖至“时间线”面板中，如图 3.2.18 所示。

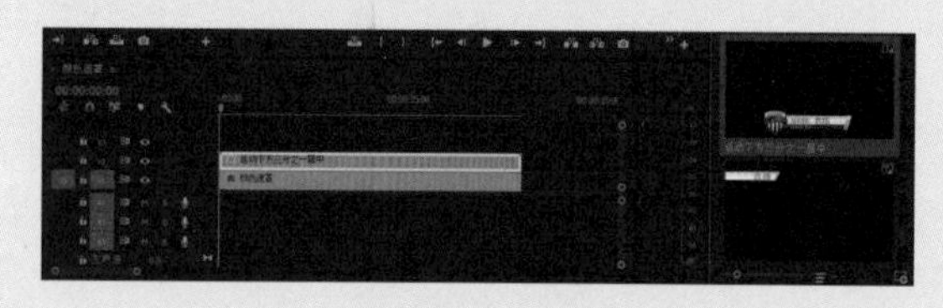

图3.2.18

03 从“时间线”面板中选中该模板后，即可在“基本图形”面板的“编辑”选项卡中修改文字及其更多细节，如图 3.2.19 所示。

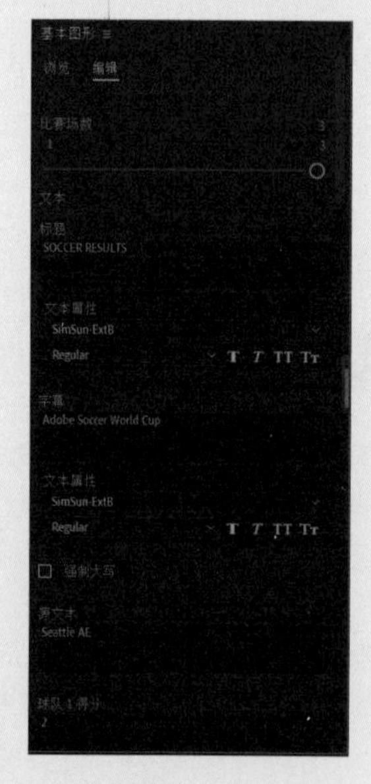

图3.2.19

3.2.11 实例：基本图形跨软件协同

“基本图形”面板为动态图形创建自定义控件，并通过 Creative Cloud Libraries 将它们共享为动态图形模板或本地文件。基本图形面板就像一个容器，可以在其中添加、修改不同的控件，并将其打包为可共享的动态图形模板。

下面通过一个实例来说明“基本图形”面板在 After Effects 和 Premiere Pro 中使用的方法。首先制作一个带有动态文本的字幕条，我们可以添加字体、特效、颜色等信息，也可以直接打开制作好的“基本图形案例”项目，如图 3.2.20 所示。

图3.2.20

我们简单制作了一个类似电视台字幕的效果，有播出时间等信息，在实际的工作中会经常用到。当我们制作好视频时，播出时间和内容临时调整，也许是客户对色彩不满意需要进行调整，但是已经在 Premiere Pro 输出了，再次打开 After Effects 进行编辑会异常麻烦。

这时就可以使用“基本图形”面板中的模板了，执行“窗口”→“基本图形”命令，打开“基本图形”面板。在“主合成”下拉列表中选择“基本图形案例”选项，如图 3.2.21 所示。

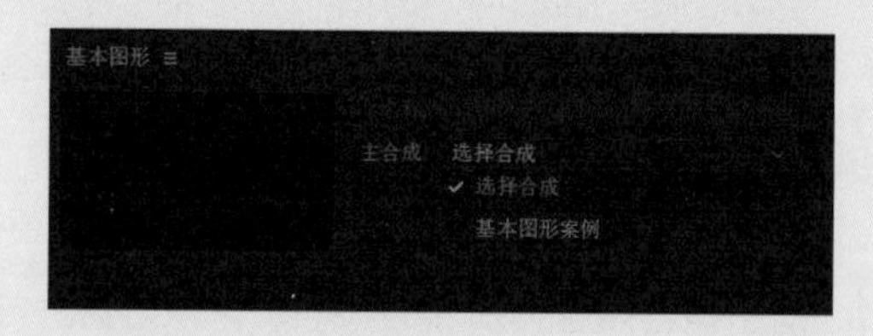

图3.2.21

在“时间线”面板中展开 PM 09:00-10:00 的属性，找到“源文本”属性，该属性主要控制文本的内容。选中该属性，并拖至“基本图形”面板。可以看到该属性已经被添加到“基本图形”的属性中，如图 3.2.22 所示。也可以在“时间线”面板中选中一个属性，然后执行“动画”→“将属性添加到基本图形”命令，或者在“时间线”面板中右击一个属性，然后在弹出的快捷菜单中选择“将属性添加到基本图形”选项。

图3.2.22

选中剧场文字的“源文本”属性并拖至“基本图形”面板中，为了方便识别，可以更改属性名称，在导入 Premiere Pro 时便于修改，如图 3.2.23 所示。

图3.2.23

在“时间线”面板中展开“形状图层 1”，在“填充 1”下面找到“颜色”属性，如图 3.2.24 所示，将其拖至“基本图形”面板中。

图3.2.24

将属性名称改为“字幕条颜色”，如图 3.2.25 所示，可以调整的属性包括“变换”“蒙版”和“材质”等，支持的控件类型包括复选框、颜色、数字滑块（单值属性），如“变换”属性下的“不透明度”，或者用滑块控件表达式控制效果、源文本、2D 点属性、角度属性等。

图3.2.25

如果添加不被支持的属性，系统会显示警告消息：“After Effects 错误：尚不支持将属性类型用于动态图形模板”。

采用相同的方法将其他两个底色也拖至“基本图形”面板，并重命名，如图 3.2.26 所示。

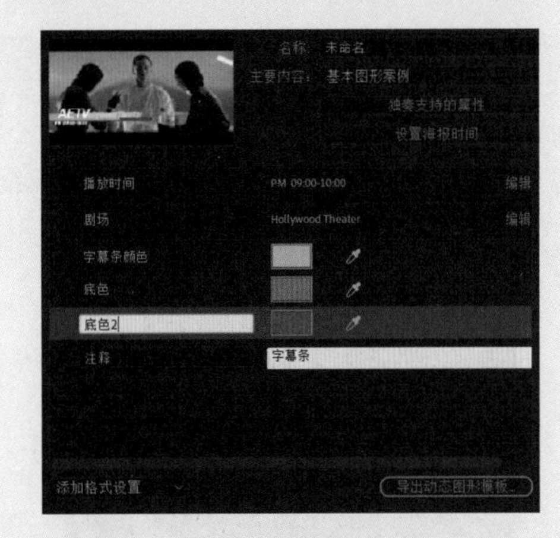

图3.2.26

我们将该项目命名为 AETV，也可以为该“基本图形”添加注释，实际工作时大部分会团队协作，对项目进行注释是十分必要的。在“基本图形”面板中可以添加多个注释，并且为它们重命名和重新排序。还可以根据需要撤销和重做添加注释、将注释重新排序以及移除注释的操作，如图 3.2.27 所示。

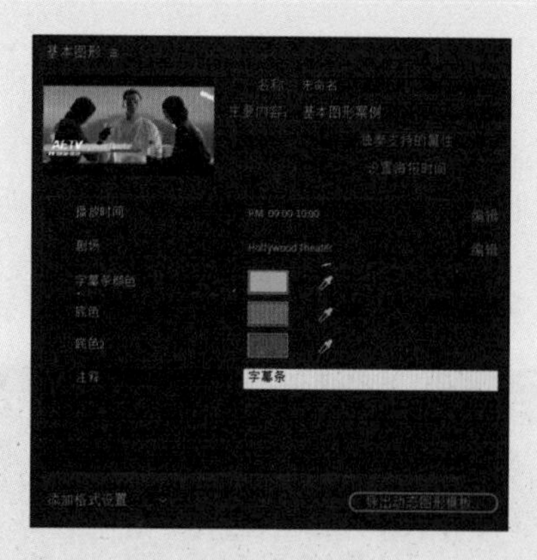

图3.2.27

在“基本图形”面板中单击“导出动态图形模板”按钮，将项目导出。在弹出的“导出为动态图形模板”对话框中选中“本地模板文件夹”选项，在“兼容性”选项区中还有两个选项。

※　“如果此动态图形模板使用 Adobe 字体中不提供的字体，请提醒我”：如果希望合成所用的任何字体在 Adobe 字体中不可用时提醒，选中该复选框。

※　“如果需要安装 After Effects 才能自定义此动态图形模板，请提醒我”：如果仅需导出与 After Effects 无关的功能（例如任何第三方增效工具），选中该复选框，如图 3.2.28 所示。

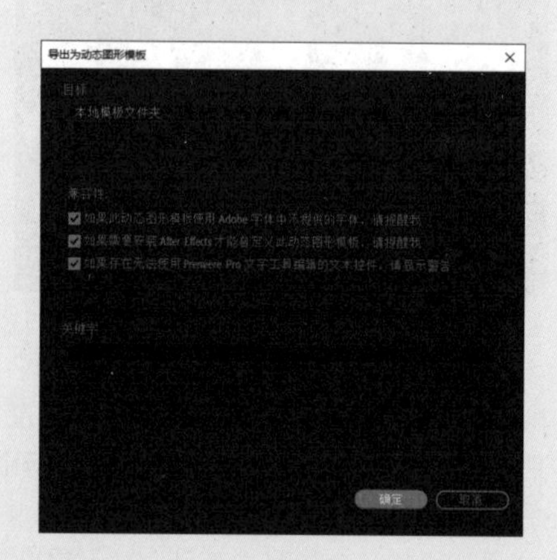

图3.2.28

启动 Premiere Pro，执行“窗口”→“基本图形”命令，打开“基本图形”面板，可以看到 Premiere Pro 已经扫描到该模板，如图 3.2.29 所示。

在“项目”面板右下角单击“新建”按钮，为项目建立一个序列，如图 3.2.30 所示。

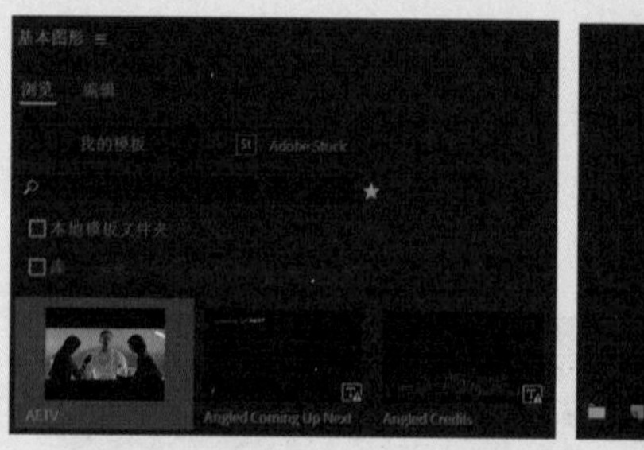

图3.2.29

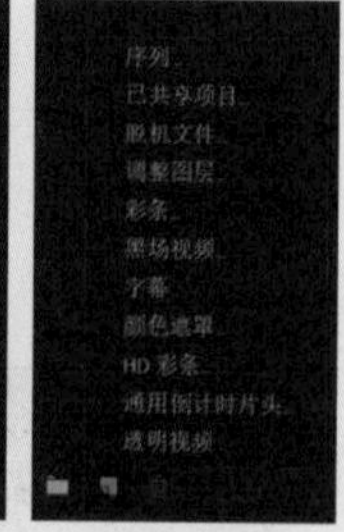

图3.2.30

在“序列预设”中选中和“基本图形”项目对应的“序列”，如图 3.2.31 所示。

图3.2.31

在“基本图形”面板选中 AETV 项目，并拖动至新建立的序列，如果项目与序列不匹配，系统会进行提示，如图 3.2.32 所示。

图3.2.32

拖动播放头指针查看动画效果，可以看到 Premiere Pro 可以直接读取 After Effects 的项目文件，如图 3.2.33 所示。

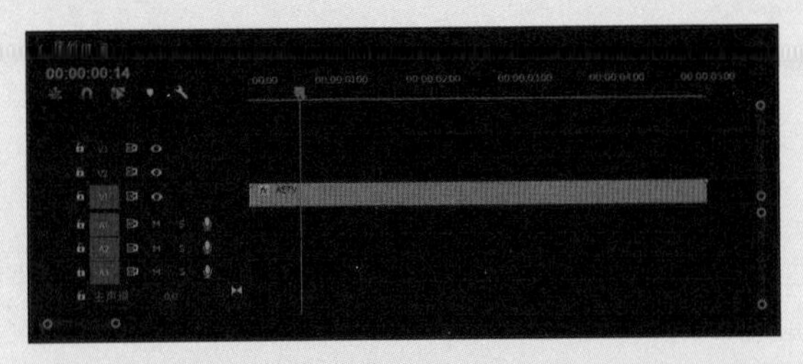

图3.2.33

选中该序列，在“基本图形”面板中也可以看到在 After Effects 中编辑的各种属性，如图 3.2.34 所示。

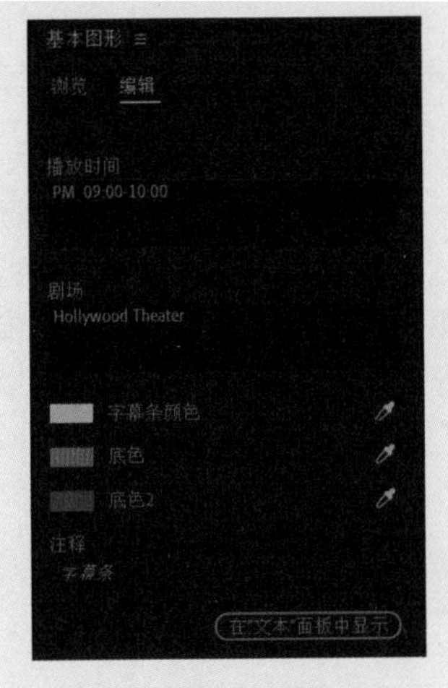

图3.2.34

修改播放时间的内容、剧场的文字内容，以及背景字幕条的颜色，在视图中查看到对应的文字和颜色都会进行更改，但动画的内容保持不变，如图 3.2.35 所示。

图3.2.35

第4章

视频效果

4.1 认识视频效果

视频效果是 Premiere Pro 中非常强大的功能。由于其效果种类众多，可模拟各种质感、风格、调色效果等，包括 140 种视频效果，被广泛应用于视频、电视、电影、广告制作等领域，深受视频工作者的喜爱，如图 4.1.1 和图 4.1.2 所示。

图4.1.1

图4.1.2

4.1.1 什么是视频效果

Premiere Pro 中的视频效果可以应用于视频素材或其他素材，通过添加效果并设置参数，即可制作出很多绚丽效果，而且每个效果组都包括很多效果。在“效果”面板中可以搜索或手动查找需要的效果，找到需要的效果后，可以将“效果”面板中的效果拖至“时间线”面板中的素材上，此时该效果添加成功。然后单击被添加效果的素材，此时在“效果控件”面板中就可以看到该效果的参数了。

4.1.2 使用视频效果

本小节将介绍如何使用视频效果。视频效果对影片质量起着决定性的作用，巧妙地为影片添加各式各样的视频效果，可以使影片具有很强的视觉感染力。转场特效应用于相邻的素材之间，也可以应用于同一段素材的开始和结尾处。Premiere Pro 中的视频效果都存放在“效果”面板中的“视频效果”文件夹中，如图 4.1.3 所示。

图4.1.3

4.1.3 实例：添加视频效果

Premiere Pro 的“效果”面板中提供了大量的视频效果，下面通过一个简单的实例讲解如何为视频素材添加效果。

01 启动 Premiere Pro，单击“新建项目”，在弹出的“新建项目”对话框中，设置项目名称和存放的位置，单击“确定”按钮，如图 4.1.4 所示。

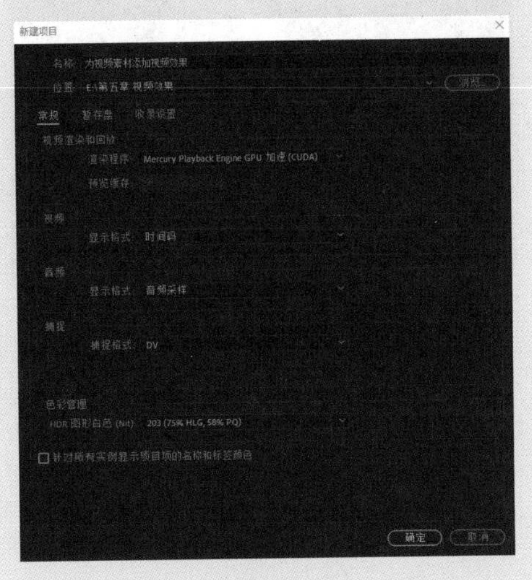

图4.1.4

02 执行“文件”→“新建”→“序列”命令，在弹出的“新建序列”对话框中，保持默认设置，单击“确定”按钮，如图 4.1.5 所示。

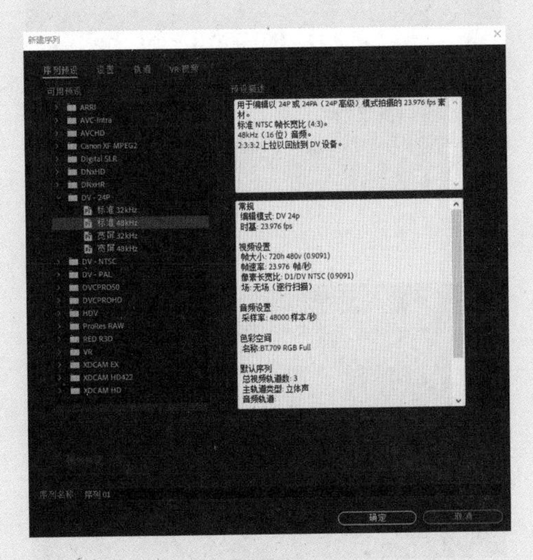

图4.1.5

03 进入 Premiere Pro 操作界面，执行“文件”→“导入”命令，在弹出的“导入”对话框中，选择需要导入的素材文件，单击“打开”按钮。

04 在“项目”面板中选中已导入的视频素材，按住鼠标左键将其拖至“时间线”面板的 V1 轨道中，如图 4.1.6 所示。

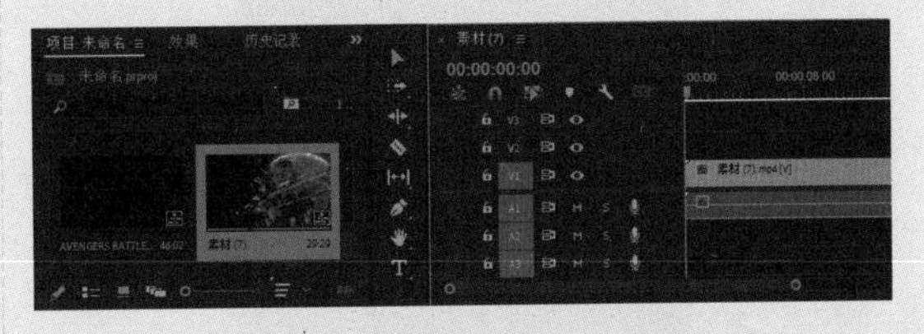

图4.1.6

05 在“效果”面板中单击“视频效果”文件夹，将其展开，如图 4.1.7 所示。

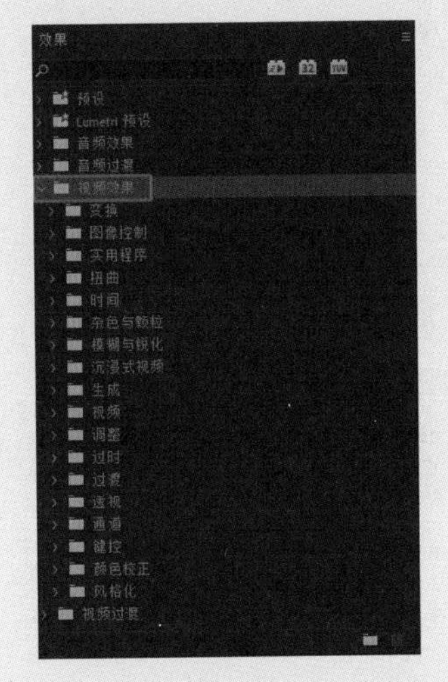

图4.1.7

06 展开“扭曲”文件夹，选择“波形变形”效果，如图 4.1.8 所示。

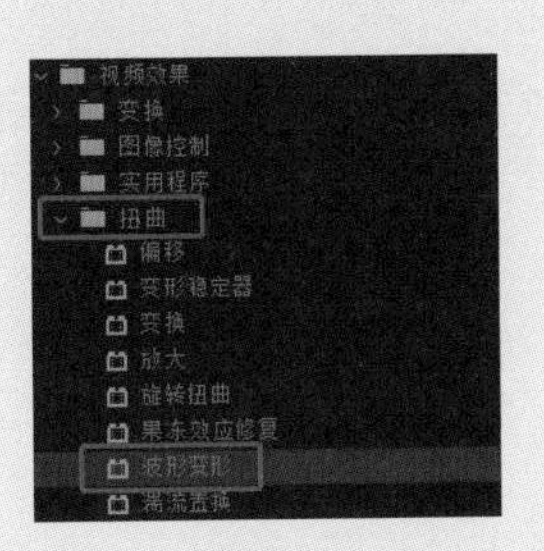

图4.1.8

07 将选中的“波形变形”效果拖至“时间线”面板中的素材上，如图 4.1.9 所示。

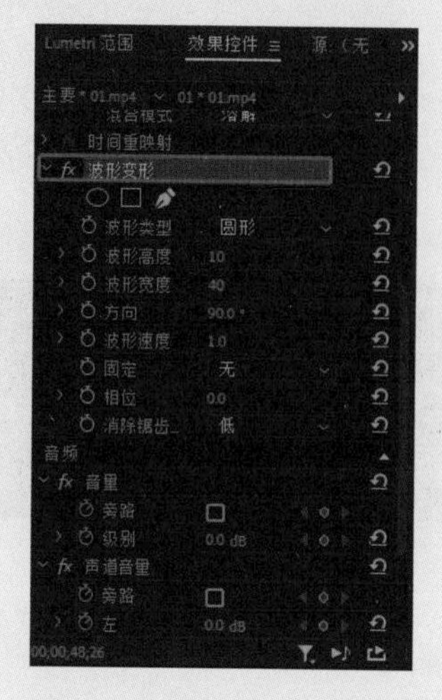

图4.1.9

图4.1.10

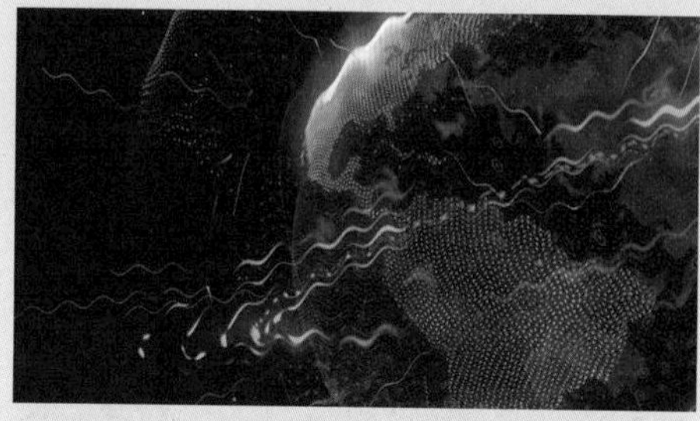

图4.1.11

08 预览素材效果，如图 4.1.10 和图 4.1.11 所示。

4.2 变换效果

在“效果”面板中展开“变换”文件夹，其中的效果可以使素材产生变换效果，该文件夹包括 5 种效果，如图 4.2.1 所示。

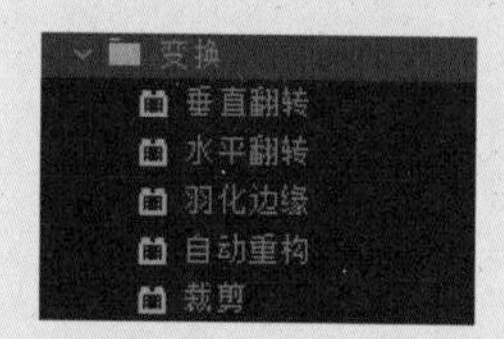

图4.2.1

4.2.1 垂直翻转

运用“垂直翻转”特效，可以使画面沿着水平中心轴翻转 180° ，如图 4.2.2 和图 4.2.3 所示。

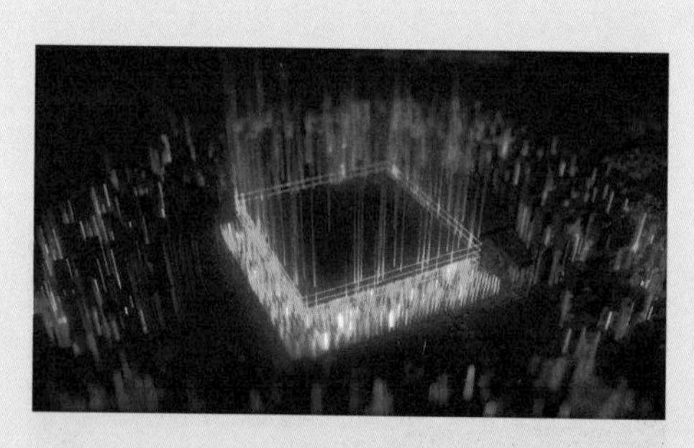

图4.2.2

图4.2.3

4.2.2 水平翻转

运用“水平翻转”特效，可以将画面沿垂直中心轴翻转 180°，如图 4.2.4 和图 4.2.5 所示。

图4.2.4

图4.2.5

4.2.3 羽化边缘

“羽化边缘”效果是在画面周围产生像素羽化的效果，可以设置“数量”参数来控制边缘羽化的程度，如图 4.2.6 和图 4.2.7 所示。

图4.2.6

图4.2.7

4.2.4 自动重构

“自动重构”效果是将画面重新构建，可以设置“调整位置”“重构偏移”“重构缩放”等参数来改变画面结构，如图 4.2.8~图 4.2.10 所示。

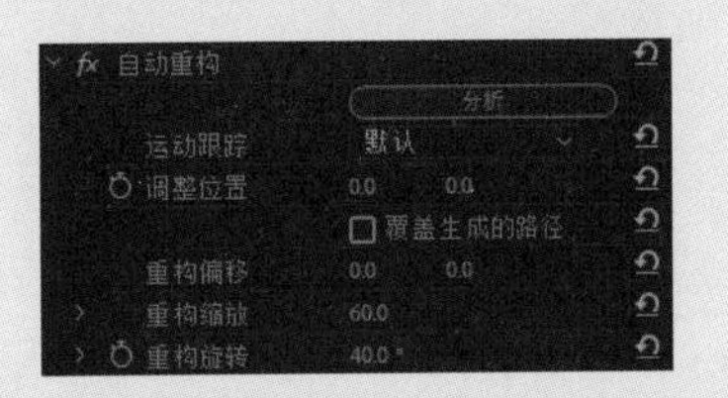

图4.2.8

图4.2.9

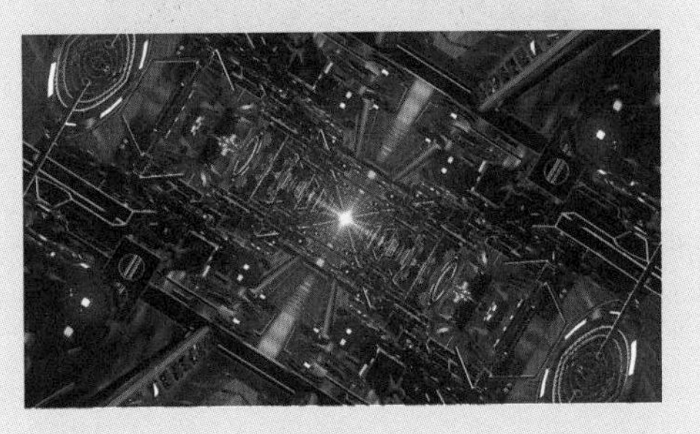

图4.2.10

4.2.5 裁剪

“裁剪”效果用于对素材的边缘进行裁切，从而修改素材的尺寸，如图 4.2.11~ 图 4.2.13 所示。

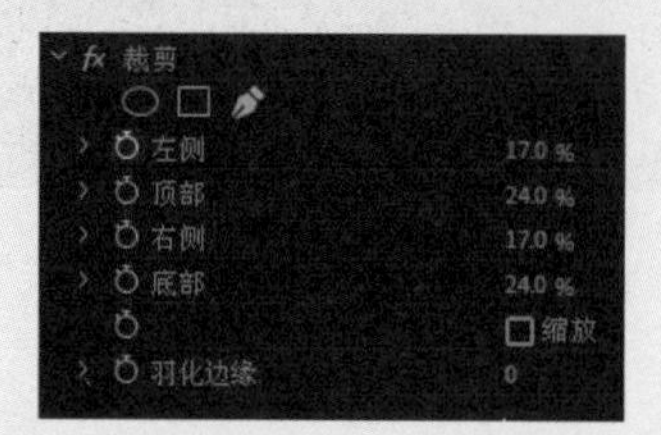

图4.2.11

图4.2.12

图4.2.13

4.3 扭曲效果

“扭曲”文件夹中的效果用于对图形进行几何变形，该文件夹中包括 12 种扭曲类视频效果，如图 4.3.1 所示。

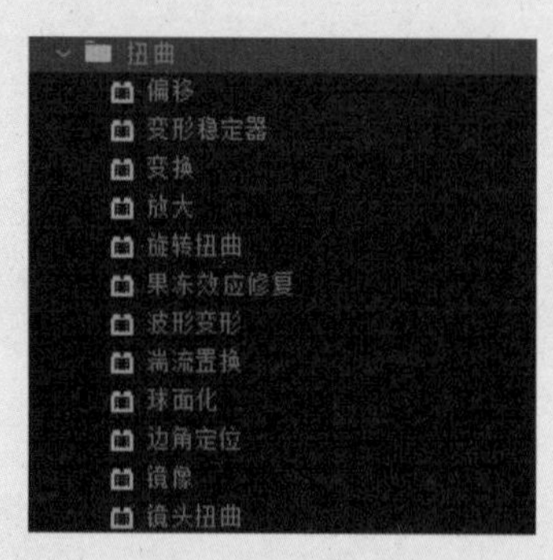

图4.3.1

4.3.1 偏移

“偏移”效果可以通过设置图像位置的偏移量，对图像进行水平或垂直方向上的位移，而移出的图像会在相对方向上显示，如图 4.3.2~ 图 4.3.4 所示。

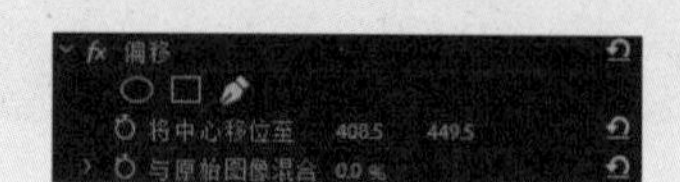

图4.3.2

图4.3.3

图4.3.4

该效果的部分可控参数的含义如下。

将中心移位至：用于调整移动图像的中心点位置。

与原始图像混合：用于将效果与原始图像混合，此值设置得越大，效果对剪辑的影响越小。

4.3.2　变形稳定器

“变形稳定器”效果可以消除因摄像机移动造成的抖动，从而将摇晃的素材转变为稳定、流畅的内容，如图 4.3.5 和图 4.3.6 所示。

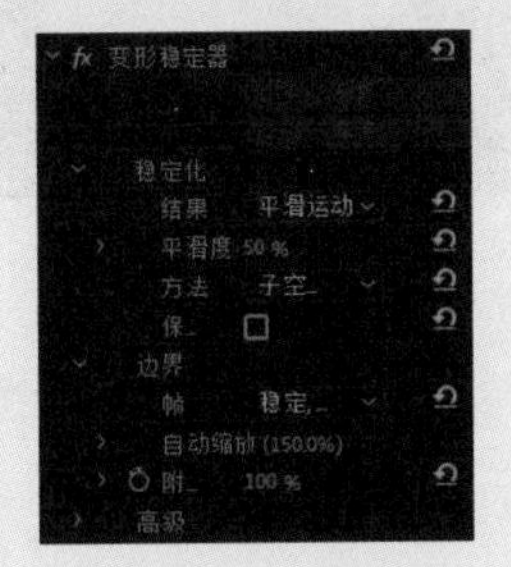

图4.3.5

图4.3.6

4.3.3　变换

“变换”效果可以对图像的位置、缩放、不透明度、倾斜度等进行综合设置，如图 4.3.7~ 图 4.3.11 所示。

该效果的部分可控参数的含义如下。

锚点：根据参数调整画面的中心点。

位置：设置图像位置的坐标。

图4.3.7

图4.3.8

图4.3.9

等比缩放：选中该复选框，图像会以序列比例进行等比例缩放。

缩放高度：设置画面的高度缩放参数。

缩放宽度：设置画面的宽度缩放参数。

倾斜：设置图像的倾斜角度。

倾斜轴：设置素材倾斜的方向。

旋转：设置素材旋转的角度。

不透明度：设置素材的不透明度。

使用合成的快门角度：选中该复选框，在运动画面中，可使用混合图像的快门角度。

快门角度：设置运动模糊时拍摄画面的快门角度。

图4.3.10

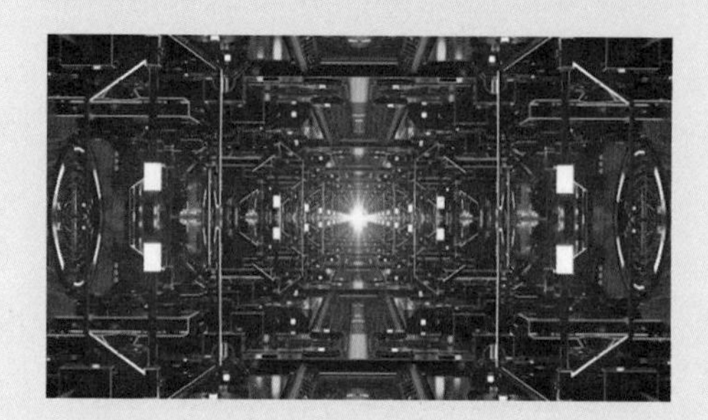

图4.3.11

4.3.4 放大

“放大”效果可以放大图像的指定区域，如图 4.3.12~ 图 4.3.14 所示。

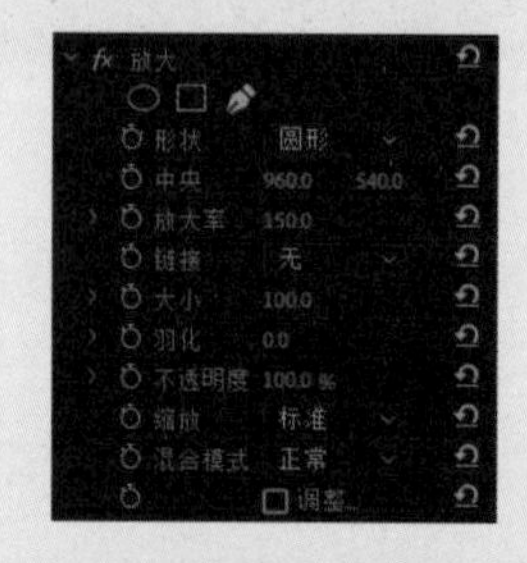

图4.3.12

该效果的部分可控参数的含义如下。

形状：以圆形或方形进行局部放大。

中央：设置放大区域的位置。

放大率：调整放大的倍数。

链接：设置放大区域与放大倍数的关系。

大小：设置放大区域的面积。

羽化：设置放大形状边缘的模糊程度。

图4.3.13

图4.3.14

不透明度：设置放大区域的透明程度。

缩放：包括“标准”“柔和”“扩散”3 种缩放类型。

混合模式：将放大区域进行混合模式调整，从而改变放大区域的效果。

调整图层大小：选中该复选框后，会根据源素材文件来调整图层的大小。

4.3.5 旋转扭曲

“旋转扭曲”效果在默认情况下以中心为轴点，可使素材产生旋转变形的效果，“旋转”效果的参数面板如图 4.3.15 所示。

图4.3.15

该效果的部分可控参数的含义如下。

角度：在旋转时设置素材的旋转角度。

旋转扭曲半径：控制素材在旋转扭曲过程中的半径值，设置不同“旋转扭曲半径”数值的对比效果，如图 4.3.16 和图 4.3.17 所示。

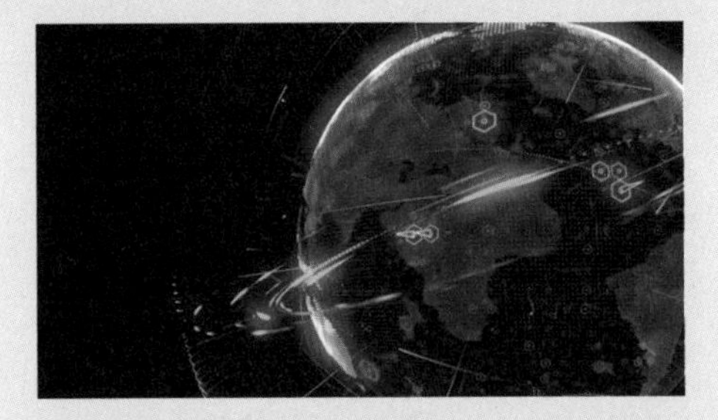

图4.3.16

图4.3.17

4.3.6 果冻效应修复

“果冻效应修复”效果可以修复素材在拍摄时产生的抖动、变形等问题，该效果的参数面板如图 4.3.18 所示。

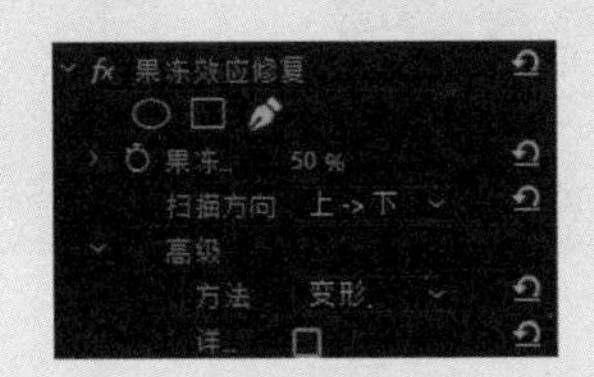

图4.3.18

该效果的部分可控参数的含义如下。

果冻效应比率：指定扫描时间的百分比。

扫描方向：包括“上→下”“下→上”“左→右”“右→左”4 种扫描方式。

高级：其中包括“变形”和“像素运动”两种方法，以及“详细分析”的像素运动细节调整。

像素运动细节：调整画面中像素的运动情况。

4.3.7 波形变形

“波形变形”效果可以设置波纹的形状、方向及宽度，波形变形效果的参数面板如图 4.3.19 所示，调整效果对比如图 4.3.20 和图 4.3.21 所示。

图4.3.19

图4.3.20

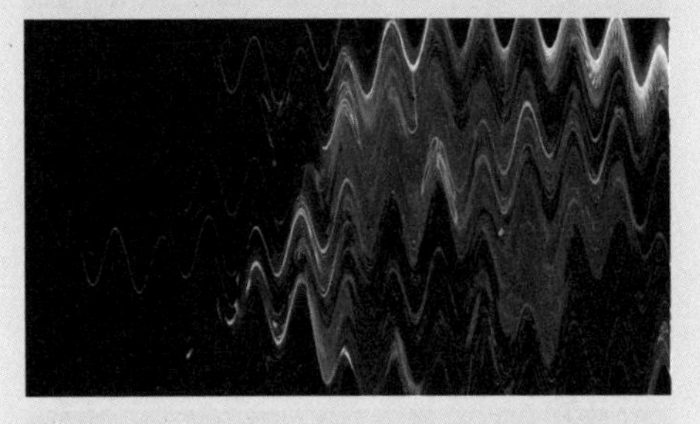

图4.3.21

该效果的部分可控参数的含义如下。

波形类型：在下拉列表中选择波形的形状。

波形高度：在应用该效果时，可以调整素材的波纹高度，数值越大高度越高。

波形宽度：可以调整素材的波纹宽度，数值越大宽度越宽。

方向：控制波浪的旋转角度。

波形速度：调整画面产生波形的速度。

固定：在下拉列表中可选择目标固定的类型。

相位：设置波浪的水平移动位置。

消除锯齿：消除波浪边缘的锯齿。

4.3.8　湍流置换

“湍流置换”效果可以对素材图像进行多种方式的扭曲变形，该效果的参数面板如图 4.3.22 所示，调整效果对比如图 4.3.23 和图 4.3.24 所示。

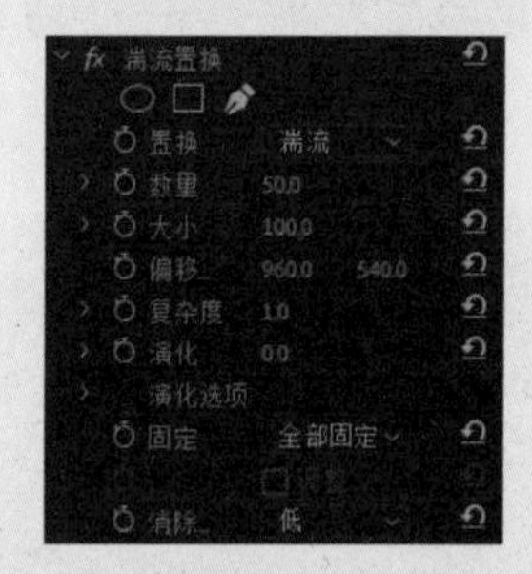

图4.3.22

图4.3.23

图4.3.24

该效果的部分可控参数的含义如下。

置换：在该下拉列表中包括多种置换方式选项。

数量：控制画面的变形程度。

大小：设置画面的扭曲幅度。

偏移（湍流）：设置扭曲的坐标位置。

复杂度：控制画面变形的复杂程度。

演化：控制画面中像素的变形程度。

演化选项：可以针对画面的放大区域进行出入点设置、剪辑设置和抗锯齿设置。

4.3.9　球面化

“球面化”效果可以使画面中产生球面变形的效果，“球面化”效果的参数面板如图 4.3.25 所示，调整效果对比如图 4.3.26 和图 4.3.27 所示。

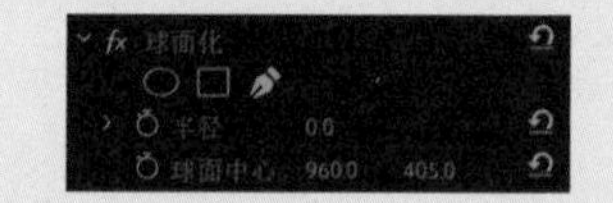

图4.3.25

图4.3.26

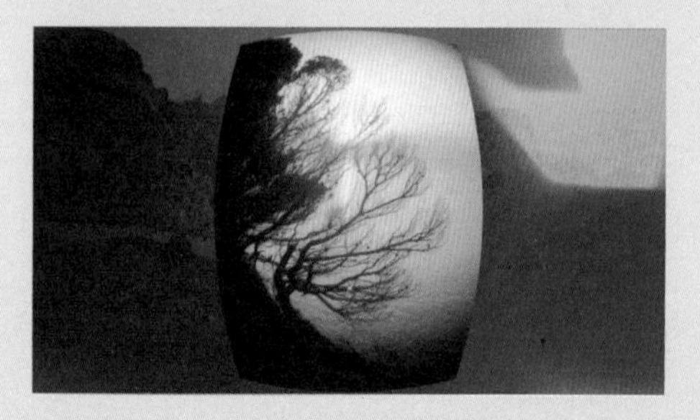

图4.3.27

该效果的部分可控参数的含义如下。

半径：设置球面在画面中的大小。

球面中心：设置球面的水平位移情况。

4.3.10 边角定位

“边角定位”效果可以通过设置参数重新定位图像的 4 个顶点，从而得到变形的效果，该效果的参数面板如图 4.3.28 所示，调整效果对比如图 4.3.29 和图 4.3.30 所示。

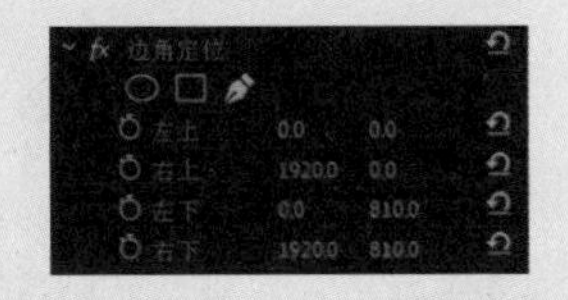

图4.3.28

图4.3.29

图4.3.30

4.3.11 镜像

“镜像”效果可以使图像沿指定角度的射线进行反射，形成镜像的效果，该效果的参数面板如图 4.3.31 所示，调整效果对比如图 4.3.32 和图 4.3.33 所示。

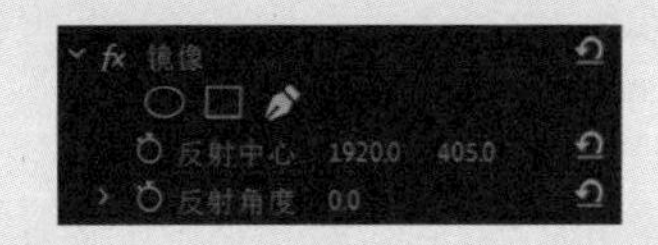

图4.3.31

图4.3.32

图4.3.33

该效果的部分可控参数的含义如下。

反射中心：设置镜面反射中心的位置，通常搭配“反射角度”参数一起使用。

反射角度：设置镜面反射的倾斜角度。

4.3.12 镜头扭曲

“镜头扭曲”效果可以将图像的四角弯折，从而出现镜头扭曲的效果，该效果的参数面板如图 4.3.34 所示，调整效果对比如图 4.3.35 和图 4.3.36 所示。

该效果的部分可控参数的含义如下。

曲率：设置镜头的弯曲程度。

垂直偏移 / 水平偏移：设置素材在垂直方向或水平方向的像素偏离轴点的程度。

垂直棱镜效果 / 水平棱镜效果：设置素材在垂直或水平方向的拉伸程度。

填充 Alpha：选中该复选框，即可为图像填充 Alpha 通道。

填充颜色：设置素材偏移过度时所导致无像素位置的颜色。

图4.3.34

4.4 透视效果

“透视”文件夹中的效果可以为图像添加深度，使图像看起来有立体感，该文件夹包括 5 种视频透视效果，如图 4.4.1 所示。

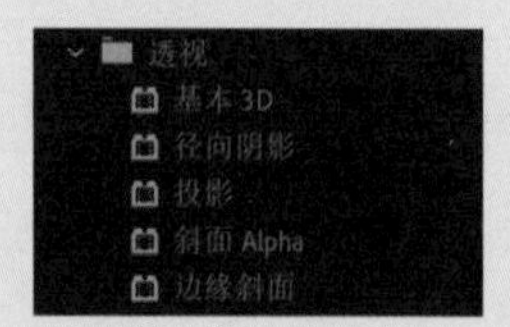

图4.4.1

4.4.1 基本 3D

“基本 3D”效果是将图像放置在一个虚拟的三维空间中，为图像创建旋转和倾斜效果，该效果的参数面板如图 4.4.2 所示，调整效果对比如图 4.4.3 和图 4.4.4 所示。

图4.3.35

图4.3.36

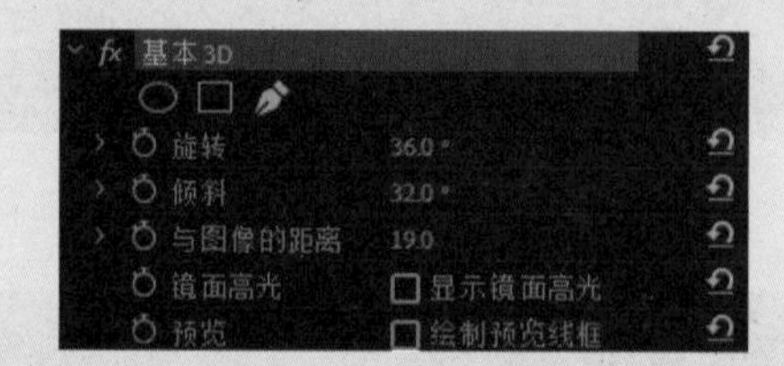

图4.4.2

图4.4.3

图4.4.4

4.4.2 径向阴影

“径向阴影”效果可以为图像添加一个点光源，使阴影投射到下层素材上，如图 4.4.5~ 图 4.4.7 所示。

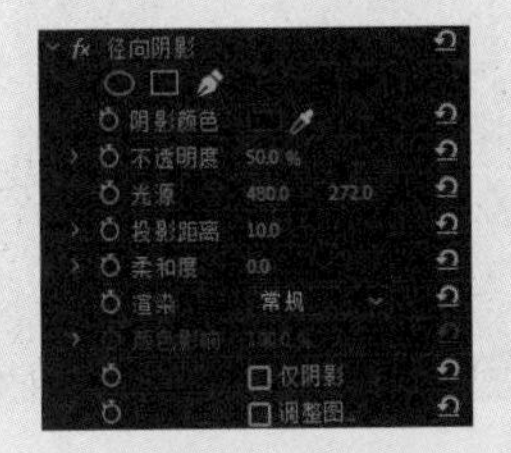

图4.4.5

图4.4.6

图4.4.7

4.4.3 投影

“投影”效果可以为图像创建阴影效果，如图 4.4.8~ 图 4.4.10 所示。

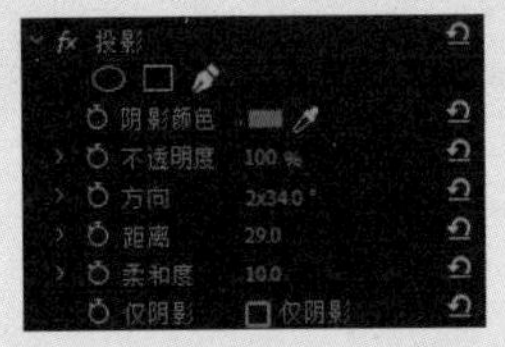

图4.4.8

图4.4.9

图4.4.10

4.4.4 斜面 Alpha

“斜面 Alpha”效果可以使图像的 Alpha 通道倾斜，使二维图像看起来具有三维效果，如图 4.4.11~ 图 4.4.13 所示。

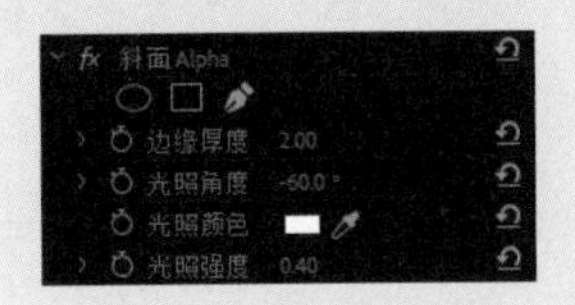

图4.4.11

图4.4.12

图4.4.13

4.4.5 边缘斜面

“边缘斜面”效果可以在图像四周产生立体斜边效果，如图 4.4.14~ 图 4.4.16 所示。

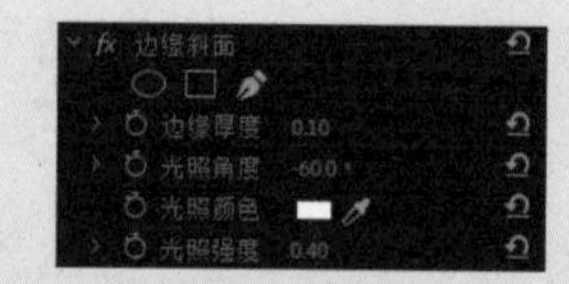

图4.4.14

图4.4.15

图4.4.16

4.5 实例：变形类视频特效

01 启动 Premiere Pro，单击“新建项目”按钮，在弹出的“新建项目”对话框中设置项目名称和项目存储位置，单击“确定”按钮关闭对话框，如图 4.5.1 所示。

02 执行“文件”→“新建”→“序列”命令，在弹出的“新建序列”对话框中单击“确定”按钮，如图 4.5.2 所示。

03 在“项目”面板中，右击并在弹出的快捷菜单中选择“导入”选项，在弹出的“导入”对话框中选择需要导入的素材，单击“打开”按钮，导入素材。

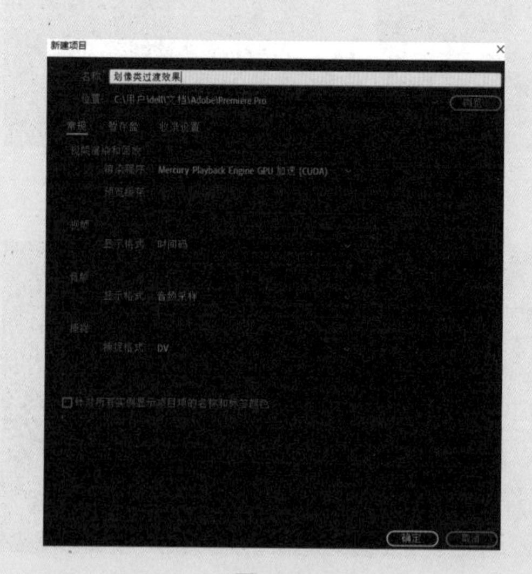

图4.5.1

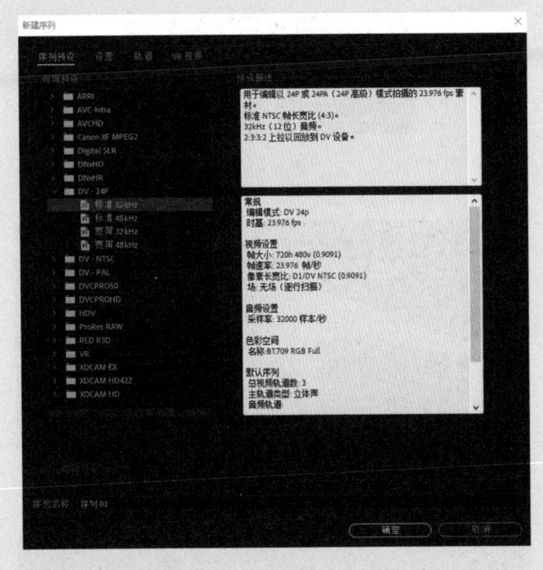

图4.5.2

04 在“项目”面板中选择“素材（19）.mp4”素材，将其拖至“时间线”面板的V1轨道中的00:00:00:00处，如图4.5.3所示。

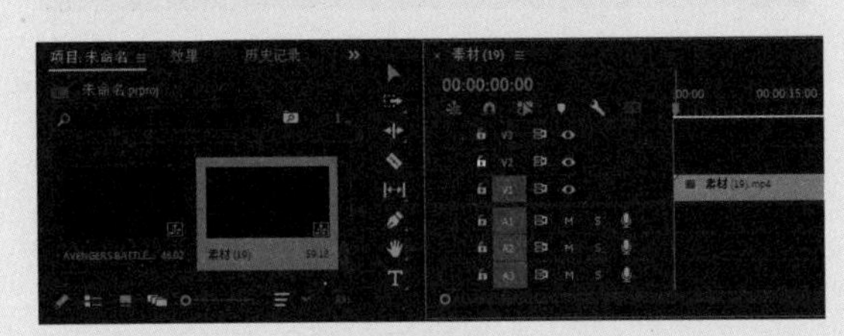

图4.5.3

05 打开“效果”面板，打开“视频效果”文件夹，选择“扭曲”文件夹下的“球面化”视频效果，将其拖至“时间线”面板中的“素材（19）.mp4”素材上，如图4.5.4所示。

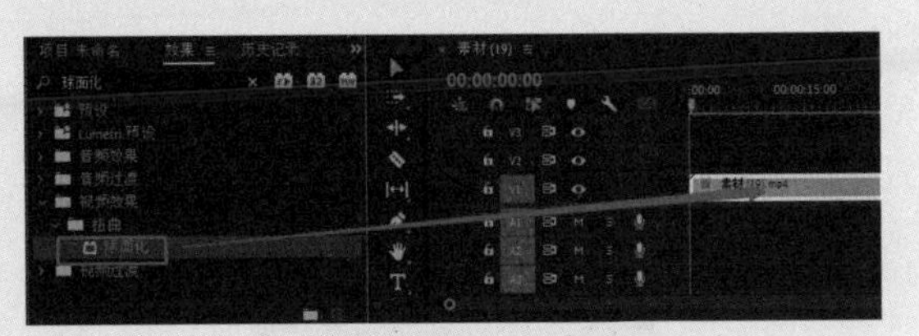

图4.5.4

06 打开“效果控件”面板，在“效果控件”面板中，设置时间为00:00:39:13，设置“半径”参数为396.0，球面中心为960.0，540.0，如图4.5.5所示。

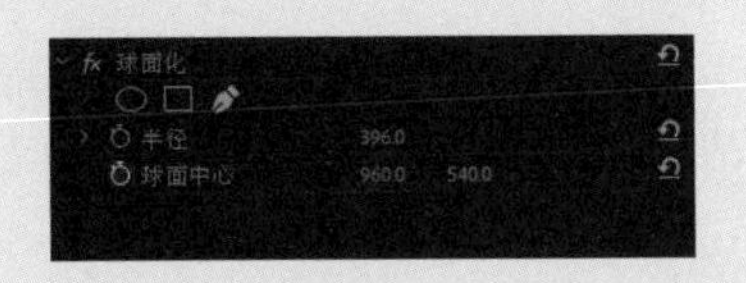

图4.5.5

07 按空格键预览视频效果，如图4.5.6和图4.5.7所示。

图4.5.6

图4.5.7

4.6 杂色与颗粒效果

“杂色与颗粒”效果文件夹中的效果用于柔和图像处理，可以在图像上添加杂色或者去除图像上的噪点，如图4.6.1所示。

图4.6.1

4.6.1　中间值

“中间值”效果可以将图像中的像素用其周围像素的 RGB 平均值来代替，减少图像上的杂色和噪点，如图 4.6.2~ 图 4.6.4 所示。

图4.6.2

图4.6.3

图4.6.4

4.6.2　杂色

“杂色”效果可以在画面中添加模拟的噪点，如图 4.6.5~ 图 4.6.7 所示。

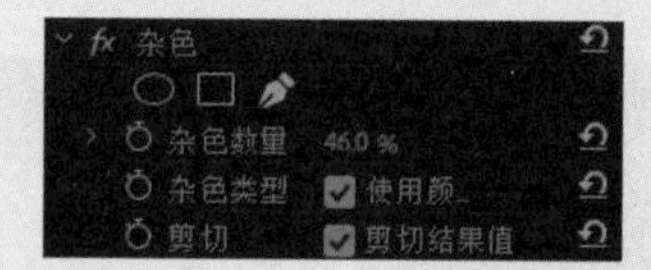

图4.6.5

图4.6.6

图4.6.7

4.6.3　杂色 Alpha

“杂色 Alpha”效果可以在图像的 Alpha 通道中生成杂色，如图 4.6.8~ 图 4.6.10 所示。

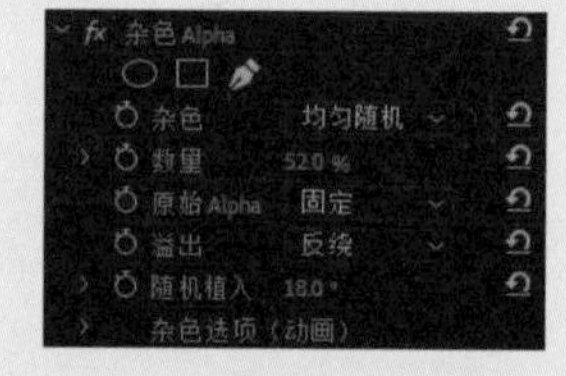

图4.6.8

图4.6.9

图4.6.10

4.6.4 杂色 HLS

“杂色 HLS”效果可以在图像中生成杂色效果后，对杂色噪点的亮度、色相和饱和度进行设置，如图 4.6.11~ 图 4.6.13 所示。

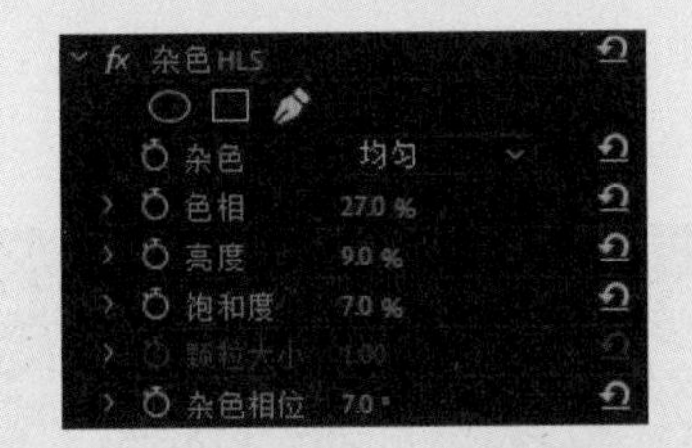

图4.6.11

图4.6.12

图4.6.13

4.6.5 杂色 HLS 自动

“杂色 HLS 自动”效果可以自动在图像中生成杂色效果，还可以对杂色噪点的亮度、色相和饱和度进行设置，如图 4.6.14~ 图 4.6.16 所示。

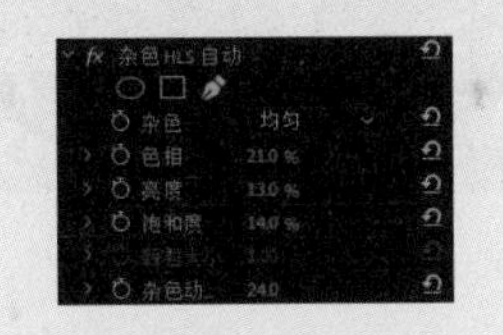

图4.6.14

图4.6.15

图4.6.16

4.6.6 蒙尘与划痕

“蒙尘与划痕”效果可以在图像上生成类似灰尘的杂色噪点效果，如图 4.6.17~ 图 4.6.19 所示。

图4.6.17

图4.6.18

图4.6.19

4.7 模糊与锐化效果

“模糊与锐化”文件夹中的视频效果可以为画面添加模糊和锐化的效果，如图 4.7.1 所示。

4.7.1 减少交错闪烁

“减少交错闪烁”效果可以使素材减少交错闪烁的模糊效果，如图 4.7.2~ 图 4.7.4 所示。

图4.7.1

图4.7.2

图4.7.3

图4.7.4

4.7.2 复合模糊

“复合模糊”效果可以使素材产生柔和模糊的效果，如图 4.7.5~ 图 4.7.7 所示。

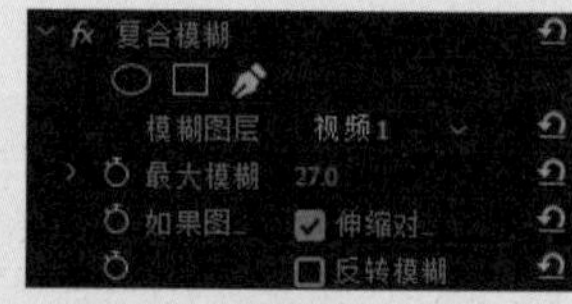

图4.7.5

图4.7.6

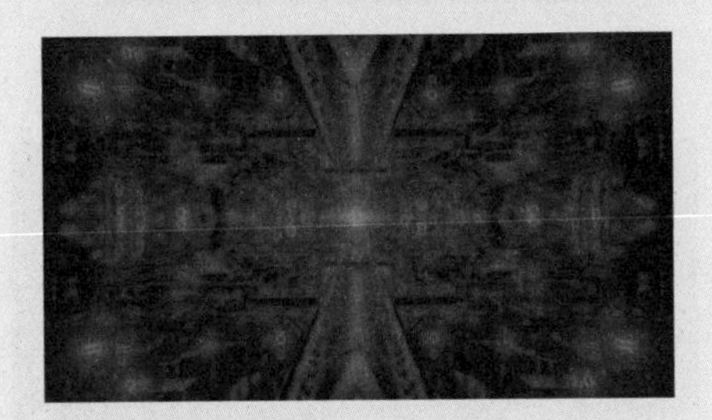

图4.7.7

4.7.3　方向模糊

“方向模糊”效果可以使图像按照指定方向进行模糊，如图 4.7.8~ 图 4.7.10 所示。

图4.7.8

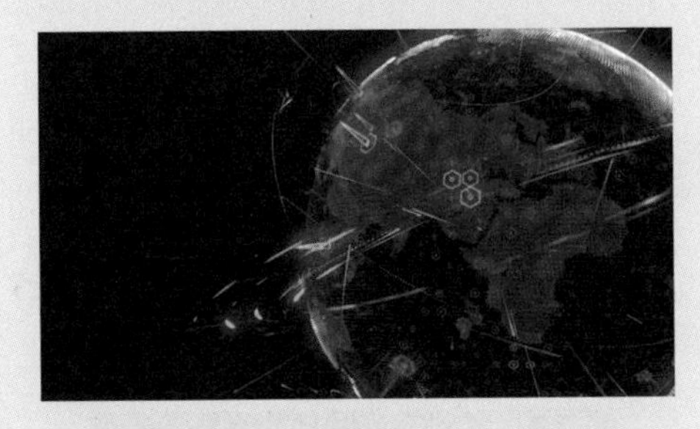

图4.7.9

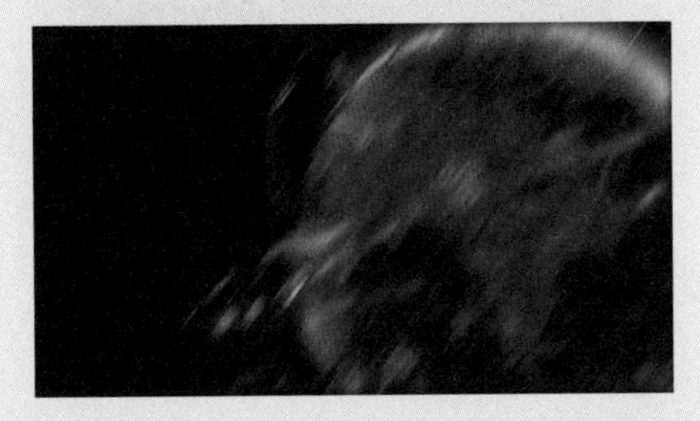

图4.7.10

4.7.4　相机模糊

“相机模糊”效果可以使图像产生类似拍摄时没有对准焦点的“虚焦”效果，如图 4.7.11~ 图 4.7.13 所示。

图4.7.11

图4.7.12

图4.7.13

4.7.5　通道模糊

“通道模糊”效果可以对素材图像的红、绿、蓝或 Alpha 通道进行单独的模糊处理，如图 4.7.14~ 图 4.7.16 所示。

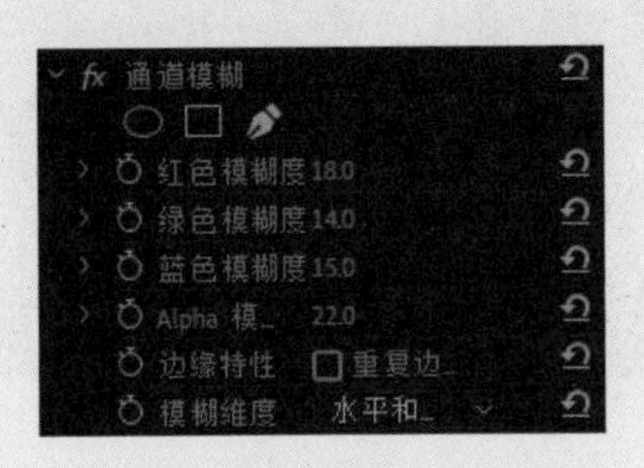

图4.7.14

图4.7.15

图4.7.16

4.7.6 钝化蒙版

“钝化蒙版”效果可以通过调整像素之间的颜色差异，对画面进行锐化处理，如图 4.7.17~ 图 4.7.19 所示。

图4.7.17

图4.7.18

图4.7.19

4.7.7 锐化

“锐化”效果可以通过增强相邻像素之间的对比度，使图像变得更加清晰，如图 4.7.20~ 图 4.7.22 所示。

图4.7.20

图4.7.21

图4.7.22

4.7.8 高斯模糊

“高斯模糊”效果可以使图像产生不同程度的虚化效果，如图 4.7.23~ 图 4.7.25 所示。

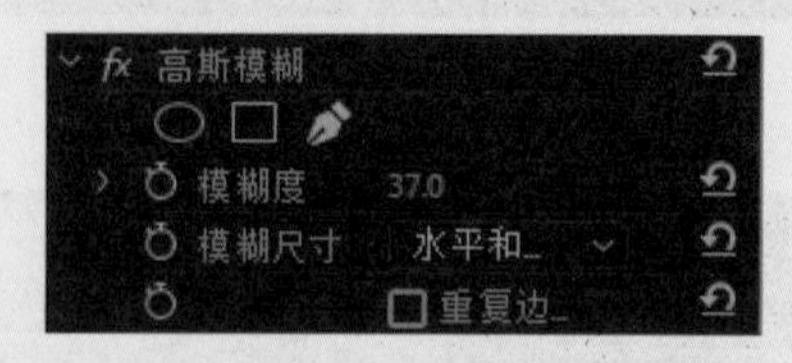

图4.7.23

图4.7.24

图4.7.25

4.8 实例：画面质量类视频特效

01 启动 Premiere Pro，单击“新建项目”按钮，在弹出的“新建项目”对话框中设置项目名称和项目存储位置，单击“确定”按钮关闭对话框，如图 4.8.1 所示。

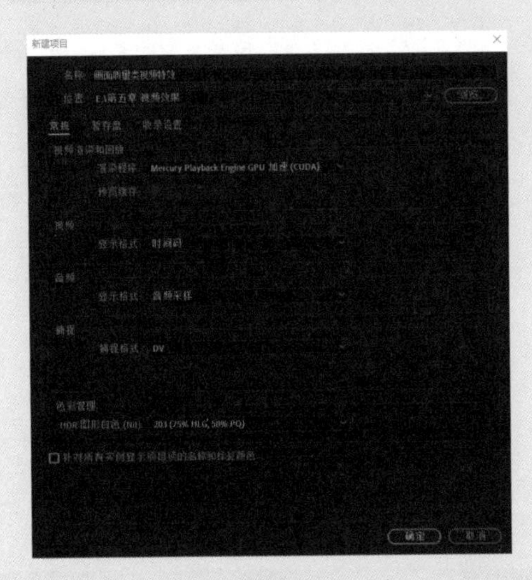

图4.8.1

02 执行“文件”→“新建”→“序列”命令，在弹出的“新建序列”对话框中单击“确定”按钮，如图 4.8.2 所示。

03 在“项目”面板中右击，在弹出的快捷菜单中选择“导入”选项，在弹出的“导入”对话框中选择需要导入的素材，单击“打开”按钮，导入素材。

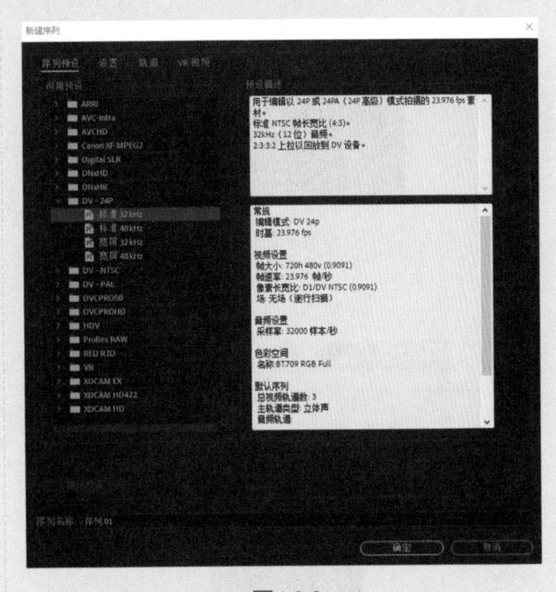

图4.8.2

04 在“项目”面板中选择“素材（20）.mp4”素材，将其拖至“时间线”面板的 V1 轨道中，如图 4.8.3 所示。

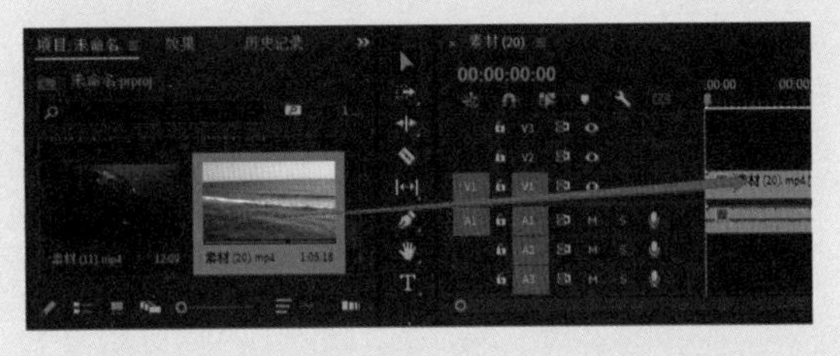

图4.8.3

05 打开“效果”面板，打开“视频效果”文件夹，选择“杂色与颗粒”子文件夹下的“杂色HLS”视频效果，将其拖至“时间线”面板中的“素材（20）.mp4”素材上，如图4.8.4所示。

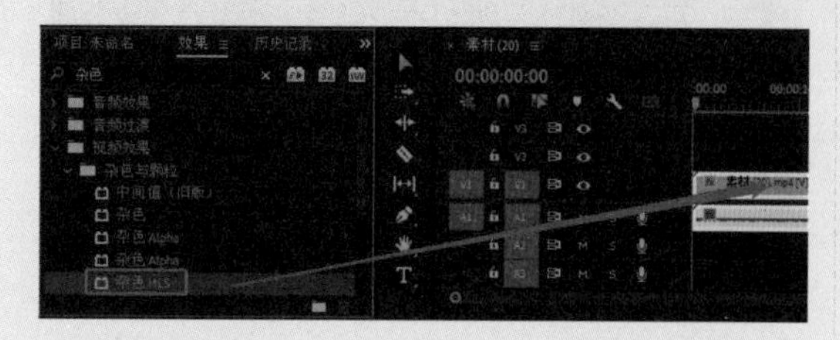

图4.8.4

06 打开“效果控件”面板，设置“色相”值为51.0%，“亮度”值为28.0%，“饱和度”值为28.0%，如图4.8.5所示。

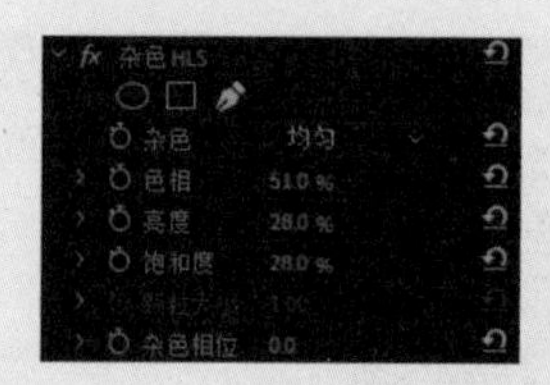

图4.8.5

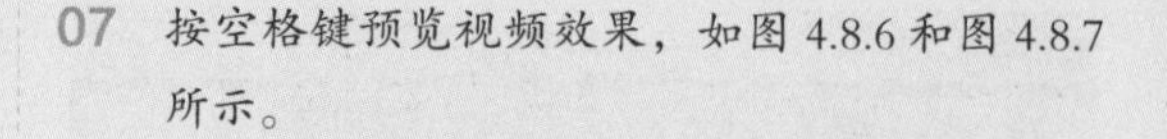

07 按空格键预览视频效果，如图4.8.6和图4.8.7所示。

图4.8.6

图4.8.7

4.9 风格化效果

“风格化”文件夹中的效果主要用于对图像进行艺术化处理，而不会进行较大的扭曲处理，如图4.9.1所示。

图4.9.1

4.9.1 Alpha 发光

“Alpha 发光”效果是在图像的Alpha通道中生成向外的发光效果，如图4.9.2~图4.9.4所示。

图4.9.2

图4.9.3

图4.9.4

4.9.2 复制

“复制”效果可以在画面中复制图像，如图4.9.5~图4.9.7所示。

图4.9.5

图4.9.6

图4.9.7

4.9.3 彩色浮雕

“彩色浮雕”效果可以将图像处理成浮雕效果，但不移除图像的颜色，如图4.9.8~图4.9.10所示。

图4.9.8

图4.9.9

图4.9.10

4.9.4 曝光过度

“曝光过度”效果可以将图像调整为类似照片曝光过度的效果，如图4.9.11~图4.9.13所示。

图4.9.11

图4.9.12

图4.9.13

4.9.5　查找边缘

“查找边缘”效果可以通过查找对比度高的区域，将其以线条方式进行边缘勾勒，如图 4.9.14~ 图 4.9.16 所示。

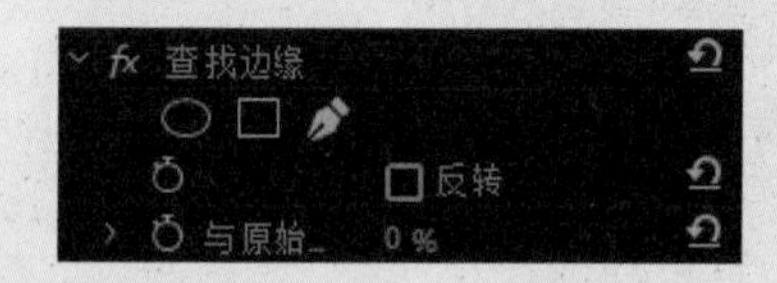

图4.9.14

图4.9.15

图4.9.16

4.9.6　浮雕

“浮雕”效果可以使图像产生浮雕效果，并去除颜色，如图 4.9.17~ 图 4.9.19 所示。

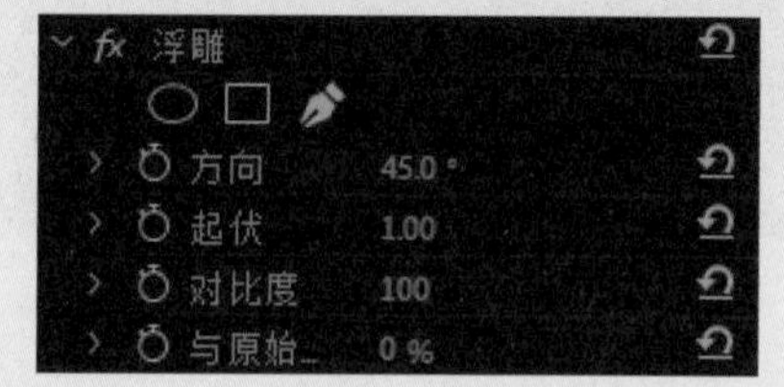

图4.9.17

图4.9.18

图4.9.19

4.9.7　画笔描边

“画笔描边”效果可以模仿画笔绘图的效果，如图 4.9.20~ 图 4.9.22 所示。

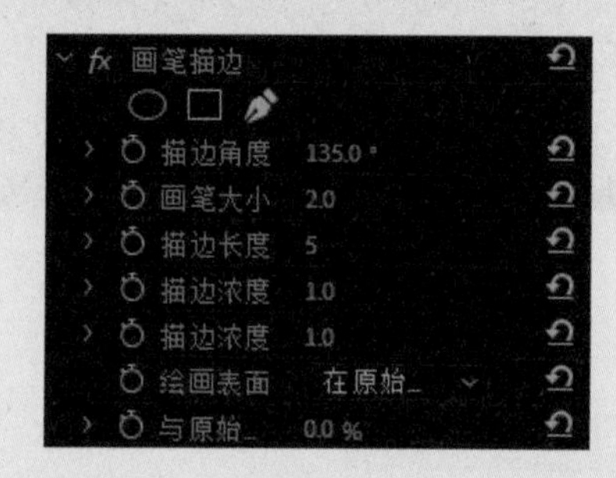

图4.9.20

图4.9.21

图4.9.22

4.9.8 粗糙边缘

“粗糙边缘”效果可以使图像边缘粗糙化，如图 4.9.23~ 图 4.9.25 所示。

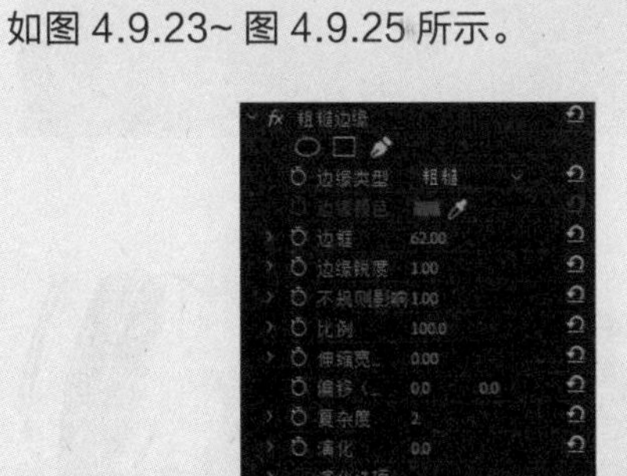

图4.9.23

图4.9.24

图4.9.25

4.9.9 纹理

“纹理”效果可以在当前图层中创建指定图层的浮雕纹理，如图 4.9.26~ 图 4.9.28 所示。

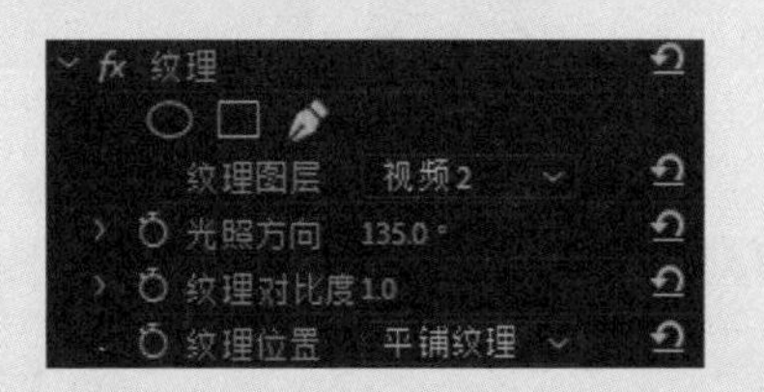

图4.9.26

图4.9.27

图4.9.28

4.9.10 色调分离

“色调分离”效果可以通过改变图像的色彩层次来改变图像效果，如图 4.9.29~ 图 4.9.31 所示。

图4.9.29

图4.9.30

图4.9.31

4.9.11 闪光灯

“闪光灯”效果可以在指定的帧画面中创建闪烁效果，如图 4.9.32 和图 4.9.33 所示。

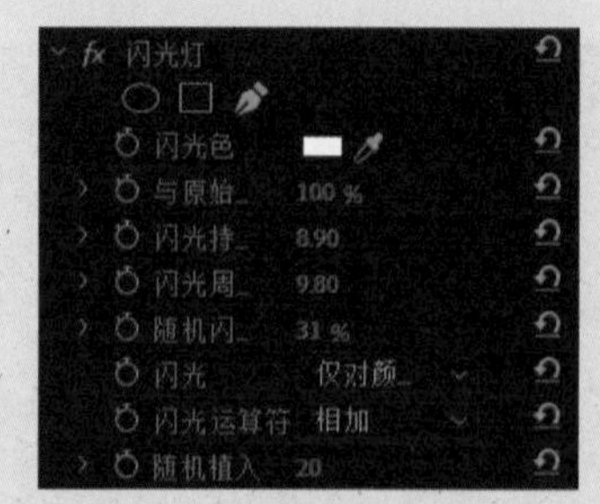

图4.9.32

图4.9.33

4.9.12 阈值

“阈值”效果可以通过调整阈值，将图像变为黑白模式，如图 4.9.34~ 图 4.9.36 所示。

图4.9.34

图4.9.35

图4.9.36

4.9.13 马赛克

“马赛克”效果可以在画面上生成马赛克效果，如图 4.9.37~ 图 4.9.39 所示。

图4.9.37

图4.9.38

图4.9.39

4.10 生成效果

“生成”文件夹中的效果主要是对光和补充颜色的处理，使画面具有光感和动感。该文件夹包含 12 种视频效果，如图 4.10.1 所示。

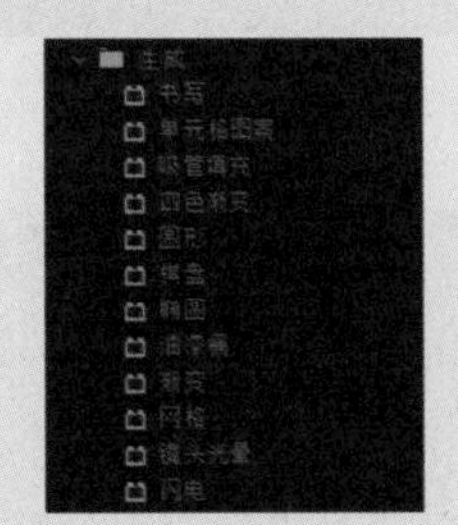

图4.10.1

4.10.1 书写

“书写”效果可以在图像上创建类似画笔书写的关键帧动画，如图 4.10.2~ 图 4.10.4 所示。

图4.10.2

图4.10.3

图4.10.4

4.10.2 单元格图案

“单元格图案”效果可以在图像上模拟生成不规则单元格的效果，在“单元格”下拉列表中可以选择要使用的单元格图案，其中 HQ 表示高质量图案，这些图案采用比未标记的对应图案更高的清晰度加以渲染，如图 4.10.5 和图 4.10.6 所示。

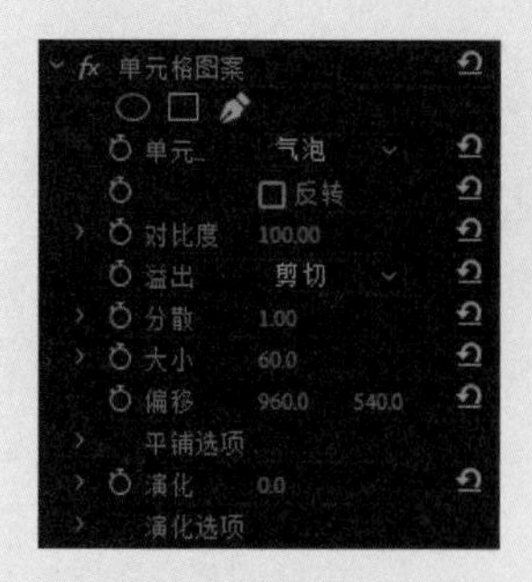

图4.10.5

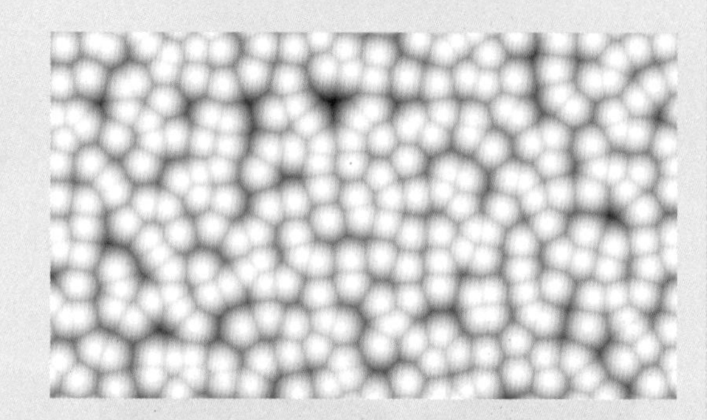

图4.10.6

该效果的部分可控参数的含义如下。

反转：选中该复选框反转单元格图案，黑色区域变为白色，而白色区域变为黑色。

对比度 / 锐度：当使用“气泡”“晶体”“枕状”“混合晶体”或“管状”单元格图案时，可以调整单元格图案的对比度；当使用“印版”“静态板”或“晶格化”单元格图案时，可以调整单元格图案的锐度。

溢出：用于重新映射位于灰度范围 0~255 之外的值。如果选择了“基于锐度”单元格图案，则“溢出”参数不可用。

分散：设置绘制图案的随机程度。较低的值将产生更统一或类似网格的单元格图案。

大小：设置单元格的大小，默认大小为 60。

偏移：设置单元格图案的偏移坐标。

平铺选项：选中“启用平铺”复选框可以创建重复平铺的图案。

“水平单元格”和“垂直单元格”：确定每个平铺的宽度有多少个单元格以及高度有多少个单元格。

演化：该参数将产生随时间推移的图案变化。

演化选项：该选项组提供的控件用于控制在一个短周期内的渲染效果，然后在剪辑的持续时间内进行循环。使用这些控件可以将单元格图案元素预渲染到循环中，从而加速渲染。

4.10.3 吸管填充

“吸管填充”效果可以提取采样点的颜色来填充整个画面，从而得到整体画面的偏色效果，如图 4.10.7~ 图 4.10.9 所示。

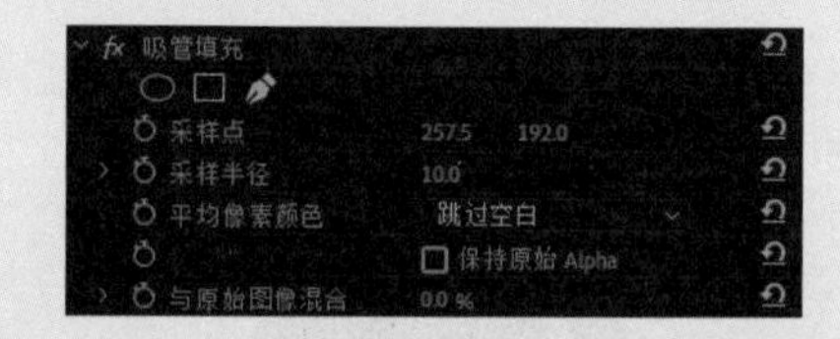

图4.10.7

图4.10.8

图4.10.9

4.10.4 四色渐变

“四色渐变”效果可以设置 4 种相互渐变的颜色，使素材中产生 4 种颜色的渐变效果，如图 4.10.10~ 图 4.10.12 所示。

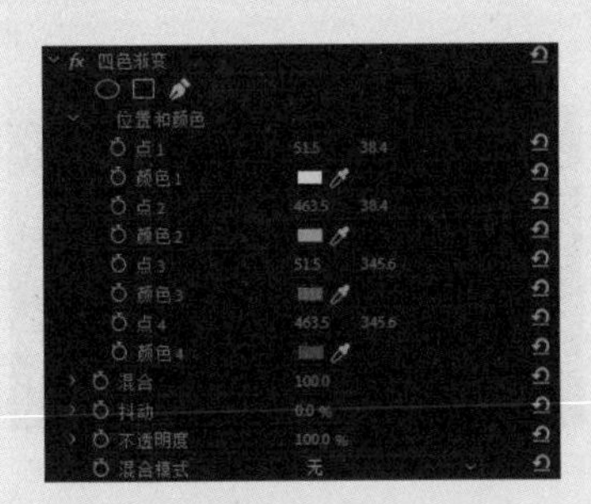

图4.10.10

图4.10.11

图4.10.12

4.10.5 圆形

“圆形”效果可以在图像上创建一个自定义的圆形或圆环图案，如图 4.10.13~ 图 4.10.15 所示。

该效果的部分可控参数的含义如下。

中心：控制圆的中心位置。

边缘：确定圆的形状和边缘处理方式。

厚度：设置圆环的宽度。

羽化：设置羽化的程度。

反转圆形：选中该复选框反转遮罩。

混合模式：设置与原始剪辑素材的混合模式。

图4.10.13

图4.10.14

图4.10.15

4.10.6 棋盘

“棋盘”效果可以在图像上创建一种棋盘格的图案效果。添加“棋盘”效果后，在素材上方可自动呈现黑白矩形交错的棋盘效果，如图 4.10.16~ 图 4.10.18 所示。

图4.10.16

图4.10.17

图4.10.18

该效果的部分可控参数的含义如下。

锚点：用于改变棋盘图案的位置原点。

大小依据：确定调整矩形尺寸的方式。

边角：确定棋盘的边角位置，以此改变大小。

宽度 / 高度：设置矩形的宽度和高度。

羽化：设置棋盘边缘的羽化程度。

颜色：设置棋盘格中非透明矩形的颜色。

不透明度：设置棋盘格中非透明矩形的不透明度。

混合模式：设置棋盘图案与原始素材的混合模式。

4.10.7　椭圆

“椭圆”效果可以在图像上创建一个椭圆形的光圈图案。通过调整参数可以更改椭圆的位置、颜色、宽度、柔和度等，如图 4.10.19~ 图 4.10.21 所示。

图4.10.19

图4.10.20

图4.10.21

4.10.8　油漆桶

“油漆桶”效果可以将图像上指定区域的颜色用另外一种颜色代替，如图 4.10.22~ 图 4.10.24 所示。

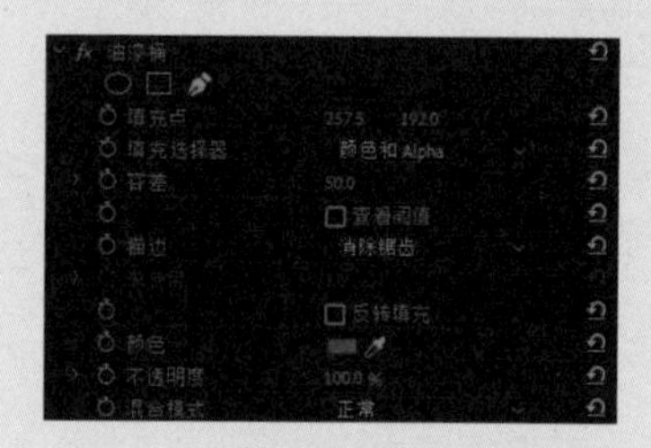

图4.10.22

图4.10.23

图4.10.24

4.10.9 渐变

“渐变”效果可以在图像上叠加一个双色渐变填充的蒙版效果。“渐变”效果可以在素材上方填充线性渐变或径向渐变，如图 4.10.25~ 图 4.10.27 所示。

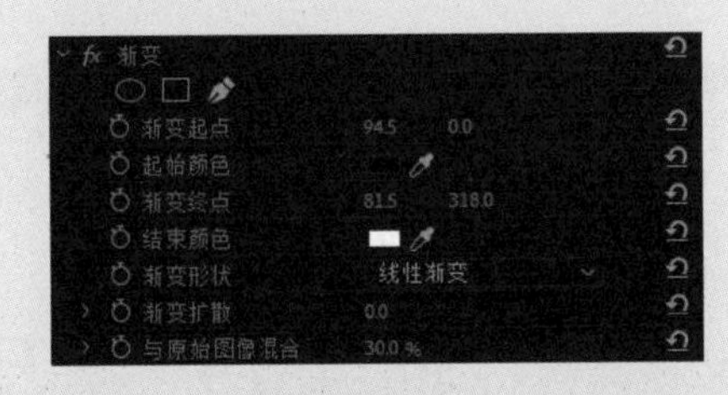

图4.10.25

图4.10.26

图4.10.27

4.10.10 网格

应用“网格”效果后可以使素材上方自动生成矩形网格，如图 4.10.28~ 图 4.10.30 所示。

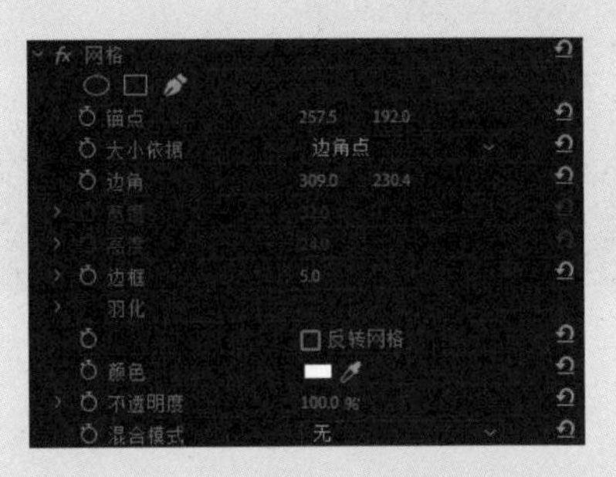

图4.10.28

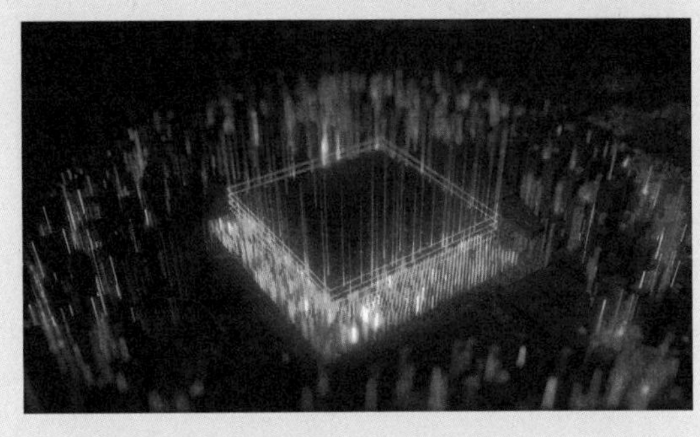

图4.10.29

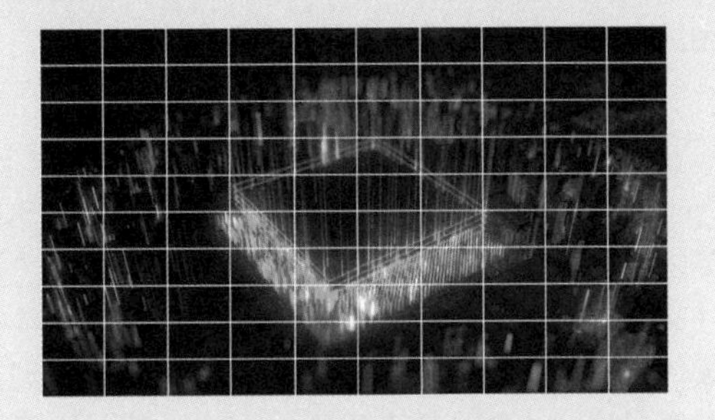

图4.10.30

4.10.11 镜头光晕

“镜头光晕”效果可以模拟在自然光下拍摄时所遇到的强光，从而使画面产生光晕效果，如图 4.10.31~ 图 4.10.33 所示。

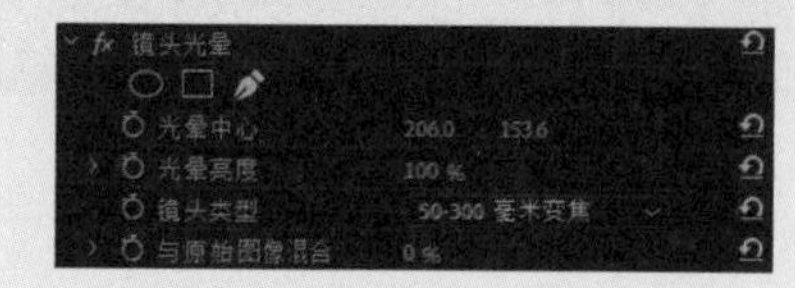

图4.10.31

图4.10.32

图4.10.33

该效果的部分可控参数的含义如下。

光晕中心：用于调整光晕的位置，也可以使用鼠标拖动十字光标来调节光晕的位置。

光晕亮度：用于调整光晕的亮度。

镜头类型：在该下拉列表中可以选择“50-300 毫米变焦”“35 毫米定焦”和“105 毫米定焦”3 种类型。其中“50-300 毫米变焦”产生光晕并模仿阳光的效果；“35 毫米定焦”只产生强光，没有光晕；“105 毫米定焦”产生比前一种镜头更强的光。

4.10.12 闪电

“闪电”效果可以在图像上产生类似闪电或火花的效果，如图 4.10.34 和图 4.10.35 所示。

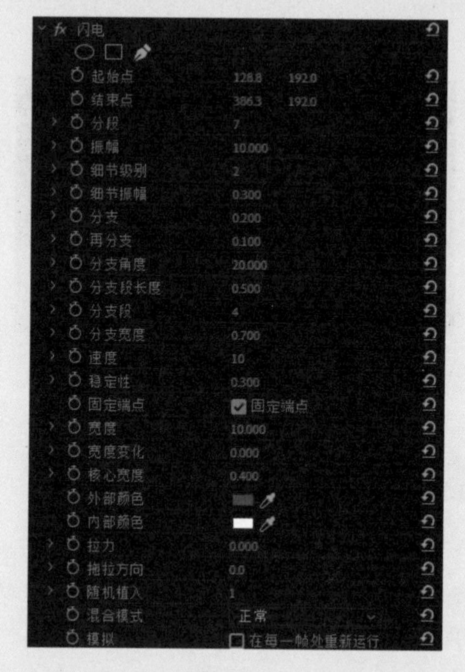

图4.10.34

图4.10.35

该效果的部分可控参数的含义如下。

起始点：用于设置闪电开始点的位置。

结束点：用于设置闪电结束点的位置。

分段：用于设置闪电光线的数量。

振幅：用于设置闪电光线的振幅。

细节级别：用于设置光线颜色的色阶。

细节振幅：用于设置光线波的振幅。

分支：用于设置每束光线的分支。

再分支：用于设置再分支的位置。

分支角度：用于设置光线分支的角度。

分支段长度：用于设置光线分支的长度。

分支段：用于设置光线分支的数目。

分支宽度：用于设置光线分支的粗细。

速度：用于设置光线变化的速率。

稳定性：用于设置固定光线的数值。

固定端点：通过设置的值对结束点的位置进行调整。

宽度：用于设置光线的粗细。

宽度变化：用于设置光线粗细的变化。

核心宽度：用于设置光源的中心宽度。

外部颜色：用于设置光线外部的颜色。

内部颜色：用于设置光线内部的颜色。

拉力：用于设置光线推拉时的强度。

拖拉方向：用于设置光线推拉时的角度。

随机植入：用于设置光线辐射变化时的速度级别。

混合模式：用于设置光线和背景的混合模式。

模拟：选中“在每一帧处重新运行”复选框，可以在每一帧上都重新运行。

4.11 实例：光照类视频特效

01 启动 Premiere Pro，单击“新建项目”按钮，在弹出的“新建项目”对话框中设置项目名称和项目存储位置，单击“确定”按钮关闭对话框，如图 4.11.1 所示。

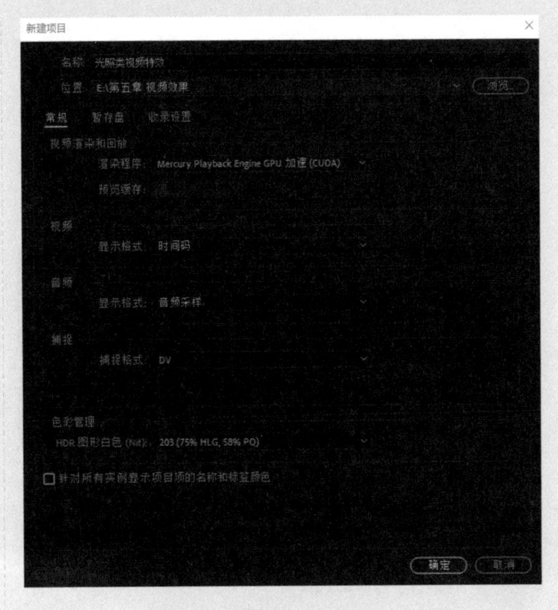

图4.11.1

02 执行“文件”→“新建”→“序列”命令，在弹出的“新建序列”对话框中单击“确定”按钮，如图 4.11.2 所示。

03 在“项目”面板中右击，在弹出的快捷菜单中选择“导入”选项，在弹出的“导入”对话框中选择需要导入的素材，单击“打开”按钮导入素材。

04 在“项目”面板中选择“素材（15）.mp4”素材，将其拖至“时间线”面板的 V1 轨道中的 00:00:00:00 处，如图 4.11.3 所示。

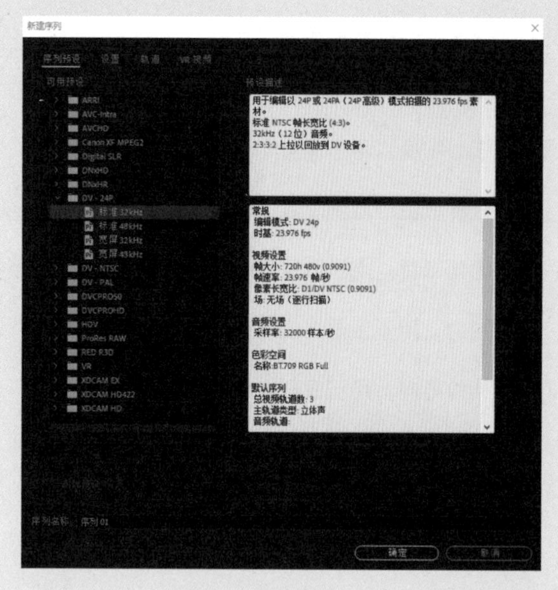

图4.11.2

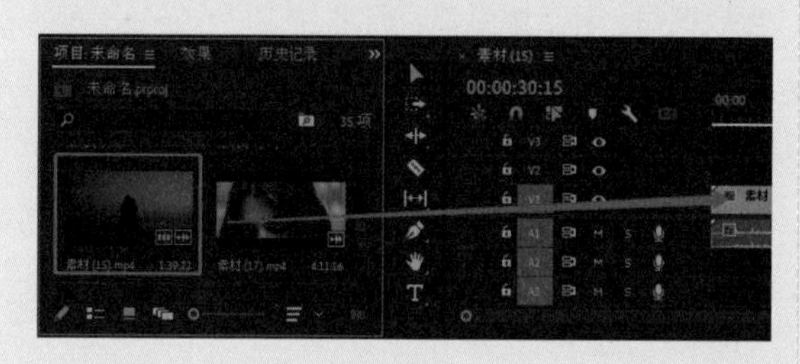

图4.11.3

05 打开“效果”面板，进入“视频效果”文件夹，选择“生成”子文件夹下的“镜头光晕”视频效果，将其拖至“时间线”面板中的“素材(15).mp4”素材上，如图 4.11.4 所示。

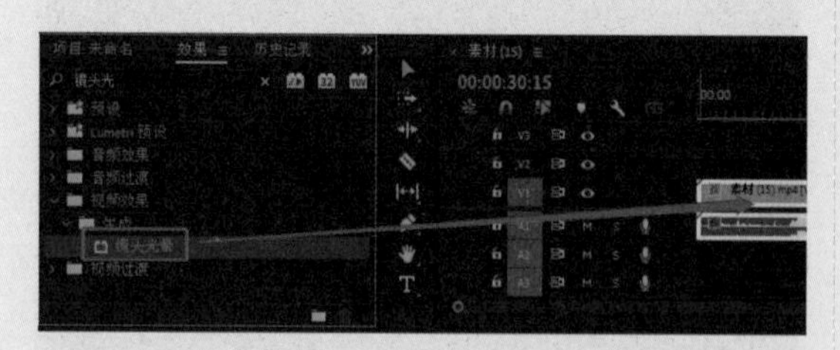

图4.11.4

06 打开“效果控件”面板，在“效果控件”面板中，设置“光晕中心”为 236.0，124.0，光晕高度 100%，如图 4.11.5 所示。

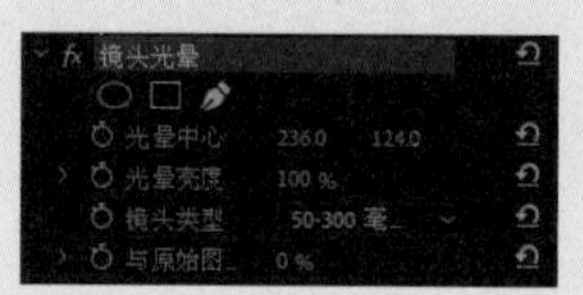

图4.11.5

07 按空格键预览视频效果，如图 4.11.6 和图 4.11.7 所示。

图4.11.6

图4.11.7

4.12 时间效果

“时间”文件夹中的效果用于对动态素材的时间特性进行控制，该文件夹中包含两种效果，如图 4.12.1 所示。

图4.12.1

4.12.1 残影

“残影”效果可以将一个素材中很多不同的时间帧混合，产生视觉回声或者飞奔的动感效果，如图 4.12.2~ 图 4.12.4 所示。

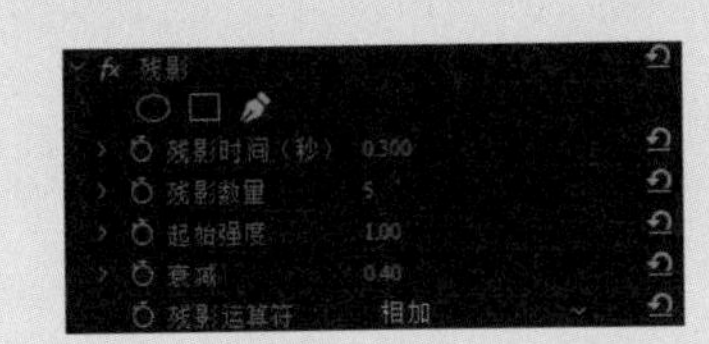

图4.12.2

图4.12.3

图4.12.4

4.12.2 色调分离时间

“色调分离时间”效果主要用于设置素材的帧速率，如图 4.12.5 所示。

图4.12.5

4.13 实用程序效果

“实用程序”文件夹中只有“Cineon 转换器”这一种效果，可以改变画面的明度、色调、高光和灰度，“Cineon 转换器”效果的参数面板如图 4.13.1 所示，添加该效果的前后对比效果如图 4.13.2 和图 4.13.3 所示。

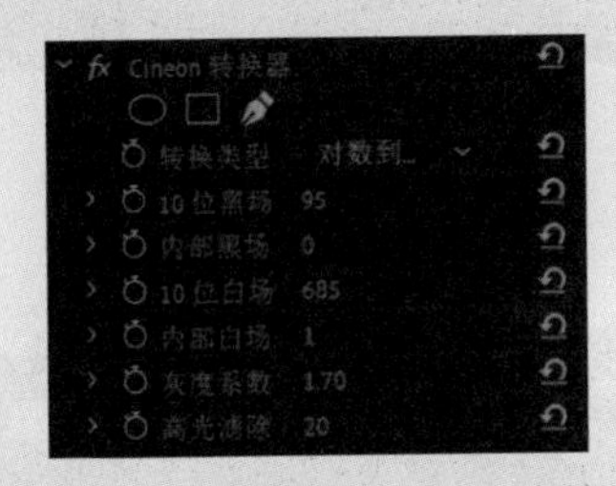

图4.13.1

图4.13.2

图4.13.3

该效果的部分可控参数的含义如下。

转换类型：该下拉列表中包括“线性到对数”“对数到线性”“对数到对数”3种色调转换类型。

10位黑场：设置画面细节的黑点数量。

内部黑场：设置画面整体的黑点数量。

10位白场：设置画面细节的白点数量。

内部白场：设置画面整体的白点数量。

灰度系数：设置画面的灰度。

高光滤除：设置画面中的高光数量。

4.14 沉浸式视频

“沉浸式视频”文件夹中的效果可以通过把高分辨率的立体投影技术、三维计算机图形技术和音响技术等有机地结合在一起，从而营造一种较高感官体验的虚拟环境。该文件夹中包含11种视频效果，如图4.14.1所示。

图4.14.1

4.14.1 VR 分形杂色

“VR 分形杂色”效果可以使画面出现杂色效果，如图4.14.2和图4.14.3所示。

图4.14.2

图4.14.3

4.14.2 VR 发光

“VR 发光”效果可以使图像产生一种发光的效果，如图4.14.4和图4.14.5所示。

图4.14.4

图4.14.5

4.14.3　VR 平面到球面

“VR 平面到球面”效果可以使画面产生立体化球面效果，如图 4.14.6 和图 4.14.7 所示。

图4.14.6

图4.14.7

4.14.4　VR 投影

“VR 投影”效果可以使画面产生具有立体感的扭曲变形效果，如图 4.14.8 和图 4.14.9 所示。

图4.14.8

图4.14.9

4.14.5　VR 数字故障

“VR 数字故障”效果可以使图像画面产生一种类似电视信号噪点的效果，如图 4.14.10 和图 4.14.11 所示。

图4.14.10

图4.14.11

4.14.6　VR 旋转球面

“VR 旋转球面”效果可以使画面产生球面旋转变形的效果，如图 4.14.12 和图 4.14.13 所示。

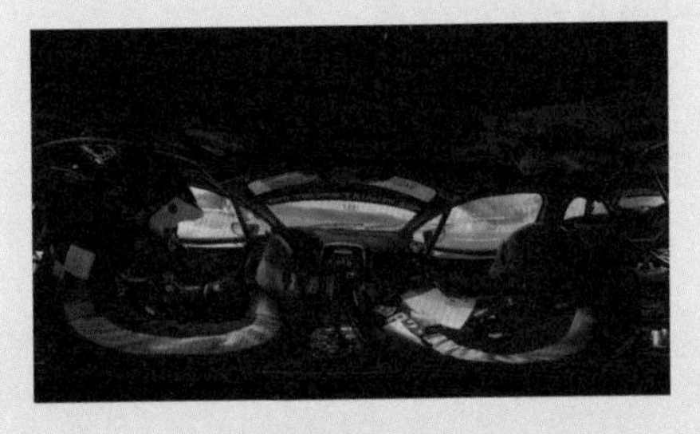

图4.14.12

图4.14.13

4.14.7 VR 模糊

“VR 模糊”效果可以使画面产生不同程度的虚化效果，如图 4.14.14 和图 4.14.15 所示。

图4.14.14

图4.14.15

4.14.8 VR 色差

“VR 色差”效果可以通过调节图像的红、绿、蓝色的色差来改善画面的效果，如图 4.14.16 和图 4.14.17 所示。

图4.14.16

图4.14.17

4.14.9 VR 锐化

“VR 锐化”效果可以使图像变得更加清晰，如图 4.14.18 和图 4.14.19 所示。

图4.14.18

图4.14.19

4.14.10 VR 降噪

“VR 降噪”效果可以降低画面噪点，使画面柔化，如图 4.14.20 和图 4.14.21 所示。

图4.14.20

图4.14.21

4.14.11 VR 颜色渐变

“VR 颜色渐变”效果可以混合画面颜色，从而产生一种颜色渐变的效果，如图 4.14.22 和图 4.14.23 所示。

图4.14.22

图4.14.23

4.15 视频效果

“视频”文件夹的效果主要用来模拟视频信号的电子波动，该文件夹包含 4 种效果，如图 4.15.1 所示。

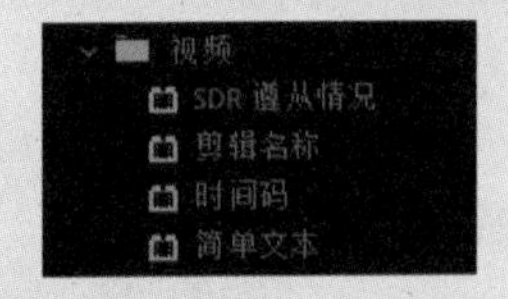

图4.15.1

4.15.1 SDR 遵从情况

“SDR 遵从情况”效果可以用来提升画面图像的清晰度和明亮度，如图 4.15.2 和图 4.15.3 所示。

图4.15.2

图4.15.3

4.15.2 剪辑名称

“剪辑名称”效果可以在“节目监视器”面板中播放素材时，在屏幕中显示该素材剪辑的名称，如图 4.15.4 和图 4.15.5 所示。

图4.15.4

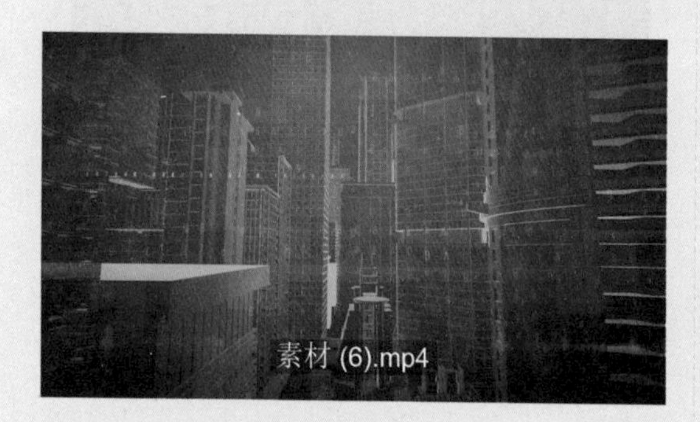

图4.15.5

4.15.3 时间码

“时间码”效果可以将时间码“录制”到影片中，以便在“节目监视器”面板中显示，如图 4.15.6 和图 4.15.7 所示。

图4.15.6

图4.15.7

4.15.4 简单文本

“简单文本”效果可以在素材图像上添加简单的文字效果，通过“效果控件”面板可以调节文字内容和基本格式，如图 4.15.8 和图 4.15.9 所示。

图4.15.8

图4.15.9

4.16 过渡效果

“过渡”文件夹中的效果与“视频过渡”文件夹中的效果类似，区别在于，该文件夹中的效果默认持续时间长度是整个素材范围。该文件夹中包含 5 种视频过渡效果，如图 4.16.1 所示。

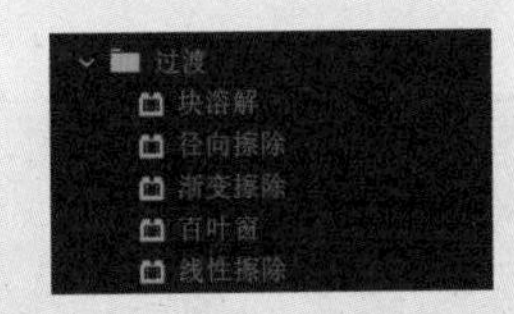

图4.16.1

4.16.1 块溶解

“块溶解”效果可以在图像上生成随机块，并使素材消失在随机块中，如图 4.16.2 和图 4.16.3 所示。

图4.16.2

图4.16.3

4.16.2 径向擦除

“径向擦除”效果可以以指定的点为中心，以旋转的方式逐渐将图像擦除，如图 4.16.4 和图 4.16.5 所示。

图4.16.4

图4.16.5

4.16.3 渐变擦除

“渐变擦除”效果可以基于亮度值将两个素材进行渐变切换。在渐变切换中，第二个场景充满灰度图像的黑色区域，然后通过每一个灰度级开始显现进行转换，直到白色区域变得完全透明，如图 4.16.6 和图 4.16.7 所示。

图4.16.6

图4.16.7

4.16.4 百叶窗

“百叶窗”效果可以用类似百叶窗的条纹蒙版逐渐遮挡原素材，并显示出新素材，如图 4.16.8 和图 4.16.9 所示。

图4.16.8

图4.16.9

4.16.5 线性擦除

“线性擦除”效果可以通过线条滑动的方式，擦除原素材，显示出下方的新素材，如图 4.16.10 和图 4.16.11 所示。

图4.16.10

图4.16.11

4.17 调整效果

在“调整”文件夹中的效果主要用来调整素材的颜色，其中包含 5 种视频效果，如图 4.17.1 所示。

图4.17.1

4.17.1 ProeAmp

ProeAmp（调色）效果可以调整视频的亮度、对比度、色相、饱和度以及拆分百分比，如图 4.17.2~ 图 4.17.4 所示。

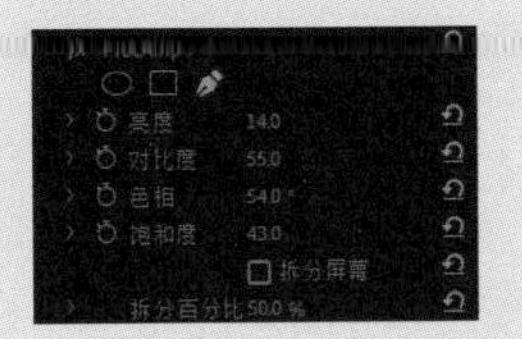

图4.17.2

图4.17.3

图4.17.4

4.17.2 光照效果

“光照效果”效果可以为图像添加照明效果，如图 4.17.5~ 图 4.17.7 所示。

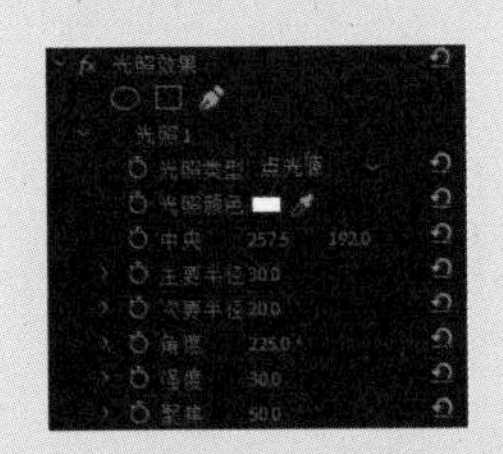

图4.17.5

图4.17.6

图4.17.7

4.17.3 卷积内核

“卷积内核”效果可以通过调整参数来调整画面的色阶，如图 4.17.8~ 图 4.17.10 所示。

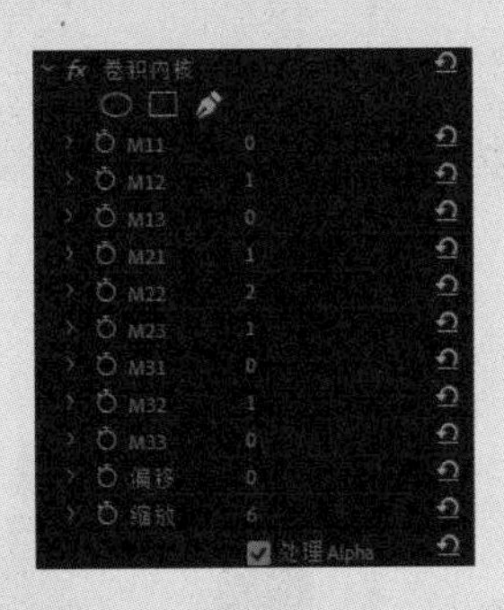

图4.17.8

图4.17.9

图4.17.10

4.17.4 提取

“提取”效果可以将素材的颜色转化为黑白，如图 4.17.11~ 图 4.17.13 所示。

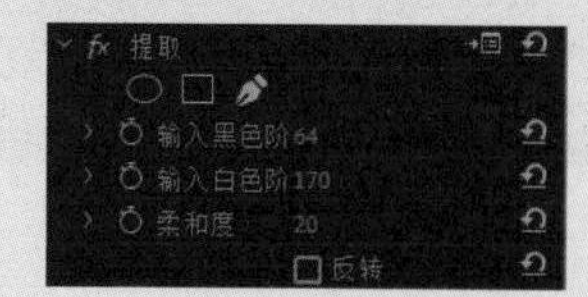

图4.17.11

图4.17.12

图4.17.13

4.17.5 色阶

“色阶”效果可以调整画面中的明暗层次，如图 4.17.14~ 图 4.17.16 所示。

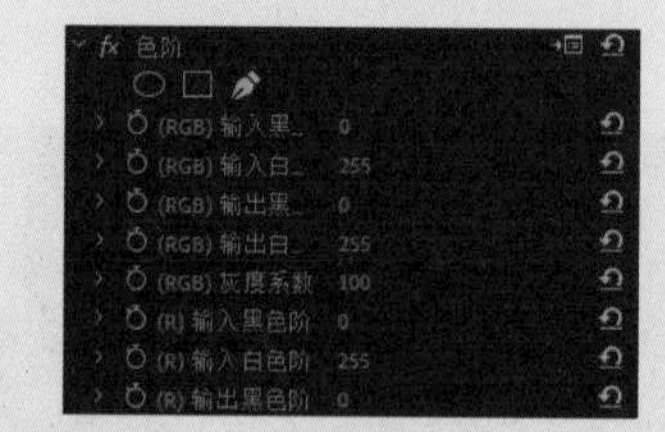

图4.17.14

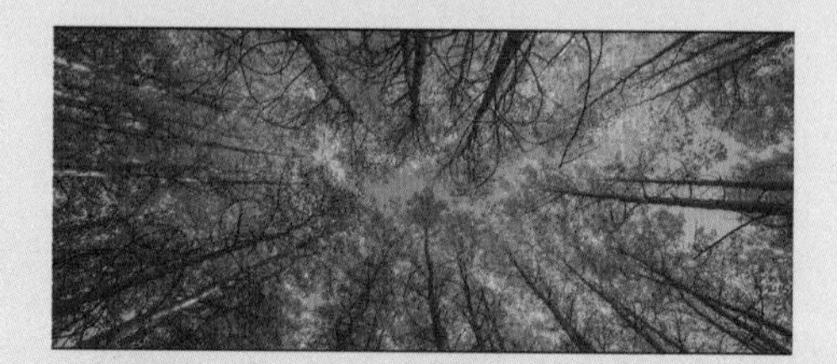

图4.17.15

图4.17.16

4.18 通道效果

“通道”文件夹中的效果可以对素材的通道进行处理，达到调整图像颜色、色阶等颜色属性的目的。该文件夹中包括 7 种效果，如图 4.18.1 所示。

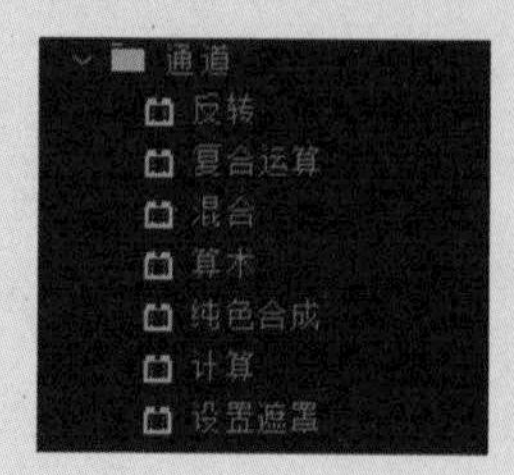

图4.18.1

4.18.1 反转

“反转”效果可以将图像中的颜色反转成相应的互补色，如图 4.18.2~ 图 4.18.4 所示。

图4.18.2

图4.18.3

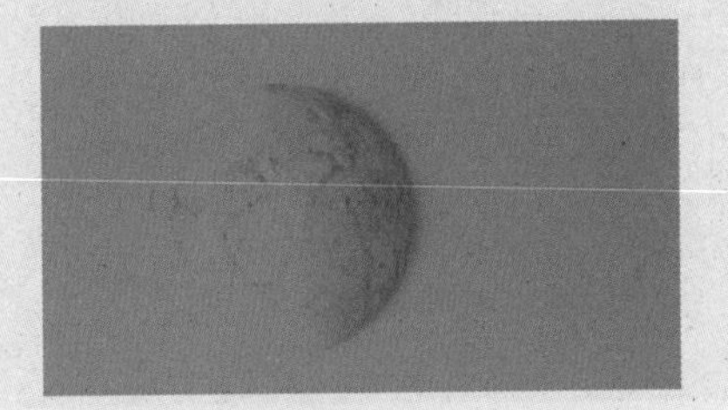

图4.18.4

4.18.2 复合运算

“复合运算”效果可以使用数学运算的方式创建图层的组合效果，如图 4.18.5~ 图 4.18.7 所示。

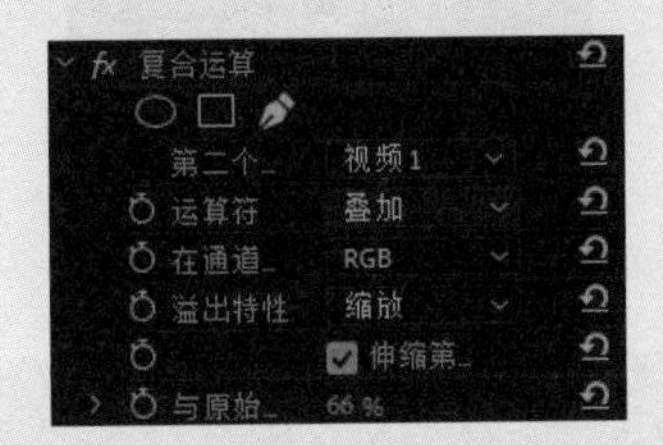

图4.18.5

图4.18.6

图4.18.7

4.18.3 混合

“混合”效果可以将指定轨道的图像混合，如图 4.18.8~ 图 4.18.10 所示。

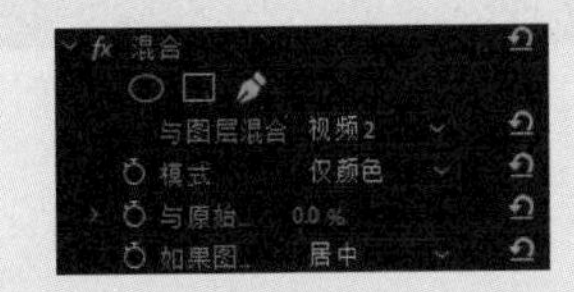

图4.18.8

图4.18.9

图4.18.10

4.18.4 算术

“算术”效果可以对图像的色彩通道进行算术运算，如图 4.18.11~ 图 4.18.13 所示。

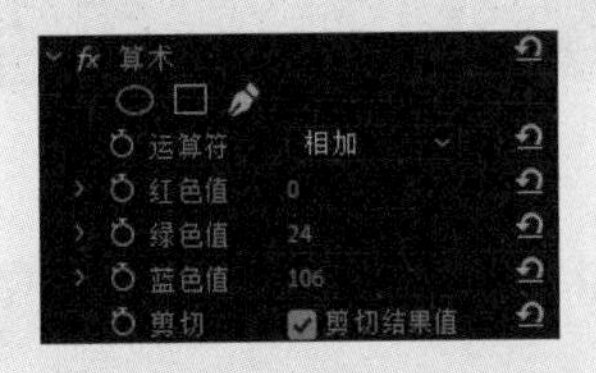

图4.18.11

图4.18.12

图4.18.13

4.18.5　纯色合成

“纯色合成”效果可以将一种颜色覆盖在素材上，将它们以不同的方式混合，如图 4.18.14~ 图 4.18.16 所示。

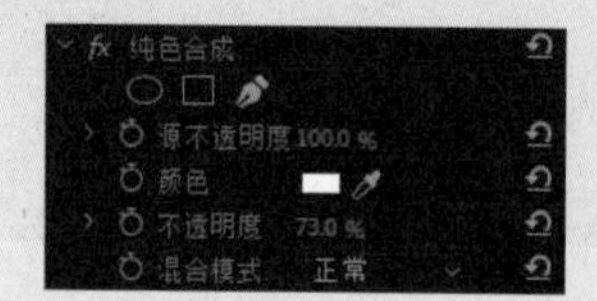

图4.18.14

图4.18.15

图4.18.16

4.18.6　计算

“计算”效果可以通过混合指定的通道和各种混合模式的设置，调整图像颜色的效果，如图 4.18.17~ 图 4.18.19 所示。

图4.18.17

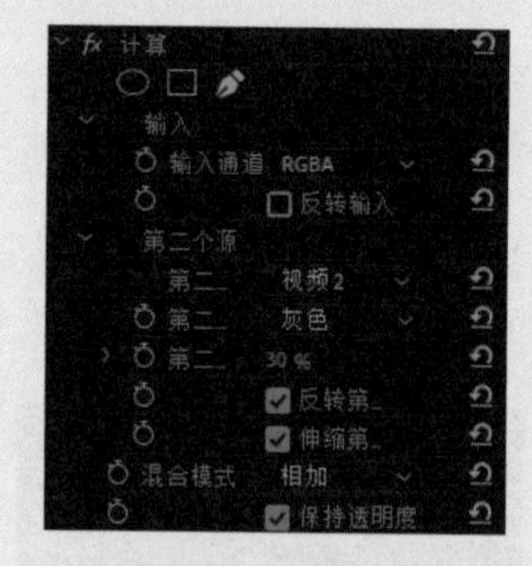

图4.18.18

图4.18.19

4.18.7　设置遮罩

“设置遮罩”效果是通过当前图层的 Alpha 通道取代指定图层的 Alpha 通道，从而创建移动蒙版的效果，如图 4.18.20~ 图 4.18.22 所示。

图4.18.20

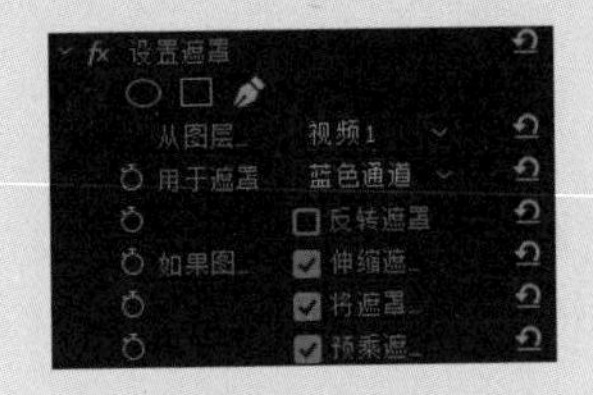

图4.18.21

图4.18.22

01
02
03
04
第4章 视频效果
05
06
07
08

第5章

视频过渡

5.1 认识视频过渡

视频过渡也称为“转场”或“镜头切换”，它标志着一个片段的结束和下一个片段的开始。在相邻片段（素材）之间采用一定的技巧，如划像、叠变、卷页等，实现片段或情节之间的平滑过渡，或者达到丰富画面效果以吸引观众的目的，这样的技巧就是转场。

使用各种转场，可以使影片衔接得更加自然、有趣，制作出令人赏心悦目的过渡效果能够大幅增加影视作品的艺术感染力，如图 5.1.1 和图 5.1.2 所示。

图5.1.1

图5.1.2

5.1.1 使用过渡效果

过渡效果应用于相邻的片段之间，也可以应用于同一个片段的开始和结尾，Premiere Pro 中提供了很多经典的过渡效果，并存放在“效果”面板的“视频过渡”文件夹中，该文件夹中共有 8 组过渡效果，如图 5.1.3 所示。具体的操作步骤如下。

图5.1.3

01 启动 Premiere Pro，单击“新建项目”按钮，在弹出的“新建项目”对话框中，设置项目名称和存放的位置，单击“确定”按钮，如图 5.1.4 所示。

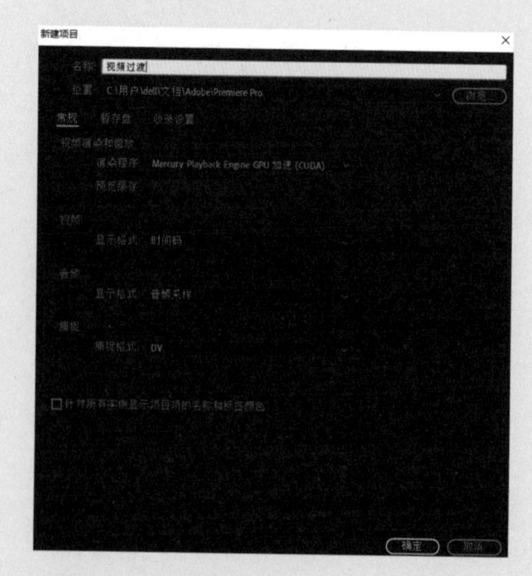

图5.1.4

02 执行“文件”→“新建”→“序列”命令，在弹出的“新建序列”对话框中，选择默认设置，再单击“确定”按钮，如图 5.1.5 所示。

图5.1.5

03 进入 Premiere Pro 操作界面，执行“文件”→“导入”命令，在弹出的“导入”对话框中，选择需要导入的素材文件，单击“打开”按钮。

04 在“项目”面板中选择已导入的素材，按住鼠标左键将其拖至“时间线”面板的 V1 轨道中，如图 5.1.6 所示。

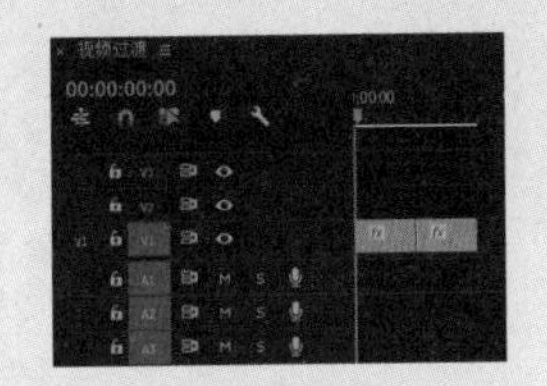

图5.1.6

05 在“效果”面板中，展开“视频过渡”文件夹，选择“缩放”子文件夹下的“交叉缩放”转场，按住鼠标左键，将该转场拖至两段素材之间，如图 5.1.7 所示。

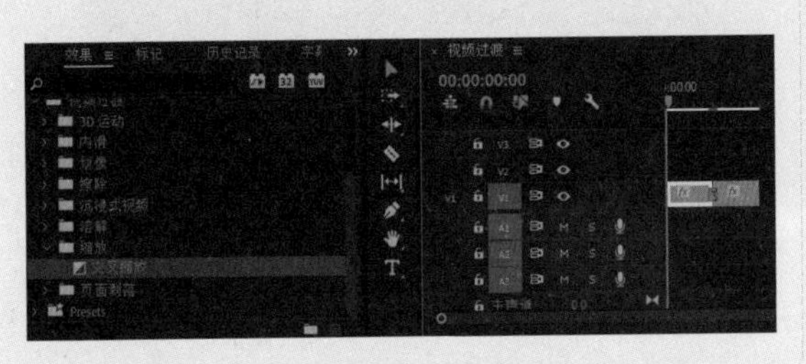

图5.1.7

06 按空格键预览过渡效果，如图 5.1.8~ 图 5.1.11 所示。

图5.1.8

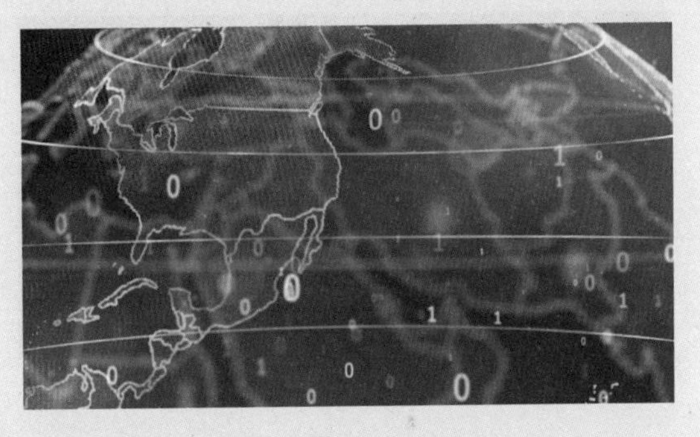

图5.1.9

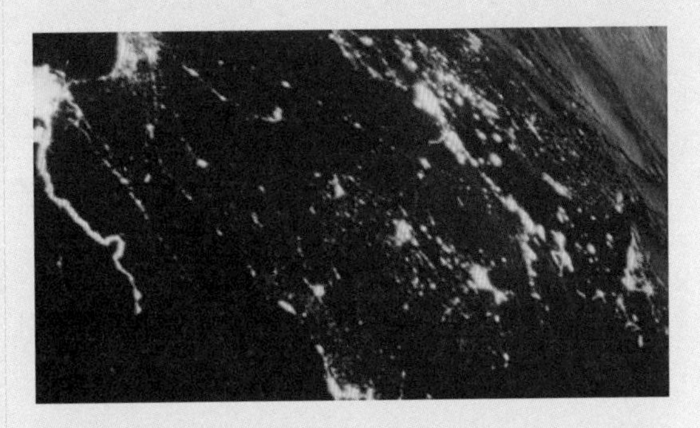

图5.1.10

图5.1.11

5.1.2 视频过渡效果参数调整

应用过渡效果后，还可以对过渡效果进行编辑，使其更符合影片的需要。调整视频过渡效果的参数可以在“时间线”面板中找到，也可以在“效果控件”面板中找到，但前提是必须在“时间线”面板中选中该过渡效果，再对其进行编辑。

1. 调整过渡效果的作用区域

在“效果控件”面板中可以调整过渡效果的作用区域，在“对齐”下拉列表中提供了 4 种对齐方式，如图 5.1.12 所示，具体含义如下。

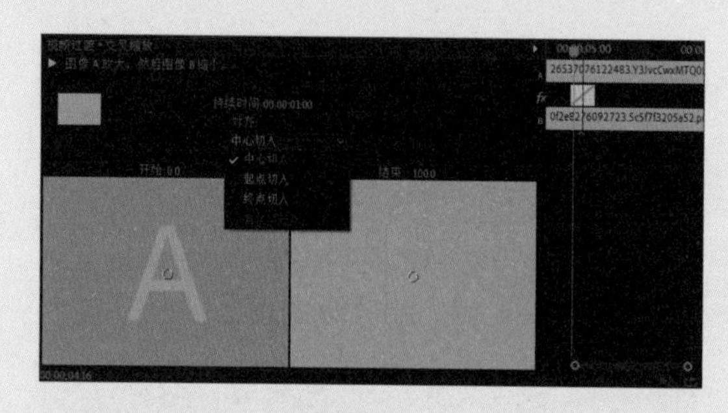

图5.1.12

中心切入：过渡效果添加在相邻素材之间。

起点切入：过渡效果添加在第二个素材的开始位置。

终点切入：过渡效果添加在第一个素材的结束位置。

自定义起点：通过鼠标拖动过渡效果来定义转场的起始位置。

2. 调整过渡效果的持续时间

过渡效果的持续时间是可以自定义的，具体的操作步骤如下。

01 打开项目文件，单击“时间线”面板中的“翻转”过渡效果，打开“效果控件”面板，如图 5.1.13 所示。

02 单击“持续时间”后的时间码，进入编辑状态，输入 00:00:02:00，按 Enter 键结束编辑，如图 5.1.14 所示。

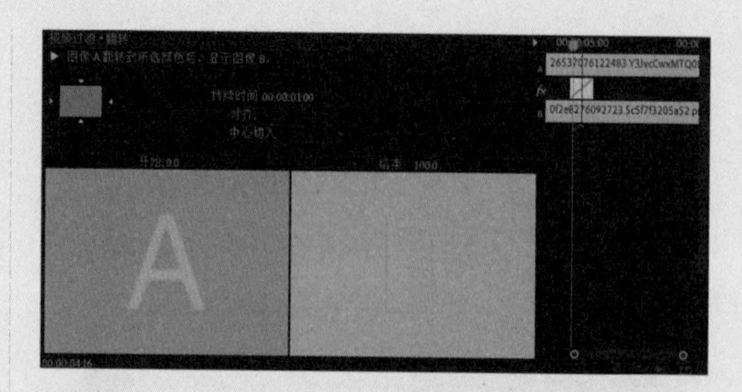

图5.1.13

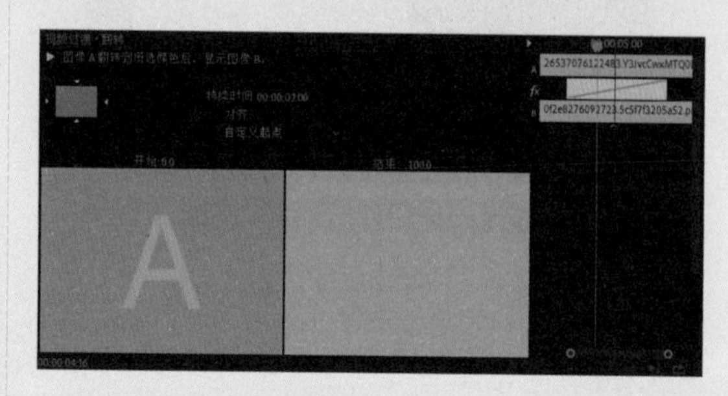

图5.1.14

03 按空格键预览调整过渡效果持续时间后的效果，如图 5.1.15~ 图 5.1.17 所示。

图5.1.15

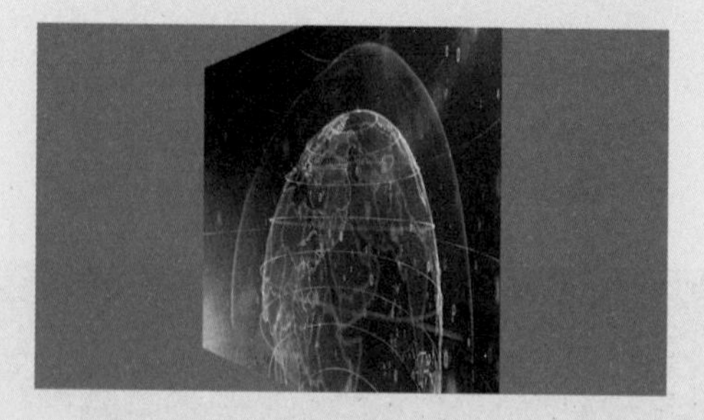

图5.1.16

3. 调整其他参数

“效果控件”面板可以调整过渡效果的持续时间、对齐方式、开始和结束的位置、边框宽度、边框颜色、反向以及消除锯齿品质等参数。以“双侧平推门”特效为例，其参数如图 5.1.18 所示。

图5.1.17

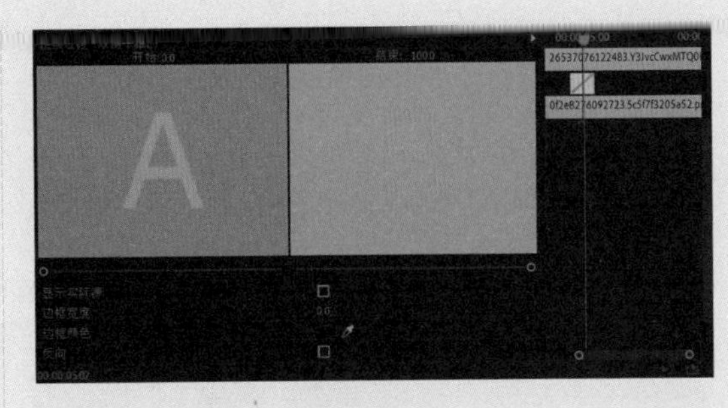

图5.1.18

5.2 3D 运动类过渡效果

3D 运动类过渡效果包括 10 个特效，主要使最终展现的图像以类似在三维空间中运动的形式出现并覆盖原图像。

5.2.1 立方体旋转

“立方体旋转”过渡效果是将两个场景作为立方体的两个面，以旋转的方式实现前后场景的切换。“立方体旋转”过渡效果可以选择从左至右、从上至下、从右至左或从下至上进行转场，如图 5.2.1~ 图 5.2.3 所示。

图5.2.1

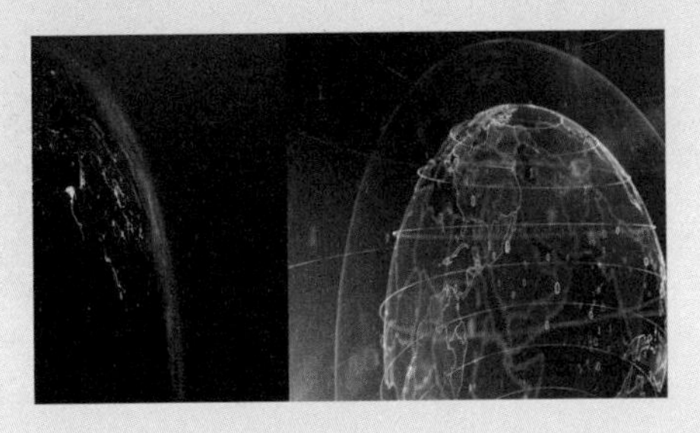

图5.2.2

图5.2.3

5.2.2 翻转

“翻转”过渡效果是将两个场景当作一张纸的两面，通过翻转纸张的方式来实现两个场景的转换。单击“效果控制”面板中的“自定义”按钮可以设置不同的背景颜色，如图 5.2.4~ 图 5.2.6 所示。

图5.2.4

图5.2.5

图5.2.6

5.3 划像类过渡效果

5.3.1 交叉划像

“交叉划像”过渡效果将第二个场景以十字形在画面中心出现，然后由小变大逐渐遮盖住第一个场景，如图 5.3.1~ 图 5.3.3 所示。

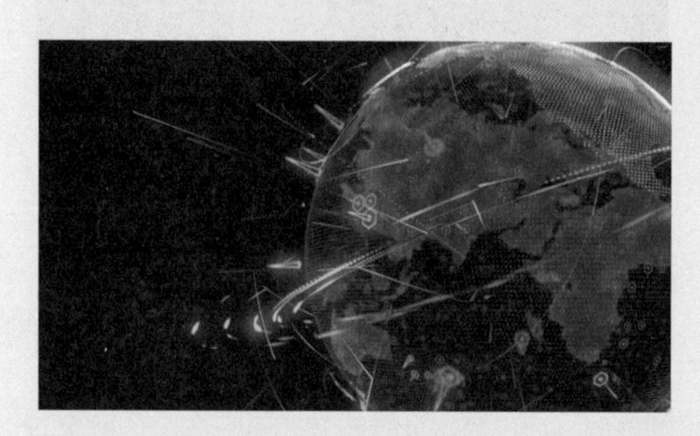

图5.3.1

图5.3.2

图5.3.3

5.3.2 圆划像

“圆划像”过渡效果将第二个场景以圆形的形式在画面中心出现，然后由小变大逐渐遮盖住第一个场景，如图 5.3.4~ 图 5.3.6 所示。

图5.3.4

图5.3.5

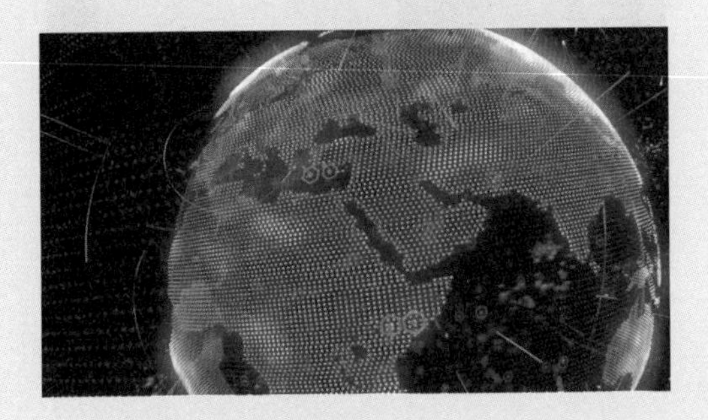

图5.3.6

5.3.3 盒形划像

“盒形划像”过渡效果将第二个场景以矩形的形式在画面中心出现，然后由小变大逐渐遮盖住第一个场景。如有要求，也可以设置为伸缩效果，如图 5.3.7~ 图 5.3.9 所示。

图5.3.7

5.3.4 菱形划像

“菱形划像”过渡效果将第二个场景以菱形的形式在画面中心出现，然后由小变大逐渐遮盖住第一个场景，如图 5.3.10~ 图 5.3.12 所示。

图5.3.8

图5.3.9

图5.3.10

图5.3.11

图5.3.12

5.3.5 实例："划像"过渡效果

下面将使用"划像"过渡效果制作转场效果，具体的操作步骤如下。

01 启动 Premiere Pro，单击"新建项目"按钮，在弹出的"新建项目"对话框中设置项目名称和项目存储位置，单击"确定"按钮关闭对话框，如图 5.3.13 所示。

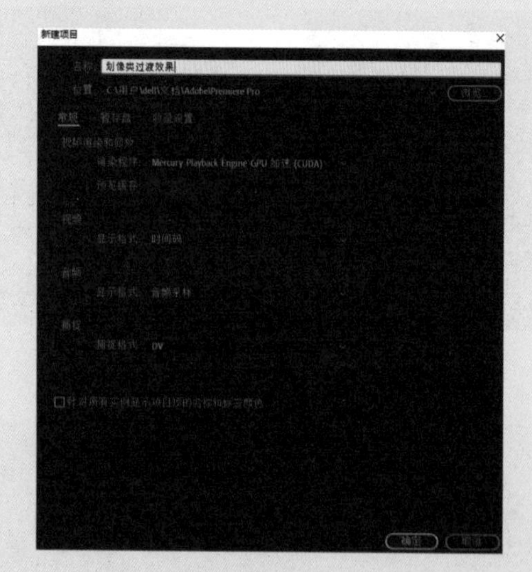

图5.3.13

02 执行"文件"→"新建"→"序列"命令，在弹出的"新建序列"对话框中，选中"标准 48kHz"预设，单击"确定"按钮，如图 5.3.14 所示。

03 在"项目"面板中，右击并在弹出的快捷菜单中选择"导入"选项，在弹出的"导入"对话框中选择需要导入的素材，单击"打开"按钮，导入素材。

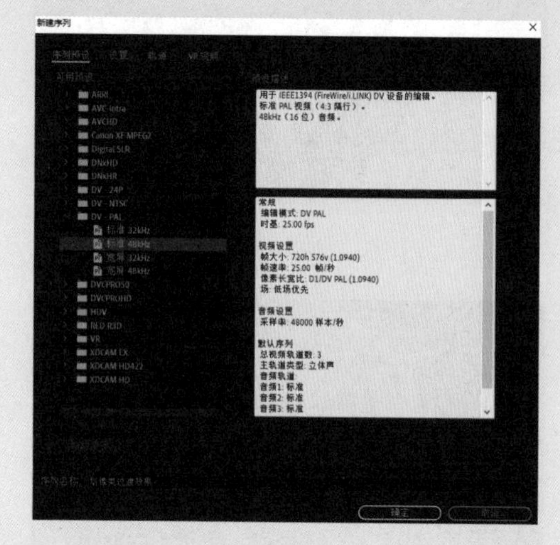

图5.3.14

04 选择"素材（1）.mp4"与"素材（20）.mp4"素材，将其拖至 V1 轨道的 00:00:00:00 处，如图 5.3.15 所示。

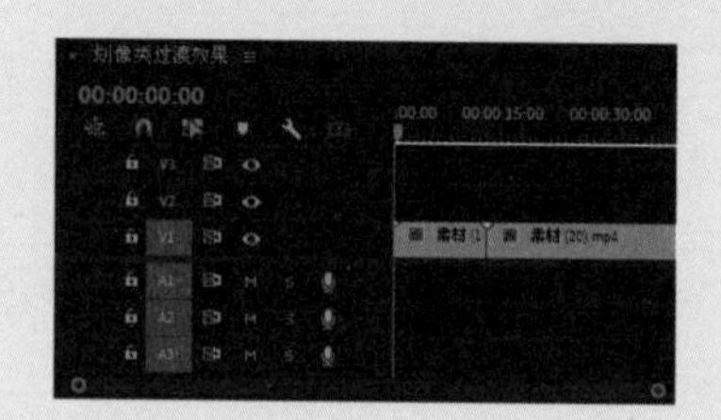

图5.3.15

05 打开"效果"面板，在"视频过渡"文件夹的"划像"子文件夹中，选择"交叉划像"过渡效果，将其拖至"素材（1）.mp4"与"素材（20）.mp4"素材之间，如图 5.3.16 所示。

图5.3.16

06 双击两段素材之间的"交叉划像"过渡效果，在弹出的"设置过渡持续时间"对话框中设置"持续时间"为 00:00:00:10，如图 5.3.17 所示。

图5.3.17

07 打开“效果控件”面板，单击“开始”后的数字，并修改为 25.0，如图 5.3.18 所示。

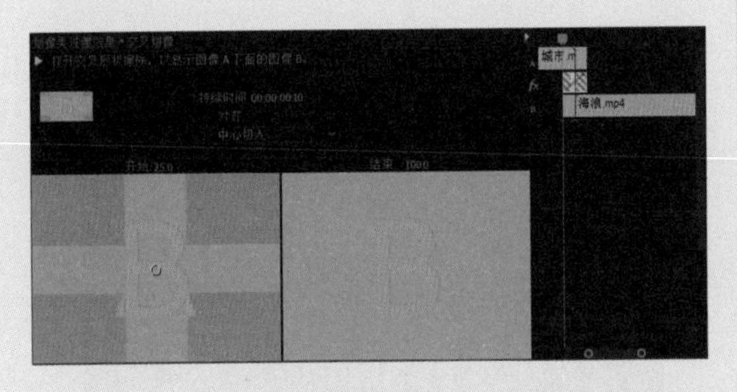

图5.3.18

08 按空格键预览添加转场后的视频效果，如图 5.3.19~ 图 5.3.21 所示。

图5.3.19

图5.3.20

图5.3.21

5.4 擦除类视频过渡效果

擦除类视频过渡效果是通过两个场景的相互擦除来实现场景转换的。擦除特效组共有 17 种视频过渡效果。

5.4.1 划出

“划出”过渡效果将第二个场景从屏幕一侧逐渐展开，从而遮盖住第二个场景，如图 5.4.1~ 图 5.4.3 所示。

图5.4.1

图5.4.2

图5.4.3

5.4.2 双侧平推门

“双侧平推门”过渡效果将第一个场景像两扇门一样拉开，逐渐显示出第二个场景，如图 5.4.4~图 5.4.6 所示。

图5.4.4

图5.4.5

图5.4.6

5.4.3 带状擦除

“带状擦除”过渡效果将第二个场景在水平方向以条状形式进入画面，逐渐覆盖第一个场景，如图 5.4.7~ 图 5.4.9 所示。

图5.4.7

图5.4.8

图5.4.9

5.4.4　径向擦除

“径向擦除”过渡效果将第二个场景从第一个场景的一角扫入画面，并逐渐覆盖第一个场景，如图 5.4.10~ 图 5.4.12 所示。

图5.4.10

图5.4.11

图5.4.12

5.4.5　插入

“插入”过渡效果将第二个场景以矩形的形式从第一个场景的一角斜插进画面，并逐渐覆盖第一个场景，如图 5.4.13~ 图 5.4.15 所示。

图5.4.13

图5.4.14

图5.4.15

5.4.6　时钟式擦除

“时钟式擦除”过渡效果将第二个场景以时钟指针旋转的方式逐渐覆盖第一个场景，如图 5.4.16~ 图 5.4.18 所示。

图5.4.16

图5.4.17

图5.4.18

5.4.7 棋盘

“棋盘”过渡效果将第二个场景分成若干个小方块以棋盘的方式出现，并逐渐布满整个画面，从而遮盖住第一个场景，如图5.4.19~图5.4.21所示。

图5.4.19

图5.4.20

图5.4.21

5.4.8 棋盘擦除

“棋盘擦除”过渡效果将第二个场景以方格形式逐渐擦除第一个场景，如图5.4.22~图5.4.24所示。

图5.4.22

图5.4.23

图5.4.24

5.4.9 楔形擦除

“楔形擦除”过渡效果将第二个场景在屏幕中心以扇形展开的方式逐渐覆盖第一个场景，如图 5.4.25~ 图 5.4.27 所示。

图5.4.25

图5.4.26

图5.4.27

5.4.10 水波块

“水波块”过渡效果将第二个场景以块状从屏幕一角按 Z 字形方式逐行扫入画面，并逐渐覆盖第一个场景，如图 5.4.28~ 图 5.4.30 所示。

图5.4.28

图5.4.29

图5.4.30

5.4.11 油漆飞溅

“油漆飞溅”过渡效果将第二个场景以墨点的形状飞溅到画面中并逐渐覆盖第一个场景，如图 5.4.31~ 图 5.4.33 所示。

图5.4.31

图5.4.32

图5.4.33

5.4.12 渐变擦除

“渐变擦除”过渡效果用一张灰度图像制作渐变切换。在渐变切换中，第二个场景充满灰度图像的黑色区域，然后通过每一个灰度级开始显现，直到白色区域完全透明，如图 5.4.34~ 图 5.4.36 所示。

图5.4.34

图5.4.35

图5.4.36

5.4.13 百叶窗

“百叶窗”过渡效果将第二个场景以百叶窗的形式逐渐显现并覆盖第一个场景，如图 5.4.37~ 图 5.4.39 所示。

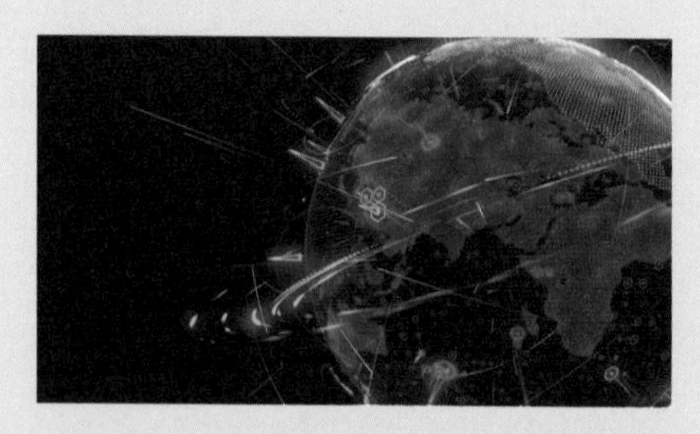

图5.4.37

图5.4.38

图5.4.39

5.4.14 螺旋框

“螺旋框”过渡效果将第二个场景以螺旋块状旋转显现并逐渐覆盖第一个场景，如图 5.4.40~图 5.4.42 所示。

图5.4.40

图5.4.41

图5.4.42

5.4.15 随机块

“随机块”过渡效果将第二个场景以随机块状的形式出现在画面中，并逐渐覆盖第一个场景，如图 5.4.43~ 图 5.4.45 所示。

图5.4.43

图5.4.44

图5.4.45

5.4.16 随机擦除

“随机擦除”过渡效果将第二个场景以小方块的形式从第一个场景的一边随机扫走，最终覆盖第一个场景，如图 5.4.46~ 图 5.4.48 所示。

图5.4.46

图5.4.47

图5.4.48

5.4.17 风车

“风车”过渡效果将第二个场景以风车转动的形式逐渐覆盖第一个场景，如图5.4.49~图5.4.51所示。

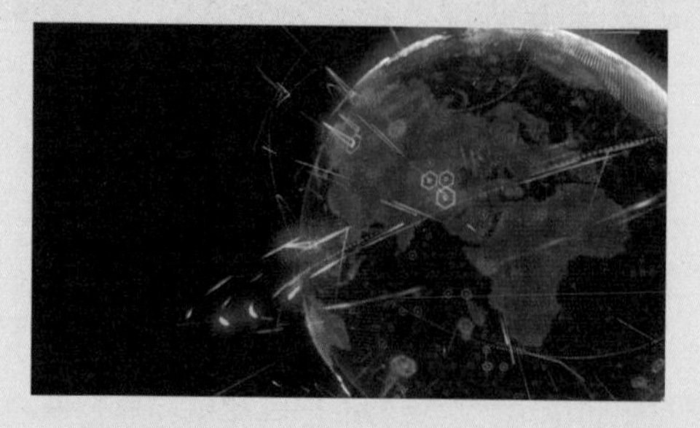

图5.4.49

图5.4.50

图5.4.51

5.4.18 实例：擦除类视频过渡效果

下面将通过 Premiere Pro 中的擦除类视频过渡效果制作一段流畅、自然的视频转场效果，具体的操作步骤如下。

01 启动 Premiere Pro，单击“新建项目”按钮，在弹出的“新建项目”对话框中设置项目名称和项目存储位置，单击“确定”按钮关闭对话框，如图 5.4.52 所示。

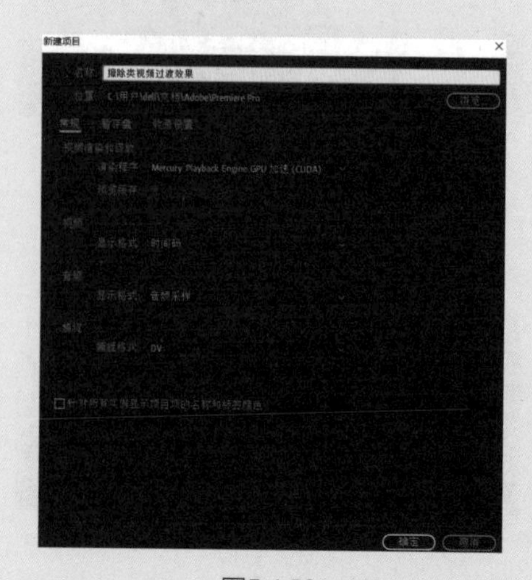

图5.4.52

02 执行“文件”→“新建”→“序列”命令，在弹出的“新建序列”对话框中单击“确定”按钮，如图 5.4.53 所示。

图5.4.53

03 在“项目”面板中，右击并在弹出的快捷菜单中选择“导入”选项，在弹出的“导入”对话框中选择需要导入的素材，单击“打开”按钮，导入素材。

04 选择“素材（7）. mov”与“素材（3）. mov”素材，将其拖至 V1 轨中的 00:00:00:00 处，如图 5.4.54 所示。

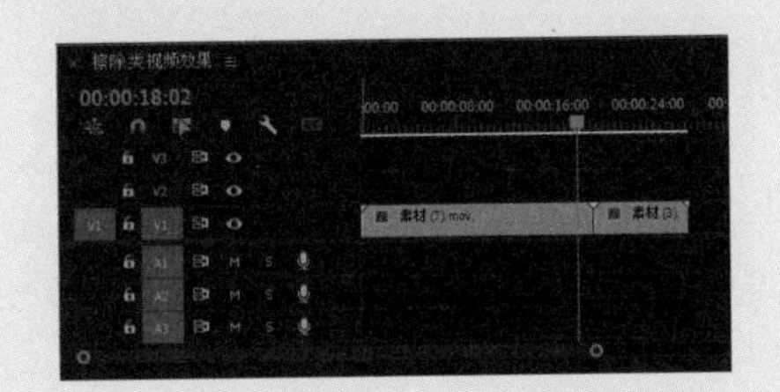

图5.4.54

05 打开“效果”面板，在“视频过渡”文件夹的“擦除”子文件夹中选中“划出”过渡效果，将其拖至“素材（7）. mov”与“素材（3）. mov”素材之间，如图 5.4.55 所示。

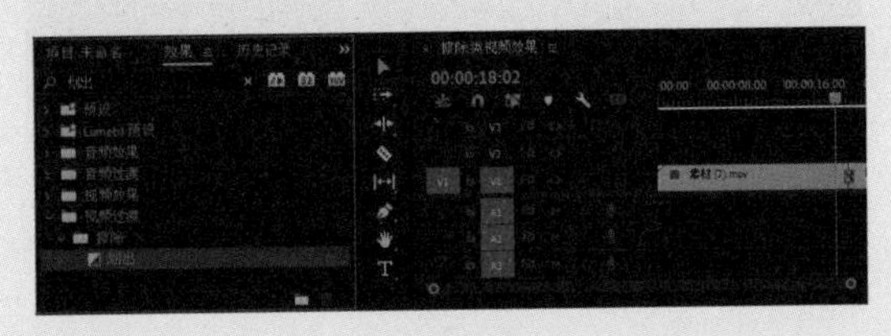

图5.4.55

06 双击两段素材之间的“划出”过渡效果，在弹出的“设置过渡持续时间”对话框中设置“持续时间”为 00:00:01:00，如图 5.4.56 所示。

图5.4.56

07 打开“效果控件”面板，单击“开始”后的数字，并修改为 13.0，如图 5.4.57 所示。

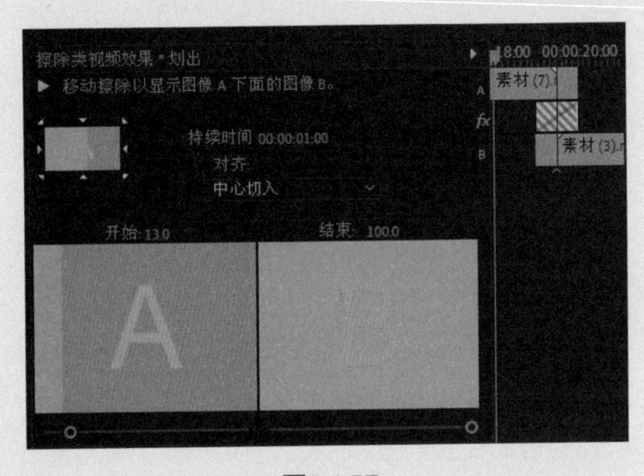

图5.4.57

08 按空格键预览添加转场后的视频效果，如图 5.4.58~ 图 5.4.60 所示。

图5.4.58

图5.4.59

图5.4.60

5.5 溶解类过渡效果

溶解类视频过渡效果组中共有 7 种视频过渡效果。

5.5.1 Morphcut

Morphcut 过渡效果是在第一个场景淡出的同时还会自动生成一些块状的透明图像，从而覆盖第一个场景，而后将第二个场景淡入，如图 5.5.1~图 5.5.3 所示。

图5.5.1

图5.5.2

图5.5.3

5.5.2 交叉溶解

“交叉溶解”过渡效果将在第一个场景淡出的同时，将第二个场景淡入，如图 5.5.4~图 5.5.6 所示。

图5.5.4

图5.5.5

图5.5.6

5.5.3　叠加溶解

“叠加溶解”过渡效果将第一个场景作为纹理贴图映像在第二个场景上，实现高亮度叠化的转换效果，如图 5.5.7~ 图 5.5.9 所示。

图5.5.7

图5.5.8

图5.5.9

5.5.4　白场过渡

“白场过渡”过渡效果将第一个场景逐渐淡化到白色场景，然后从白色场景淡化到第二个场景，如图 5.5.10~ 图 5.5.12 所示。

图5.5.10

图5.5.11

图5.5.12

5.5.5 胶片溶解

“胶片溶解”过渡效果使第一个场景产生胶片朦胧的效果，并转换到第二个场景，如图 5.5.13~图 5.5.15 所示。

图5.5.13

图5.5.14

图5.5.15

5.5.6 非叠加溶解

“非叠加溶解”过渡效果将第二个场景的画面逐步以不规则形式出现，直至完全覆盖第一个场景，如图 5.5.16~ 图 5.5.18 所示。

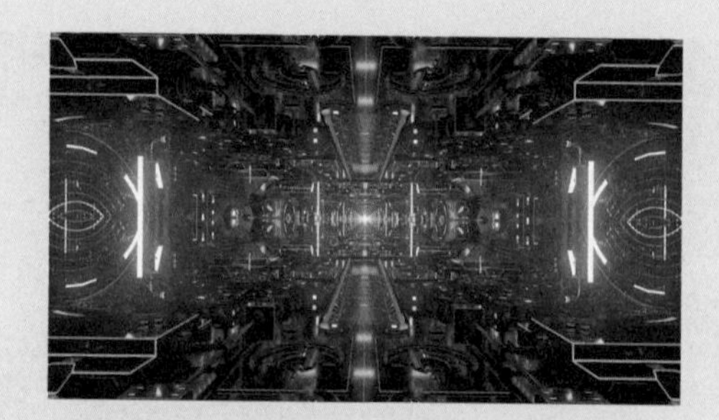

图5.5.16

图5.5.17

图5.5.18

5.5.7 黑场过渡

“黑场过渡”过渡效果将第一个场景逐渐淡化到黑色场景，然后从黑色场景淡化到第二个场景，如图 5.5.19~ 图 5.5.21 所示。

图5.5.19

图5.5.20

图5.5.21

5.5.8 实例：溶解类过渡效果

下面将通过 Premiere Pro 的溶解类过渡效果制作一段流畅自然的视频转场，具体的操作步骤如下。

01 启动 Premiere Pro，单击“新建项目”按钮，在弹出的“新建项目”对话框中设置项目名称和项目存储位置，单击“确定”按钮关闭对话框，如图 5.5.22 所示。

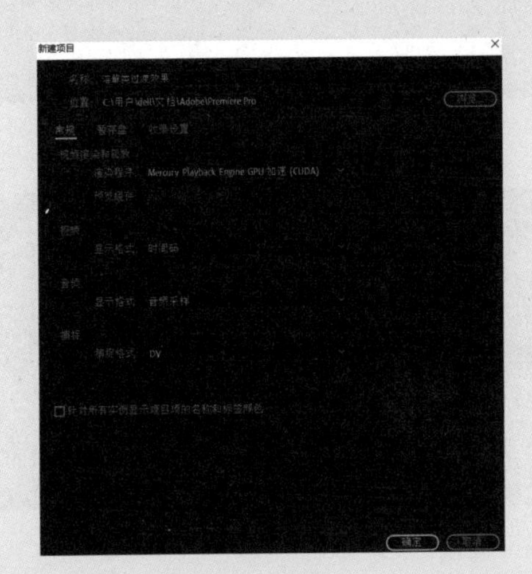

图5.5.22

02 执行“文件”→“新建”→“序列”命令，在弹出的“新建序列”对话框中单击“确定”按钮，如图 5.5.23 所示。

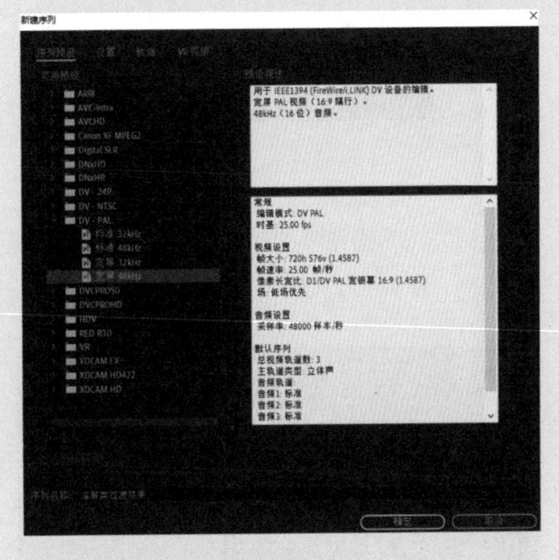

图5.5.23

03 在“项目”面板中，右击并在弹出的快捷菜单中选择“导入”选项，在弹出的“导入”对话框中选择需要导入的素材，单击“打开”按钮，导入素材。

04 选择“素材（8）.mp4”与“素材（6）.mov”素材，将其拖至 V1 轨中的 00:00:00:00 处，如图 5.5.24 所示。

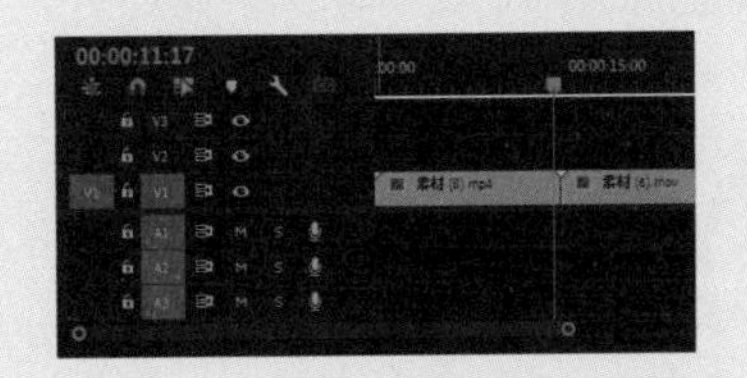

图5.5.24

05 打开“效果”面板，在“视频过渡”文件夹的“溶解”子文件夹中，选择 Morphcut 过渡效果，将其拖至“素材（8）.mp4”与“素材（6）.mov”素材之间，如图 5.5.25 所示。

图5.5.25

06 双击两段素材之间的 Morphcut 过渡效果，在弹出的“设置过渡持续时间”对话框中设置持续时间为 00:00:01:00，如图 5.5.26 所示。

图5.5.26

07 按空格键预览添加转场后的视频效果，如图 5.5.27~ 图 5.5.29 所示。

图5.5.27

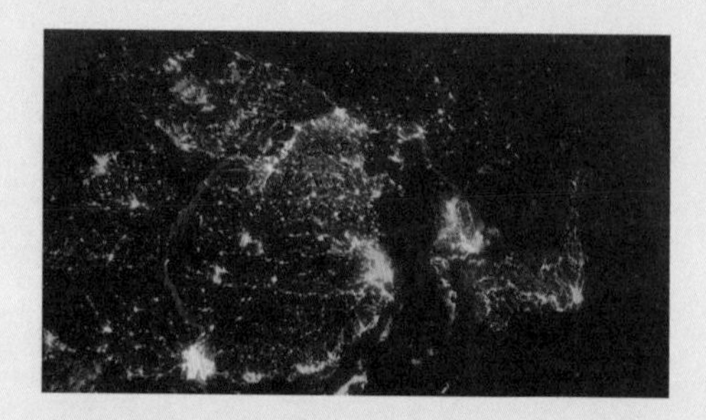

图5.5.28

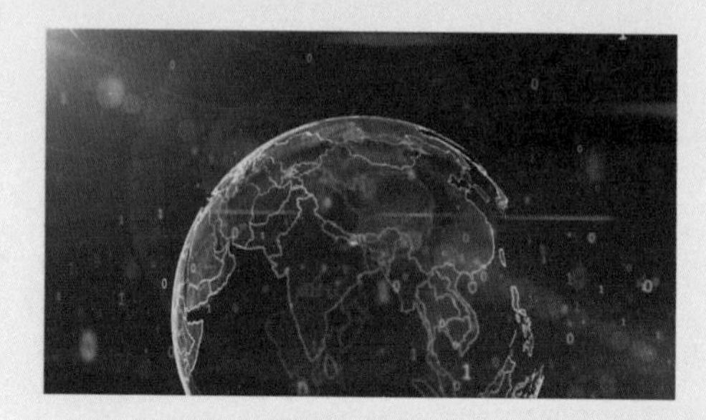

图5.5.29

5.6 内滑类视频过渡效果

内滑类视频过渡效果组中共有 6 种视频过渡效果。

5.6.1 中心切入

“中心切入”过渡效果将第一个场景分成 4 块，逐渐从画面的 4 个角滑出，从而显示出第二个场景，如图 5.6.1~ 图 5.6.3 所示。

图5.6.1

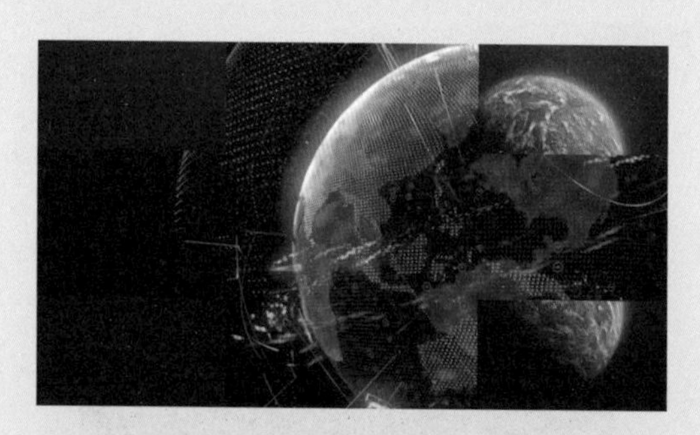

图5.6.2

图5.6.3

5.6.2 内滑

“内滑”过渡效果将第二个场景从左至右移动并逐渐覆盖第一个场景，如图 5.6.4~ 图 5.6.6 所示。

图5.6.4

图5.6.5

图5.6.6

5.6.3 带状内滑

“带状内滑”过渡效果将第二个场景以带状形式从两侧滑入画面，直至覆盖第一个场景，如图 5.6.7~ 图 5.6.9 所示。

图5.6.7

图5.6.8

图5.6.9

5.6.4 急摇

“急摇”过渡效果快速变换画面色彩以进入下一个画面，如图 5.6.10~ 图 5.6.12 所示。

图5.6.10

图5.6.11

图5.6.12

5.6.5 拆分

“拆分”过渡效果将第一个场景分成两块并从两侧滑出，从而显示第二个场景，如图 5.6.13~图 5.6.15 所示。

图5.6.13

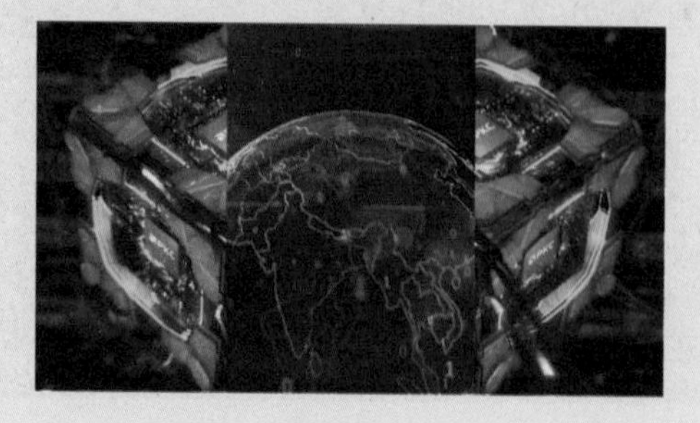

图5.6.14

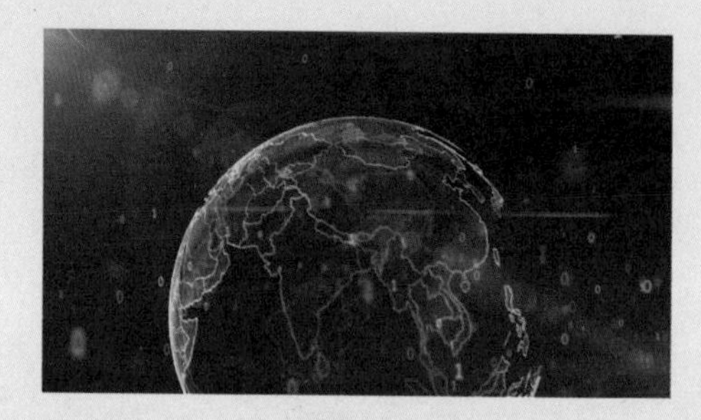

图5.6.15

5.6.6 推

“推”过渡效果将第二个场景从画面的一侧将第一个场景推出画面，如图 5.6.16~ 图 5.6.18 所示。

图5.6.16

图5.6.17

图5.6.18

5.6.7 实例："中心切入"过渡效果

下面将通过 Premiere Pro 的"中心切入"过渡效果来制作一段流畅自然的视频，具体的操作步骤如下。

01 启动 Premiere Pro，单击"新建项目"按钮，在弹出的"新建项目"对话框中设置项目名称和项目存储位置，单击"确定"按钮关闭对话框，如图 5.6.19 所示。

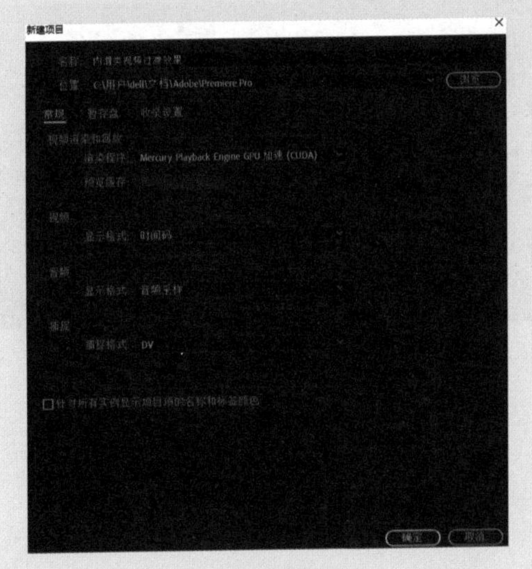

图5.6.19

02 执行"文件"→"新建"→"序列"命令，在弹出的"新建序列"对话框中单击"确定"按钮，如图 5.6.20 所示。

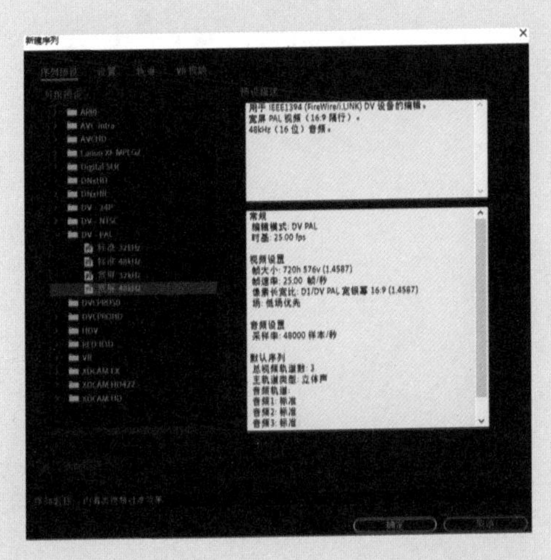

图5.6.20

03 在"项目"面板中，右击并在弹出的快捷菜单中选择"导入"选项，在弹出的"导入"对话框中选择需要导入的素材，单击"打开"按钮，导入素材。

04 选中"素材(4).mov"与"素材(22).mp4"素材，将其拖至 V1 轨中的 00:00:00:00 处，如图 5.6.21 所示。

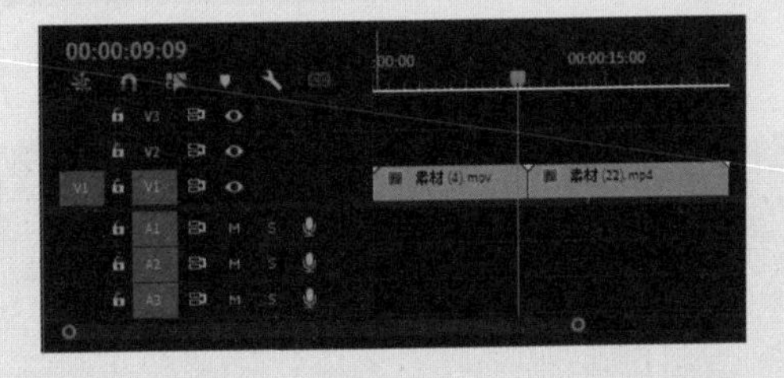

图5.6.21

05 打开"效果"面板，在"视频过渡"文件夹的"内滑"文件夹中，选中"中心切入"过渡效果，将其拖至"素材(4).mov"与"素材(22).mp4"素材之间，如图 5.6.22 所示。

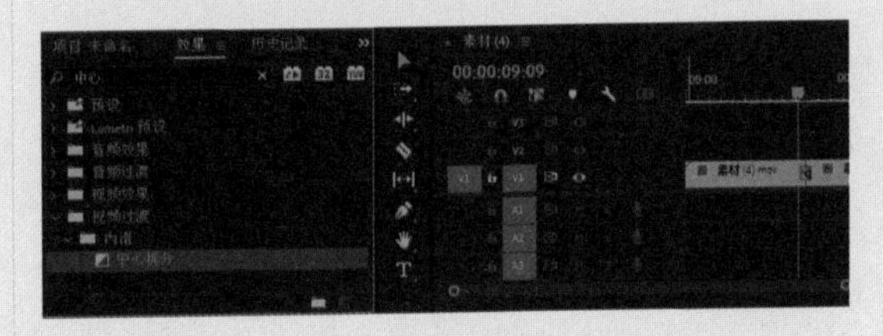

图5.6.22

06 双击两段素材之间的"中心切入"过渡效果，在弹出的"设置过渡持续时间"对话框中设置持续时间为 00:00:00:10，如图 5.6.23 所示。

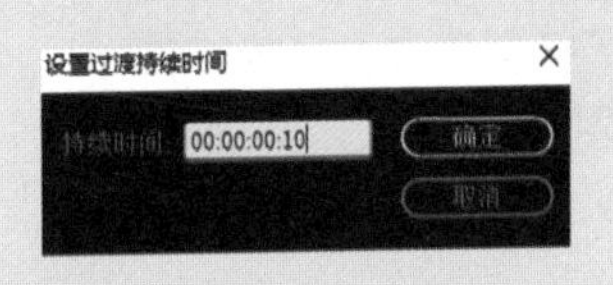

图5.6.23

07 打开"效果控件"面板，单击"开始"后的数字，并修改为 15.0，如图 5.6.24 所示。

08 按空格键预览添加转场后的视频效果，如图 5.6.25~ 图 5.6.27 所示。

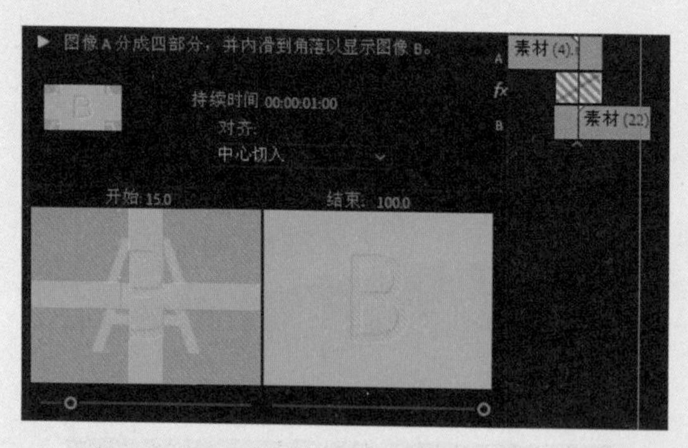

图5.6.24

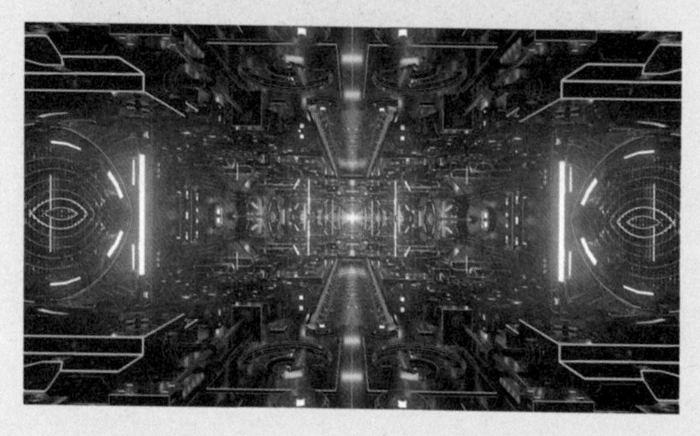

图5.6.25

图5.6.26

图5.6.27

5.7 缩放类视频过渡效果

缩放特效组中的转场都是以场景的缩放来实现场景之间转换的，其中包含 4 种视频过渡效果。

5.7.1 交叉缩放

“交叉缩放”过渡效果先将第一个场景放到最大，然后切换到第二个场景的最大化，最后将第二个场景缩放到适合的大小，如图 5.7.1~图 5.7.3 所示。

图5.7.1

图5.7.2

图5.7.3

5.7.2 实例：“交叉缩放”过渡效果

下面将通过“交叉缩放”过渡效果制作一段流畅自然的视频效果，具体的操作步骤如下。

01 启动 Premiere Pro，单击“新建项目”按钮，在弹出的“新建项目”对话框中设置项目名称和项目存储位置，单击“确定”按钮关闭对话框，如图 5.7.4 所示。

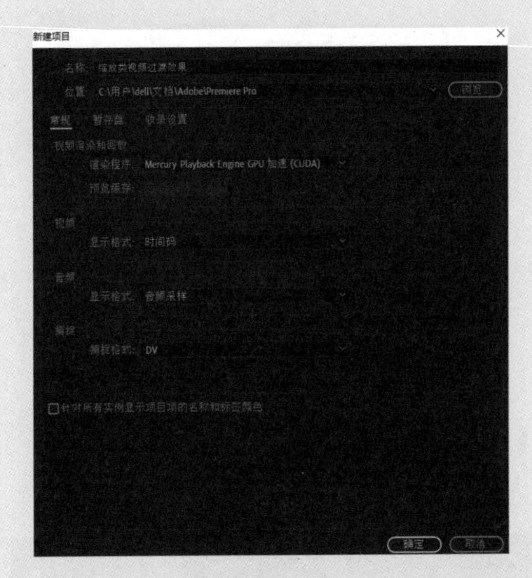

图5.7.4

02 执行“文件”→“新建”→“序列”命令，在弹出的“新建序列”对话框中单击“确定”按钮，如图 5.7.5 所示。

图5.7.5

03 在“项目”面板中，右击并在弹出的快捷菜单中选择“导入”选项，在弹出的“导入”对话框中选择需要导入的素材，单击“打开”按钮，导入素材。

04 选中“素材（5）.mov”与“素材（20）.mp4”素材，将其拖至V1轨中的00:00:00:00处，如图 5.7.6 所示。

图5.7.6

05 打开“效果”面板，在“视频过渡”文件夹的“缩放”子文件夹中，选择“交叉缩放”过渡效果，将其拖至“素材（5）.mov”与“素材（20）.mp4”素材之间，如图 5.7.7 所示。

图5.7.7

06 双击两段素材之间的“交叉缩放”过渡效果，在弹出的“设置过渡持续时间”对话框中设置“持续时间”为 00:00:02:00，如图 5.7.8 所示。

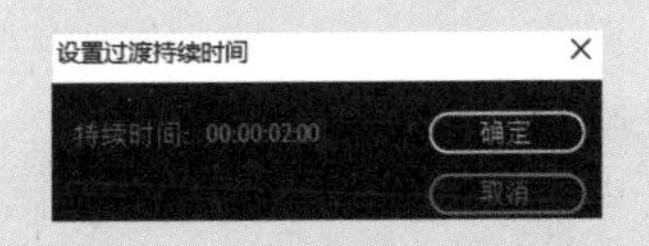

图5.7.8

07 打开“效果控件”面板，单击“开始”后的数字并修改为 25.0，如图 5.7.9 所示。

08 按空格键预览添加转场后的视频效果，如图 5.7.10~ 图 5.7.12 所示。

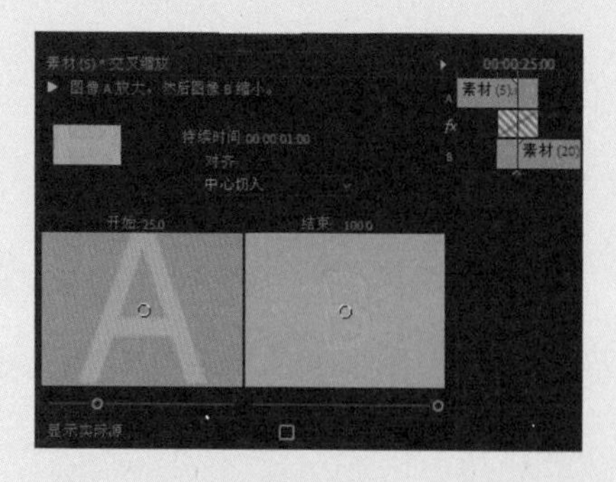

图5.7.9

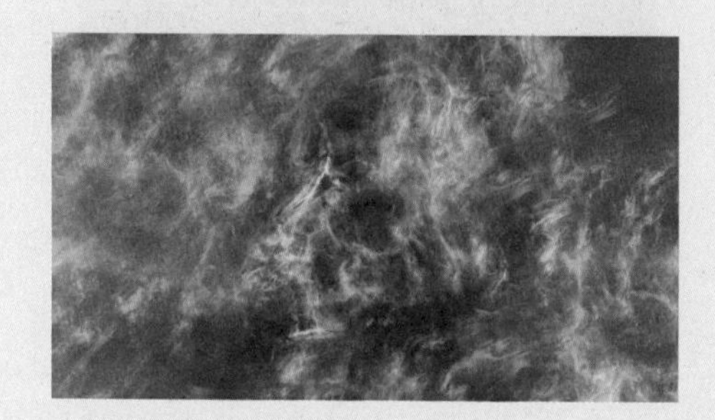

图5.7.10

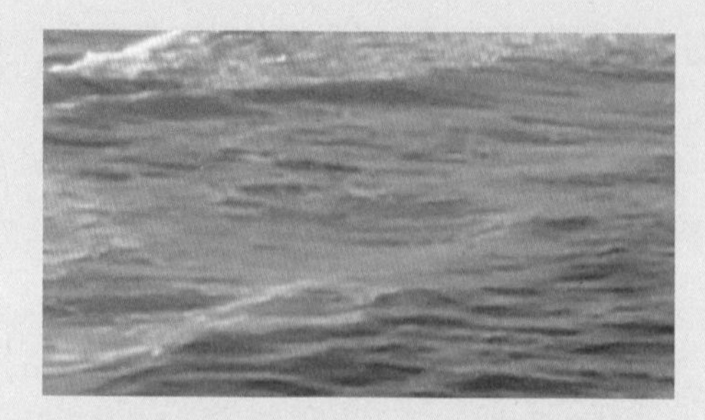

图5.7.11

图5.7.12

5.8 页面剥落类视频过渡效果

页面剥落类过渡效果主要是使图像以各种卷页的形式消失，最后显示相应的图像。

5.8.1 翻页

“翻页”过渡效果将第一个场景从一个角卷起，卷起后的背面会显示第一个场景，从而露出第二个场景，如图 5.8.1~ 图 5.8.3 所示。

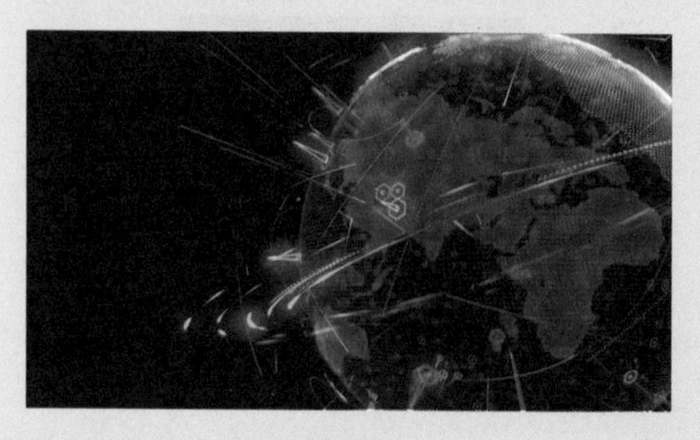

图5.8.1

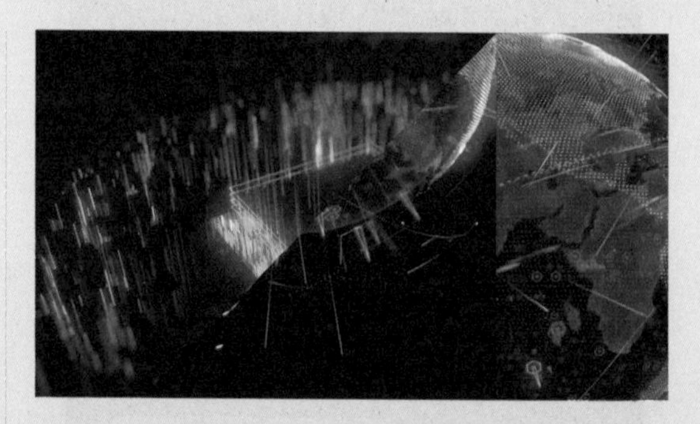

图5.8.2

图5.8.3

5.8.2 页面剥落

“页面剥落”过渡效果将第一个场景像翻页一样从一角卷起，显示出第二个场景，如图5.8.4~图5.8.6所示。

图5.8.4

图5.8.5

图5.8.6

5.8.3 实例：“翻页”过渡效果

下面将通过“翻页”过渡效果来制作一段流畅自然的视频，具体的操作步骤如下。

01 启动Premiere Pro软件，单击“新建项目”按钮，在弹出的“新建项目”对话框中设置项目名称和项目存储位置，单击“确定”按钮关闭对话框，如图5.8.7所示。

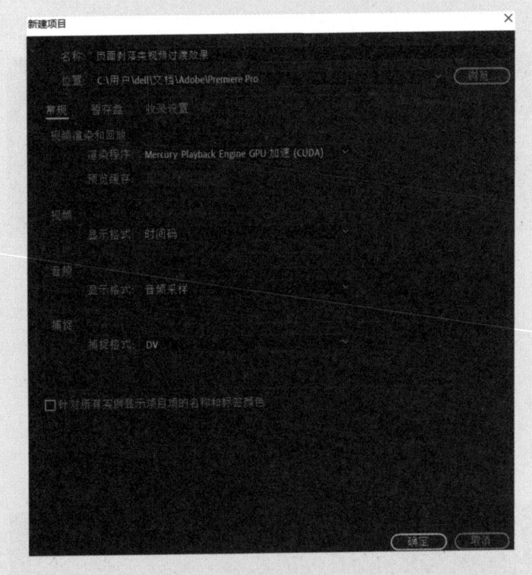

图5.8.7

02 执行“文件”→“新建”→“序列”命令，在弹出的“新建序列”对话框中单击“确定”按钮，如图5.8.8所示。

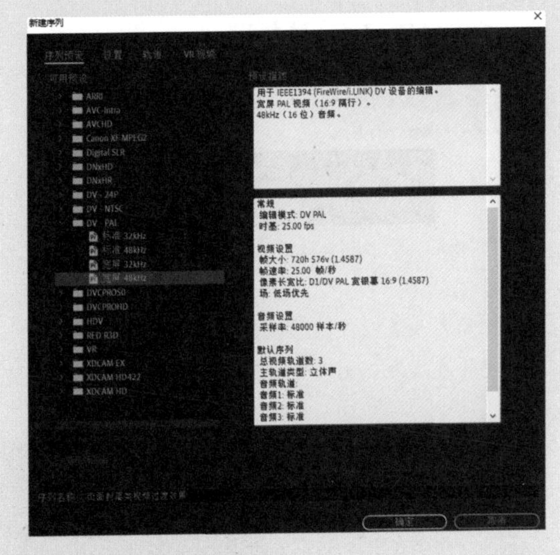

图5.8.8

03 在“项目”面板中，右击并在弹出的快捷菜单中选择“导入”选项，在弹出的“导入”对话框中选择需要导入的素材，单击“打开”按钮，导入素材。

04 选中“素材（2）.mov”与“素材（3）.mov”素材，将其拖至V1轨中的00:00:00:00处，如图5.8.9所示。

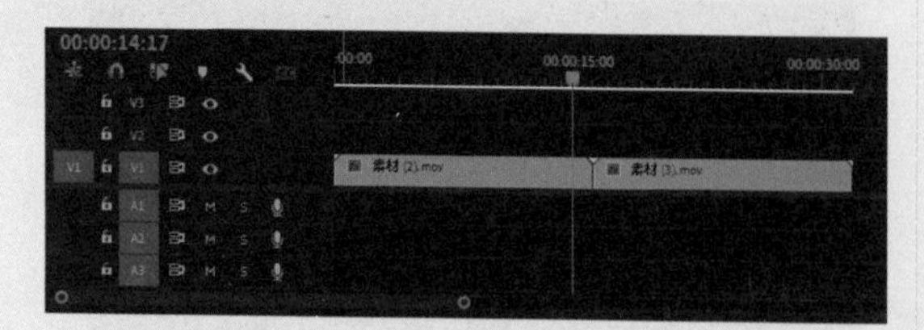

图5.8.9

05 打开“效果”面板，在“视频过渡”文件夹的“页面剥落”子文件夹中，选中“翻页”过渡效果，将其拖至“素材（2）.mov”与“素材（3）.mov”素材之间，如图5.8.10所示。

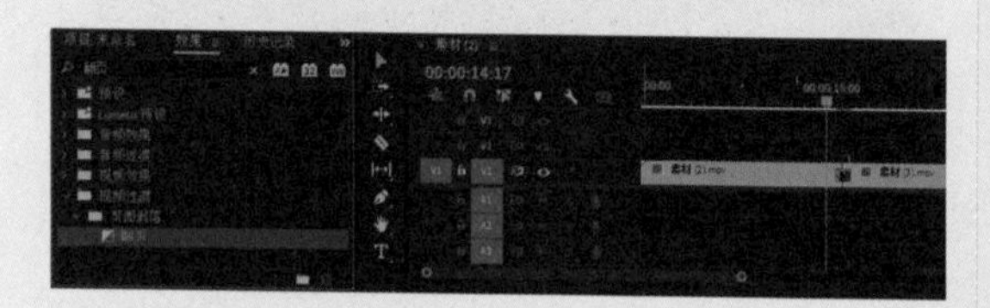

图5.8.10

06 双击两段素材之间的“翻页”过渡效果，在弹出的“设置过渡持续时间”对话框中设置持续时间为00:00:01:00，如图5.8.11所示。

图5.8.11

07 打开“效果控件”面板，单击“开始”后的数字并修改为25.0，如图5.8.12所示。

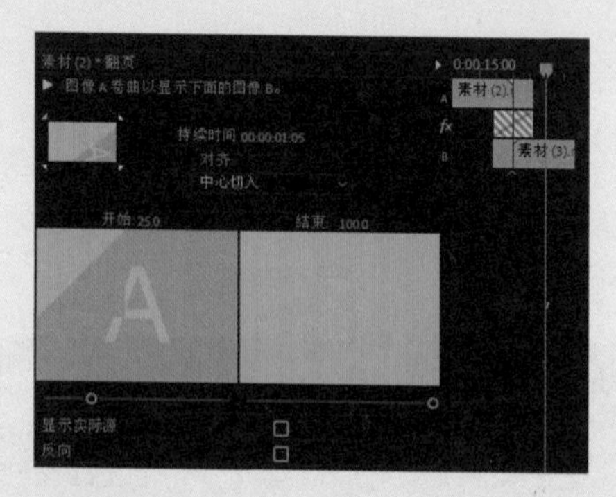

图5.8.12

08 按空格键预览添加转场后的视频效果，如图5.8.13~图5.8.15所示。

图5.8.13

图5.8.14

图5.8.15

5.9 沉浸式视频类过渡效果

“沉浸式视频类”过渡效果可以将两个素材以沉浸的方式进行画面过渡，其中包括“VR 光圈擦除”“VR 光线”“VR 渐变擦除”“VR 漏光”“VR 球形模糊”“VR 色度泄漏”“VR 随机块”“VR 默比乌斯缩放”8 种效果，如图 5.9.1 所示。需要注意的是，这些过渡效果需要 GPU 加速，并可以使用 VR 头戴显示设备体验。

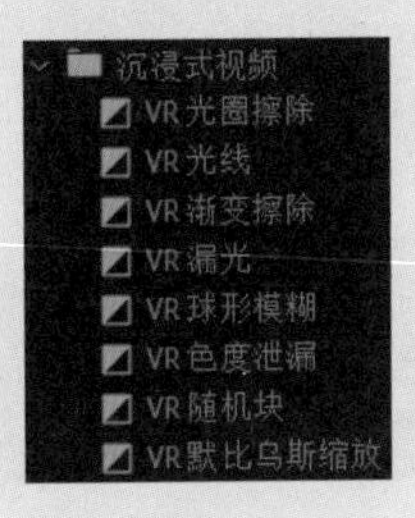

图5.9.1

5.9.1 VR 光圈擦除

“VR 光圈擦除”过渡效果模拟了相机拍摄时的光圈擦除效果，由第一个场景逐步过渡到第二个场景，如图 5.9.2~ 图 5.9.4 所示。

图5.9.2

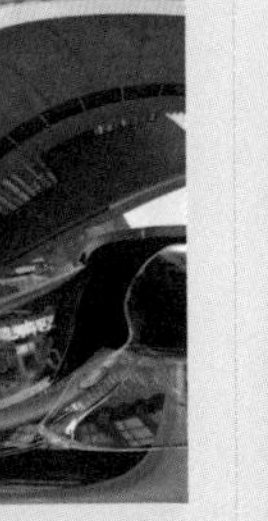

图5.9.3

图5.9.4

5.9.2 VR 光线

“VR 光线”过渡效果由一个模糊的光线将第一个场景逐步过渡到第二个场景，如图 5.9.5~ 图 5.9.7 所示。

图5.9.5

图5.9.6

图5.9.7

5.9.3　VR 渐变擦除

“VR 渐变擦除”过渡效果将第一个场景通过不规则的扭曲擦除逐步过渡到第二个场景，如图 5.9.8~ 图 5.9.10 所示。

图5.9.8

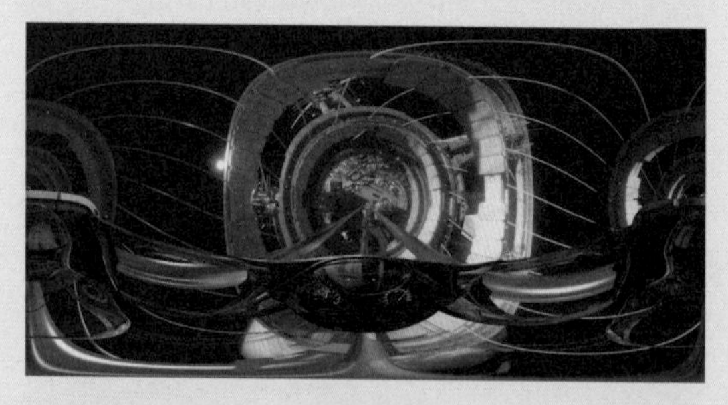

图5.9.9

图5.9.10

5.9.4　VR 漏光

“VR 漏光”过渡效果通过光感的调整由第一个场景逐步过渡到第二个场景，如图 5.9.11~ 图 5.9.13 所示。

图5.9.11

图5.9.12

图5.9.13

5.9.5　VR 球形模糊

“VR 球形模糊”过渡效果通过模拟球状模糊，由第一个场景逐步过渡到第二个场景，如图 5.9.14~ 图 5.9.16 所示。

图5.9.14

图5.9.15

图5.9.16

5.9.6 VR 色度泄漏

“VR 色度泄漏”过渡效果通过颜色色度的调整，由第一个场景逐步过渡到第二个场景，如图 5.9.17~ 图 5.9.19 所示。

图5.9.17

图5.9.18

图5.9.19

5.9.7 VR 随机块

“VR 随机块”过渡效果通过一系列小方块的移动，将第一个场景逐步过渡到第二个场景，如图 5.9.20~ 图 5.9.22 所示。

图5.9.20

图5.9.21

图5.9.22

5.9.8 VR 默比乌斯缩放

“VR 默比乌斯缩放”过渡效果将画面拉伸为默比乌斯环，由此将第一个场景逐步过渡到第二个场景，如图 5.9.23~ 图 5.9.25 所示。

图5.9.23

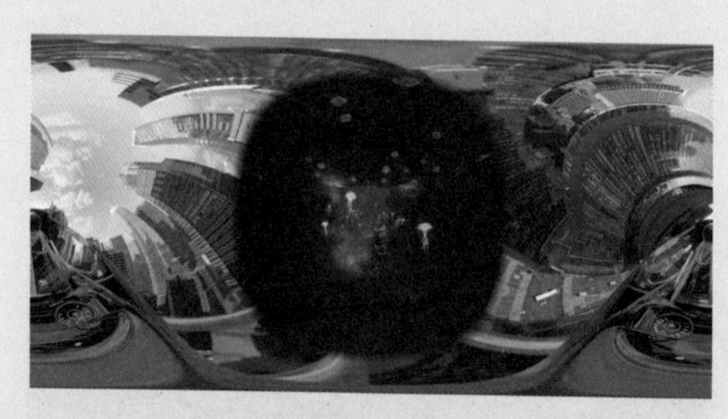

图5.9.24

图5.9.25

5.9.9 实例：“VR 光圈擦除”特效

下面将以全景视频举例，通过“VR 光圈擦除”过渡效果，制作一段过渡自然的 VR 视频转场效果，具体的操作步骤如下。

01 启动 Premiere Pro 软件，单击“新建项目”按钮，在弹出的“新建项目”对话框中设置项目名称和项目存储位置，单击“确定”按钮关闭对话框，如图 5.9.26 所示。

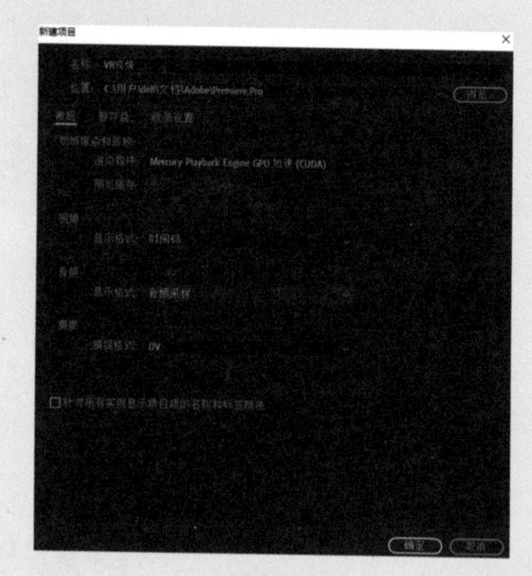

图5.9.26

02 在“项目”面板中，右击并在弹出的快捷菜单中选择“导入”选项，在弹出的“导入”对话框中选择需要导入的素材，单击“打开”按钮，导入素材。

03 选中“迪拜 .mp4”素材，将其拖至 V1 轨中的 00:00:00:00 处，如图 5.9.27 所示。

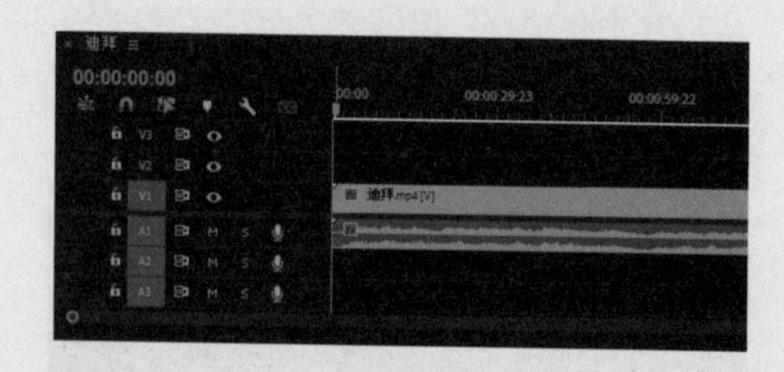

图5.9.27

04 在“时间线”面板的 00:00:04:01 的位置与 00:00:23:05 位置使用“剃刀工具”将视频分为 3 段，并删除中间一段素材，如图 5.9.28 所示。

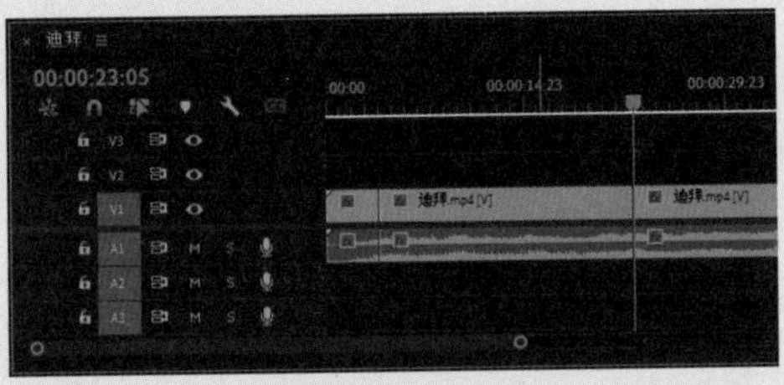

图5.9.28

05 在“时间线”面板中两段素材之间单击，并按 Delete 键，如图 5.9.29 所示。

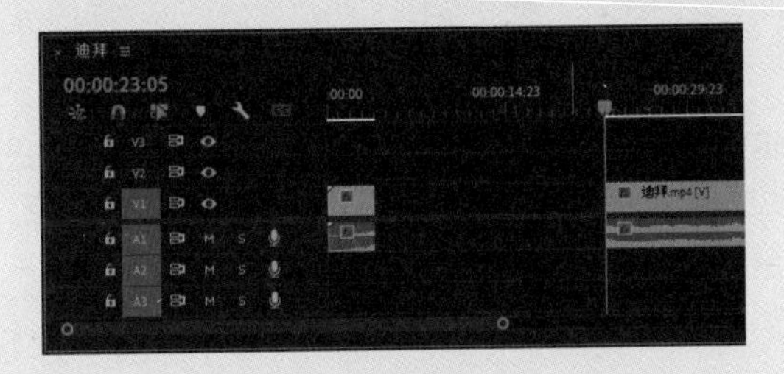

图5.9.29

06 打开“效果”面板，在“视频过渡”文件夹的“沉浸式视频”文件夹中，选择“VR 光圈擦除”过渡效果，将其拖至两段素材之间，如图 5.9.30 所示。

图5.9.30

07 双击两段素材之间的“VR 光圈擦除”过渡效果，在弹出的“设置过渡持续时间”对话框中设置持续时间为 00:00:00:25。

图5.9.31

08 按空格键预览添加转场后的视频效果，如图 5.9.32~ 图 5.9.34 所示。

图5.9.32

图5.9.33

图5.9.34

第6章

调色与调音

当影片开始拍摄时，导演或摄像师都会对画面的色调有一个基本的概念，这决定了整部影片的基调。拍摄的过程中，对素材的调色就已经开始了，数字影像工程师就已经开始介入画面最终的色彩调整了，需要记录的包括色温、ISO、LOG 等会影响最终画面效果的参数。数字影像工程师也会在现场为实拍画面添加 LUT 调色文件，让导演看到最终画面的大致效果，从而决定这个镜头是否通过。

对于剪辑人员，在开始剪辑前需要对素材的不同格式和参数有所了解，这样才能使用正确的方法进行调色与调音，涉及音频部分的内容 Preimere Pro 也提供了专业的工具，但是如果拍摄的是商业作品，一般大部分音频都交给专业的音频制作人员进行处理编辑，对应的也有更为专业的软件。在本章我们只是对相关的音频调整做一个简单的介绍。

6.1 调色前的准备工作

调色技术不仅在影视后期制作中占有重要的地位，在图像处理中也是不可忽视的重要组成部分。剪辑视频时经常需要使用各种各样的图片元素，而图片元素的色调与影片是否匹配也会影响作品的成败。调色不仅要使素材变“漂亮”，更重要的是通过色彩的调整使素材融入影片，如图 6.1.1 所示。

图6.1.1

Premiere Pro 的调色功能非常强大 ，不仅可以对错误的颜色（即色彩不正确，例如曝光过度、亮度不足、画面偏灰等）进行校正，还能通过调色功能增强画面的效果，丰富画面的情感，打造风格化的视频效果。值得一提的是，调色命令虽然很多，但并不是每一种都很常用，或者说，并不是每一种都适合自己使用。其实在实际调色过程中，想要实现某种颜色效果，往往是既可以使用这个命令，又可以使用那个命令。此时千万不要纠结于因为书中或者教程中使用的某个特定命令，而必须去使用它。我们只需要选择自己习惯使用的命令即可，如图 6.1.2 所示。

图6.1.2

6.1.1 调色关键词

在进行调色的过程中，我们经常会听到一些关键词，如“色调”“色阶”“曝光度”“对比度”“明度”“纯度”“饱和度”“色相”“颜色模式”“直方图”等。这些词语都与“色彩”的基本属性相关，下面就来简单讲解一下。

在视觉的世界里，色彩被分为两类：无彩色和有彩色。无彩色为黑、白、灰；有色彩则是除黑、白、灰外的其他颜色，如图 6.1.3 所示。

色相:红	色相:绿
明度较低	明度较高
纯度较高	纯度较低

图6.1.3

1. 色相与色调

“色相”是我们经常提到的一个词语，也就是色彩的本来面貌。“色调”则是指画面整体的颜色倾向。在调色的过程中，我们一般把画面中的主要颜色信息定位为一幅画面的色调，如图 6.1.4 所示。

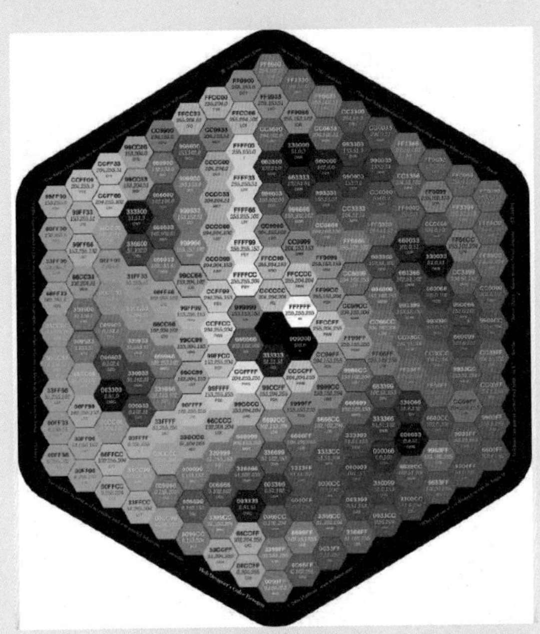

图6.1.4

2. 明度

“明度”是指色彩的明亮程度。色彩的明暗程度有两种情况：同一颜色的明度变化和不同颜色的明度变化。同一色相的明度变化如图 6.1.5 所示，从左至右明度由高到低。

不同的色彩也都存在明暗变化，其中黄色的明度最高，紫色的明度最低，红、绿、蓝、橙色的明度相近，为中间明度，如图 6.1.6 所示。

图6.1.5

图6.1.6

3. 纯度

“纯度”是指色彩中所含有色成分的比例，比例越大，纯度超高，同时也称为色彩的彩度。提高画面色彩的纯度，可以让画面变得更艳丽，如图 6.1.7 所示。

图6.1.7

从上面这些调色命令的名称可大致猜到这些命令的作用。所谓的“调色”，是指通过调整图像的明亮度、对比度、曝光度、饱和度、色相、色调等，从而实现图像整体颜色的改变。

1. 校正画面

处理一段视频时，通过对图像整体的查看，最先考虑的是整体的颜色有没有错误。例如偏色（画面过于偏向暖色调 / 冷色调，偏紫色，偏绿色等）、画面太亮（曝光过度）、太暗（曝光不足）、偏灰（对比度低，整体看起来灰蒙蒙的）、明暗反差过大等。如果出现这些问题，首先要对以上问题进行处理，使画面变为曝光正确、色彩正常的图像，如图6.1.8和图6.1.9所示。

图6.1.8

图6.1.9

如果在对新闻视频进行处理时，可能无须对画面进行美化，而只需要最大限度地保留画面的真实度，那么图像的调色可能到这里就结束了。如果想要进一步美化图像，接下来再继续处理。

2. 细节美化

通过第一步对整体的调整，我们已经得到了一段“正常”的影片。虽然这些画面是基本“正确”的，但是仍然可能存在一些不尽如人意的地方，例如，想要重点突出的部分比较暗，如图6.1.10所示。

3. 画面融合

在剪辑影片时，经常需要在原有的画面中添加一些其他元素，例如在画面中添加主体人物、为人物添加装饰物、为海报中的产品添加一些陪衬元素、为整个画面更换背景等。当添加的元素出现在画面中时，可能会感觉合成得很“假”，或者颜色看起来很奇怪。此时就需要利用调色功能，使加入的素材进一步融入影片，如图6.1.11和图6.1.12所示。

图6.1.10

图6.1.11

图6.1.12

4. 烘托气氛

通过前面几个步骤，画面整体、细节及新增元素的颜色都被处理“正确”了。但是单纯“正确”的颜色是不够的，很多时候我们想要使自己的作品脱颖而出，需要的是超越其他作品的视觉感受。所以，我们需要对图像的颜色做进一步的调整，而这里的调整考虑的是与影片主题相契合，如图 6.1.13 所示。

图6.1.13

6.1.2 实例：调色的基本流程

接下来讲解在 Premiere Pro 中进行调色处理的流程。视频素材在拍摄时，一般会使用 LOG 模式来进行拍摄，这样的素材会给予后期处理更大的宽容度，大量的画面信息被保留下来，方便后期进行调整。不同的拍摄设备有不同的 LOG 类型，如 SONY 的设备对应的 S-LOG，佳能的设备对应的 C-LOG 都是不同类型的 LOG 模式，如图 6.1.14 所示。

图6.1.14

第一次看到 LOG 模式拍摄的素材，你会觉得画面都是灰灰的，并不好看，但正是这样的画面保留了更多可以处理的色彩信息，我们在 Premiere Pro 中就可以直接通过波形图对画面的拍摄质量进行预览。下面的波形图是绿幕素材，优秀的剪辑师可以通过波形图分辨画面的效果，如图 6.1.15 所示。

可以看到波形图上下部分都没有多余的色彩信息，这样的空间留给我们调整的余地，而调整过的画面波形分布较乱，这样的视频素材调整的余地很小，如图 6.1.16 所示。

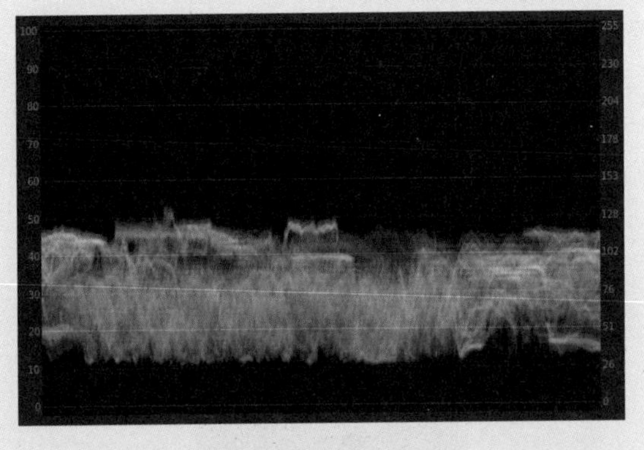

图6.1.15

图6.1.16

在 Premiere Pro 中我们可以执行“窗口”→“Lumetri 范围”命令，调出“Lumetri 范围”面板，观察素材的色彩信息并右击，在弹出的快捷菜单中选择不同的选项，切换显示不同模式的色彩波形图，如图 6.1.17 所示。

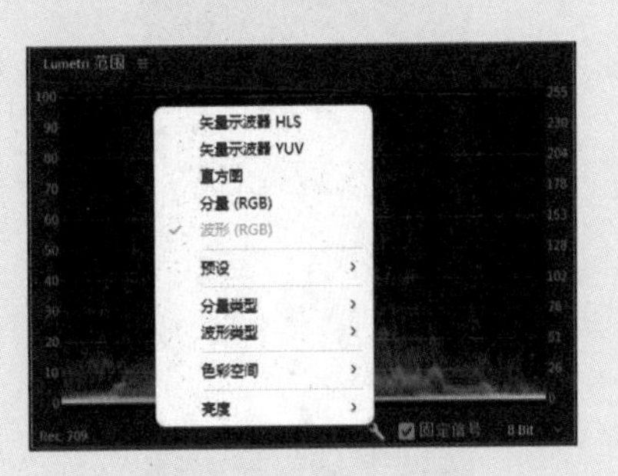

图6.1.17

我们一般将数字化调色分为两个阶段——一

级调色和二级调色。将LOG模式的画面恢复至正常的色彩标准为一级调色。这个色彩标准就是Rec.709色彩标准。国际电信联盟将Rec.709作为HDTV的统一色彩标准，它有相对较小色域，与用于互联网媒体的sRGB色彩空间相同。不同的设备拍摄的素材要添加不同的LUT文件，Premiere Pro中也给出了一些设备的默认LUT文件，我们也可以自己添加LUT文件，在设备供应商的官方网站可以下载到对应设备的LUT文件，以还原色彩，如图6.1.18所示。

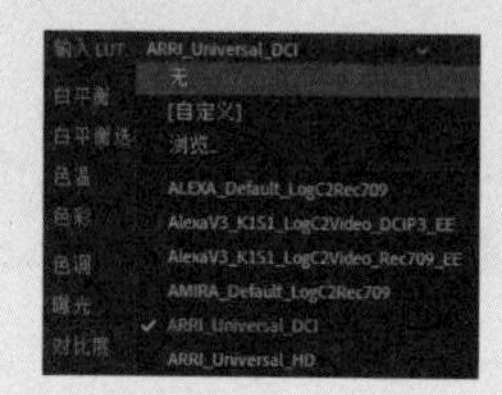

图6.1.18

在Premiere Pro中进行调色可以将工作区调整为“颜色”模式，相应的命令按钮就在软件的顶部，如图6.1.19所示。

图6.1.19

切换到“颜色”模式，系统会打开“Lumetri颜色”面板，可以在这里完成基本的调色。后面我们会详细讲解该面板的使用方法，如图6.1.20所示。

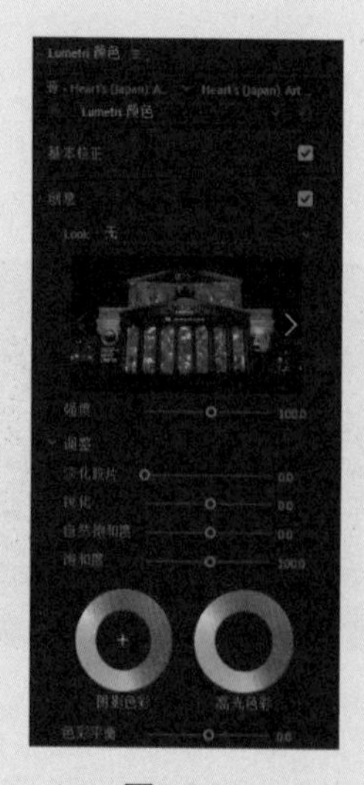

图6.1.20

下面按步骤学习颜色的调整方法。

01 执行“文件”→“新建”→“项目”命令，在弹出的“新建项目”对话框中，修改项目名称，并单击“浏览”按钮，设置保存路径，最后单击“确定”按钮新建项目。在“项目”面板的空白处右击，在弹出的快捷菜单中选择“新建项目”→“序列”选项，在弹出的“新建序列”对话框中，选择“标准48kHz”选项，如图6.1.21所示。

图6.1.21

02 在“项目”面板的空白处双击，导入“调色01.mp4”文件，最后单击“打开”按钮导入，如图6.1.22所示。

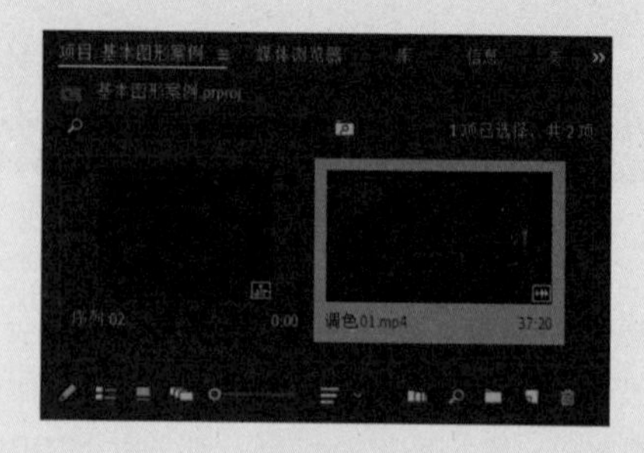

图6.1.22

03 将“项目”面板中的“调色01.mp4”素材拖至“时间线”面板中的V1轨道上，如图6.1.23所示。

04 可以看出该图片颜色偏暗。首先打开“效果”

面板，在“效果”面板中搜索 rgb，然后按住鼠标左键将“过时”文件夹中的“RGB 曲线”效果拖至 V1 轨道的“调色 01.mp4”素材上，如图 6.1.24 所示。

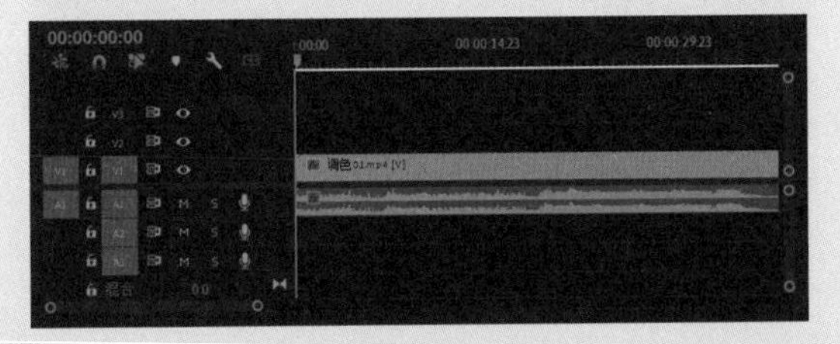

图6.1.23

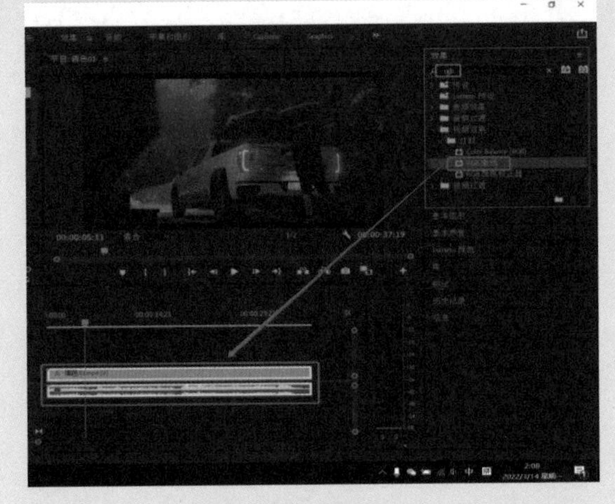

图6.1.24

05 选择 V1 轨道上的“调色 01.mp4”素材，然后在“效果控件”面板中打开“RGB 曲线”，在“主要”曲线上单击添加一个控制点并向左上拖动，此时画面变亮，如图 6.1.25 和图 6.1.26 所示。

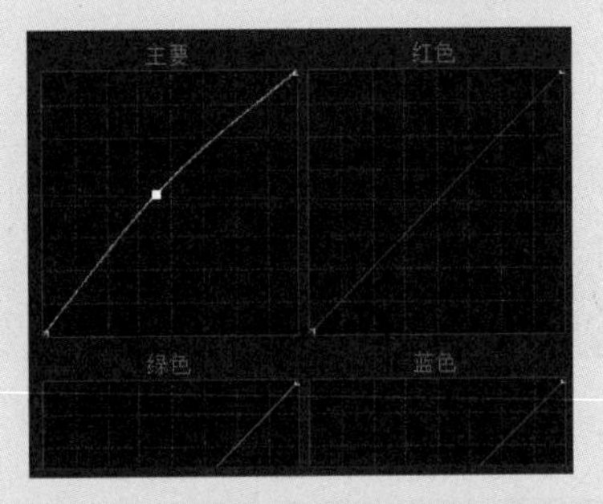

图6.1.25

图6.1.26

6.2 图像控制类视频调色效果

Premiere Pro 中的“图像控制”类视频效果可以平衡画面中强弱、浓淡、轻重的色彩关系，使画面更符合观者的视觉习惯。其中包括“灰度系数校正”“颜色平衡（RGB）”“颜色替换”“颜色过滤”“黑白”5 种效果，如图 6.2.1 所示。

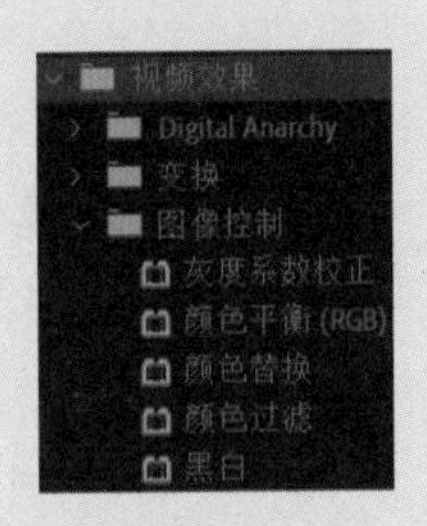

图6.2.1

6.2.1 灰度系数校正

“灰度系数校正”效果可以对素材的明暗程度进行调整，如图 6.2.2 所示。

图6.2.2

“灰度系数校正”效果的参数面板，如图 6.2.3 所示，主要选项的使用方法如下。

图6.2.3

灰度系数：设置素材的灰度效果，数值越小画面越亮，数值越大画面越暗。如图6.2.4和图6.2.5所示为不同“灰度系数”数值的对比效果。

图6.2.4

图6.2.5

6.2.2 颜色平衡（RGB）

“颜色平衡（RGB）”效果可以根据需要调整画面中三原色的数值，如图6.2.6所示。

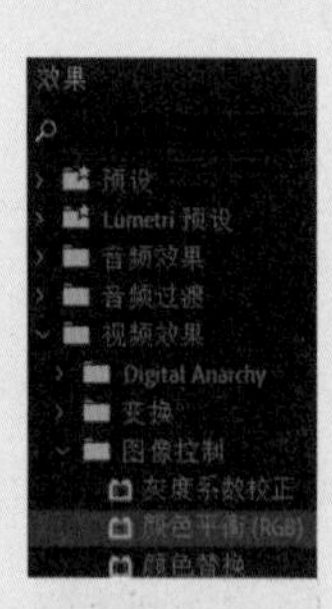

图6.2.6

“颜色平衡（RGB）”效果的参数面板，如图6.2.7所示，主要选项的使用方法如下。

图6.2.7

红色：针对素材中的红色进行调整。如图6.2.8和图6.2.9所示为不同“红色”数值的对比效果。

图6.2.8

图6.2.9

绿色：针对素材中的绿色进行调整。如图6.2.10和图6.2.11所示为不同“绿色”数值的对比效果。

图6.2.10

图6.2.11

蓝色：针对素材中的蓝色进行调整。如图 6.2.12 和图 6.2.13 所示为不同“蓝色”数值的对比效果。

图6.2.12

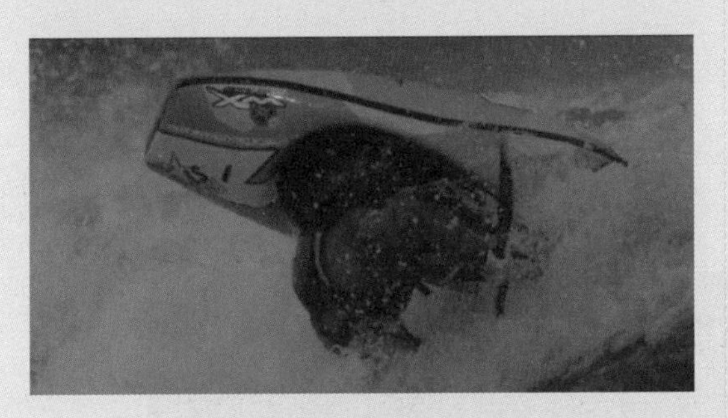

图6.2.13

6.2.3 颜色替换

“颜色替换”效果可以将选中的目标颜色替换为“替换颜色”中的颜色，如图 6.2.14 所示。

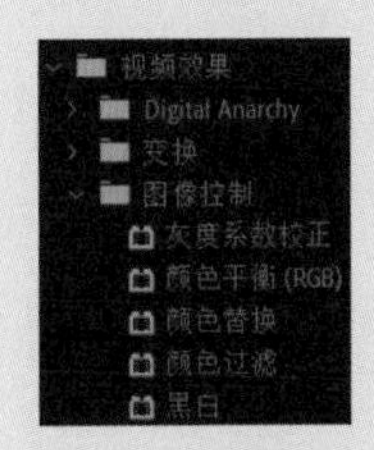

图6.2.14

“颜色替换”效果的参数面板，如图 6.2.15 所示，主要选项的作用如下。

图6.2.15

相似性：设置目标颜色的容差度。

目标颜色：选择画面的取样颜色。

替换颜色：设置替换后的颜色。

将“相似性”值设置为 8，“目标颜色”设置为蓝色，“替换颜色”设置为黄色，对比效果如图 6.2.16 和图 6.2.17 所示。

图6.2.16

图6.2.17

6.2.4 实例：使用颜色替换效果制作视频

本例主要使用“颜色替换”效果替换视频中的部分颜色，然后使用“亮度与对比度”效果提升画面高度，调整前后的对比效果如图 6.2.18 和图 6.2.19 所示。

图6.2.18

图6.2.19

具体的操作步骤如下。

01　执行“文件”→“新建”→“项目”命令，弹出“新建项目”对话框，设置项目名称，并单击“浏览”按钮，设置保存路径，单击“确定”按钮新建项目。

02　在“项目”面板的空白处双击，选择要导入的素材文件，最后单击“打开”按钮导入。

03　选择“项目”面板中的素材，按住鼠标左键将其拖至V1轨道上，此时在“项目”面板中自动生成序列，如图6.2.20所示。

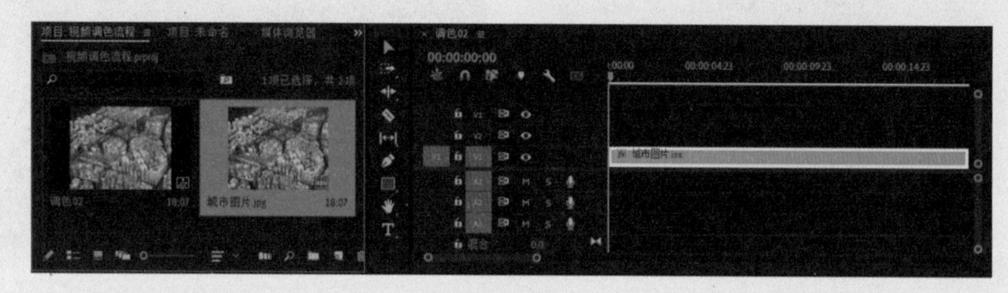

图6.2.20

04　将画面中的绿色替换为深黄色。在“效果”面板中搜索“颜色替换”，然后按住鼠标左键将该效果拖至V1轨道的素材上。

05　选择V1轨道上的素材，在“效果控制”面板中展开“颜色替换”效果，设置“相似性”值为40，“目标颜色”为草绿色，“替换颜色”为黄色，如图6.2.21所示，此时画面效果如图6.2.22所示。

图6.2.21

图6.2.22

06　可以看出此时画面偏暗，接下来将画面提亮。在“效果”面板中搜索“亮度与对比度”，然后按住鼠标左键将其拖至V1轨道的素材上，如图6.2.23所示。

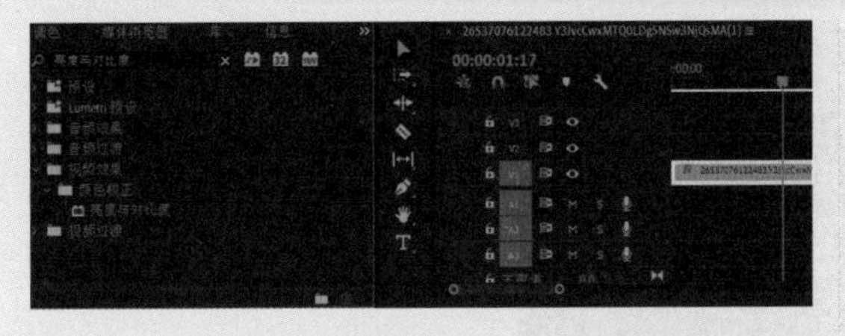

图6.2.23

07 展开“亮度与对比度”效果，设置“亮度”值为 13.0，“对比度”值为 11.0，如图 6.2.24 所示，画面的最终效果如图 6.2.25 所示。

图6.2.24

图6.2.25

6.2.5　颜色过滤

“颜色过滤”效果可以将画面中的各种颜色通过“相似性”参数调整为灰度效果，如图 6.2.26 所示。

“颜色过滤”效果的参数面板，如图 6.2.27 所示，主要选项的使用方法如下。

相似性：设置画面的灰度值。如图 6.2.28 和图 6.2.29 所示为不同“相似性”值的对比效果。

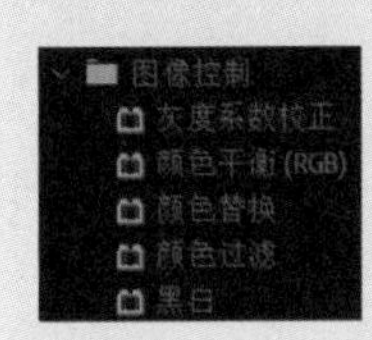

图6.2.26　图6.2.27

图6.2.28

图6.2.29

颜色：选择哪种颜色，哪种颜色将会被保留。

6.2.6　黑白

“黑白”效果可以将彩色素材转换为黑白效果，如图 6.2.30 所示。

“黑白”效果的参数面板，如图 7.2.31 所示。该效果没有参数，添加该效果的前后对比效果，如图 6.2.32 和图 6.2.33 所示。

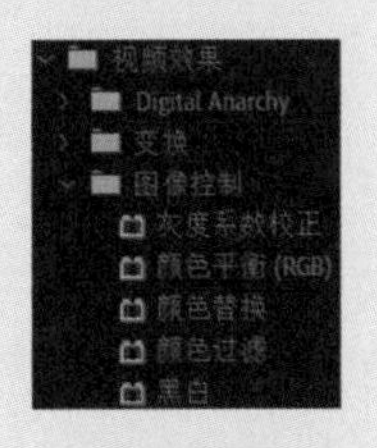

图6.2.30　图6.2.31

图6.2.32

图6.2.33

6.3 过时类视频效果

“过时”类视频效果包括“RGB 曲线”“RGB 颜色校正器”“三向颜色校正器”“亮度曲线”“亮度校正器”“快速模糊”“快速颜色校正器”“自动对比度”“自动色阶”“自动颜色”“视频限幅器（旧版）”“阴影 / 高光”12 种视频效果，如图 6.3.1 所示。

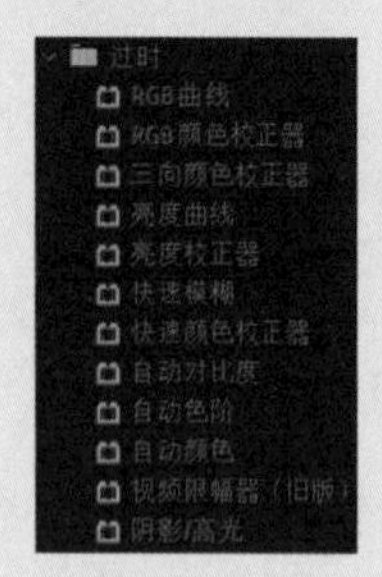

图6.3.1

6.3.1 RGB 曲线

“RGB 曲线”是最常用的调色效果之一，可分别针对每个颜色通道调节颜色，从而调节出更丰富的颜色效果，如图 6.3.2 所示。

“RGB 曲线”效果的参数面板，如图 6.3.3 所示，主要选项的使用方法如下。

输出：其中包括“合成”和“输出”两种输出类型。

布局：其中包括“水平”和“垂直”两种布局类型。

图6.3.2

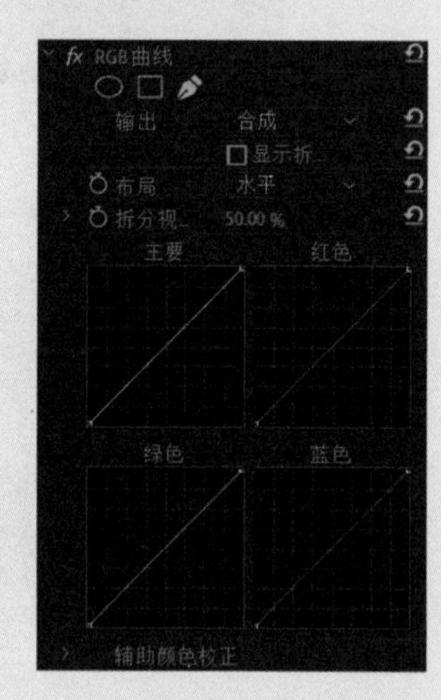

图6.3.3

拆分视图百分比：调整素材的画面大小。

辅助颜色校正：可以通过色相、饱和度和明亮度，定义颜色并针对画面中的颜色进行校正。

6.3.2 RGB 颜色校正器

“RGB 颜色校正器”是一种功能比较强大的调色效果，如图 6.3.4 所示。“RGB 颜色校正器”效果的参数面板，如图 6.3.5 所示，主要选项的使用方法如下。

输出：可以通过选择“复合”“亮度”“色调范围”选项，调整素材的输出方式。

布局：以“水平”或“垂直”的方式确定视图的布局。

图6.3.4　　图6.3.5

拆分视图百分比：调整校正视图的百分比。

色调范围：可以通过选择“高光”“中间调”“阴影”选项来控制画面明暗的调整范围。

灰度系数：调整画面中的灰度值，如图6.3.6和图6.3.7所示为不同灰度系数的对比效果。

图6.3.6

图6.3.7

基值：控制从Alpha通道中以颗粒状滤出的杂色。

增益：调节轨道混合器中的增减效果。

RGB：对红、绿、蓝通道中的灰度系数、基值、增益值进行设置。

辅助颜色校正：可以对选中的颜色进行进一步校正。

6.3.3　三向颜色校正器

“三向颜色校正器”效果可以对素材的阴影、高光和中间调进行调整，如图6.3.8所示。“三向颜色校正器”的参数面板，如图6.3.9所示，主要选项的使用方法如下。

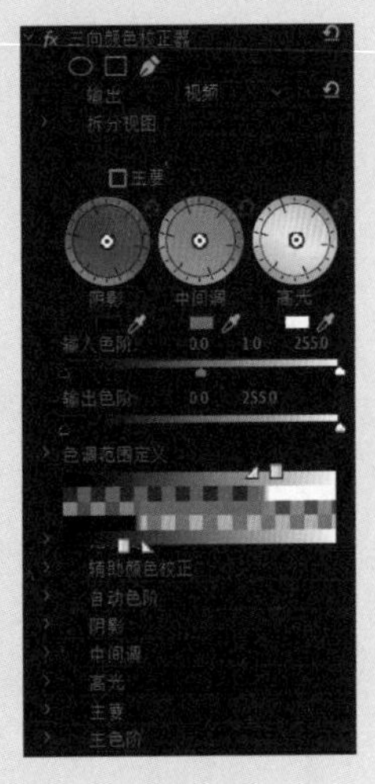

图6.3.8　　图6.3.9

输出：设置素材的色调范围，包括“视频”输出和“亮度”输出两种类型。

拆分视图：设置视图的校正情况。

色调范围定义：拖动滑块，调节阴影、高光和中间调的色调范围阈值。

饱和度：调整素材的饱和度，如图6.3.10和图6.3.11所示为调整“饱和度”的对比效果。

图6.3.10

图6.3.11

辅助颜色校正：对颜色进行进一步调整。

自动色阶：调整素材的阴影和高光。

阴影：针对画面中的阴影进行调整，包括“阴影色相角度”“阴影平衡数量级”“阴影平衡增益”“阴影平衡角度”等。

中间调：调整素材的中间调，包括“中间调色相角度”“中间调平衡数量级”“中间调平衡增益角度”等。

高光：调整素材的高光部分，包括“高光色相角度”“高光平衡数量级”“高光平衡增益”“光光平衡角度”等。

主要：调整画面中的整体色调偏向，包括“主色相角度”“主平衡数量级”“主平衡增益”“主平衡角度”等，如图 6.3.12 和图 6.3.13 所示为设置不同参数的对比效果。

图6.3.12

图6.3.13

主色阶：调整画面中的黑白灰色阶，包括“主输入黑色阶”“主输入灰色阶”“主输入白色阶”“主输出黑色阶”“主输出白色阶”等。

6.3.4 高度曲线

“亮度曲线”效果使用曲线来调整素材的亮度，如图 6.3.14 所示。“亮度曲线”的参数面板，如图 6.3.15 所示，主要选项的使用方法如下。

图6.3.14

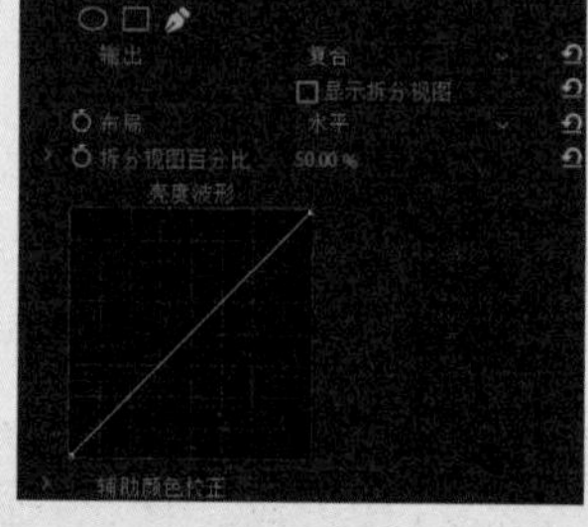

图6.3.15

输出：按照不同方式查看素材的最终效果，包括“复合”和“亮度”。

显示拆分视图：选中该复选框，可以显示素材调整前后的对比效果。

布局：选择不同的布局方式，包括“水平”和“垂直”两种。

拆分视图百分比：调整视图的大小。

如图 6.3.16 和图 6.3.17 所示为设置不同“亮度波形”数值的对比效果。

图6.3.16

图6.3.17

6.3.5 亮度校正器

“亮度校正器”效果可以调整画面的亮度、对比度和灰度值，如图6.3.18所示。“亮度校正器”的参数面板，如图6.3.19所示，主要选项的使用方法如下。

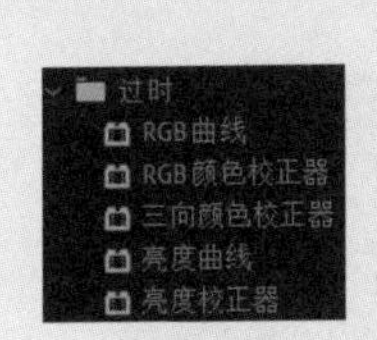

图6.3.18

图6.3.19

输出：调整输出类型，包括“复合”“亮度”“色调范围”3种。

布局：选择不同的布局方式，包括“垂直”和“水平”两种。

拆分视图百分比：调整画面中视图的大小。

色调范围定义：进行色彩范围的设置，包括“阴影”“中间调”“高光”3种类型。

亮度：控制画面的明暗程度和不透明度，如图6.3.20和图6.3.21所示为设置不同“亮度”值的对比效果。

对比度：调整Alpha通道中的明暗对比度，如图6.3.22和图6.3.23所示为设置不同“对比度”值的对比效果。

图6.3.20

图6.3.21

图6.3.22

图6.3.23

对比度级别：设置素材的原始对比值，与“对比度”效果相似。

灰度系数：调节图像中的灰度值。

基值：画面会根据参数的调节变暗或变亮。

增益：通过调整素材的亮度，从而调整画面

的整体效果。在画面中，较亮的像素受到的影响会大于较暗的像素。

辅助颜色校正：手动调整色盘，直观地对画面进行调色。

6.3.6 快速颜色校正器

“快速颜色校正器”效果可以使用色相、饱和度来调整素材的颜色，如图 6.3.24 所示。“快速颜色校正器”的参数面板，如图 6.3.25 所示，主要选项的使用方法如下。

过时
RGB曲线
RGB颜色校正器
三向颜色校正器
亮度曲线
亮度校正器
快速模糊
快速颜色校正器
自动对比度

图6.3.24

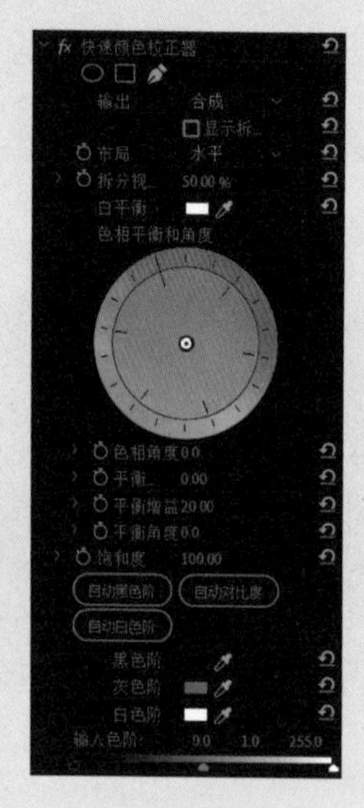

图6.3.25

输出：调整输出类型，包括“合成”和“亮度”两种输出方式。

布局：选择不同的布局方式，包括“垂直”和“水平”两种布局方式。

拆分视图百分比：调整校正视图的大小，默认值为 50.00%。

色相平衡和角度：手动调整色盘，可以直观地针对画面进行调色。

色相角度：控制高光、中间调或阴影区域的色相，如图6.3.26和图6.3.27所示为设置不同“色相角度”值的对比效果。

图6.3.26

图6.3.27

饱和度：用来调整素材的饱和度。

黑色阶 / 灰色阶 / 白色阶：用来调整高光、中间调或阴影的数量。如图 6.3.28 和图 6.3.29 所示为设置不同“白色阶”值的对比效果。

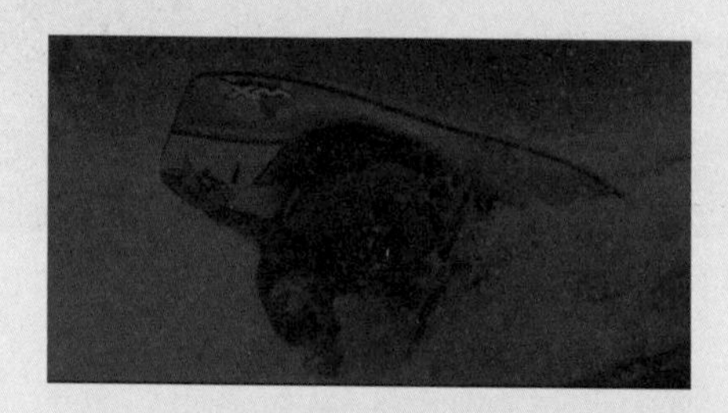

图6.3.28

图6.3.29

6.3.7 自动对比度

“自动对比度”效果可以自动调整素材的对比度，如图 6.3.30 所示。“自动对比度”的参数面板，如图 6.3.31 所示，主要选项的使用方法如下。

图6.3.30

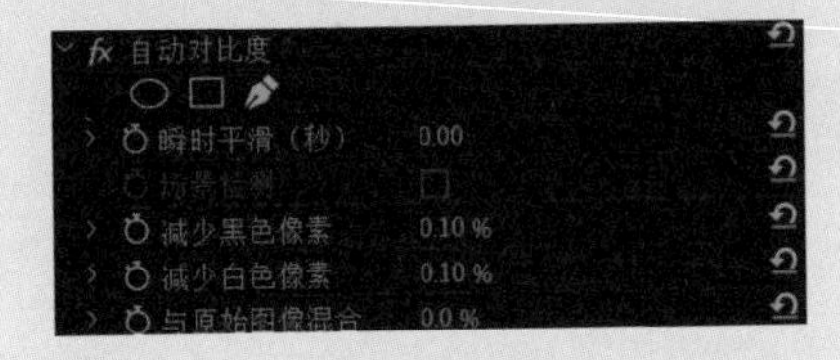

图6.3.31

瞬间平滑（秒）：控制素材的平滑程度。

场景检测：根据“瞬间平滑”参数自动进行对比度检测处理。

减少黑色像素：控制暗部像素在画面中所占的比例。如图 6.3.32 和图 6.3.33 所示为设置不同“减少黑色像素”值的对比效果。

图6.3.32

图6.3.33

减少白色像素：控制亮部像素在画面中所占比例。如图 6.3.34 和图 6.3.35 所示为设置不同“减少白色像素”值的对比效果。

图6.3.34

图6.3.35

与原始图像混合：控制素材的混合程度。

6.3.8 自动色阶

“自动色阶”效果对素材进行色阶调整，如图 6.3.36 所示。“自动色阶”的参数面板，如图 6.3.37 所示，主要选项的使用方法如下。

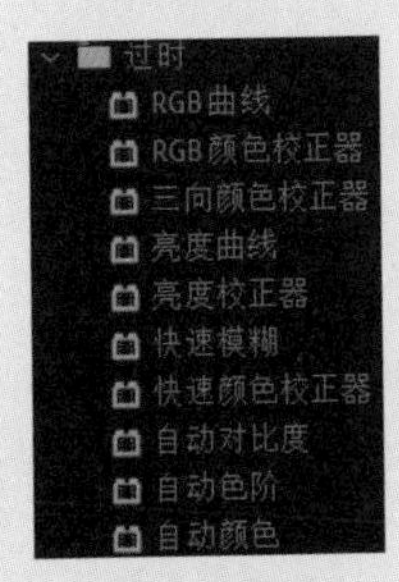

图6.3.36

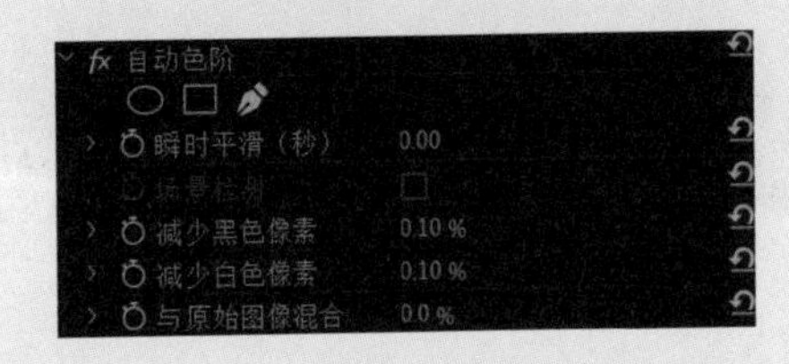

图6.3.37

瞬间平滑（秒）：控制素材的平滑程度。

场景检测：根据“瞬间平滑”参数自动进行色阶检测处理。

减少黑色像素：控制暗部像素在画面中所占比例。如图6.3.38和图6.3.39所示为设置不同“减少黑色像素”值的对比效果。

图6.3.38

图6.3.39

减少白色像素：控制亮部像素在画面中所占比例。如图6.3.40和图6.3.41所示为设置不同“减少白色像素”值的对比效果。

图6.3.40

图6.3.41

6.3.9 自动颜色

“自动颜色”效果可以对素材的颜色进行自动调整，效果如图6.3.42和图6.3.43所示。“自动对比度”的参数面板，如图6.3.44所示，主要选项的使用方法如下。

图6.3.42

图6.3.43

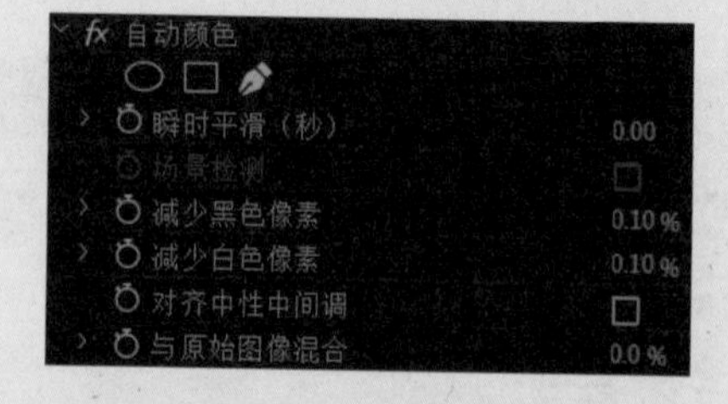

图6.3.44

瞬间平滑（秒）：控制素材的平滑程度。

场景检测：根据“瞬间平滑”值自动进行颜色检测处理。

突破平面Premiere Pro 2022视频编辑与制作

减少黑色像素：控制暗部像素在画面中所占比例。

减少白色像素：控制亮部像素在画面中所占比例。

6.3.10 视频限幅器

“视频限幅器”效果可以为图像的色彩限定范围，如图 6.3.45 和图 6.3.46 所示。

图6.3.45

图6.3.46

“自动颜色”的参数面板，如图 6.3.47 所示。

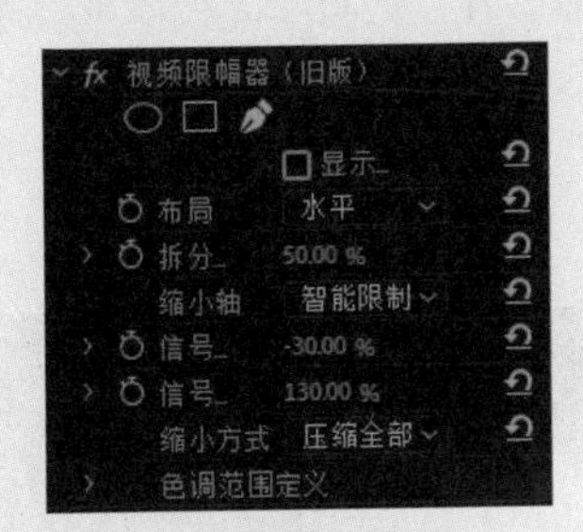

图6.3.47

6.3.11 阴影 / 高光

“阴影 / 高光”效果可以处理图像的逆光效果，如图 6.3.48 和图 6.3.49 所示。“阴影 / 高光”的参数面板，如图 6.3.50 所示，主要选项的使用方法如下。

图6.3.48

图6.3.49

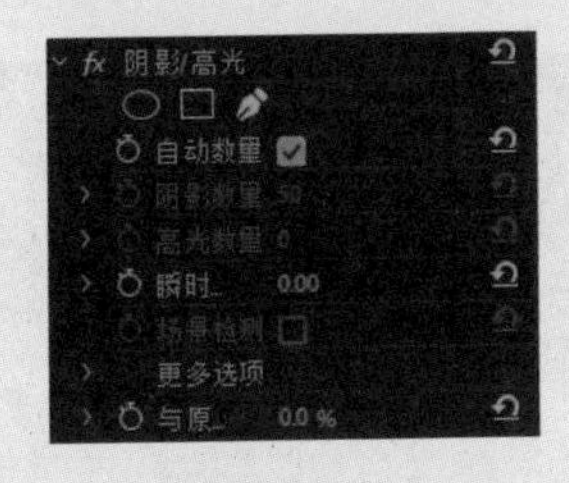

图6.3.50

自动数量：选中该复选框后，会自动调整素材的阴影和高光部分，此时该效果中的其他参数不可用。

阴影数量：控制素材中阴影的数量。

高光数量：控制素材中高光的数量。

瞬时平滑（秒）：在调节时设置素材时间滤波的秒数。

场景检测：只有选中“瞬时平滑（秒）”复选框，该参数才可以进行场景检测。

更多选项：展开该选项，可以对素材的“阴影”“高光”“中间调”等进行调整。

6.4 颜色校正效果

“颜色校正”类视频效果可以对素材的颜色进行细致校正，其中包括“ASC CDL”“Lumetri 颜色”“亮度与对比度”“保留颜色”“均衡”“更改为颜色”“更改颜色”“色彩”“视频限制器”“通道混合器”“颜色平衡”“颜色平衡（HLS）”12 种效果，如图 6.4.1 所示。

图6.4.1

6.4.1 ASC CDL

ASC CDL 效果由美国电影摄影协会的技术委员会开发，可以用于对画面图像进行基础调色，如图 6.4.2 和图 6.4.3 所示。ASC CDL 的参数面板，如图 6.4.4 所示，主要选项的使用方法如下。

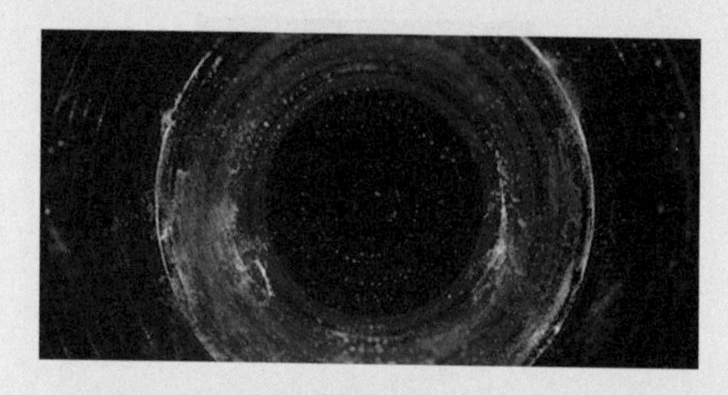

图6.4.2

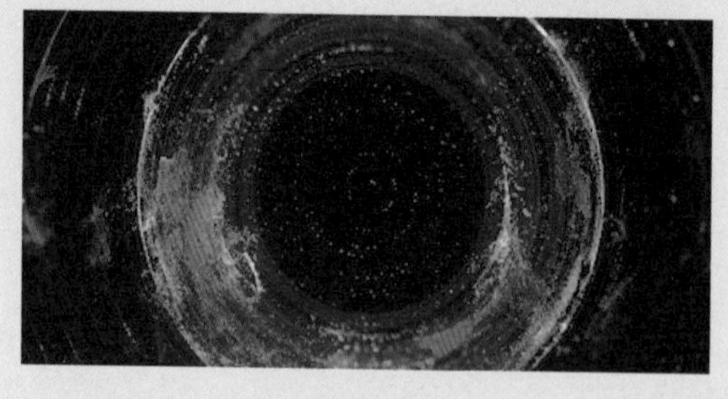

图6.4.3

红色斜率：调整素材中红色的变化值。

红色偏移：调整素材中红色的偏移程度。

红色功率：调整素材中红色的强度。

绿色斜率：调整素材中绿色的变化值。

绿色偏移：调整素材中绿色的偏移程度。

绿色功率：调整素材中绿色的强度。

蓝色斜率：调整素材中蓝色的变化值。

蓝色偏移：调整素材中蓝色的偏移程度。

蓝色功率：调整素材中蓝色的强度。

饱和度：针对素材的饱和度进行调整。

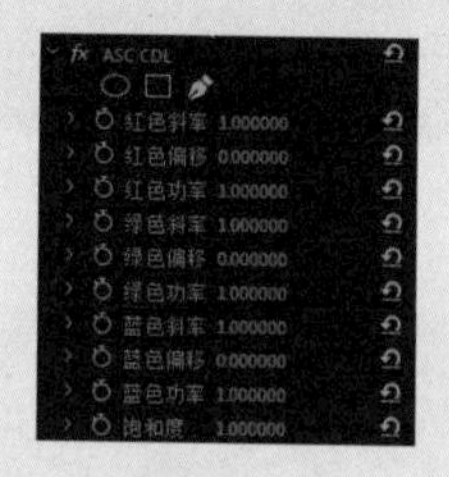

图6.4.4

6.4.2 Lumetri 颜色

“Lumetri 颜色”效果可以链接外部 Lumetri Looks 颜色分级引擎，对图像颜色进行矫正。Premiere Pro 中预设了部分 Lumetri Looks 颜色分级引擎，在“效果”面板中可以直接选择应用，如图 6.4.5 和图 6.4.6 所示。“Lumetri 颜色”的参数面板，如图 6.4.7 所示，主要选项的使用方法如下。

图6.4.5

图6.4.6

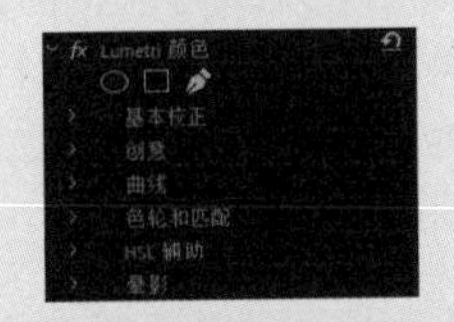

图6.4.7

基本校正：可以调整素材文件的色温、对比度、曝光程度等，其中包括“现用”“输入LUT”“HDR白色”“白平衡”“白平衡选择器”“色温”“色彩”“色调”“曝光”“对比度”“高光”“阴影”“白色”“黑色”“HDR高光”“饱和度”。

创意：选中“现用”选项后才能启动“创意”效果。

曲线：分别采用不同的形式进行曲线调整，其中包括“现用”“RGB曲线”“HDR范围”“色彩饱和度曲线”。

色轮和匹配：选中“现用”选项后才可应用“色轮”效果。

HSL辅助：选中不同的选项，对素材中颜色的调整具有辅助作用，其中包括“现用”“键”“设置颜色”“添加颜色”“移除颜色”“显示蒙版”“反转蒙版”“优化”“降噪”“模糊”“更正”“色温”“色彩”“对比度”“锐化”“饱和度”。

晕影：对素材中颜色“数量”“中点”“圆度”“羽化”效果进行调节。

6.4.3　亮度与对比度

“亮度与对比度”效果可以调节图像的亮度和对比度，如图6.4.8和图6.4.9所示。“亮度与对比度”的参数面板，如图6.4.10所示，主要选项的使用方法如下。

图6.4.8

图6.4.9

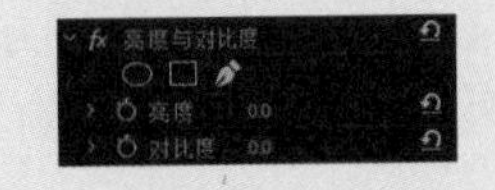

图6.4.10

亮度：调节画面的明暗程度。

对比度：调节画面颜色的对比度。

6.4.4　保留颜色

“保留颜色”效果可以仅保留图像中的一种色彩，将其他色彩变为灰度色，如图6.4.11和图6.4.12所示。“保留颜色”的参数面板，如图6.4.13所示。

图6.4.11

图6.4.12

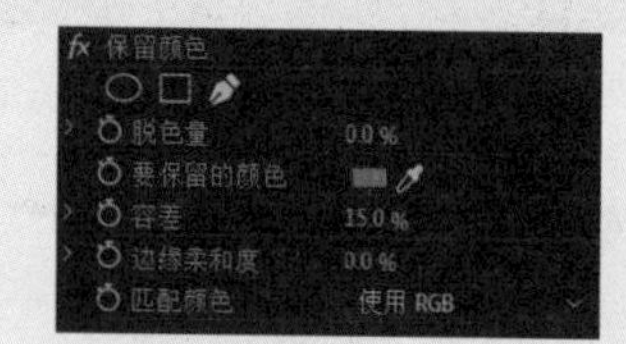

图6.4.13

6.4.5 均衡

“均衡”效果可以对图像中的颜色值和亮度进行平均化处理，如图 6.4.14 和图 6.4.15 所示。“均衡”的参数面板，如图 6.4.16 所示，主要选项的使用方法如下。

图6.4.14

图6.4.15

图6.4.16

均衡：设置画面中均衡的类型，包括 RGB、亮度、Photoshop 样式。

均衡量：设置画面的曝光补偿程度。

6.4.6 更改为颜色

“更改为颜色”效果可以将图像中选定的一种颜色更改为其他颜色，如图 6.4.17 和图 6.4.18 所示。“更改为颜色”的参数面板，如图 6.4.19 所示，主要选项的使用方法如下。

图6.4.17

图6.4.18

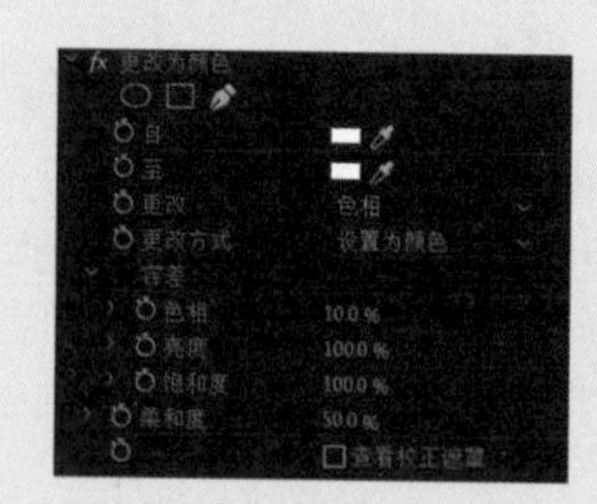

图6.4.19

自：从画面中选择一种颜色，作为要替换的颜色。

至：设置要替换的颜色。

更改：设置更改的方式，包括“色相”“色相和亮度”“色相和饱和度”“色相、亮度和饱和度”。

更改方式：设置颜色的变换方式，包括“设置为颜色”“变化为颜色”。

容差：设置色相、亮度、饱和度的数值。

柔和度：控制颜色替换后的柔和程度。

查看校正遮罩：选中该复选框，会以黑白颜色出现“自”和“至”的遮罩效果。

6.4.7 更改颜色

“更改颜色”效果可以选定图像中的某种颜色，更改其色相、饱和度和亮度等，如图6.4.20和图6.4.21所示。“更改颜色”的参数面板，如图6.4.22所示，主要选项的使用方法如下。

图6.4.20

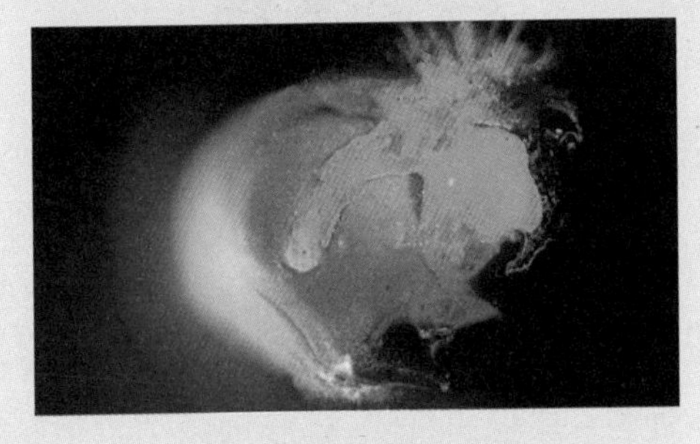

图6.4.21

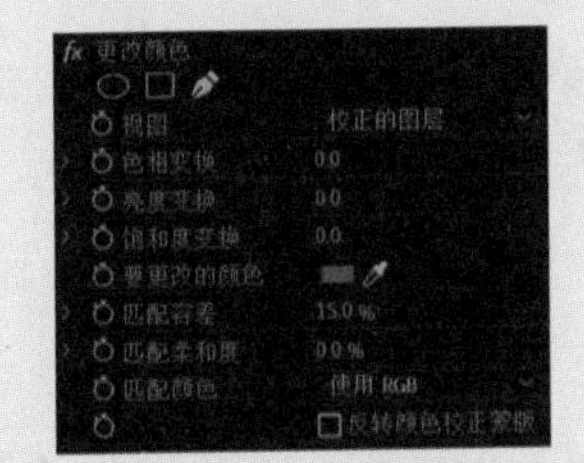

图6.4.22

视图：设置校正颜色的类型。

色相变换：针对素材的色相进行调整。

亮度变换：针对素材的亮度进行调整。

饱和度变换：针对素材的饱和度进行调整。

要更改的颜色：选择想要修改的颜色。

匹配容差：设置颜色与颜色之前的差值范围。

匹配柔和度：设置所更改颜色的柔和程度。

6.4.8 色彩

“色彩”效果可以将图像中的黑白色映射为其他颜色，如图6.4.23和图6.4.24所示。“色彩”的参数面板，如图6.4.25所示，主要选项的使用方法如下。

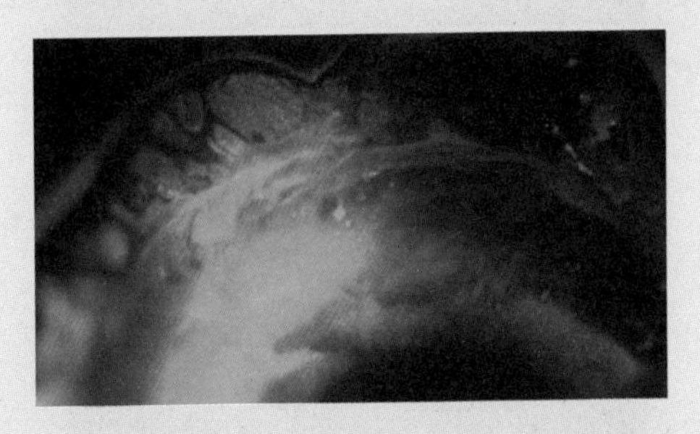

图6.4.23

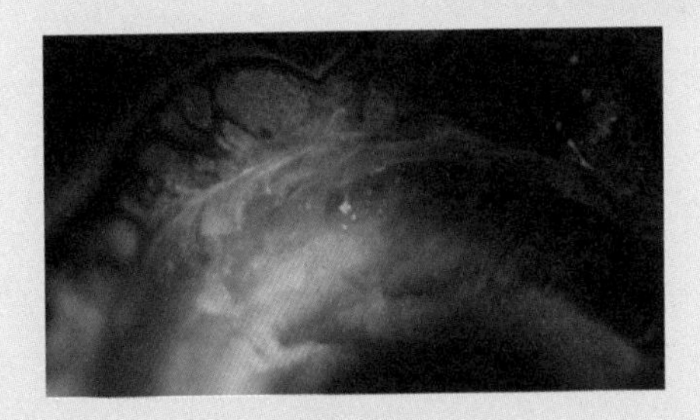

图6.4.24

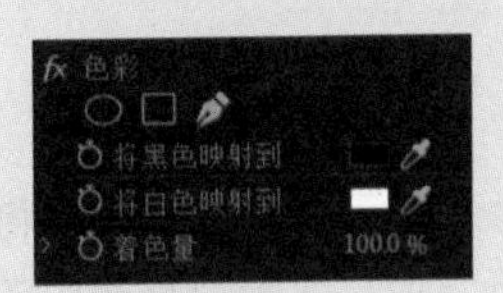

图6.4.25

将黑色映射到：将画面中的深色变为指定的颜色。

将白色映射到：将画面中的浅色变为指定的颜色。

着色量：设置这两种颜色在画面中的深度。

6.4.9 视频限制器

“视频限制器”效果可以为图像的色彩限定范围，如图 6.4.26 和图 6.4.27 所示。“视频限制器”的参数面板，如图 6.4.28 所示。

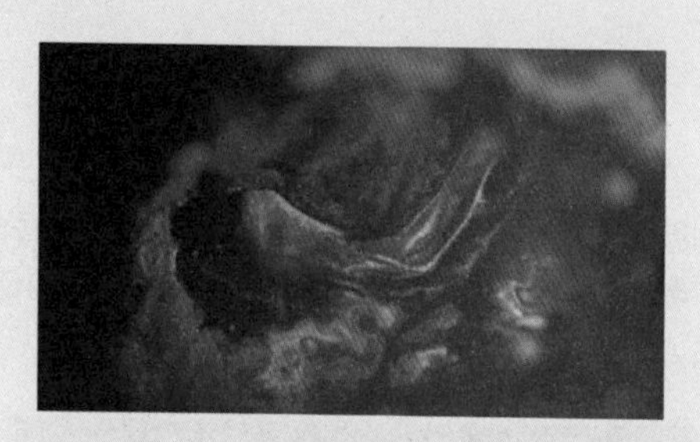

图6.4.26

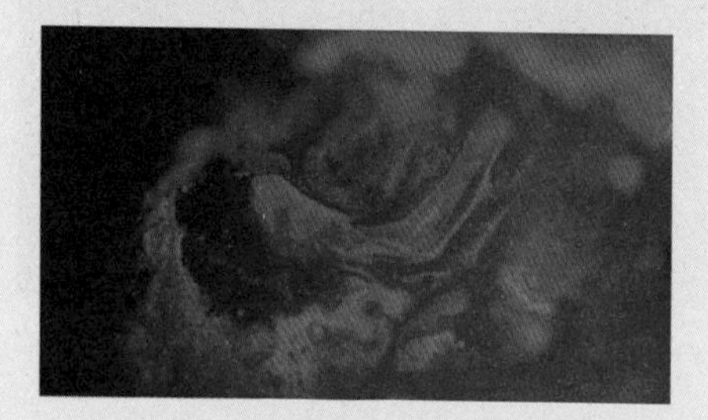

图6.4.27

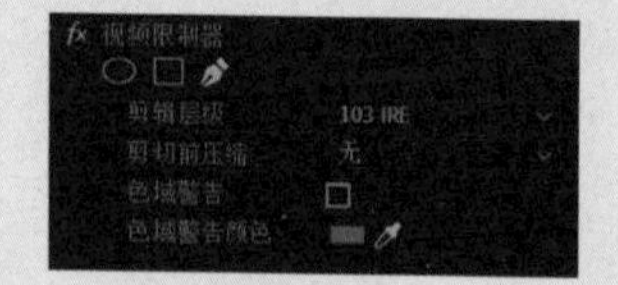

图6.4.28

6.4.10 通道混合器

“通道混合器”效果可以通过将图像的不同颜色通道进行混合，达到调整颜色的目的，如图 6.4.29 和图 6.4.30 所示。“视频限制器”的参数面板，如图 6.4.31 所示，主要选项的作用如下。

图6.4.29

图6.4.30

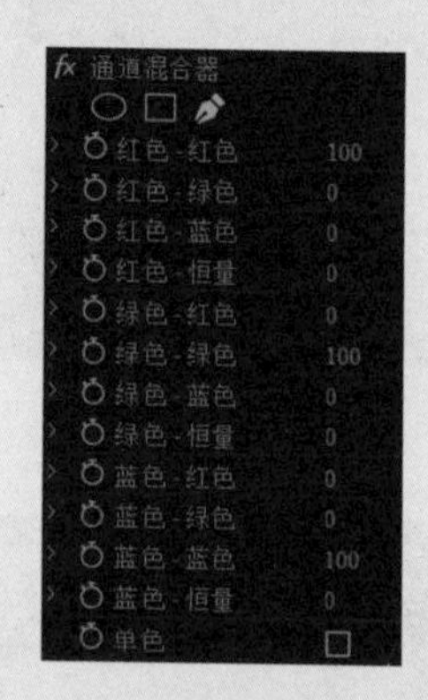

图6.4.31

红色 - 红色、绿色 - 绿色、蓝色 - 蓝色：分别调整画面中红、绿、蓝通道的颜色数量。

红色 - 绿色、红色 - 蓝色：调整在红色通道中绿色或蓝色所占的比例。

绿色 - 红色、绿色 - 蓝色：调整在绿色通道中红色或蓝色所占的比例。

蓝色 - 红色、红色 - 蓝色：调整在蓝色通道中红色或蓝色所占的比例。

单色：选中该复选框，素材将变为黑白效果。

6.4.11 颜色平衡

“颜色平衡”效果可以分别对不同颜色通道的阴影、中间调和高光范围进行调整，使图像颜色更平衡，如图 6.4.32 和图 6.4.33 所示。“颜色平衡”的参数面板，如图 6.4.34 所示，主要选项的作用如下。

图6.4.32

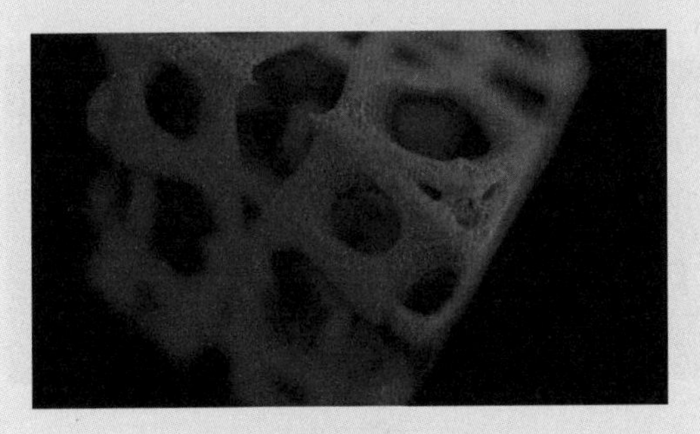

图6.4.33

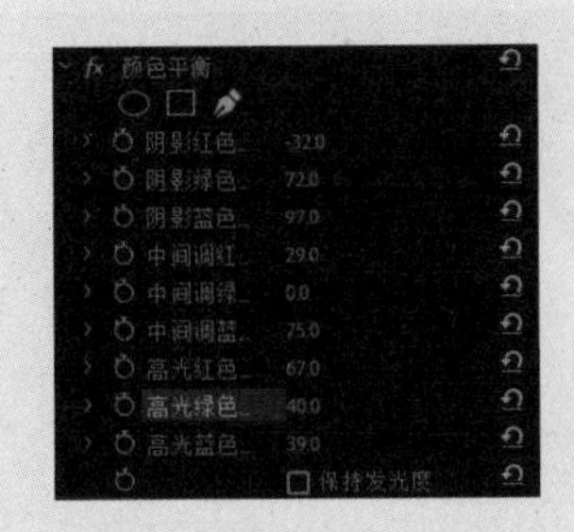

图6.4.34

阴影红色平衡、阴影绿色平衡、阴影蓝色平衡：调整素材中红、绿、蓝颜色平衡。

中间调红色平衡、中间调绿色平衡、中间调蓝色平衡：调整素材中中间调部分的红、绿、蓝颜色平衡。

高光红色平衡、高光绿色平衡、高光蓝色平衡：调整素材中高光部分的红、绿、蓝颜色平衡。

6.4.12 颜色平衡（HLS）

“颜色平衡（HLS）”效果可以分别对不同颜色通道的色相、亮度和饱和度进行调整，使图像颜色更平衡，如图 6.4.35 和图 6.4.36 所示。“颜色平衡（HLS）”的参数面板，如图 6.4.37 所示，主要选项的作用如下。

图6.4.35

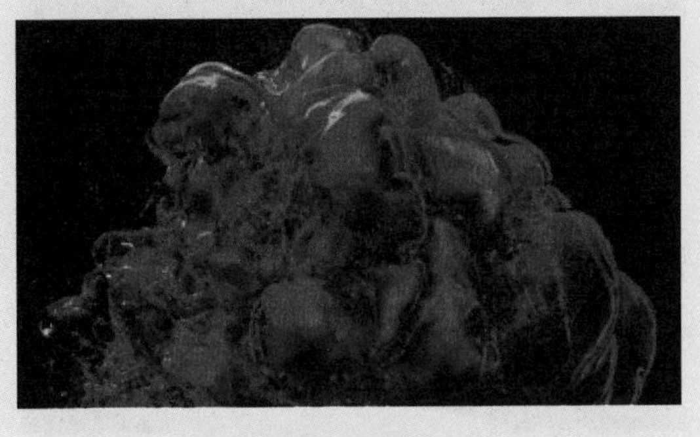

图6.4.36

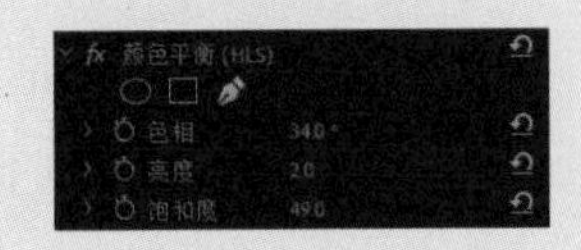

图6.4.37

色相：调整素材的色相。

亮度：调整素材的明亮程度，数值越大画面越亮。

饱和度：调整素材的饱和度，数值为 -100 时为黑白色。

6.5 综合实例：水墨画效果

水墨画是中国传统绘画的代表，是由水和墨绘制的黑白画。本例首先使用“黑白”效果去除画面颜色，然后使用“亮度曲线”“高斯模糊”“色阶”等效果调整画面的亮度及质感，如图 6.5.1 和图 6.5.2 所示，具体的操作步骤如下。

图6.5.1

图6.5.2

01 执行“文件”→“新建”→“项目”命令，弹出“新建项目”对话框，设置“名称”，并单击“浏览”按钮设置保存路径。

02 在“项目”面板的空白处双击，导入视频素材文件（可以找到中国园林类似的视频素材），最后单击“打开”按钮导入。

03 选择“项目”面板中的视频素材文件，按住鼠标左键将其拖至 V1 轨道上，此时在“项目”面板中自动生成序列，如图 6.5.3 所示。

图6.5.3

04 制作水墨画效果。首先在“效果”面板中搜索“黑白”，然后按住鼠标左键将其拖至 V1 轨道的“视频 02.mp4”素材文件中，此时画面自动变为黑白色调，如图 6.5.4 和图 6.5.5 所示。

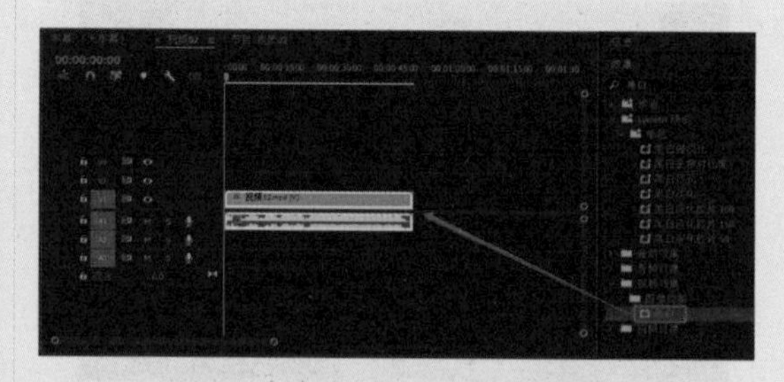

图6.5.4

图6.5.5

05 此时画面偏暗。在“效果”面板中搜索“亮度曲线”，然后按住鼠标左键将其拖至 V1 轨道的“视频 02.mp4”素材文件上，如图 6.5.6 所示。

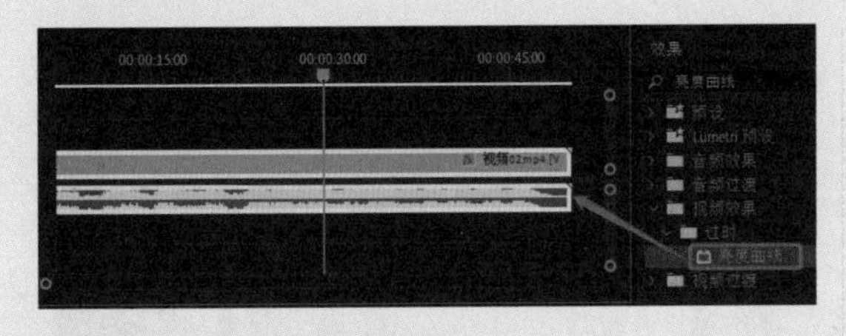

图6.5.6

06 选择V1轨道上的“视频02.mp4”素材文件，在“效果控件”中展开“高度曲线”效果，在“曲线”面板上单击，添加两个控制点并向上拖动，此时画面效果如下图所示，如图6.5.7和图6.5.8所示。

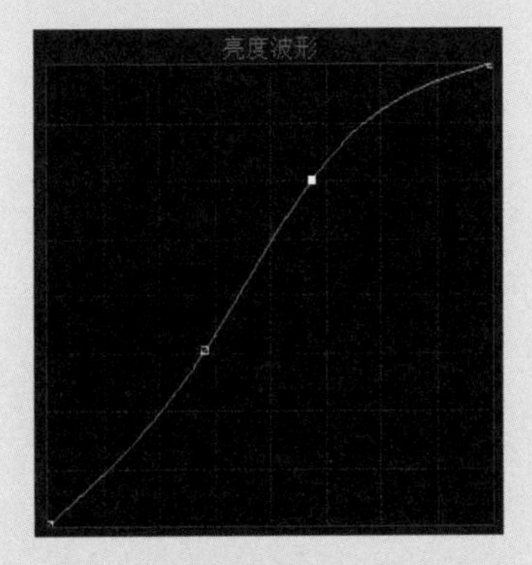

图6.5.7

图6.5.8

07 在“效果”面板的搜索中搜索“高斯模糊”，然后按住鼠标左键将其拖至V1轨道的视频素材文件上，如图6.5.9所示。

08 选择V1轨道的视频素材文件，展开“高斯模糊”效果，设置“模糊度”值为3.0，此时画面效果如下图所示，如图6.5.10和图6.5.11所示。

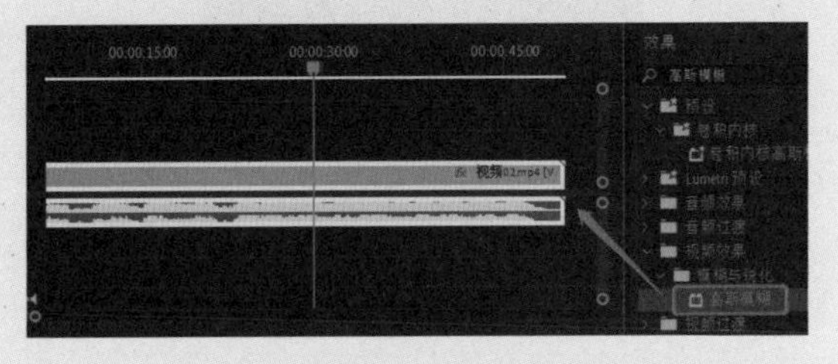

图6.5.9

图6.5.10

图6.5.11

09 提亮画面中暗部细节。在“效果”面板中搜索Levels，然后按住鼠标左键将其拖至V1轨道的“视频02.mp4”素材文件上，如图6.5.12所示。

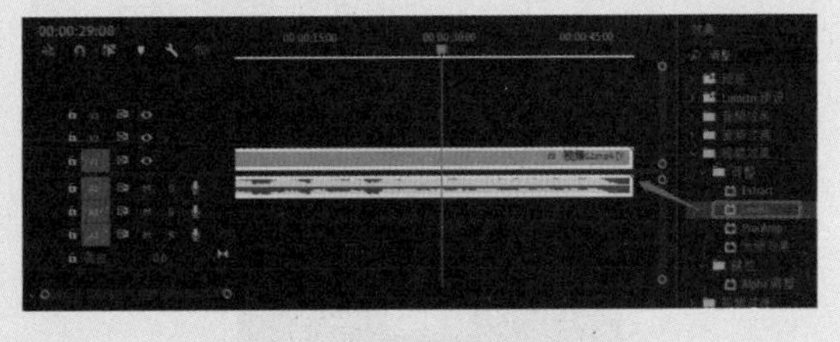

图6.5.12

10 选择V1轨道的视频02.mp4素材文件，展开“色阶”效果，设置“（RGB）输入白色阶”为195，“（RGB）输出白色色阶”为235，此时具有质感的黑白效果制作完成，最终效果如图6.5.13和图6.5.14所示。

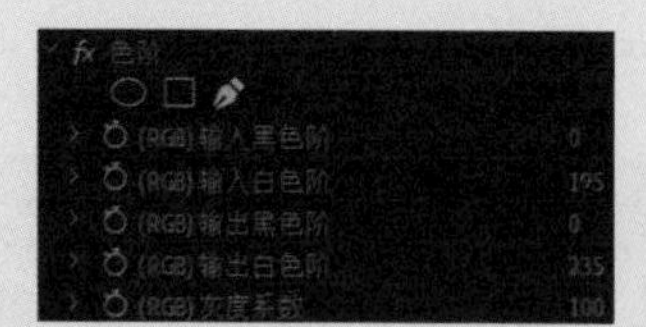

图6.5.13

图6.5.14

6.6 音频效果

本章主要学习如何在 Premiere Pro 中为影视作品添加音频，如何对音频进行编辑和处理，以及常用的一些音频效果、音频过渡效果等内容。我们一般通过以下几种方式对音频进行调整。

在“时间轴”面板中选择素材，执行“剪辑”→“音频选项”→“音频增益”命令，然后在弹出的“音频增益”对话框中可以对素材的音频增益进行调整，如图 6.6.1 所示。

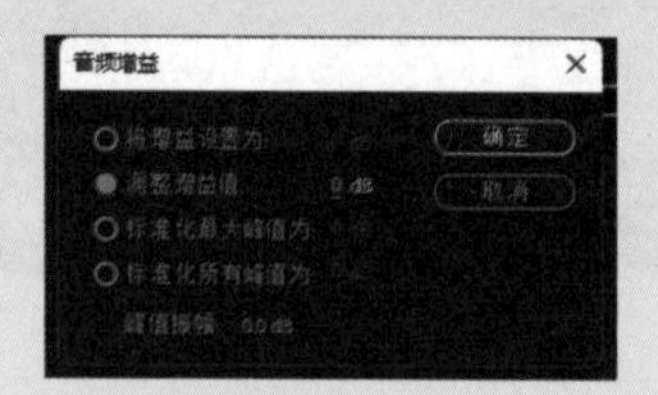

图6.6.1

选择“时间轴”面板中的音频素材，右击，在弹出的快捷菜单中选择“速度 / 持续时间”选项，在弹出的“剪辑速度 / 持续时间”对话框中可以对素材的音频速度和持续时间进行调整，如图 6.6.2 所示。

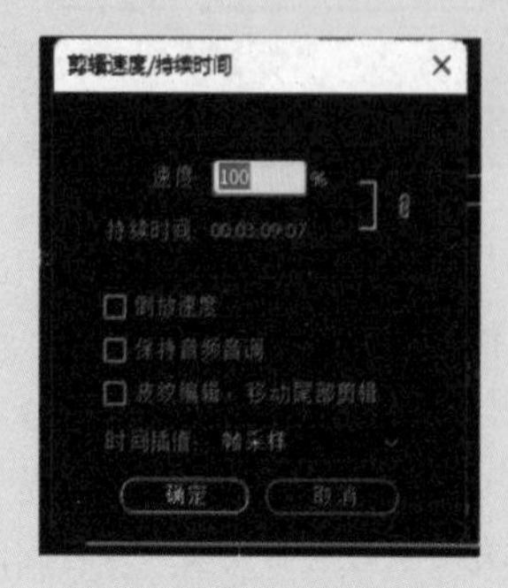

图6.6.2

“音轨混合器”面板是由若干个轨道音频控制器、主音频控制器和播放控制器组成，可以实时混合“时间轴”面板中各个轨道中的音频素材，可以在该面板中通过选择相应的音频控制器进行调整，在调节它在“时间轴”面板中对应轨道中的音频素材时，通过“音轨混合器”可以很方便地把控音频的声道、音量等属性。Premiere Pro 中的“音频效果”文件夹中提供了大量的音频效果，可以满足多种音频特效的编辑需求。另外，在“音频过渡”文件夹中提供了“恒定功率”“恒定增益”“指数淡化”三种简单的音频过渡效果，应用它们可以使音频产生淡入、淡出效果或者使音频与音频之间的衔接变得更加柔和、自然。Premiere Pro 具有很强大的音频理解能力，通过“音轨混合器”面板，可以很方便地编辑与控制声音。其最新的声道处理能力及实时录音功能，还包括音频素材与音频轨道的分离处理的概念，也使在 Premiere Pro 中编辑音效变得更为轻松便捷，如图 6.6.3 所示。

同时，Premiere Pro 具有很强的音频编辑能力，其“音频效果”文件夹中提供了大量的音频效果，这些音频效果可以满足多种音频特效的编辑需求。

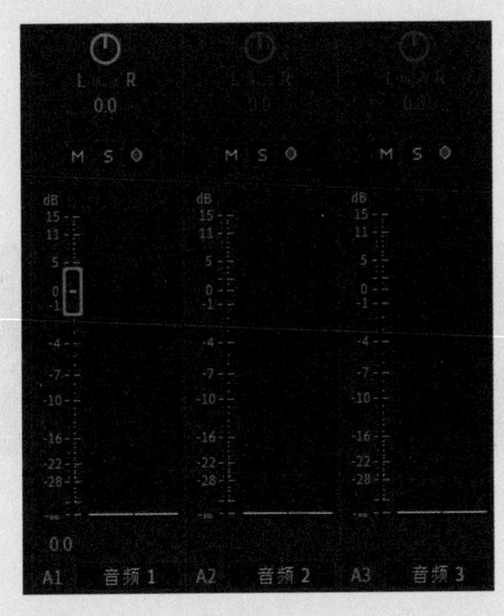

图6.6.3

6.6.1 对音频效果的处理方式

首先要介绍的是 Premiere Pro 对音频效果的处理方式。在“音轨混合器”面板中可以看到音频轨道分为两个声道，即左（L）声道和右（R）声道。如果音频素材使用的是单声道，就可以在 Premiere Pro 中对其声道效果进行修改；如果音频素材使用的是双声道，则可以在两个声道之间实现音频特有的效果。另外，在声音效果的处理上，Premiere Pro 还提供了多种处理音频的特效，这些特效和视频特效一样，不同的特效能够产生不同的效果，可以很方便地将其添加到音频素材上并转换成帧，这样能够方便地对其进行编辑和设置。

6.6.2 Premiere Pro 处理音频的流程

在 Premiere Pro 中处理音频的时候，需要按照一定的流程进行操作，例如，按照顺序添加音频特效，Premiere Pro 会对序列中所应用的音频特效进行最先处理，在对这些音频特效处理完后，再对“音轨混合器”面板中的音频轨道中所添加的音频增益进行调整。可以按照以下两种操作流程进行调整。

1. 在“时间线”面板中选择素材，执行“剪辑”→“音频选项”→“音频增益”命令，如图 6.6.4 所示。在弹出的“音频增益”对话框中调整增益数值，如图 6.6.5 所示。

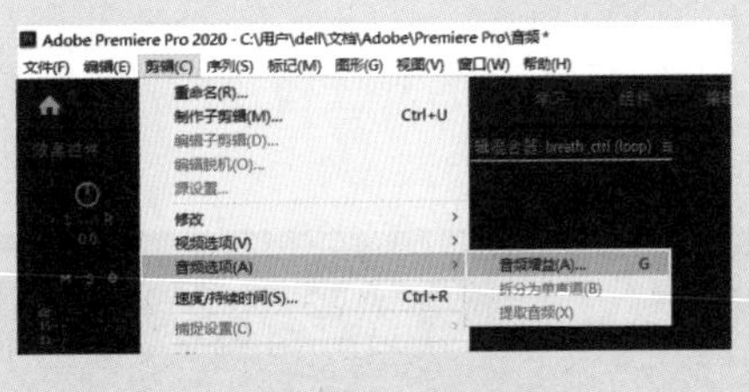

图6.6.4

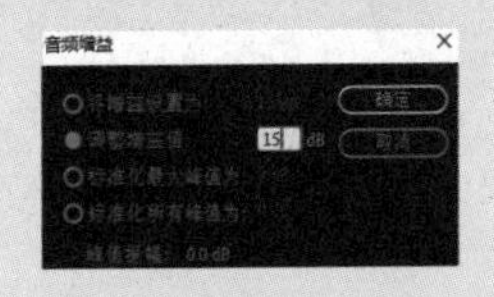

图6.6.5

2. 在“时间线”面板中选择素材，右击并在弹出的快捷菜单中选择“音频增益”选项，如图 6.6.6 所示。

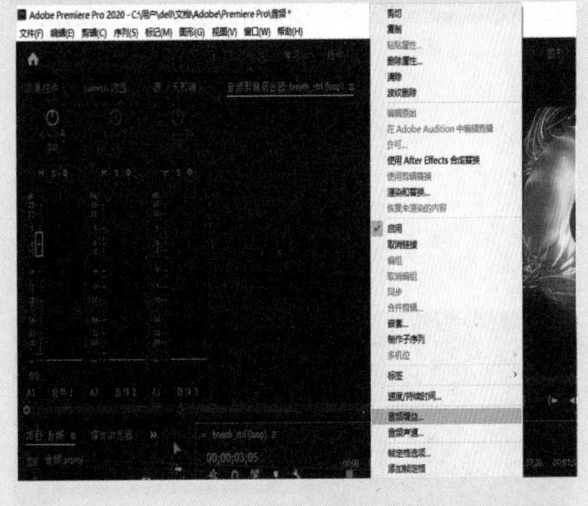

图6.6.6

在弹出的“音频增益”对话框中调整增益数值，如图 6.6.7 所示。

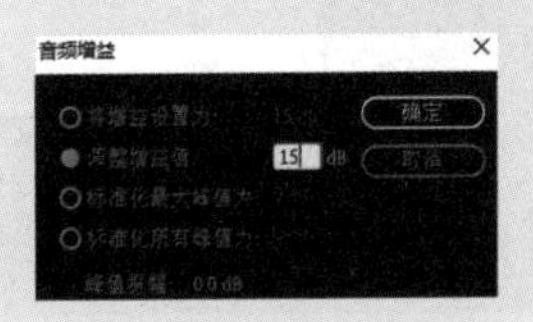

图6.6.7

6.6.3　实例：调节影片的音频

下面以实例的形式介绍如何调节影片的音频。

01　启动 Premiere Pro，单击“新建项目”按钮，在弹出的“新建项目”对话框中，设置项目名称和存放的位置，单击“确定”按钮，如图 6.6.8 所示。

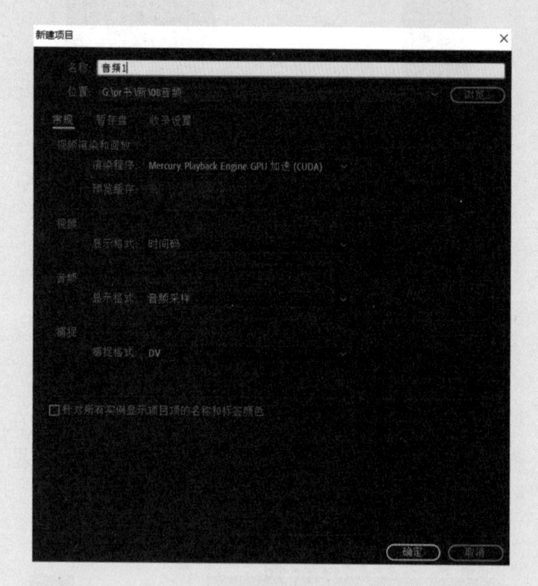

图6.6.8

02　执行“文件”→“新建”→“序列”命令，在弹出的“新建序列”对话框中，保持默认设置，单击“确定”按钮，如图 6.6.9 所示。

图6.6.9

03　进入 Premiere Pro 操作界面，执行“文件”→“导入”命令，在弹出的“导入”对话框中，选择需要导入的素材文件，单击“打开”按钮。

04　在“项目”面板中选择已导入的视频素材，按住鼠标左键将其拖至“时间线”面板的 V1 轨道中，如图 6.6.10 所示。

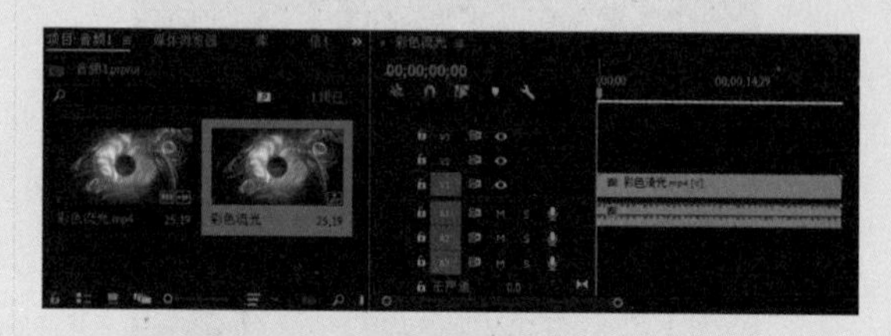

图6.6.10

05　在“时间线”面板上选择“彩色流光.mp4”素材，执行“剪辑”→“音频选项”→“音频增益”命令，如图 6.6.11 所示。

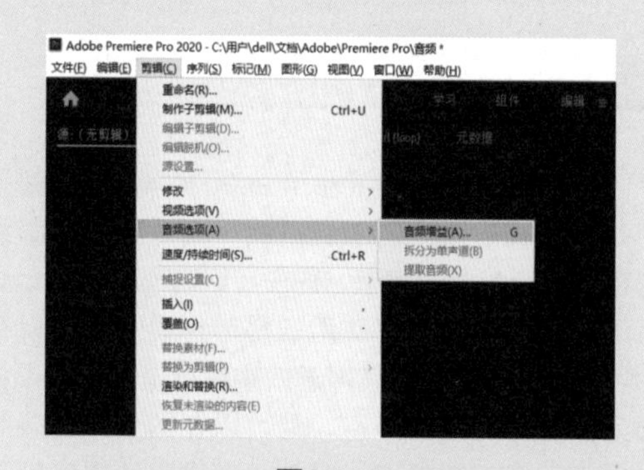

图6.6.11

06　在弹出的“音频增益”对话框中设置“调整增益值”值为 5，单击“确定”按钮，如图 6.6.12 所示。

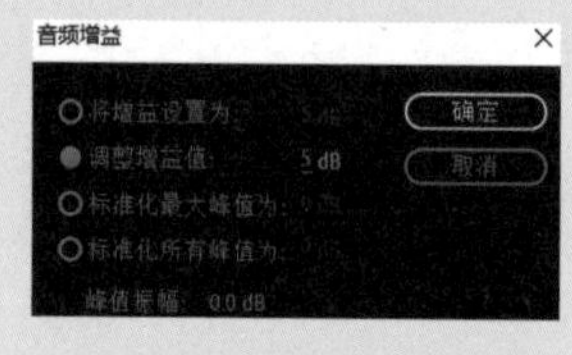

图6.6.12

07　选择“彩色流光.mp4”素材，在“效果控件”面板中展开“音效”参数，单击“级别”属性右侧的“添加关键帧按钮”■，设置其参数为 −280，如图 6.6.13 所示。

图6.6.13

08 把播放头指针移至00:00:01:15，设置“级别”值为0.0 dB，如图6.6.14所示。

图6.6.14

09 在“节目监视器”中单击“播放”按钮▶倾听音频的最终效果。

第7章

渲染与输出

7.1 基本概念

本章主要介绍项目输出的相关知识。通过对本章的学习，大家可以了解各种视频或者音频的输出方式，了解各种编码格式的设置选项，掌握常用的输出文件的方法。

在进行输出的过程中，经常会遇到一些关键词，如“码率”“比特率”“码流”等，这些词大部分都与视频输出的基本属性有关，下面就来简单介绍关于输出的一些基本概念，如图7.1.1所示。

图7.1.1

7.1.1 码率

“码率”是指视频文件在单位时间内使用的数据流量，也称为“码流率”，通俗理解就是“取样率”，是视频编码中画面质量控制中最重要的指标，一般用的单位是KB/s或者MB/s。一般来说，在同样分辨率下，视频文件的码流越大，压缩比就越小，画面质量就越高。码流越大，说明单位时间内取样率越大，数据流、精度就越高，处理出来的文件就越接近原始文件，图像质量越好，画质越清晰，要求播放设备的解码能力也越高。当然，码流越大，文件体积也越大。

7.1.2 比特率

“比特率”是指每秒传送的比特（bit）数。单位为bps（Bit Per Second），比特率越高，传送的数据量越大。在视频领域，比特率常翻译为码率。CBR固定比特率 VBR动态比特率，在WIN操作系统中查看文件属性，在“详细信息”中就可以看到，如图7.1.2所示。

属性	值
说明	
标题	
副标题	
分级	未分级
标记	
备注	
视频	
时长	00:01:58
帧宽度	1920
帧高度	1080
数据速率	2237kbps
总比特率	2362kbps
帧速率	29.97 帧/秒
音频	
比特率	125kbps
频道	2 (立体声)
音频采样频率	44.100 kHz

图7.1.2

VBR是Variable BitRate的缩写，意思是可变比率，就是文件压制的时候元素较多，比率较高时，将自动减低压缩比特率，在比特率需求比较低时自动升高比特率，这样做的目的是在保证视频质量基本不被损害的情况下，增加文件在线播放时的速度，并减少在本机播放时所占的系统资源。

CBR是Constents BitRate的缩写，即静态（恒定）比特率。CBR是一种固定采样率的压缩方式，其优点是压缩快，能被大多数软件和设备支持，缺点是占用空间相对较大，效果不十分理想，现已逐步被VBR的方式取代。

7.1.3 码流

一个视频文件包括画面及声音，同一个视频文件音频和视频的比特率并不是一样的。而通常所说的一个视频文件的码流大小，一般是指视频文件中音频及视频信息码流的总和。

7.1.4 采样率

采样率（也称为“采样速度”或者“采样频率”）定义了每秒从连续信号中提取并组成离散信号的采样个数，它用赫兹（Hz）来表示。采样率是指将模拟信号转换成数字信号时的采样频率，也就是单位时间内采样多少点。

7.1.5 帧速率

帧速率也称为FPS（Frames Per Second，帧/秒）的缩写，是指每秒刷新的帧数，也可以理解为图形处理器每秒能够刷新几次。越高的帧速率可以得到更流畅、更逼真的动画效果。每秒帧数（FPS）越多，所显示的动作就会越流畅。

7.1.6 分辨率

分辨率是指图像的高/宽像素值，严格意义上的分辨率是指单位长度内的有效像素值（ppi）。通常，高分辨率视频在同样码率的情况下要比低分辨率视频清晰。

7.2 用Premiere Pro输出影片

视频剪辑项目完成后，就需要将影片输出。Premiere Pro的输出功能非常强大，不仅可以直接输出MOV、WMV等格式文件，还可以通过Adobe Media Encoder转换视频格式。

7.2.1 输出类型

在“项目”窗口中单击目标序列，进入“文件”→“导出”子菜单，可以选择将项目输出成特定的文件形式，如图7.2.1所示，主要选项的使用方法如下。

媒体：将编辑好的项目输出为指定格式的媒体文件（包括图像、音频、视频等）。

动态图形模板：将项目中的一个或多个素材剪辑添加到批处理列表中，导出生成批处理列表文件，方便在编辑其他项目时快速导入同样的素材。

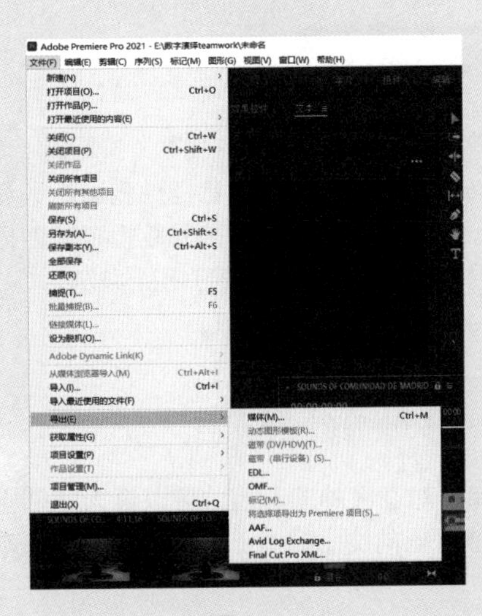

图7.2.1

磁带：将项目文件直接渲染输出到磁带，需要先连接相应的 DV/HDV 等外部设备。

EDL：适用于视频轨道不超过一条、立体声音轨不超过两条，且没有嵌套序列的项目，将其的视频、音频输出为可编辑文件。

OMF：输出带有音频的 OMF 格式文件。

AAF：输出 AAF 格式文件。AAF 比 EDL 拥有更多的编辑数据，方便进行跨平台编辑。

Final Cut Pro XML：输出为 Apple Final Cut Pro（Mac OS 系统中的一款影视编辑软件）中可读取的 XML 格式。

7.2.2 基本工作界面

影片编辑制作的最后一个环节就是输出。在项目序列中完成了素材的装配和编辑后，如果对效果满意，就可以使用输出命令合成影片。下面介绍影片输出的工作参数，并学习影片输出的格式设置方法。

当处理完视频后，就可以对处理的视频进行输出了。首先选中要导出的序列，执行“文件”→“导出”→“媒体”命令，弹出“导出设置”对话框，如图 7.2.2 所示。

图7.2.2

在“导出设置”对话框中，左侧的视频预览区域，包括一个视频预览窗口，可在“源”和“输出”两个选项卡之间切换，左侧还提供了一个时间码显示区和时间线，可以导航到任何帧并设置入点和出点，以修剪导出视频的持续时间。“导出设置”对话框的右侧显示所有可用的导出设置，可以选择导出格式和预设、调整视频和音频编码设置、添加效果、隐藏字幕等。

7.3 视频预览

7.3.1 源视图

单击“源”选项卡的“裁剪”按钮，此时就出现一个裁剪框，可以随意拖动剪裁框，调整所需输出的尺寸，也可以调整剪裁框距离四周的位置，对素材进行剪裁，如图 7.3.1 所示。

7.3.2 输出视图

完成对画面的剪裁后，可以进入“输出”选项卡查看当前输出预览。“输出”选项卡可以显示当前导出设置的预览效果，如图 7.3.2 所示。

图7.3.1

图7.3.2

在“输出”选项卡中的“源缩放”下拉列表，用于调整源视频导出视频帧的方式，其中包括“缩放以适合”“缩放以填充”“拉伸以填充”“缩放以适合黑色边框”“更改输出大小以匹配源”5种方式，如图7.3.3所示。

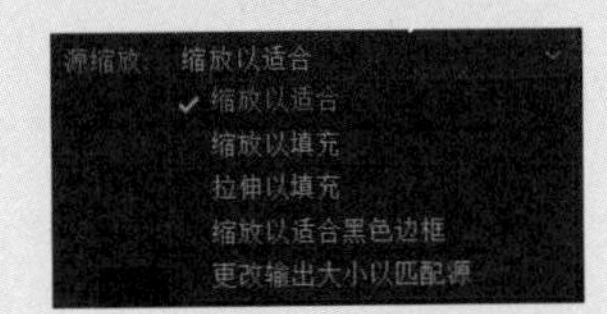

图7.3.3

缩放以适合：此选项不会扭曲或剪裁视频，只会缩放源视频匹配输出帧，但可能会在视频的左右或上下添加黑条，如图7.3.4所示。

图7.3.4

缩放以填充：此选项会缩放源视频以完全填充输出视频，但可能会将源视频的上下或左右剪裁，如图7.3.5所示。

拉伸以填充：此选项会伸缩源视频，可能会导致输出视频被扭曲，如图7.3.6所示。

缩放以适合黑色边框：此选项会缩放源视频，在空白区域填充黑色边框，其不会拉伸视频，如图7.3.7所示。

图7.3.5

图7.3.6

图7.3.7

更改输出大小以匹配源：使用此选项可将输出视频帧大小自动设置为源视频帧的高度和宽度。

7.3.3 时间轴和时间显示

时间线和时间码显示区位于“源”选项卡和“输出”选项卡的预览帧下方，主要包括指示当前帧的播放指示器、持续时间条和用于设置入点与出点的控件，如图 7.3.8 所示，主要组件的使用方法如下。

图7.3.8

设置入点和出点：可以在“时间线”中设置“入点”和“出点”。将播放指示器移至“时间线”上的某一帧，然后单击“时间线”上方的“设置入点”或“设置出点”按钮，或者直接拖动“时间线”上“入点”或“出点”图标，视频的最终输出范围会显示为蓝色，如图 7.3.9 所示。

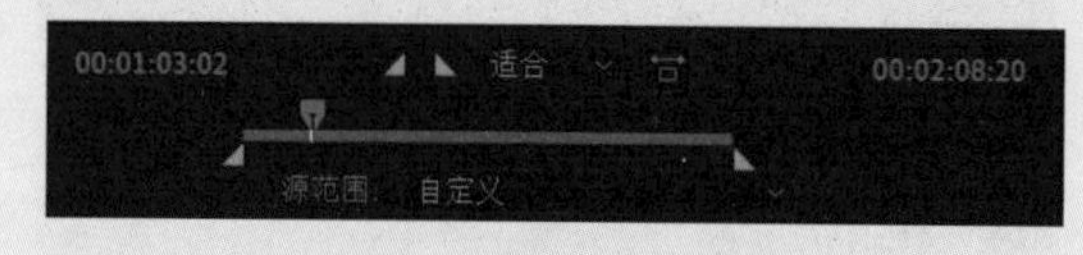

图7.3.9

长宽比校正：在输出时，该选项默认为启用，在计算机上显示带有非方形像素长宽比的视频时，不会出现扭曲。要禁用此功能，可以再次单击该按钮。

源范围：可以利用该选项设置导出视频的持续时间，如图 7.3.11 所示。

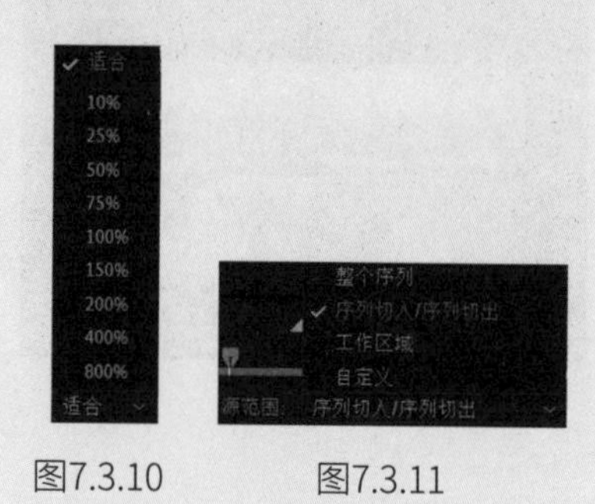

图7.3.10　　图7.3.11

整个序列：使用源剪辑或序列的整个持续时间。

序列切入 / 序列切出：输出剪辑和序列上设置的“入点”和“出点”区间。

工作区域：输出合成中指定的工作区域。

自定义：输出“导出设置”对话框中设置的“入点”和“出点”区间。

7.4 导出设置

“导出设置”区域主要用于修改项目的导出格式、保存路径和名称等，如图 7.4.1 所示，主要控件的使用方法如下。

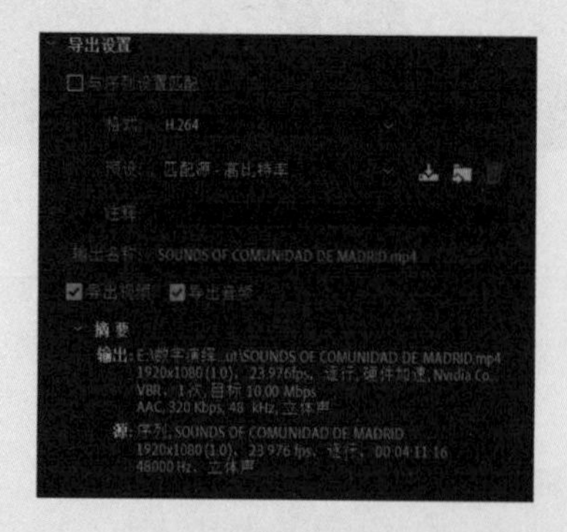

图7.4.1

与序列设置匹配：若选中该复选框，则采用与合成序列相同的视频属性进行导出。

格式：在该下拉列表中选择导出所生成的文件格式，选择不同的文件格式，下方也会显示不同的设置选项。

预设：在该下拉列表中，可以选择与所选导出文件格式相对应的预设。

注释：用于输入附加到导出文件中的文件信息注释，不会影响导出文件的内容。

输出名称：单击后方蓝色文字，会弹出“另存为”对话框，可以自行设定文件的保存目录及名称。

导出视频 / 导出音频：可以根据需求选中需要导出的选项。

摘要：显示目前所设置的选项信息，以及将要导出的文件格式、内容属性等信息。

压缩会降低影片的质量，但是同时能够降低影片的文件大小。因此，要求在压缩时做到文件尺寸和影片质量之间的平衡，在大幅度降低文件大小的同时还要保证影片的质量，想要高质量的视频就必须考虑视频的封装与编码问题。

7.4.1 封装格式

封装格式就是将编码压缩好的视频轨道和音频轨按照一定的格式放到一个文件中，常见的封装格式包括 avi、wmv、mp4、flv、rmvb、mkv、mov 等。

7.4.2 编码格式

所谓“编码方式”指通过压缩技术，将原始格式的文件转换成另一种格式文件的方式。视频流传输中最为重要的编解码标准有国际电联的 H.261、H.263、H.264，运动静止图像专家组的 M-JPEG 和国际标准化组织运动图像专家组的 MPEG 系列标准。此外，在互联网上被广泛应用的还有 Real-Networks 的 RealVideo、微软公司的 WMV 以及苹果公司的 QuickTime 等。音频常见的编码格式有 mp3、AAC、wma、DTS 等。之所以需要编码，是因为原始数据量太大，很难用作日常的加工和传播。编码主要分为有损与无损两种模式，无损的质量比有损的高，文件大小也相应较大，如图 7.4.2 所示。

图7.4.2

在导出设置区域，可以根据需要更改导出视频的格式以及常用的预设参数。这决定视频和音频多路传输所使用的流类型。文件格式的选择需要根据不同的需要来决定，同一个格式可以设置不同的参数。下面详细讲解这几个具有代表性的编码格式。

1. AVI

AVI 英文全称为 Audio Video Interleaved，即音频视频交错格式，是将语音和影像同步组合在一起的文件格式。它对视频文件采用一种有损压缩方式，支持 256 色和 RLE 压缩，是一种使用频率非常高的视频格式。

2. AVI（未压缩）

这是一种高位速率的媒体格式，文件扩展名为 .avi。采用这种格式进行输出，不对视频格式采用压缩编码方式，输出的视频质量非常高，该格式很少被采用，且仅适用于 Windows 版本的 Premiere Pro。

3. H.264

H.264/MPEG-4 AVC（H.264） 是 1995 年自 MPEG-2 视频压缩标准发布后，最新、最有前途的视频压缩标准。文件扩展名为 .mp4。H.264 被普遍认为是最有影响力的行为标准，其最大的优点就是具有很高的数据压缩比率，在同等图像质量下，具有最高的压缩比。

4. H.265

H.265 是 ITU-T VCEG 继 H.264 之后所制定的新视频编码标准，文件扩展名为 .mp4。H.265 标准围绕着现有的视频编码标准 H.264，保留原来的某些技术，同时对一些相关的技术加以改进。H.264 由于算法优化，可以低于 1Mbps 的速度实现标清数字图像传送；H.265 则可以实现利用 1~2Mbps 的传输速度传送 720P 普通高清音视频。

5. GIF

GIF 文件格式为网络应用的图片格式，文件扩展名为 .gif。它的体积小，易于网络传播，但不包括音频，其仅适用于 Windows 版本的 Premiere Pro。

6. QuickTime

QuickTime 格式可以采用多种编码存储文件，

所有 QuickTime 文件都使用 .mov 的扩展名，Mac 计算机上多使用该格式。

7. AAC 音频

AAC 音频格式，可以用 Advanced Audio Coding 编码（使用 H.264 编码方式进行音频编码）创建文件。

8. MPEG

MPEG 全称为 Moving Pictures Experts Group（动态图像专家组），它由 MPEG1、MPEG2、MPEG4 组成。

MPEG1：MPEG-1 用于传输 1.5Mbps 数据传输率的数字存储媒体运动图像及其伴音的编码。经过 MPEG-1 标准压缩后，视频数据压缩率为 1/100~1/200，音频压缩率为 1/6.5。

MPEG2：这种较老的文件格式主要用于 DVD 和蓝光光盘。该文件能够在计算机上播放，但 H.264 格式创建的文件通常质量较高并且文件尺寸较大。

MPEG4：选择这种编码格式创建低质量的 H.263 3GP 文件，用于发送到老式移动电话上。它的标准是超低码率运动图像和语言的压缩标准，用于传输率低于 164kbps 的实时图像传输，它不仅可以覆盖低频带，也向高频带发展。

9. WMV

WMV（Windows Media）是微软公司开发的一系列视频编解码和其相关的视频编码格式的统称，是 Windows 媒体框架的一部分。WMV 包括 3 种不同的编解码：最初为 Internet 上的流应用而设计开发的 WMV 原始的视频压缩技术、为满足特定内容需要的 WMV 屏幕和 WMV 图像的压缩技术、在经过 SMPTE 学会标准化以后，WMV 版本 9 被采纳作为物理介质的发布格式，例如，高清 DVD 和蓝光光盘。

微软公司也开发了一种称为 ASF 的数字容器格式，用来保存 WMV 的视频编码。在同等视频质量下，WMV 格式的文件可以边下载边播放，因此很适合在网上播放和传输。

7.4.3 设置位置与名称

在选择好输出编码格式后，即可为导出视频设置保存路径并重命名，单击“输出名称”后的蓝色文字，会弹出“另存为”对话框，可以自行设置参数，最后单击“保存”按钮即可，如图 7.4.3 和图 7.4.4 所示。

图7.4.3

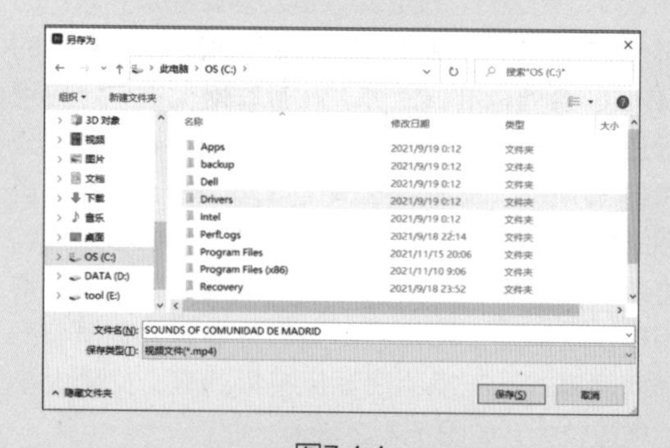

图7.4.4

根据项目具体需要，如果仅需要输出视频文件或仅需要输出音频文件，可以选中相应复选框，如图 7.4.5 所示。

图7.4.5

7.5 Adobe Media Encoder 输出影片

Adobe Media Encoder 是一款独立的应用程序，它可以独立运行，也可以通过 Adobe Premiere

Pro 启动。 Adobe Media Encoder 作为 Adobe Premiere Pro 的组件，用于对视频进行编码输出处理，将 Adobe Premiere Pro 的时间序列、Adobe After Effects 的合成直接编码为视频格式进行输出，其可以将素材或时间线上的成品序列编码输出为 MPEG、MOV、WMV、QuickTime 等格式的音视频媒体文件。

7.5.1 Adobe Media Encoder 界面

Adobe Media Encoder 可以将视频导出为 MPEG 格式。它是 Premiere Pro 的编码输出终端，为视频提供了高质量的 MPEG 文件输出功能。在 Premiere Pro 中调用时，执行“导出”→“媒体”命令，在弹出的“导出设置”对话框中单击“队列”按钮，如图 7.5.1 所示。此时，Adobe Media Encoder 将把导出任务添加到其队列中，其主界面如图 7.5.2 所示，具体使用方法如下。

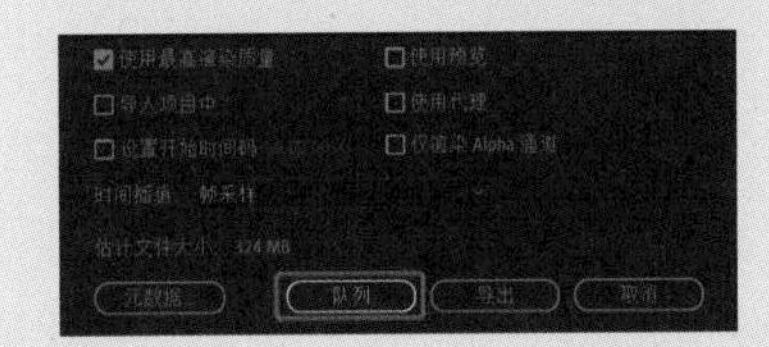

图7.5.1

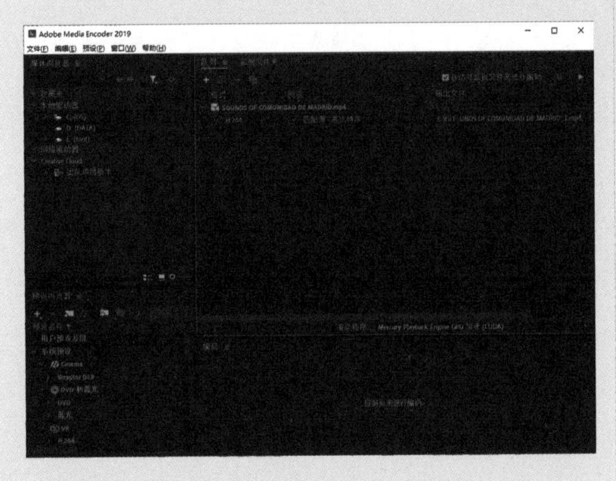

图7.5.2

1. 编码面板

“编码”面板提供了有关每个编码项目的状态信息。当同时有多个输出时，“编码”面板将显示每个编码输出的缩略图、进度条和估算完成时间。

2. 队列面板

该面板列出了待渲染输出的文件，主要用来查看和管理导出队列。此外，还可以对队列进行调整。

3. 预设浏览器

可以使用软件提供的预设，这些预设基于其使用途径（如广播、网络视频）和设备目标（如 DVD、蓝光光盘、摄像头、绘图板）进行分类。

4. 监视文件夹

可以添加监视文件夹，该文件夹中的所有文件都将根据所选预设进行编码输出。

7.5.2 对影片进行编辑

对于旧版的 Adobe Media Encoder，新的版本不仅可以独立运行，还提供了更多格式和强大的编码文件管理与导出功能。

接下来详细介绍 Adobe Media Encoder 编辑视频的方法。

单击 Adobe Media Encoder 的主界面内的“添加”按钮，为 Adobe Media Encoder 添加媒体文件，在弹出的对话框中添加要转换的媒体文件。

在 Adobe Media Encoder 主界面中，执行“文件”→“添加 Premiere Pro 序列”命令，在弹出的“导入 Premiere Pro 序列”对话框中选择需要导出的序列。

对媒体文件进行批量输出的时候，执行“编辑”→“路过所选项目”命令，即可跳过导出文件命令。执行“文件”→“创建监视文件夹”命令，在弹出的对话框中选择或新建监视文件夹，如图 7.5.3 所示。

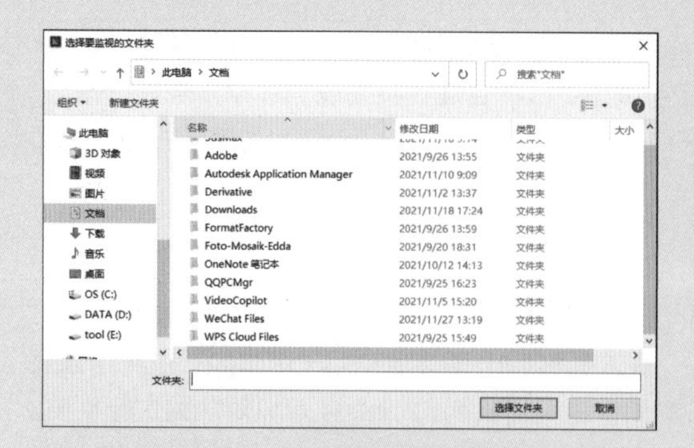

图7.5.3

创建完成后，Adobe Media Encoder 会自动对监视文件夹内的素材文件进行查找和对文件进行重新编码输出。确保无误后，单击“选择文件夹”按钮即可。

创建监视文件夹后，接下来就是关于文件编码格式、预设、输出位置的调整。在 Adobe Media Encoder 的参数设置区域单击相应下拉列表，可以选择不同的编码格式与相应预设，单击右侧的蓝色文字，即可修改文件的导出路径及名称，如图 7.5.4 所示。

图7.5.4

对音频和视频的参数输出设置完成后，单击“开始队列”按钮，即可对影片进行渲染输出，如图 7.5.5 所示。

图7.5.5

第8章 综合案例制作

在影视项目的编辑制作中，要学会利用 Premiere Pro 的功能进行创意表现，只要恰当利用，经常只需使用一些很简单的功能，或者只使用一个特效，即可轻松制作出充满创意的设计作品。

8.1 动态图形案例

全新动态图形模板功能支持向 Premiere Pro 2022 编辑器提供 After Effects 动态图形的功能，其打包为具有易用控件的模板，专为在 Premiere Pro 2022 中自定义而设计，还可以使用 Premiere Pro 2022 的“类型”和“形状”工具创建新的字幕和图形，并导出为动态图形模板，供以后重复使用或分享，最终效果如图 8.1.1 所示，具体的操作步骤如下。

图8.1.1

01 启动 Premiere Pro 2022，单击“新建项目”按钮。在弹出的“新建项目”对话框中，输入项目名称为“图形模板”，并单击“位置”后面的“浏览”按钮，在弹出的对话框中设置项目的存储位置，其他保持默认设置即可，单击“确定”按钮，如图 8.1.2 所示。

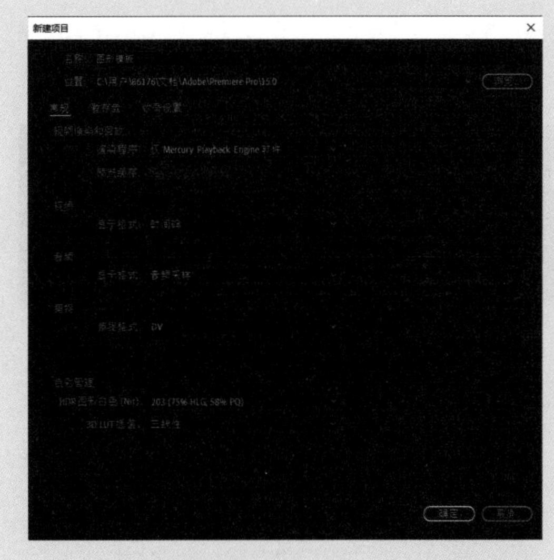

图8.1.2

02 执行“文件”→“导入”命令，或者在“项目”窗口中的空白位置右击并选择“导入”选项，在弹出的“导入”对话框中展开素材保存的路径，选中需要导入的素材，单击“打开”按钮，即可将所选的素材导入“项目”窗口。也可以直接在文件夹中将需要导入的一个或多个文件选中，直接拖至“项目”窗口中，即可快速完成指定素材的导入操作，如图 8.1.3 和图 8.1.4 所示。

图8.1.3

图8.1.4

03 为了得到更好的视频效果，将多余的视频片段剪掉。将播放头指针放在00:00:14:00位置，使用“剃刀工具”将视频分割，按Delete键将前一段视频删除，如图8.1.5所示。

图8.1.5

04 把视频“图形模板”移至00:00:00:00位置，将播放头指针拖至00:00:01:19及00:00:40:16位置，使用“剃刀工具”进行裁剪，如图8.1.6和图8.1.7所示。

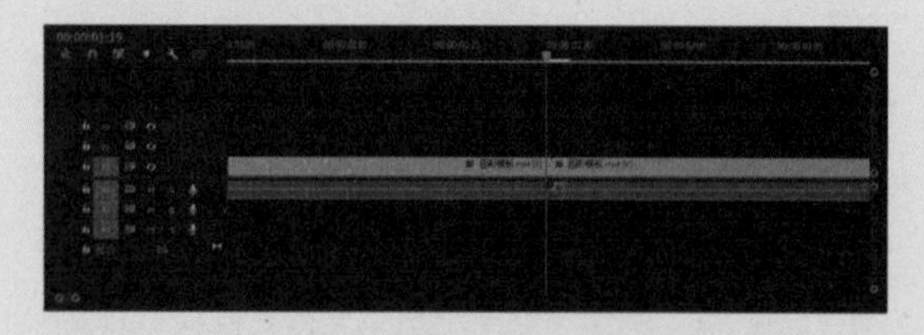

图8.1.6

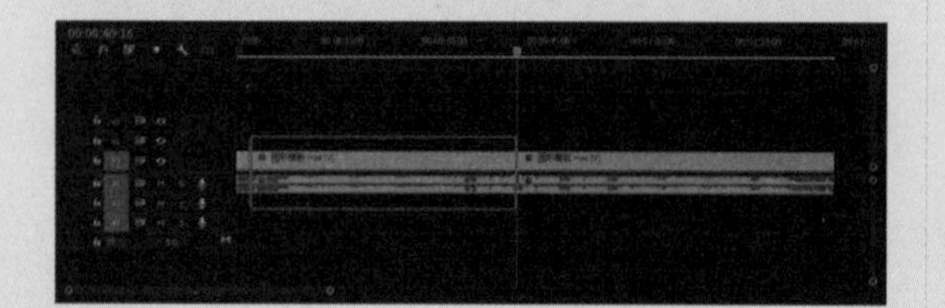

图8.1.7

05 将播放头指针放在00:00:43:09位置，使用“剃刀工具”剪切后一段视频，并按Delete键删除。将需要的部分放置在00:00:00:00的位置，如图8.1.8和图8.1.9所示。

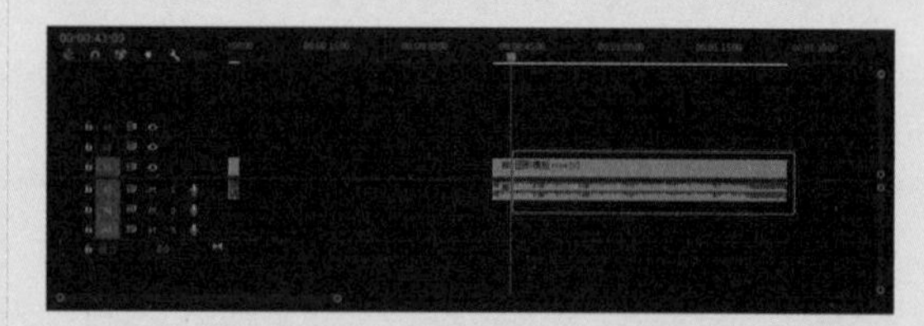

图8.1.8

图8.1.9

06 执行“窗口”→“基本图形”命令，打开“基本图形”面板。在该面板中可以直接在“浏览”选项卡中调用设计好的图形模板，也可以在“编辑”选项卡中修改视频中文字、视频、图片素材的基本参数，如图8.1.10所示。

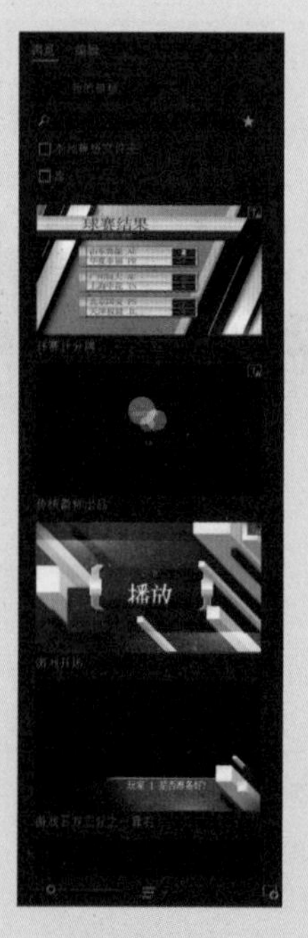

图8.1.10

07 将图形模板加入“时间轴”，对它们在影片中出现的时间及显示的位置进行调整。进入“基本图形”面板的“浏览”选项卡，选中“斜体标题”图形模板，如图 8.1.11 所示。

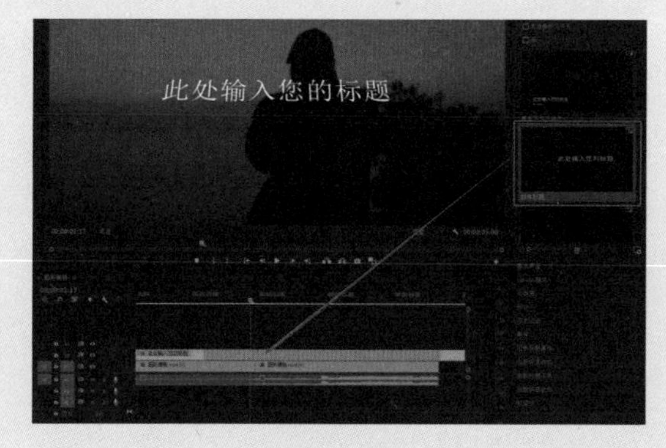

图8.1.11

08 修改文字内容。选中“基本图形”面板，关闭第二个效果，选中下方的文本，双击并设置标题内容为 PREMIERE，字体设置为 Impact，字号设置为 318。此时的监视器内容如图 8.1.12 所示。

图8.1.12

09 将播放头指针放在 00:00:01:19 位置，对齐 V1 轨道中“图形模板”视频的出点，使用“剃刀工具”剪去 V2 文字图层的后一段，并按 Delete 键删除，如图 8.1.13 所示。

10 新建纯色遮罩，放在文字图层下制作背景装饰效果。在“项目”面板的空白处右击，在弹出的快捷菜单中选择“新建项目”→“颜色遮罩”选项，在弹出的“新建颜色遮罩”对话框中，单击“确定”按钮，在弹出的“拾色器”对话框中调整颜色，在弹出的“选择名称”对话框中设置新建的遮罩名称，如图 8.4.14~ 图 8.1.16 所示。

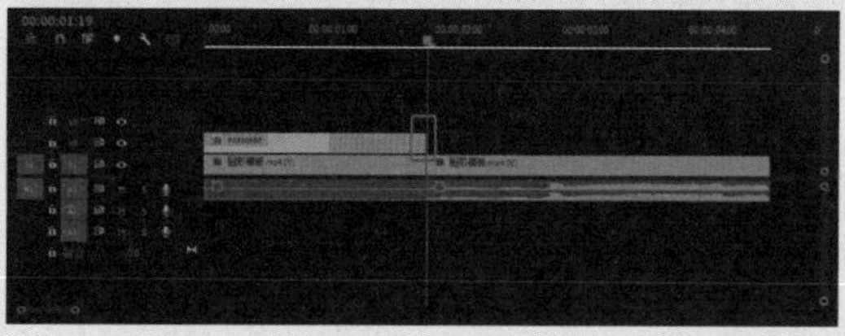

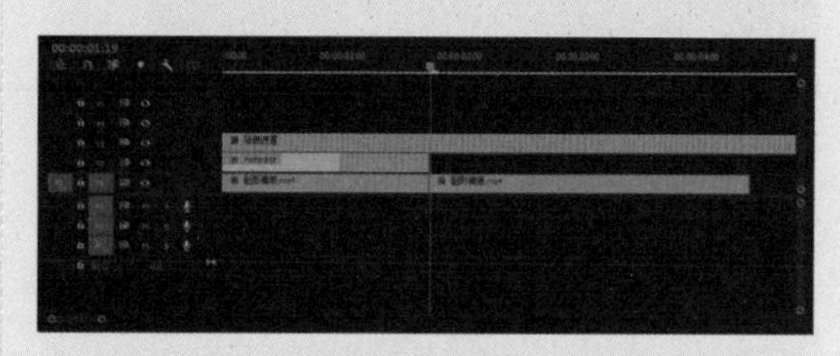

图8.1.13

图8.4.14

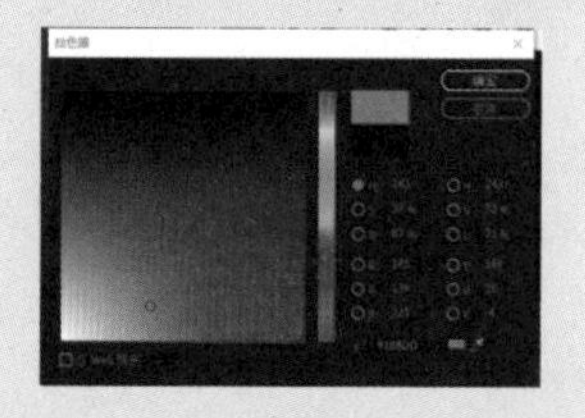

图8.4.15

图8.4.16

11 为了使视频不被颜色遮罩挡住，将 V3 轨道的颜色遮罩移至 V1 轨道，如图 8.1.17 和图 8.1.18 所示。

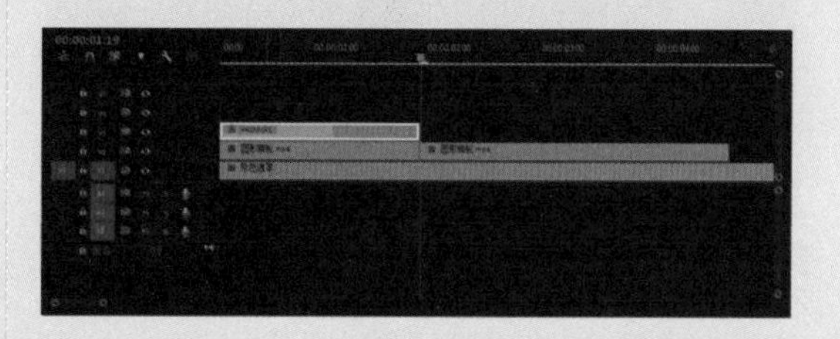

图8.1.17

图8.1.18

12 将“裁剪”拖拽至V1轨道的视频素材上，如图8.1.19所示。

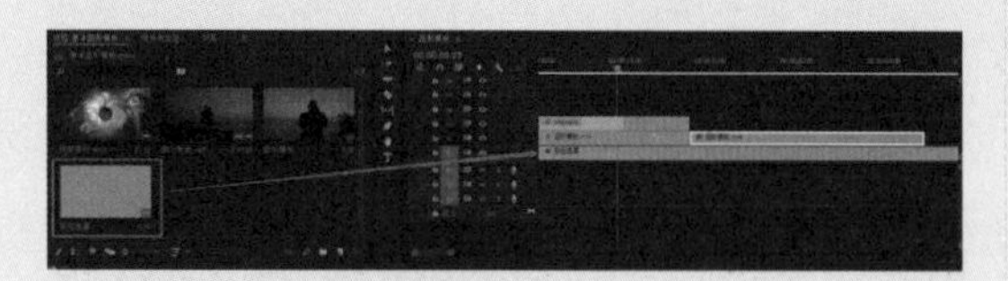

图8.1.19

13 裁剪遮罩大小。选中V1轨道，执行“窗口”→“效果控件”→“裁剪”，设置“左侧”为“00%”，“顶部”为“00%”，“右侧”为“00%”，“底部”为“00%”，如图8.1.20所示。

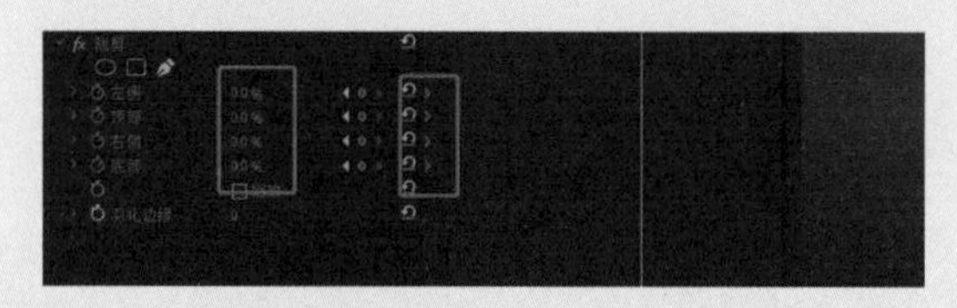

图8.1.20

14 将播放头指针放在00:00:00：19的位置，执行“窗口”→“效果控件”→“裁剪”，设置“左侧”为“16%”，“顶部”为“20%”，“右侧”为“15%”，“底部”为“21%”，如图8.1.21和图8.1.22所示。

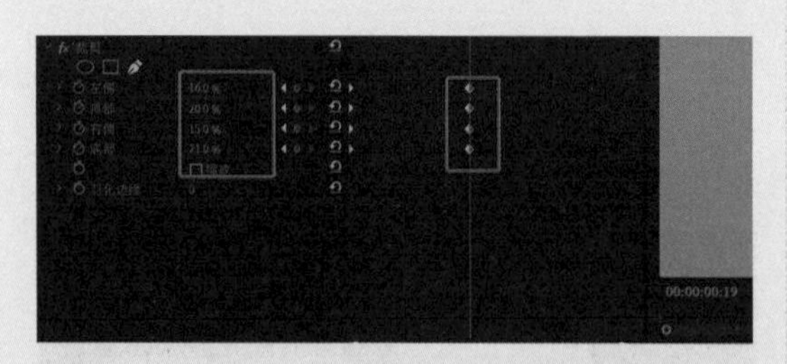

图8.1.21

图8.1.22

15 将播放头指针放在00:00:00：24的位置，执行“窗口”→“效果控件”→“裁剪”，设置“左侧”为“16%”，“顶部”为“20%”，“右侧”为“15%”，“底部”为“21%”，如图8.1.23所示。

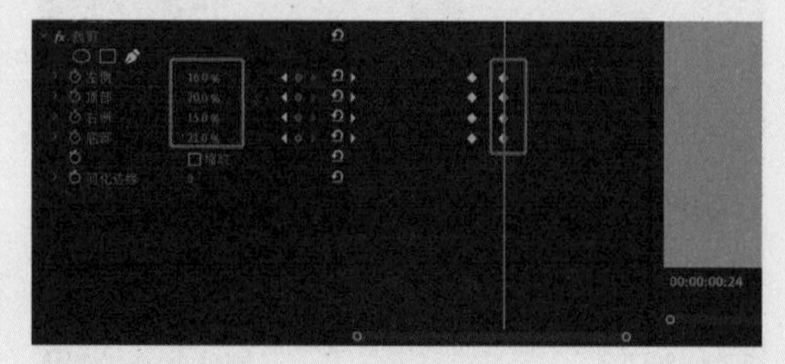

图8.1.23

16 将播放头指针放在00:00:01:16的位置，执行“窗口”→“效果控件”→“裁剪”，设置“左侧”为“00%”，“顶部”为“00%”，“右侧”为“00%”，“底部”为“00%”，如图8.1.24和图8.1.25所示。

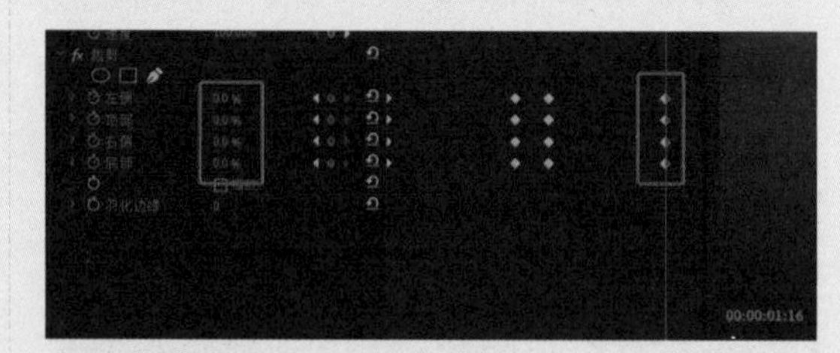

图8.1.24

图8.1.25

17 为了使得动画效果更加流畅，用户可以鼠标左键全选关键帧，在空白处点击右键，执行“临时插值”→“贝塞尔曲线”操作，如图8.1.26所示。

18 点击文字图层，拖拽至V5轨道，如图8.1.27

所示。

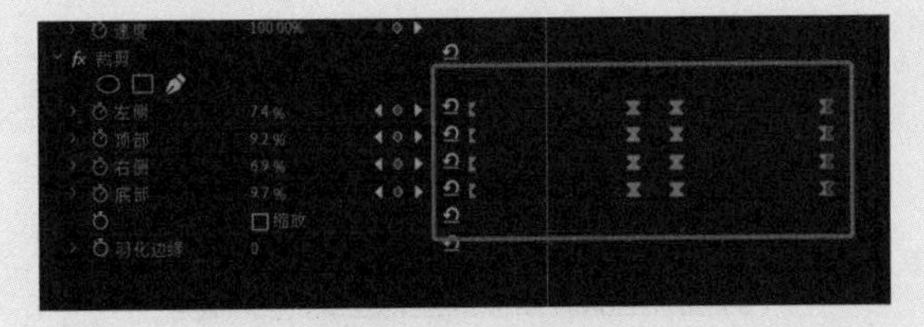

图8.1.26

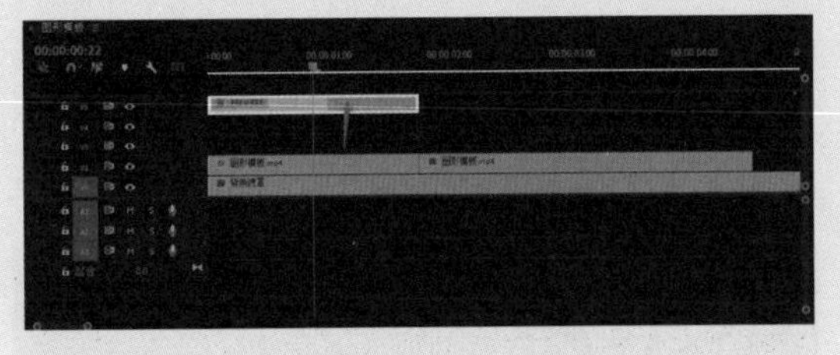

图8.1.27

19 打开“基本图形”面板，使用文字工具T在监视器适当位置输入文字“Premiere Pro”。字体样式设置为“Impact”，字体大小设置为“665”，选中“斜体”，取消勾选“填充”，勾选“描边”，设置为2.0，如图8.1.28所示。

图8.1.28

20 复制文字图层以制作视频画面下半部分的文字装饰效果。按住ALT键拖动V3文字图层，拖拽至V2轨道颜色遮罩后复制一层，如图8.1.29所示。

21 修改文字位置。点击“基本图形”面板，将位置的参数改为“2381，1288.5”如图8.1.30所示。

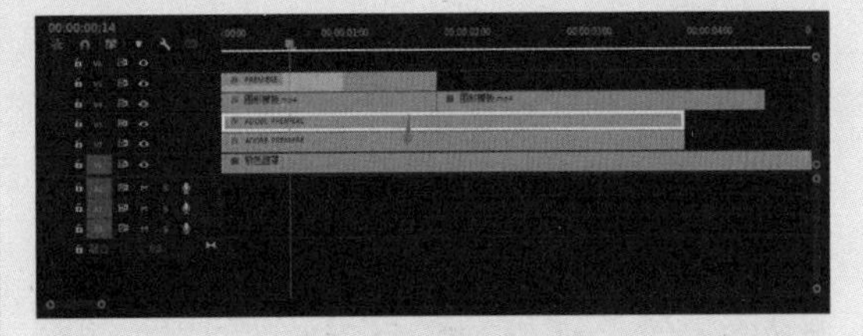

图8.1.29

图8.1.30

22 为镂空文字图层位置添加关键帧，制作合适的文字动画。选中V2轨道“Premiere Pro”文字轨道，执行“效果控件”→“运动”→“位置”，点击位置前的按钮，设置其“位置”数值为“7572，6013”，如图8.1.31所示。

图8.1.31

23 将播放头指针放在00:00:01:16的位置，点击位置前的按钮，设置其“位置”数值为“7572，6013”，如图8.1.32所示。

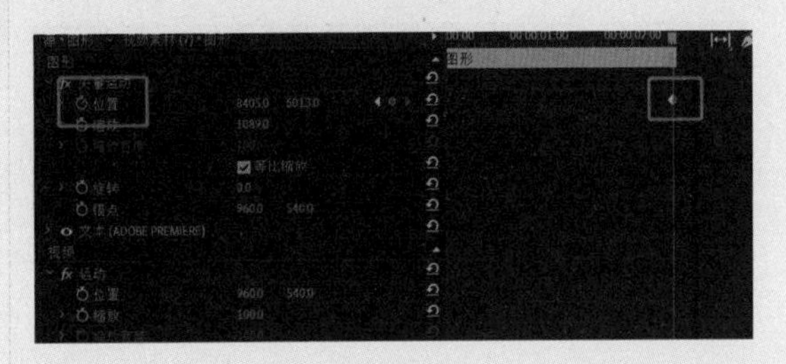

图8.1.32

24 选中V3轨道“Premiere Pro”文字轨道，执行“效果控件”→“运动”→“位置”，点击位置前的按钮，设置其“位置”数值为“7158.0，4822.0”，如图 8.1.33 所示。

图8.1.33

25 将播放头指针放在 00:00:02:11 的位置，点击位置前的按钮，设置其“位置”数值为“6669.3，4822.0”，如图 8.1.34 所示。

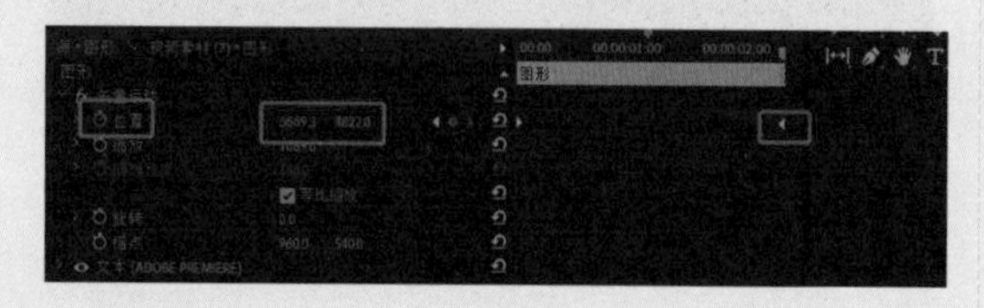

图8.1.34

26 新建蓝色遮罩，将该颜色遮罩素材拖入时间轴 V4、V6 轨道，如图 8.1.35 所示。

图8.1.35

27 将“裁剪”拖拽至 V2 轨道的视频素材上，如图 8.1.36 所示。

图8.1.36

28 裁剪遮罩大小，制作蓝色遮罩随音乐划过屏幕的效果。选中 V4 轨道，将播放头指针移动到 00:00:00:00，执行“窗口”→“效果控件”→“裁剪”，设置“左侧”为“100%”，如图 8.1.37 所示。

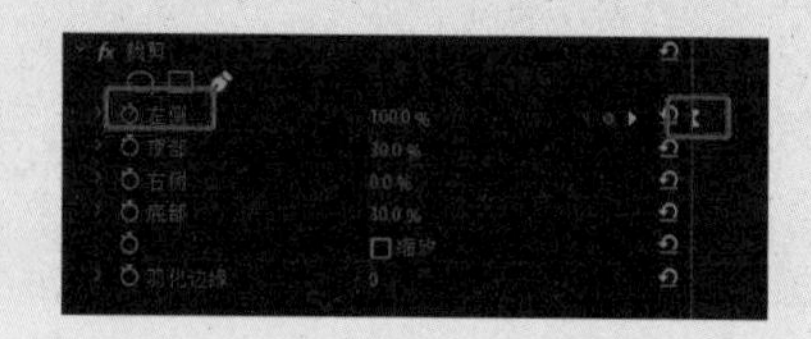

图8.1.37

29 将播放头指针移动到 00:00:01:05，执行“窗口”→“效果控件”→“裁剪”，设置“左侧”为“71%”，如图 8.1.38 所示。

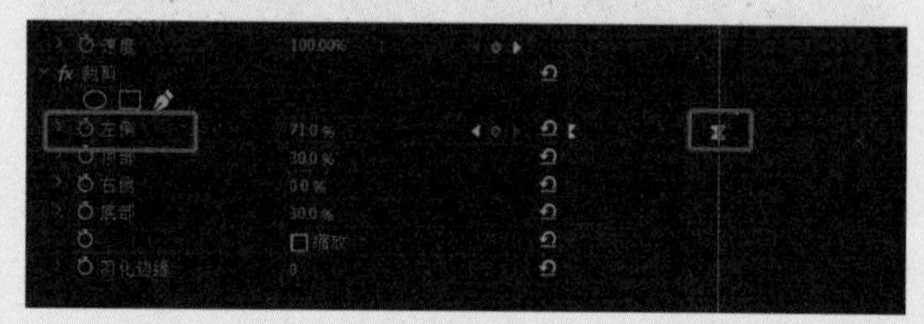

图8.1.38

30 裁剪视频尺寸，制作蓝色遮罩随音乐划过屏幕的效果。选中 V6 轨道，将播放头指针移动到 00:00:00:00，执行“效果控件”→“运动”→“位置”，在起始位置点击 位置 前方的按钮使其被激活变为蓝色，此时“位置”参数为“2880，540”，如图 8.1.39 所示。

图8.1.39

31 将播放头指针移动到 00:00:01:09，修改“位置”参数为“784，540”，建立第二个关键帧，如图 8.1.40 所示。

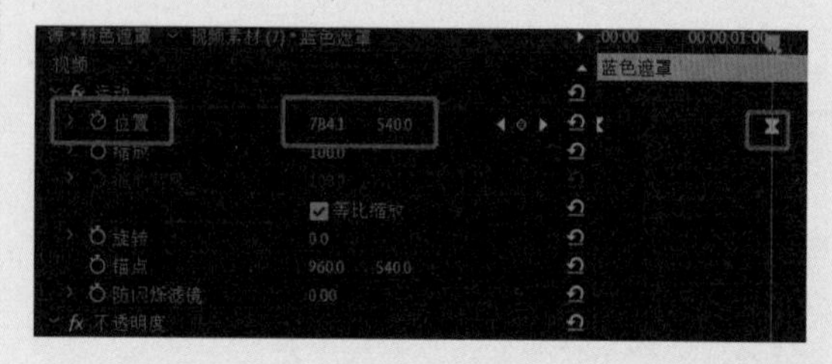

图8.1.40

32 将播放头指针移动到00:00:02:10，修改“位置”参数为“185，540”，建立第三个关键帧，如图8.1.41所示。

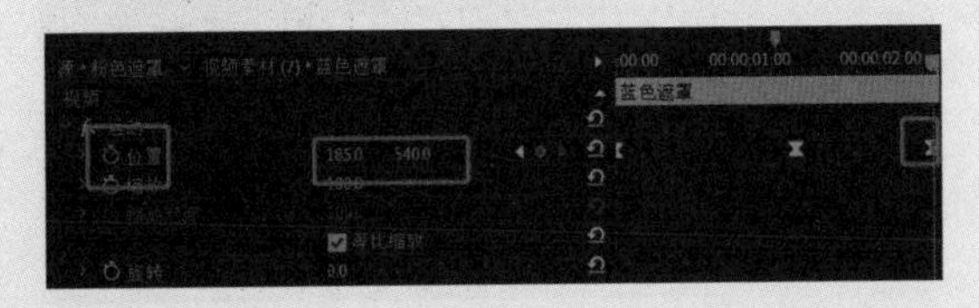

图8.1.41

33 将图形模板文件加入序列的时间轴窗口，对它们在影片中出现的时间及显示的位置进行编排。执行“基本图形”面板＞“浏览”选项卡，选中图形模板“现代标题”，如图8.1.42所示。

图8.1.42

34 打开“基本图形”面板，修改文字为文字“Premiere Pro”。字体样式设置为“Impact”，字体大小设置为“122”，选中“斜体”，勾选“填充”，取消勾选“描边”，如图8.1.43和图8.1.44所示。

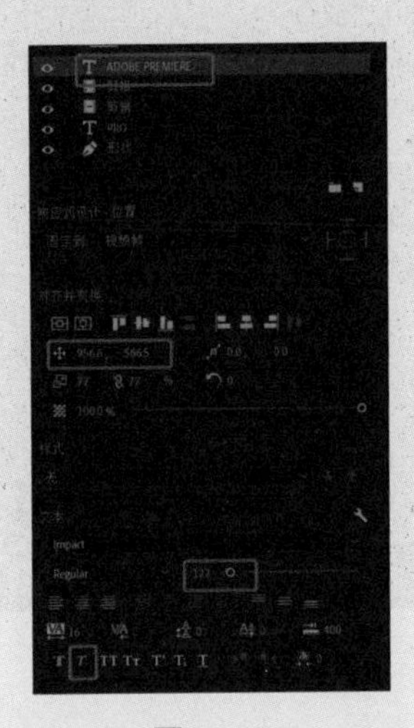

图8.1.43

图8.1.44

35 将蓝色颜色遮罩素材拖入时间轴V2轨道，如图8.1.45所示。

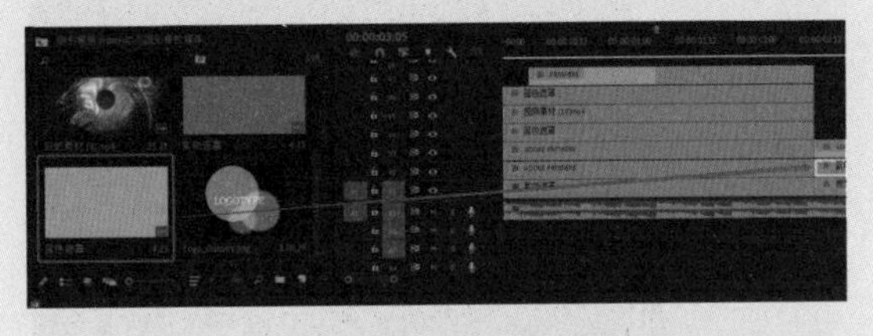

图8.1.45

36 将“裁剪”拖拽至V2轨道的颜色遮罩上，如图8.1.46所示。

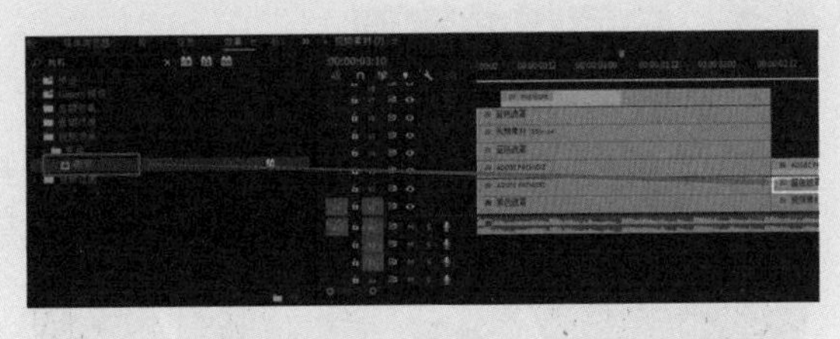

图8.1.46

37 调整遮罩大小，制作蓝色遮罩随音乐划进屏幕的效果。选中V2轨道，将播放头指针移至00:00:00:00的位置，执行“窗口”→“效果控件”→“裁剪”命令，设置“右侧”值为100%，如图8.1.47所示。

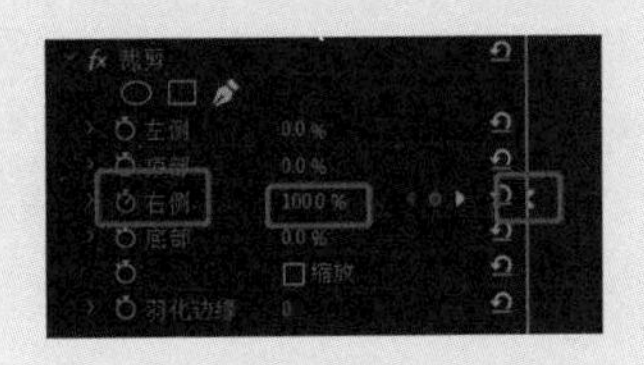

图8.1.47

38 将播放头指针移至00:00:02:10，修改“右侧”值为74.8%，建立第二个关键帧，如图8.1.48所示。

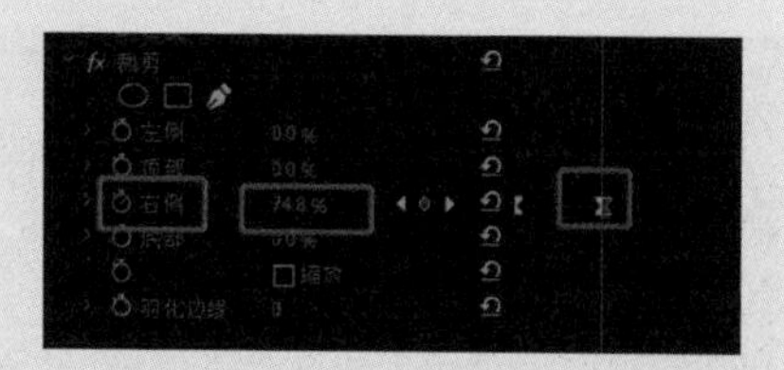

图8.1.48

39 按空格键播放视频，效果如图 8.1.49 和图 8.1.50 所示。

图8.1.49

图8.1.50

40 执行“文件”→“保存”命令或按快捷键 Ctrl+S，保存编辑好的项目文件。

8.2 分屏特效案例

在 Premiere Pro 2022 中，为了制作更加丰富的视频效果，用户可以同时将多个视频内容在一个场景中出现，实现视频的分屏效果，如图 8.2.1 所示，具体的操作步骤如下。

图8.2.1

01 启动 Premiere Pro 2022，单击“新建项目”按钮。在弹出的“新建项目”对话框中，输入项目名称为“分屏”并设置项目的存储位置，单击“确定”按钮，如图 8.2.2 所示。

02 导入素材文件。在“项目”窗口的空白处双击，弹出“导入”对话框，选择素材视频文件并导入，或者直接将素材“分屏视频 01.mp4”拖入“项目”面板中，如图 8.2.3 所示。

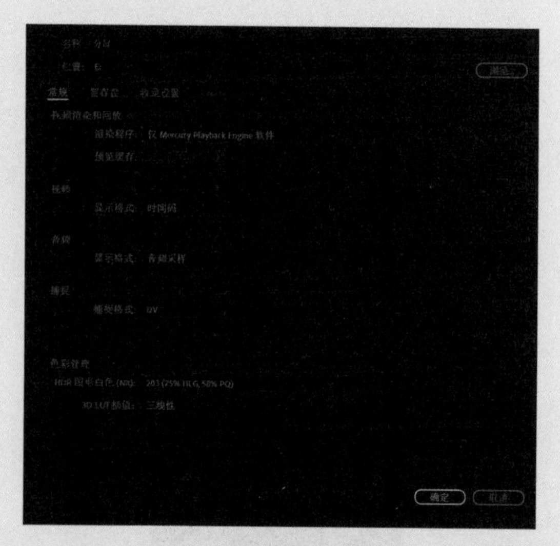

图8.2.2

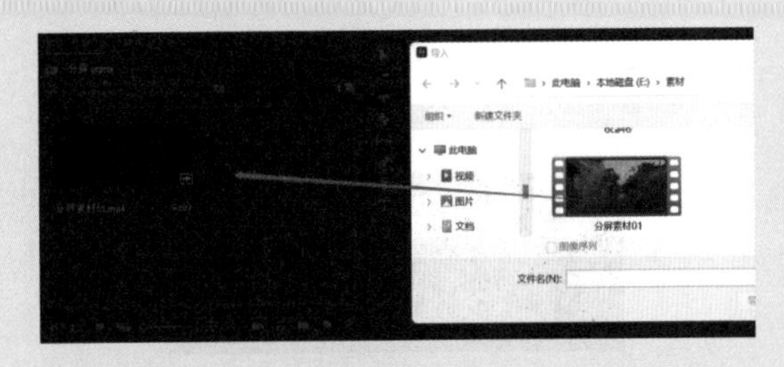

图8.2.3

03 新建合成。打开“项目”面板，选中素材“分屏视频 01.mp4”并将其拖入时间线，即可快速为项目新建一个和素材视频尺寸相同的合成“分屏视频 01”，如图 8.2.4 所示。

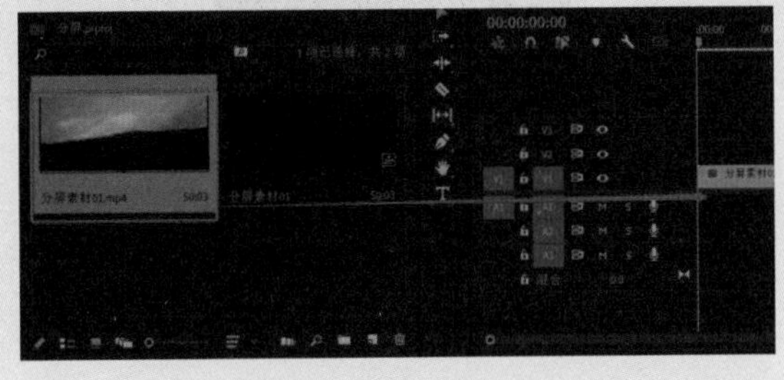

图8.2.4

04 重命名合成。打开“项目”面板，右击“分屏视频”合成，在弹出的快捷菜单中选择“重命名”选项，设置合成名称为“分屏”，如图 8.2.5 所示。

图8.2.5

05 根据需要修剪出 3 段视频段落。单击“工具”面板的“剃刀工具”按钮，播放到合适位置时将“剃刀工具”移至V1轨道的视频素材位置，单击即可完成裁切，如图 8.2.6 所示。

06 将 V1 轨道的第 3 个视频片段移至 V2 轨道，将其和 V1 轨道的第 2 个片段的入点对齐，如图 8.2.7 所示。

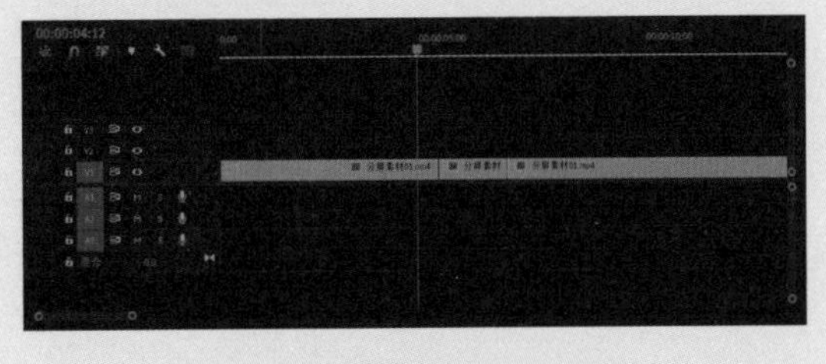

图8.2.6

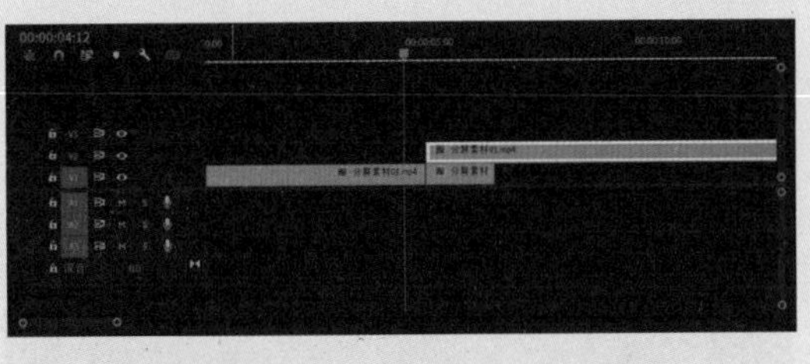

图8.2.7

07 选中“剃刀工具”，在第 2 个片段的出点位置剪裁，使两个轨道的出点和入点完全对齐，如图 8.2.8 所示。

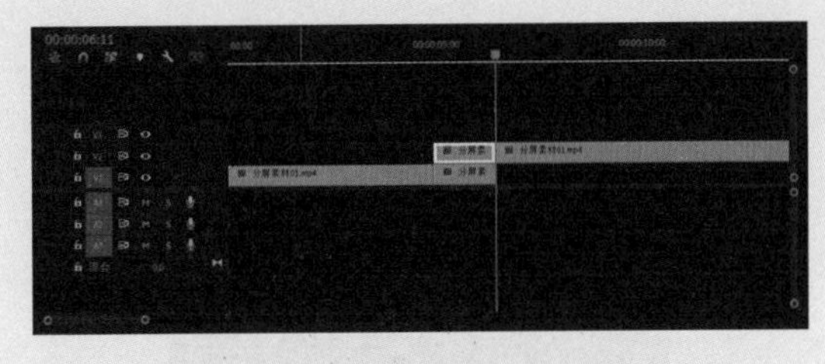

图8.2.8

08 将 V2 轨道的第 2 个视频片段移至 V3 轨道，将其和 V2 轨道的第 2 个素材片段的入点对齐，如图 8.2.9 所示。

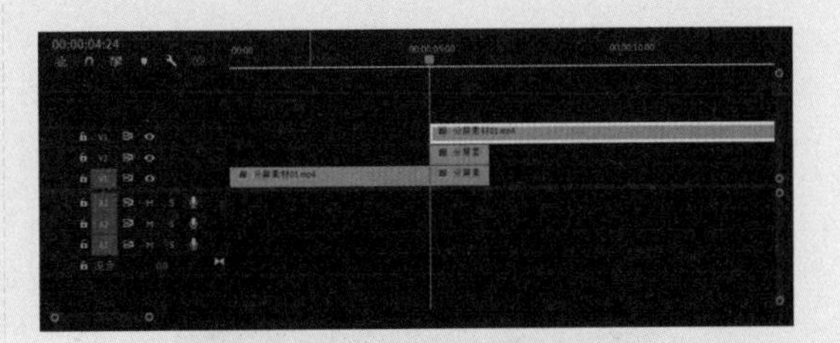

图8.2.9

09 选中“剃刀工具”，在 V2 轨道的第 2 段视频的出点位置使用“剃刀工具”剪裁 V3 轨道的视频素材，使 3 个轨道中的视频的出点和入点完全对齐，如图 8.2.10 所示。

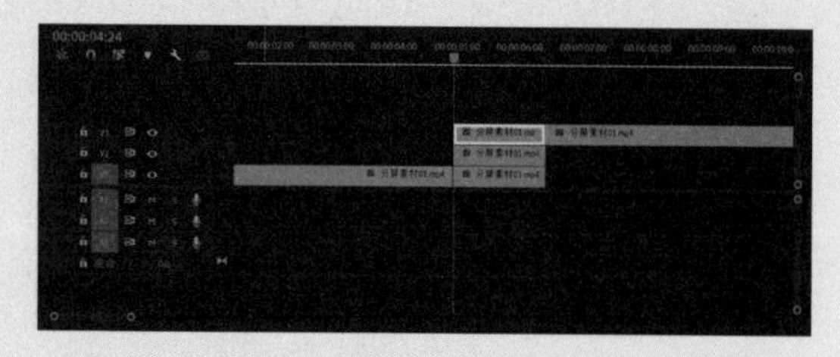

图8.2.10

10 移动视频素材位置。框选三段视频素材，并将其向上拖动一个轨道，分别放置在 V2、V3、V4 视频轨道。将 V3 轨道第 2 个视频素材拖至 V1 轨道，如图 8.2.11 所示。

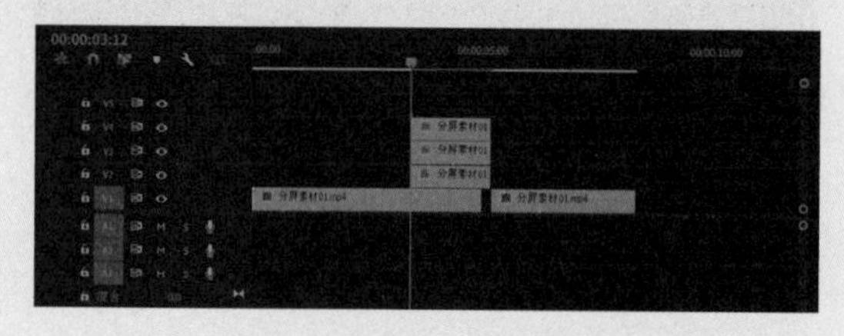

图8.2.11

11 调整视频素材位置。选中时间轴中 V2 轨道第 2 个视频素材，找到“效果控件”面板中“运动”下的“位置”参数，设置其参数为 −77.0 和 −404.0，如图 8.2.12 所示。

图8.2.12

12 选中时间轴中 V3 轨道素材，找到“效果控件”面板中“运动”下的“位置”参数，设置其参数为 1858.0 和 405.0，如图 8.2.13 所示。

图8.2.13

13 选中时间轴中 V4 轨道素材，找到“效果控件”面板中“运动”下的“位置”参数，设置其参数为 1320.0 和 −405.0，如图 8.2.14 所示。

图8.2.14

14 添加视频特效。执行“窗口”→“效果”命令，打开“效果”面板，搜索“线性擦除”特效，如图 8.2.15 所示。

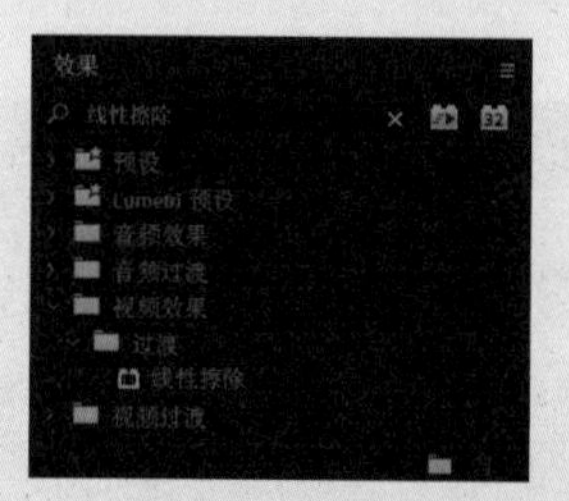

图8.2.15

15 分别为 3 段视频添加“线性擦除”特效。将“线性擦除”特效分别应用到 3 段素材中，如图 8.2.16 所示。

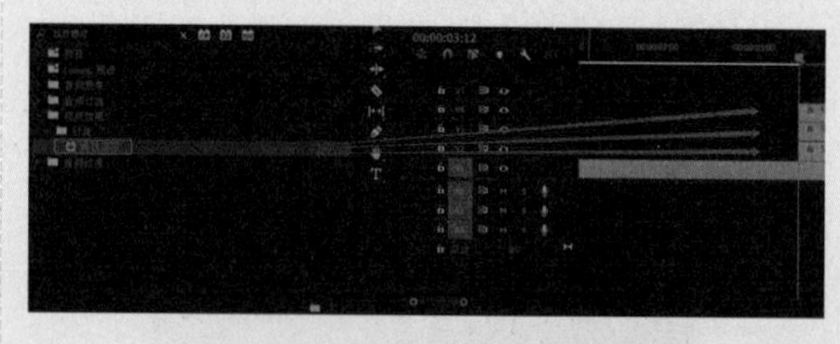

图8.2.16

16 设置修改线性擦除参数。选中 V2 轨道视频，在“效果控件”面板中找到“线性擦除”参数，设置“过渡完成”值为 33%，“擦除角度”值为 133.0°，如图 8.2.17 和图 8.2.18 所示。

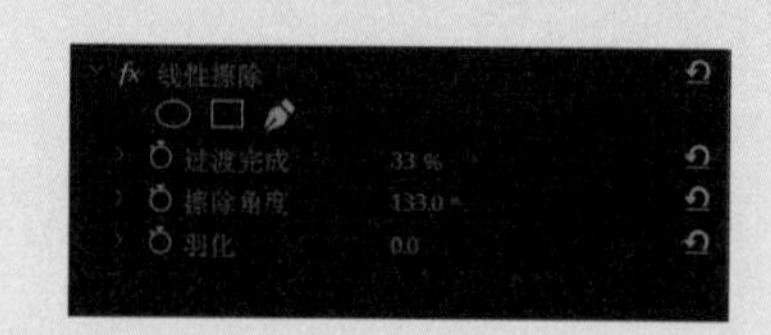

图8.2.17

图8.2.18

17 选中 V3 轨道视频，在“效果控件”面板中找到“线性擦除”参数，设置“过渡完成”值为 31%，“擦除角度”为 117.0°，调整后的视频效果如图 8.2.19 和图 8.2.20 所示。

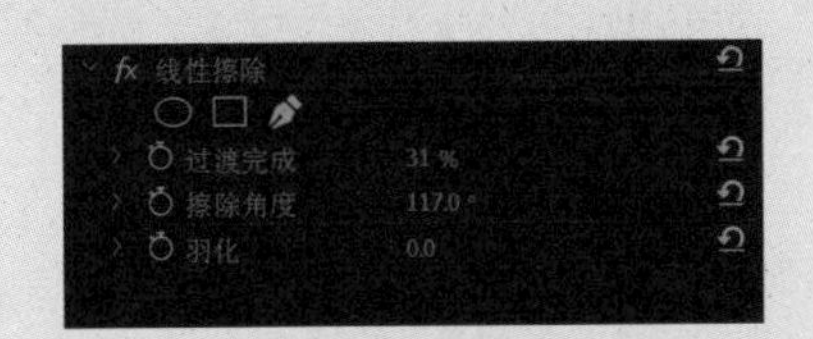

图8.2.19

图8.2.20

18 选中 V4 轨道视频，在“效果控件”面板中找到“线性擦除”参数，设置“过渡完成”值为 54%，“擦除角度”值为 117.0°，如图 8.2.21 所示，调整后的效果如图 8.2.22 所示。

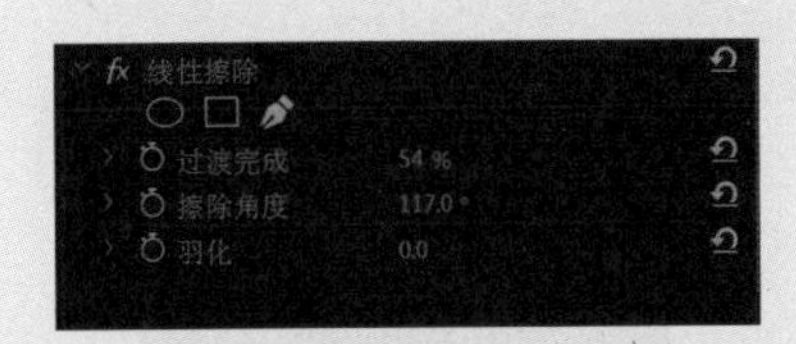

图8.2.21

19 为视频入场添加运动效果。选中 V2 轨道视频，在“效果控件”面板中找到“运动”下的“位置”参数，将时间线播放到 00:00:03:22，单击“位置”前的按钮即可设置关键帧，如图 8.2.23 所示。

图8.2.22

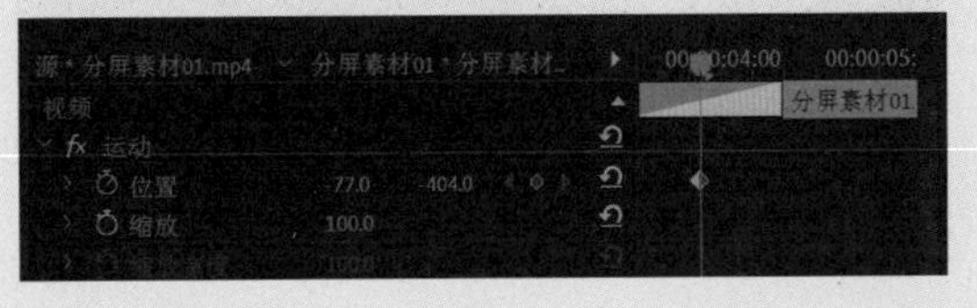

图8.2.23

20 在时间线播放到 00:00:04:03 时，修改位置参数为 −77.0 和 404.0，如图 8.2.24 所示。

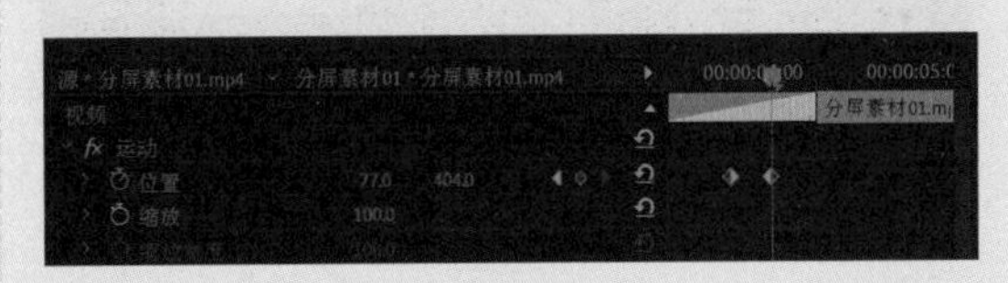

图8.2.24

21 为 V3 视频轨道入场添加运动效果。选中 V3 轨道视频素材，执行“效果控件”→“运动”→“位置”，将播放头指针调整到 00:00:03:22，单击“位置”参数前的按钮即可设置关键帧，如图 8.2.25 所示。

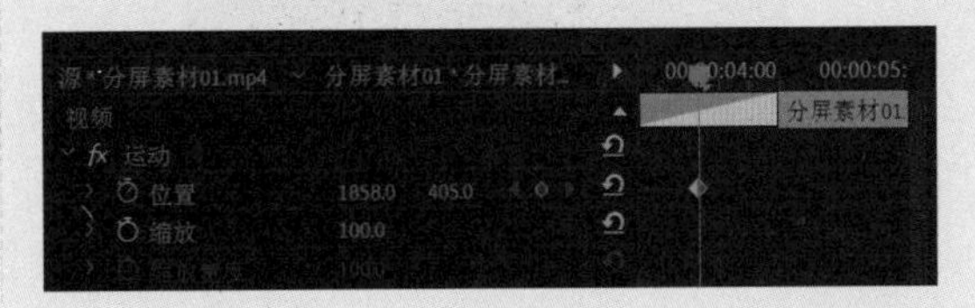

图8.2.25

22 将播放头指针调整到 00:00:04:03，修改“位置”参数为 958.0 和 405.0，如图 8.2.26 所示。

图8.2.26

23 为V4视频轨道入场添加运动效果。选中V4轨道视频素材，找到“效果控件”面板中“运动”下的“位置”参数，在00:00:03:22位置，单击“位置”参数前的◙按钮即可设置关键帧，如图8.2.27所示。

图8.2.27

24 在00:00:04:03位置，修改位置参数为1320.0和405.0，如图8.2.28所示。

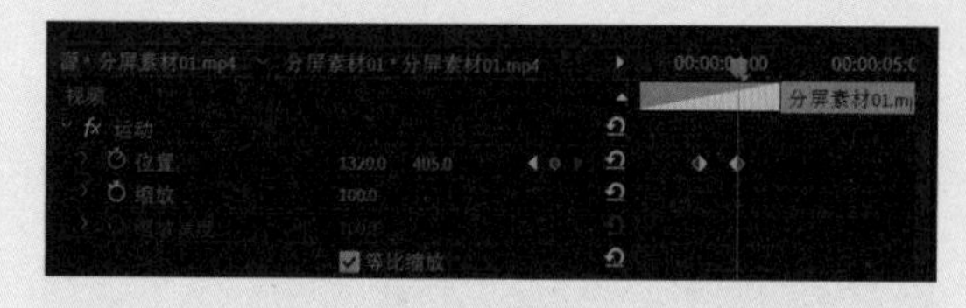

图8.2.28

25 添加关键帧后即可看到视频的运动效果，如图8.2.29所示。

图8.2.29

26 为了使视频转场特效更加自然，可以为视频添加适当的转场特效。执行“窗口”→“效果”命令，打开“效果”面板，搜索“交叉溶解”效果，如图8.2.30所示。

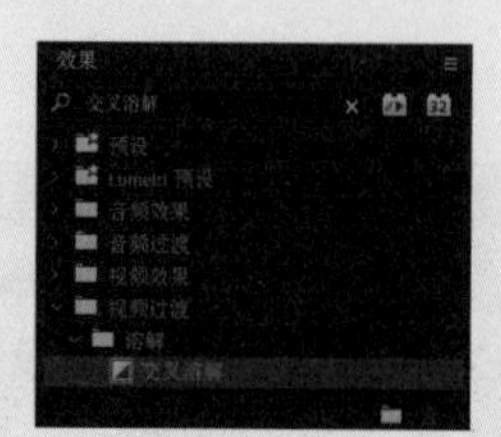

图8.2.30

27 将“交叉溶解”效果分别拖入3段视频中，如图8.2.31所示。设置完成后即可在监视器中看到3段视频交叉溶解的效果，如图8.2.32所示。

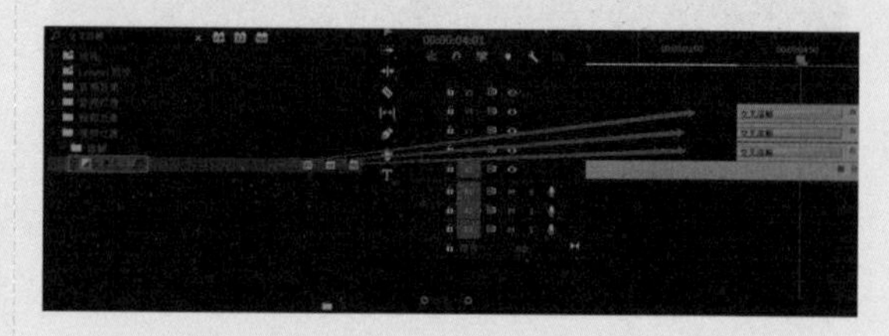

图8.2.31

图8.2.32

28 执行“文件”→“新建”→“旧版标题”命令，在打开的“新建字幕”对话框中输入字幕名称并单击“确定”按钮，如图8.2.33所示。

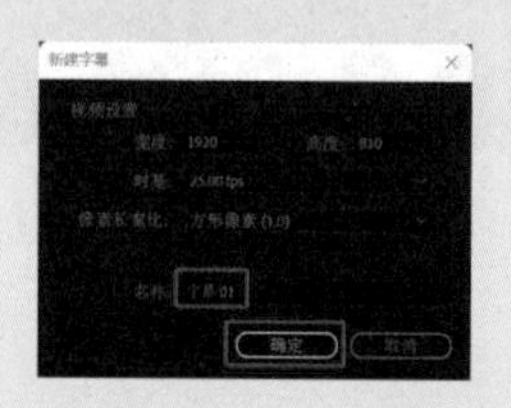

图8.2.33

29 在旧版标题工具栏中单击“矩形”工具按钮，在绘图区绘制矩形，然后适当调整矩形的位置、长度和角度，如图8.2.34和图8.2.35所示。

图8.2.34

30 将“项目”面板中的“字幕01”素材文件拖至V5轨道上，设置起止帧为00:00:03:12，结束帧为00:00:05:06，如图8.2.36所示。

图8.2.35

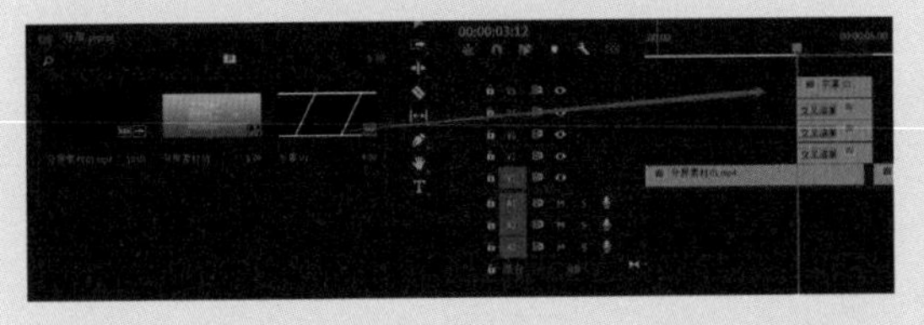

图8.2.36

31 在“时间线”面板或“节目监视器”窗口中，将播放头指针定位在需要开始预览的位置，然后单击“节目监视器”窗口中的“播放/停止切换”按钮▶或按空格键，对编辑完成的影片进行预览，如图 8.2.37 所示。

图8.2.37

32 执行“文件”→“保存”命令或按快捷键 Ctrl+S，对编辑好的文件进行保存。

8.3 文字遮罩案例

文字的编辑是 Premiere Pro 的一项基本功能，用于在项目中添加提示文字、标题文字等信息元素，不仅可以更完整地展现相关视频内容，还可以起到美化画面、表现创意的作用，如图 8.3.1 所示，本例的具体操作步骤如下。

图8.3.1

01 启动 Premiere Pro 2022，单击“新建项目”按钮，在弹出的“新建项目”对话框中，输入项目名称为“遮罩”，单击“位置”后面的“浏览”按钮，在弹出的对话框中设置项目的存储位置，单击“确定”按钮，如图 8.3.2 所示。

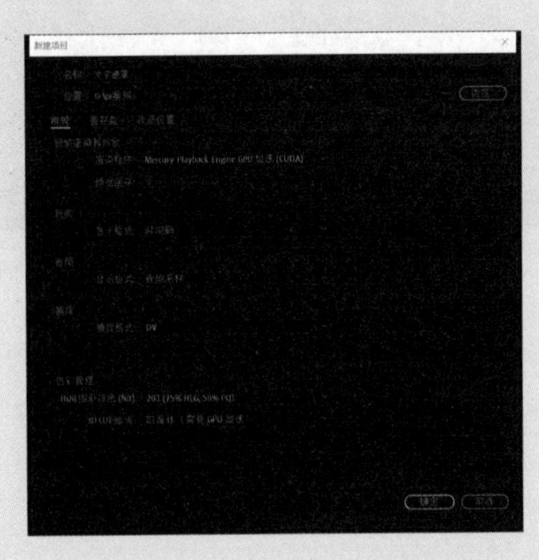

图8.3.2

02 导入视频素材。将“海浪 .mp4”文件拖入“项目”面板，如图 8.3.3 所示。

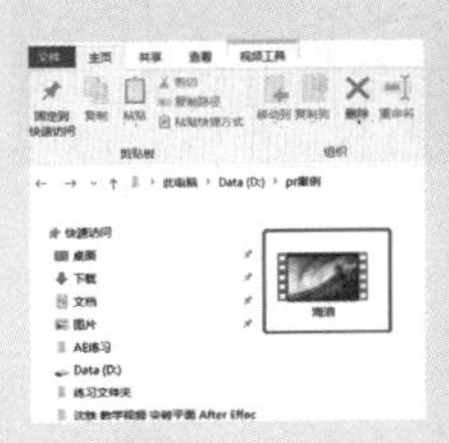

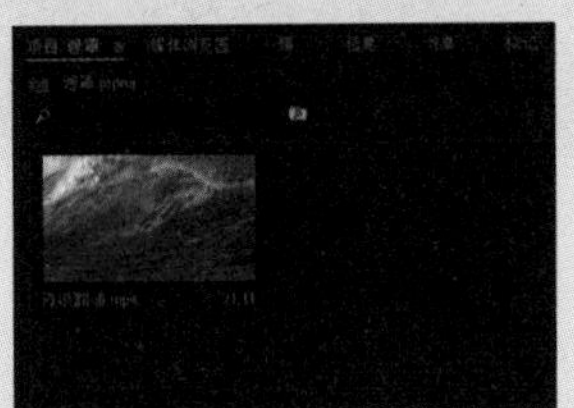

图8.3.3

03 快捷新建合成。从“项目”面板中将“海浪.mp4”素材拖至“时间线”面板中即可快捷创建和序列尺寸匹配的合成，如图 8.3.4 所示。

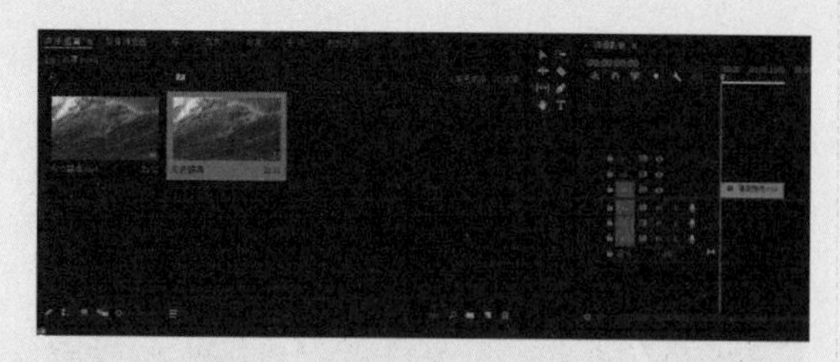

图8.3.4

04 重命名合成。打开“项目”面板，选中“文字遮罩视频”并右击，在弹出的快捷菜单中选择“重命名”选项，将合成名称修改为“文字遮罩”，如图 8.3.5 所示。

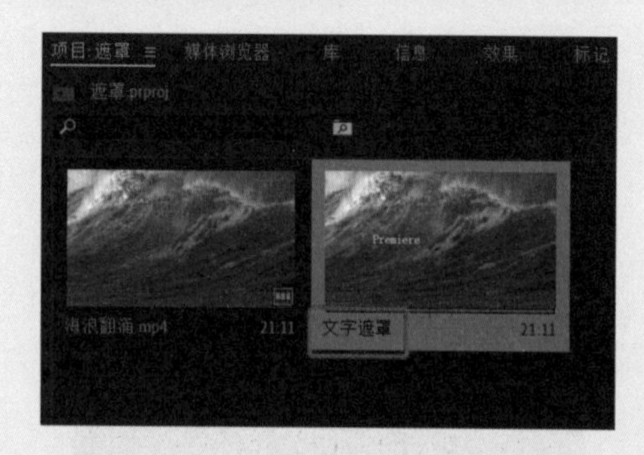

图8.3.5

05 复制视频素材。将视频素材的入点对齐到时间线的初始位置。按住 Alt 键，拖动 V1 轨道中素材至 V2 轨道，即可复制该素材，如图 8.3.6 所示。

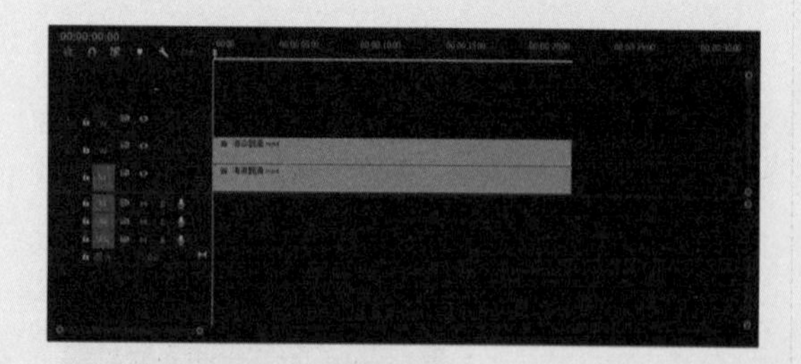

图8.3.6

06 打开“工具”面板，选择“文字工具”T，在监视器窗口中输入 Premiere 文字，如图 8.3.7 所示。

图8.3.7

07 调整文字样式。打开“效果控件”面板，设置“源文本”为 Eras Bold ITC，大小为 247，选中“填充”复选框，如图 8.3.8 所示。

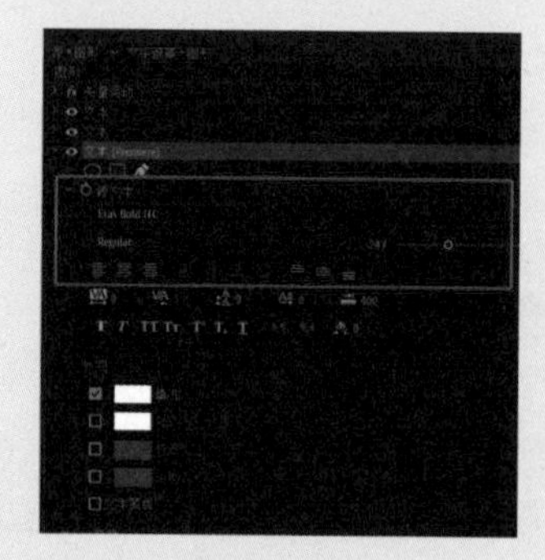

图8.3.8

08 在“时间线”面板中，将文字图层轨道延长到与素材时长相同，使视频和文字的出点对齐。将鼠标指针移至文字剪辑的后面，按住鼠标左键并向右拖动，将字幕剪辑的出点与 V2 轨道中的视频出点位置对齐，如图 8.3.9 所示。

图8.3.9

09 添加轨道遮罩特效。执行“窗口”→“效果”命令，打开“效果”面板，搜索“轨道遮罩”，如图 8.3.10 所示。

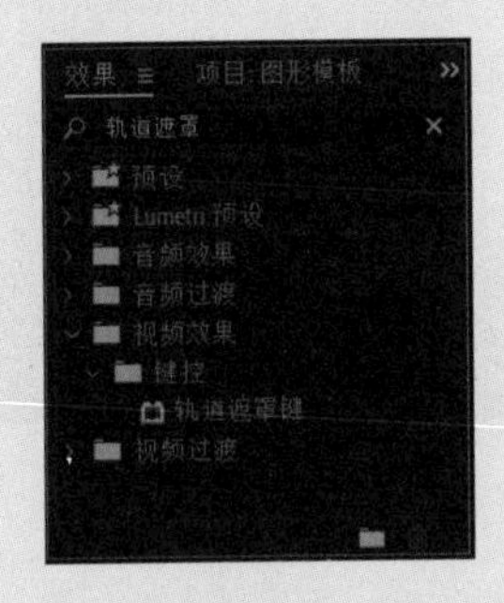

图8.3.10

10 将“轨道遮罩”特效拖至 V2 轨道的素材上，为视频素材添加该特效，如图 8.3.11 所示。

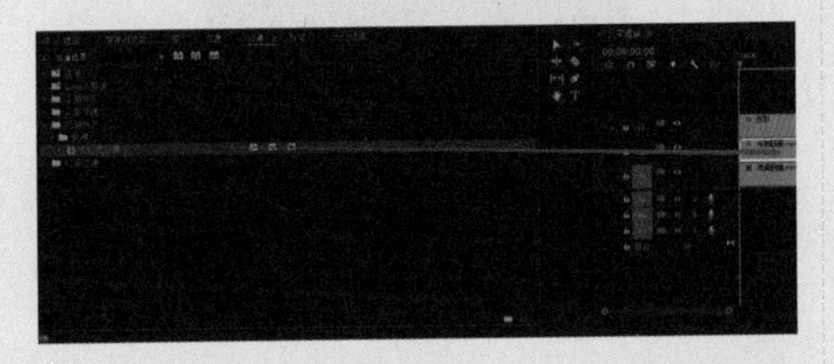

图8.3.11

11 选中 V2 轨道中的视频素材，执行“窗口”→“效果控件”命令，打开“效果控件”面板，其中会显示相关属性。设置“遮罩”为“视频 3”，“合成方式”为“Alpha 遮罩”，如图 8.3.12 和图 8.3.13 所示。

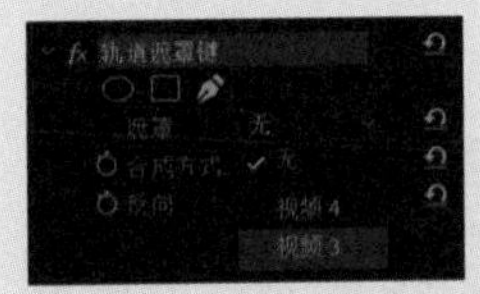

图8.3.12

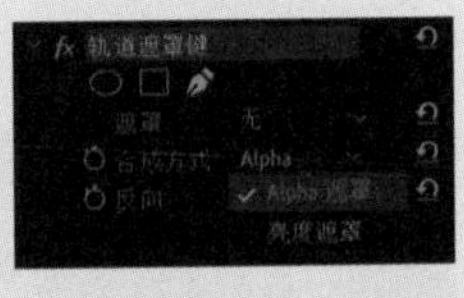

图8.3.13

12 为背景视频添加“高斯模糊”效果。打开“效果”面板，搜索“高斯模糊”，如图 8.3.14 所示。

13 将“高斯模糊”效果拖至时间线 V1 轨道的素材上，为其添加“高斯模糊”效果，如图 8.3.15 所示。

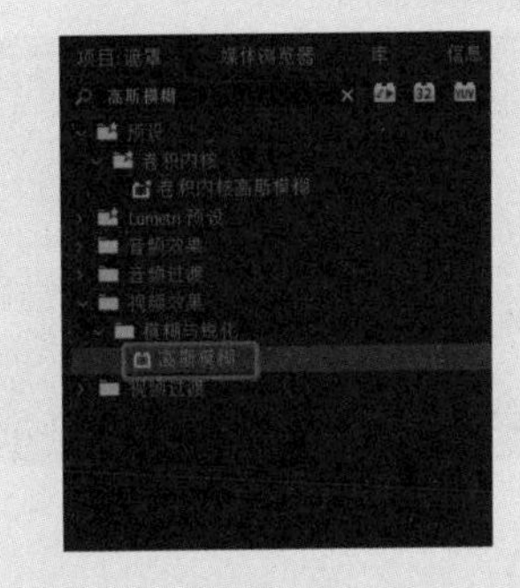

图8.3.14

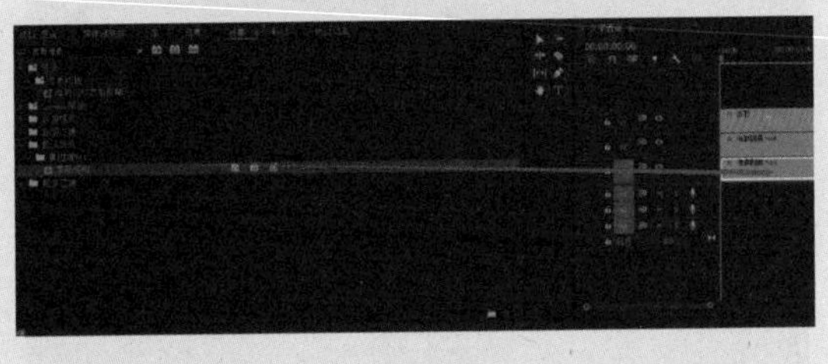

图8.3.15

14 选中 V1 轨道的视频素材，打开“效果控件”面板调整参数。设置“模糊度”值为 400.0，“模糊尺寸”为“水平和垂直”如图 8.3.16 所示，视频效果如图 8.3.17 所示。

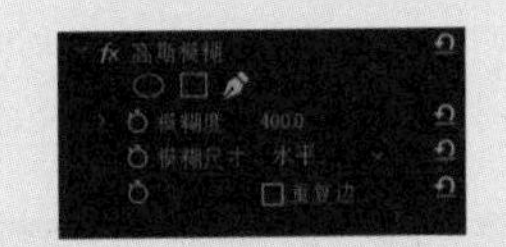

图8.3.16

图8.3.17

15 为了制作过渡效果，按住 Alt 键，将 V3 文字图层拖至 V4 轨道，复制一个文字图层，如图 8.3.18 和图 8.3.19 所示。

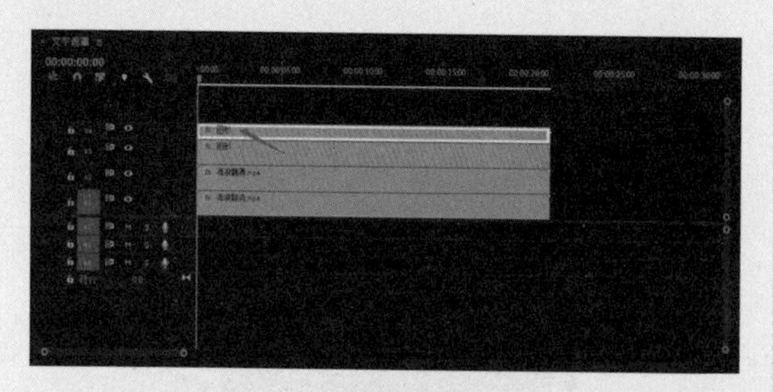

图8.3.18

图8.3.19

16 视频前半部分文字为白色实底，后半部分将变为透明。向时间线起点方向拖动V4轨道的文字素材的出点，调整其持续时间，如图8.3.20所示，具体效果如图8.3.21和图8.3.22所示。

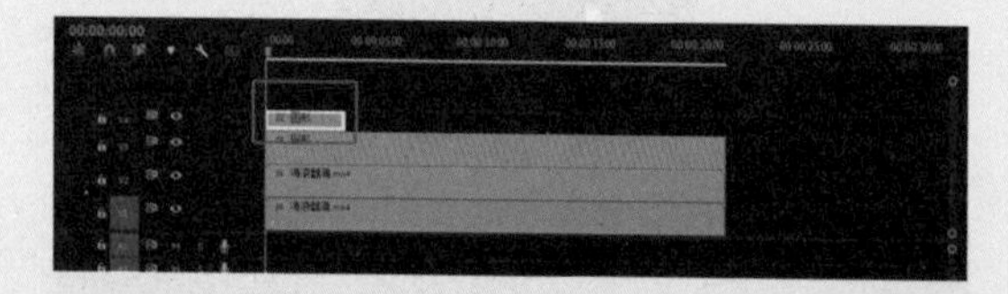

图8.3.20

图8.3.21

图8.3.22

17 添加视频转场特效使合成更自然。在“效果”面板中搜索“交叉溶解”，如图8.3.23所示。

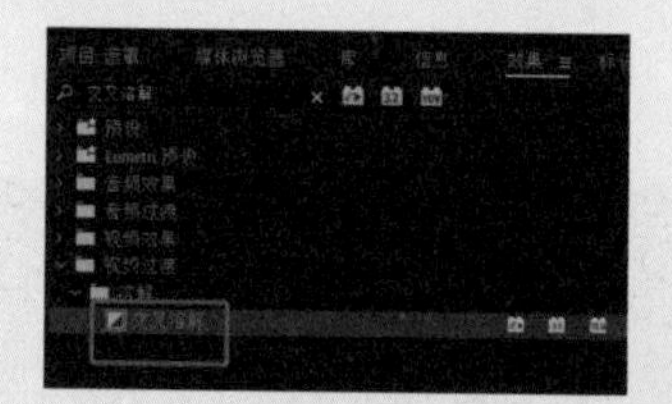

图8.3.23

18 将“交叉溶解”效果拖至V4轨道的文字素材尾部，如图8.3.24所示。

图8.3.24

19 在“交叉溶解”的时间段，文字会从白色逐渐变成透明，如图8.3.25和图8.3.26所示。

图8.3.25

图8.3.26

20 选择合适的时间点为视频添加适当的动画效果。选中V3轨道中的文字素材，单击按钮，此时右侧会出现相应的关键帧，播放到合适位置放大文字素材，将“缩放”值调整到5219.0，最终确保视频画面能够完全显示，如图8.3.27和图8.3.28所示，具体效果如图8.3.29和图8.3.30所示。

图8.3.27

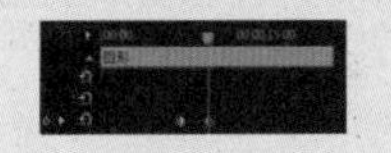

图8.3.28

图8.3.29

图8.3.30

21 播放时间线即可查看文字从白色实底变为透明，最后文字逐渐放大至画面完全显示的效果，如图8.3.31和图8.3.32所示。

图8.3.31

图8.3.32

22 执行“文件”→“保存”命令或按快捷键Ctrl+S，保存编辑好的项目文件。

8.4 轨道遮罩案例

恰当地设计文字素材，并配合某些过渡效果的特殊动画效果，可以编辑出富有创意的影片内容。本例将利用转场特效制作轨道遮罩片头，这种片头常用于表现影视的开场效果，如图8.4.1和图8.4.2所示，具体的操作步骤如下。

图8.4.1

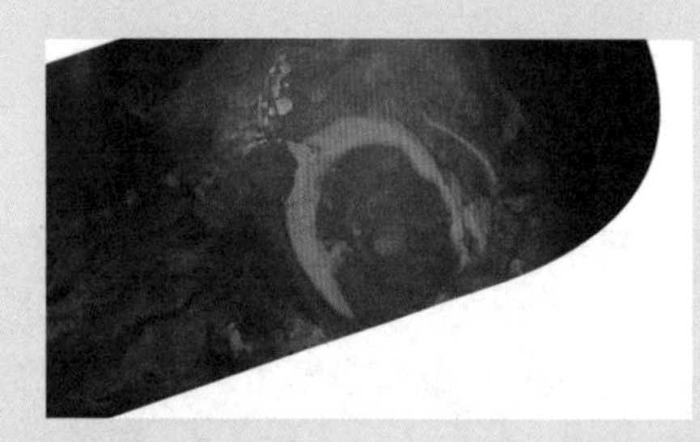

图8.4.2

01 启动Premiere Pro 2022，单击“新建项目”按钮，在弹出的“新建项目”对话框中，输入项目名称为“高级遮罩”，并单击“位置”后面的“浏览”按钮，在弹出的对话框中设置项目的存储位置，单击“确定”按钮，如图8.4.3所示。

图8.4.3

02 导入视频素材。将视频素材文件直接拖至“项目”面板中，如图8.4.4所示。

03 新建合成。直接将“色彩涌动.mp4”视频素材拖入“时间线”面板的V1轨道中，软件快速创建和视频素材尺寸相同的合成，如图8.4.5所示。

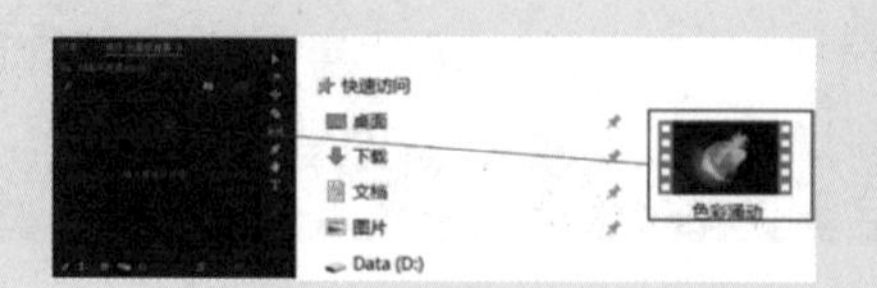

图8.4.4

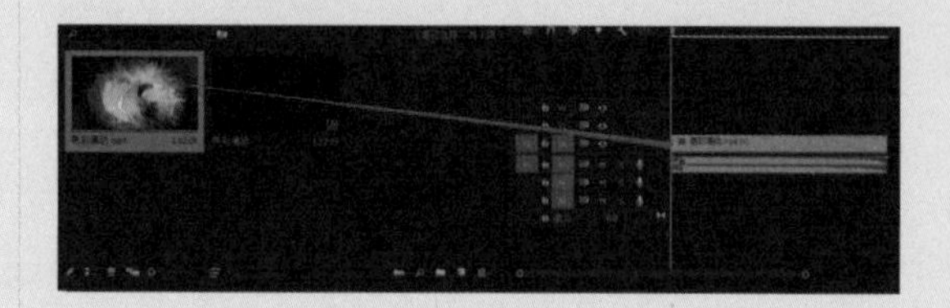

图8.4.5

04 重命名合成。打开“项目”面板，选中“色彩涌动.mp4”合成并右击，在弹出的快捷菜单中选择“重命名”选项，将合成名称修改为“高级遮罩”，如图8.4.6所示。

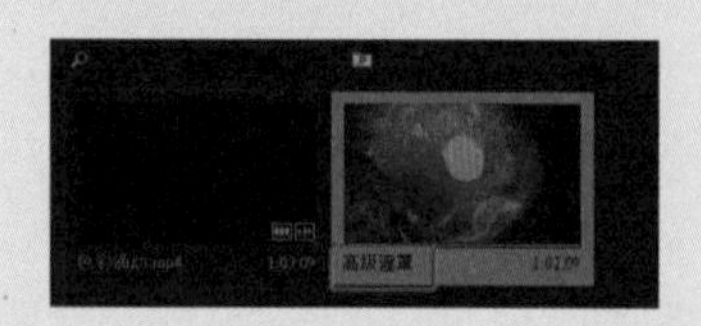

图8.4.6

05 打开“工具”面板，使用“文字工具”T在监视器窗口的适当位置输入Premiere文字，如图8.4.7所示。

图8.4.7

06 打开“工具”面板，使选中“剃刀工具”，对V1视频轨道中的素材进行剪裁，剪裁的前半部分将配合文字遮罩效果，后半部分则是转场后的画面，如图8.4.8所示。

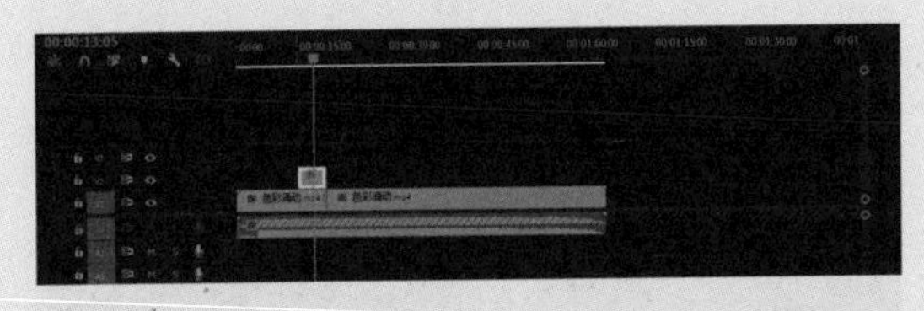

图8.4.8

07 为视频添加效果。执行“窗口”→“效果”命令，打开“效果”面板，并搜索“轨道遮罩”效果，如图8.4.9所示。

图8.4.9

08 将“轨道遮罩键”效果拖至V1轨道中，将效果应用到V1轨道的第一段视频素材上，如图8.4.10所示。

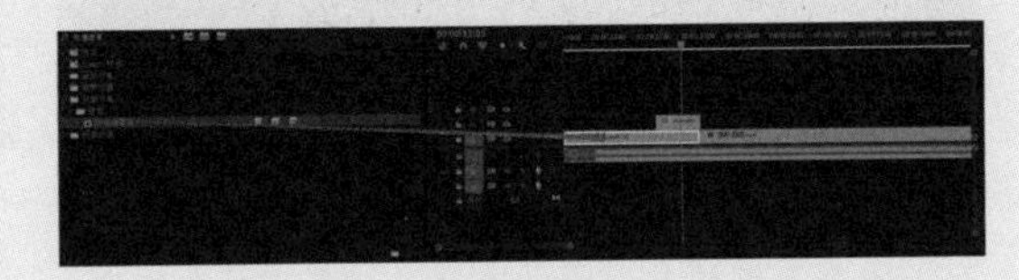

图8.4.10

09 选中V1轨道的第一段视频素材，执行“窗口”→“效果控件”命令，打开“效果控件”面板，并对参数进行修改，将“遮罩”设置为“视频2”，“合成方式”设置为“Alpha遮罩”，如图8.4.11所示，视频效果如图8.4.12所示。

图8.4.11

图8.4.12

10 新建纯色层，覆盖在文字图层上制作文字逐渐出现的效果。在“项目”面板的空白处右击，在弹出的快捷菜单中选择“新建项目”→“颜色遮罩”选项，弹出“新建颜色遮罩”对话框，单击“确定”按钮，如图8.4.13所示。

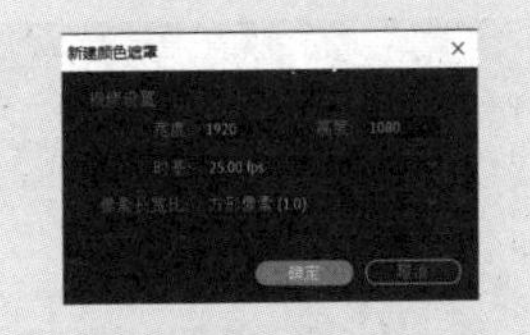

图8.4.13

11 在弹出的“拾色器”对话框中选择黑色，如图8.4.14所示。

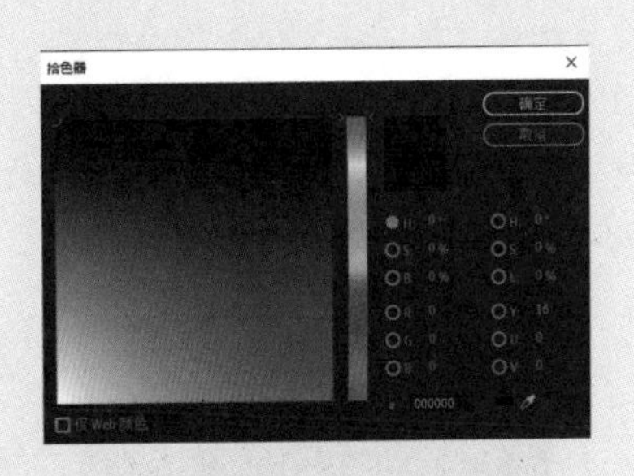

图8.4.14

12 在弹出的“选择名称”对话框中设置名称后，单击“确定”按钮，如图8.4.15所示。

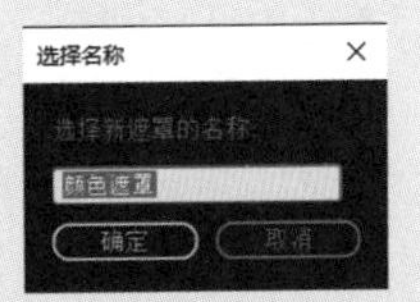

图8.4.15

13 在“项目”面板中出现相应的颜色遮罩素材，如图 8.4.16 所示。

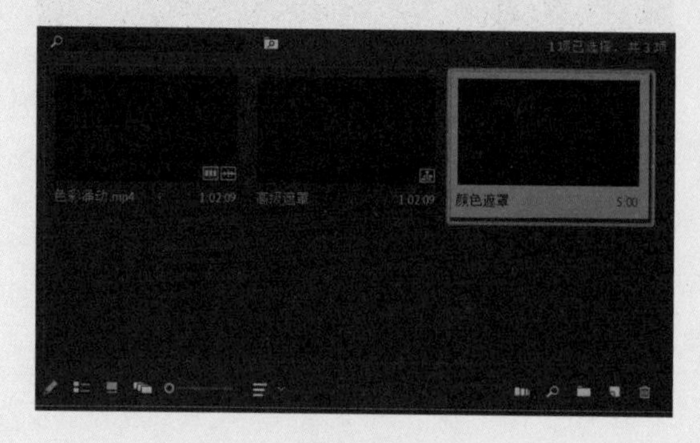

图8.4.16

14 将该颜色遮罩素材拖入“时间线”面板的 V3 轨道。将鼠标指针移至颜色遮罩右侧继续向右拖动，使其出点和入点和 V2 轨道中的视频素材对齐，如图 8.4.17 所示。

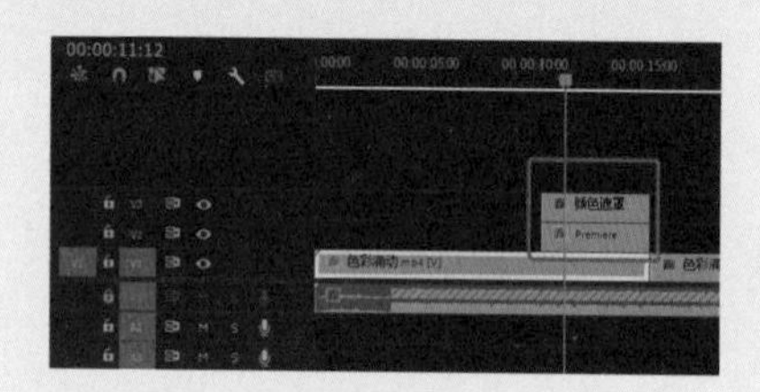

图8.4.17

15 设置关键帧动画完成文字出场效果。选中颜色遮罩轨道，在“效果控件”面板中找到“运动”下的“位置”参数，在起始位置单击按钮，将其被激活变为蓝色，此时“位置”值为 960.0 和 540.0，如图 8.4.18 所示。

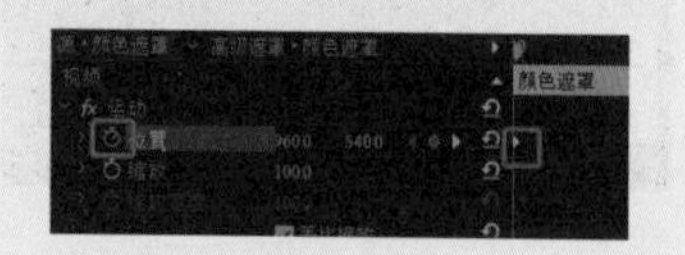

图8.4.18

16 当视频播放到合适位置时，修改“位置”值为 2639.0 和 540.0，创建第 2 个关键帧，如图 8.4.19 所示。

17 播放视频即可看到 Premiere 文字从左到右逐渐显示的效果，如图 8.4.20 和图 8.4.21 所示。

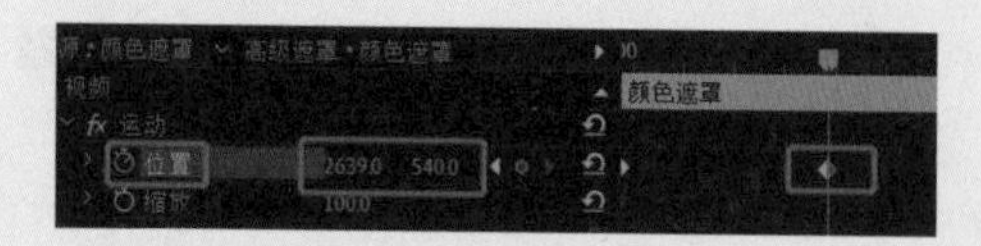

图8.4.19

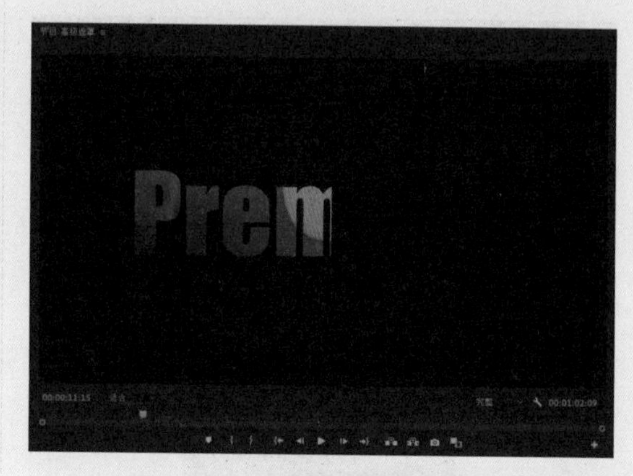

图8.4.20

图8.4.21

18 选中 V2 轨道中的文字素材，为文字位置属性添加关键帧并设置动画效果。在“效果控件”面板中找到“矢量运动”下的“位置”参数，在合适位置单击按钮，将其激活变为蓝色，设置第 1 个关键帧的“位置”值为 960.0 和 540.0，如图 8.4.22 所示。

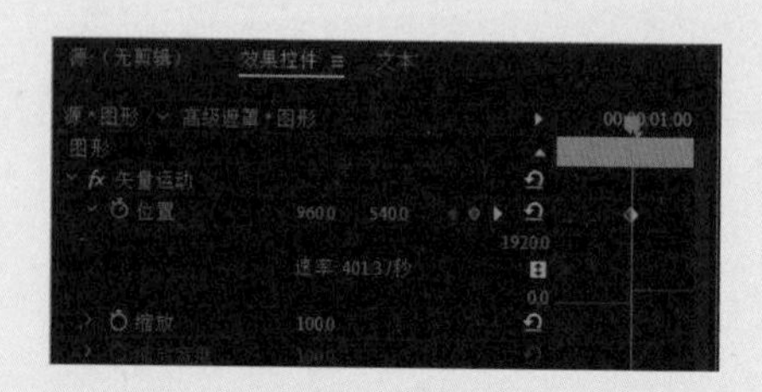

图8.4.22

19　选中V2轨道中的文字素材，在视频播放到相应位置后，设置第2个关键帧，"位置"值为1265.0和540.0，如图8.4.23所示。

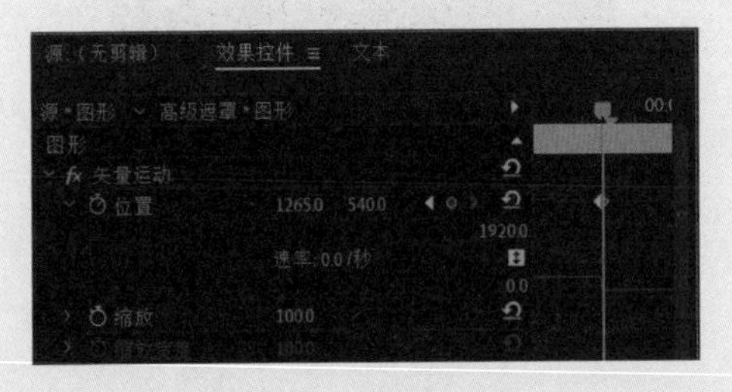

图8.4.23

20　按空格键播放视频，即可看到监视器窗口中的文字遮罩从中间位置移至指定位置，如图8.4.24和图8.4.25所示。

图8.4.24

图8.4.25

21　复制文字图层以制作文字逐渐由透明变成白色实底的效果。按住Alt键拖动文字素材至V3轨道进行复制，如图8.4.26所示。

图8.4.26

22　选中V3轨道中的文字素材，在"效果控件"面板中找到"矢量运动"参数，单击"位置"参数前的按钮，将其关键帧删除，如图8.4.27所示。

图8.4.27

23　将"位置"值设置为文字最后移动的位置1265.0和540.0，此时文字图层会由遮罩转为纯色，如图8.4.28和图8.4.29所示。

图8.4.28

24　播放视频，可以在合适位置为其"缩放""位置""旋转"值添加关键帧，制作合适的文字动画。选中V2轨道中的Premiere文字素材，在"效果控件"面板中找到"矢量运动"下的"缩放"参数，单击按钮，并设置其"缩放"

值为 100.0，如图 8.4.30 所示。

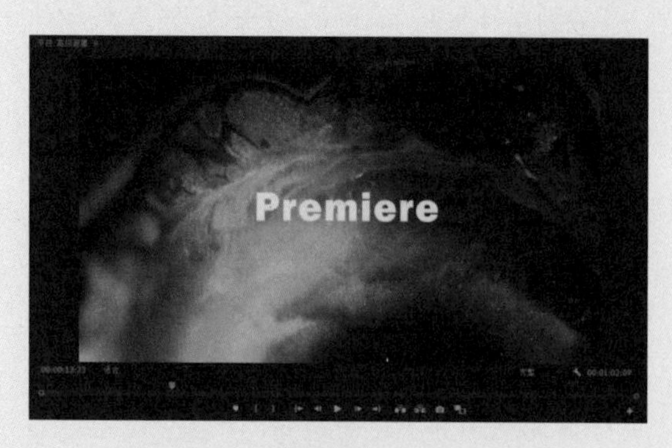

图8.4.29

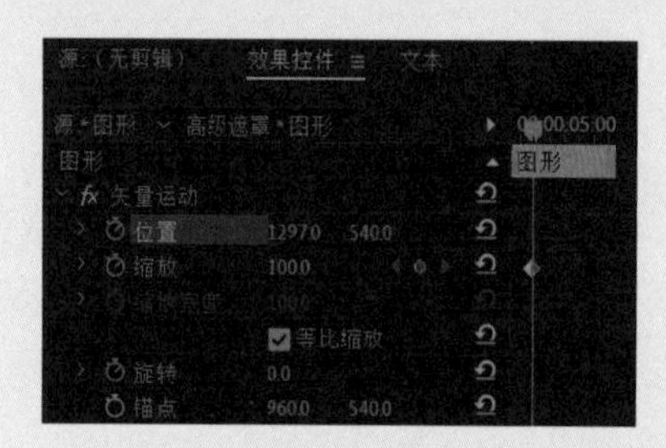

图8.4.30

25 选中 V2 轨道中的 Premiere 文字素材，在“效果控件”面板中找到“矢量运动”参数，在第 2 个关键帧处单击“旋转”“位置”“缩放”前的按钮，设置其“缩放”值为 555.0，“位置”为 1265.0 和 540.0，“旋转”值为 0.0，如图 8.4.31 所示。

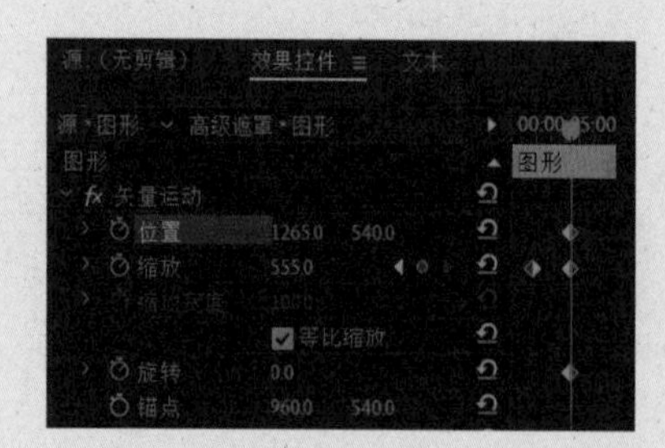

图8.4.31

26 选中 V2 轨道中的 Premiere 文字素材，在“效果控件”面板中找到“矢量运动”参数，在第 3 个关键帧处设置其“缩放”值为 1708.0，“位置”为 1644.0 和 1551.0，“旋转”值为 90.0°，如图 8.4.32 所示。

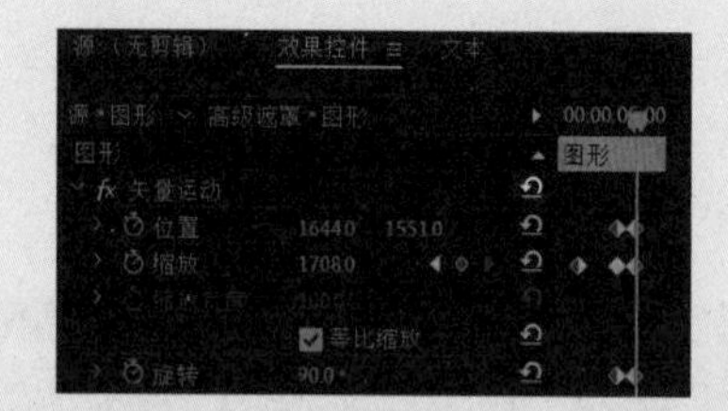

图8.4.32

27 选中 V2 轨道中的 Premiere 文字素材，在“效果控件”面板中找到“矢量运动”参数，在第 3 个关键帧处设置其“缩放”值为 3284.0，“位置”为 2193.0 和 2425.0，如图 8.4.33 所示。

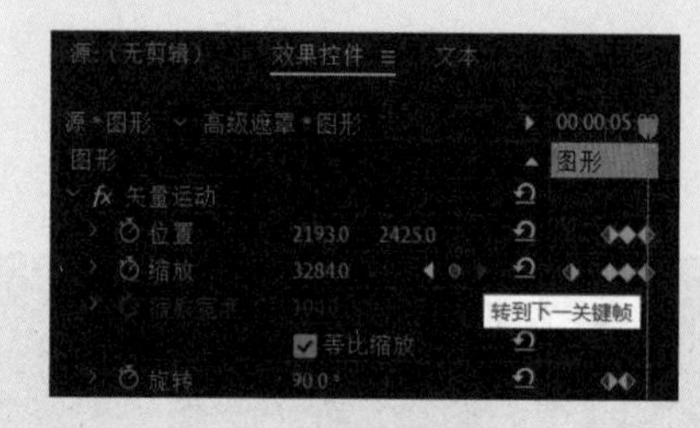

图8.4.33

28 打开“工具”面板，选中“剃刀工具”，在 V3 轨道的文字素材出点处单击，将 V1 轨道的视频素材剪裁为合适的长度，如图 8.4.34 所示。

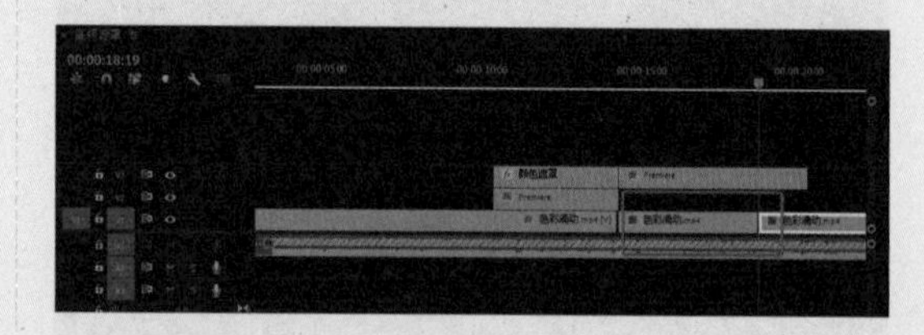

图8.4.34

29 选中 V1 轨道中的第 2 段视频素材，向上拖动移至 V2 轨道，使其出点和入点与 V3 轨道中的文字素材对齐，如图 8.4.35 所示。

图8.4.35

30 制作视频蒙版过渡。选中 V1 轨道中的第 2 段视频素材并向左拖动，如图 8.4.36 所示。

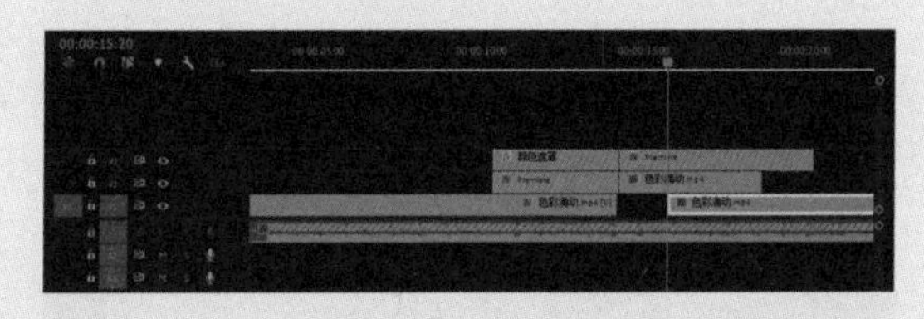

图8.4.36

31 选中V2轨道中视频剪裁的片段，将播放头指针停在文字旋转前的位置，找到“效果预设”中的“不透明度”选项，单击按钮，在监视器面板中绘制合适的图层蒙版，如图8.4.37和图8.4.38所示。

图8.4.37

图8.4.38

32 绘制完成后，为蒙版设置关键帧。伴随着文字的动画调整“蒙版路径”和“蒙版扩展”的关键帧，使其蒙版运动能够适应文字动画，直至画面完全显示。在“效果控件”面板的“不透明度”下的“蒙版”选项中，单击“蒙版路径”和“蒙版扩展”前的按钮，播放时间线根据蒙版运动不断调整“蒙版扩展”的数值，数值越大蒙版范围越大，如图8.4.39和图8.4.40所示。

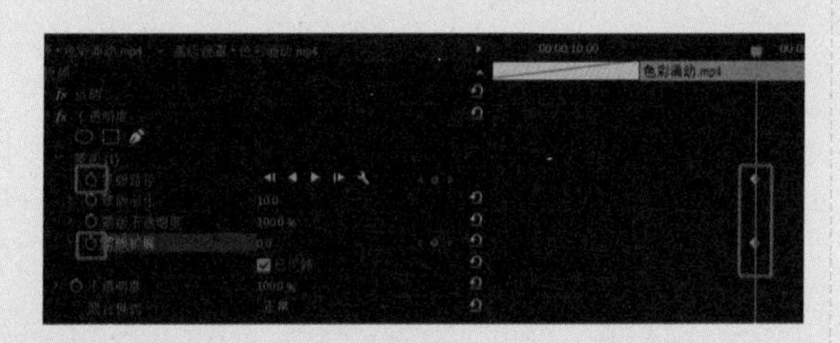

图8.4.39

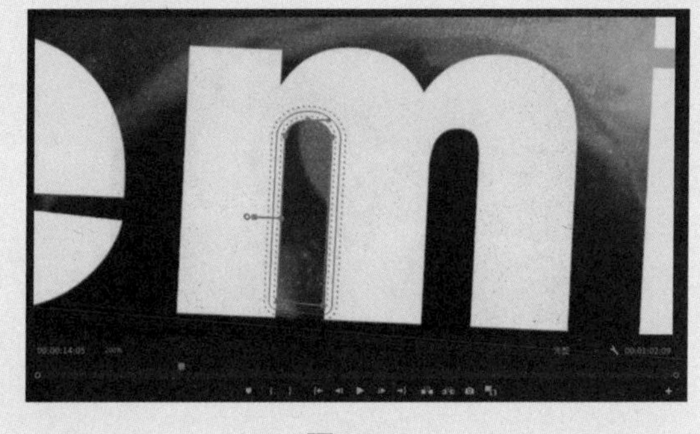

图8.4.40

33 在“效果控件”面板中找到“不透明度”下的“蒙版”参数，单击“蒙版路径”前的按钮，播放时间线根据蒙版运动不断调整“蒙版路径”的形状，如图8.4.41和图8.4.42所示。

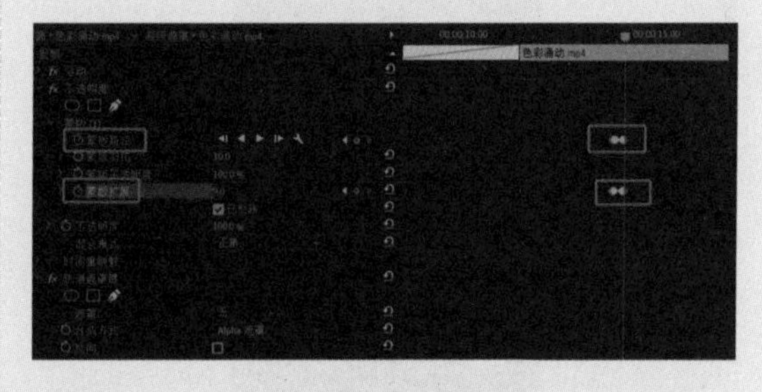

图8.4.41

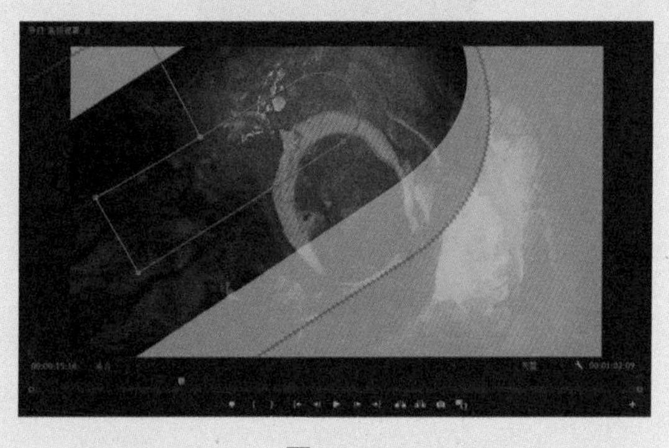

图8.4.42

34 在完成文字遮罩转场后，还可以在后续片段中添加文字动画。选中“文字工具”在视频适合位置输入相应文字，并根据喜好在“基本图形”面板中设置字符样式，为其添加阴影、描边等效果，如图8.4.43和图8.4.44所示。

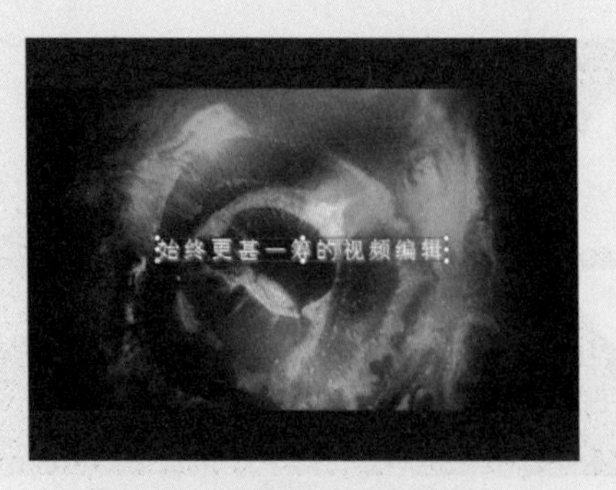

图8.4.43

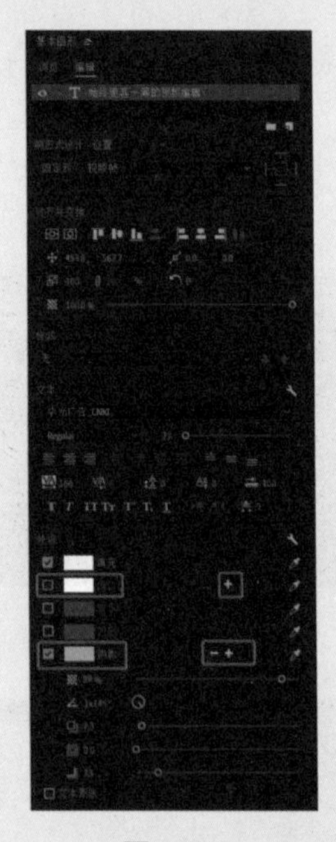

图8.4.44

35 为了更好的动画效果，可以框选所有关键帧，在空白处右击，在弹出的快捷菜单中选择“临时插值”→“贝塞尔曲线”选项，使动画更加流畅，如图 8.4.45~ 图 8.4.47 所示。

图8.4.45

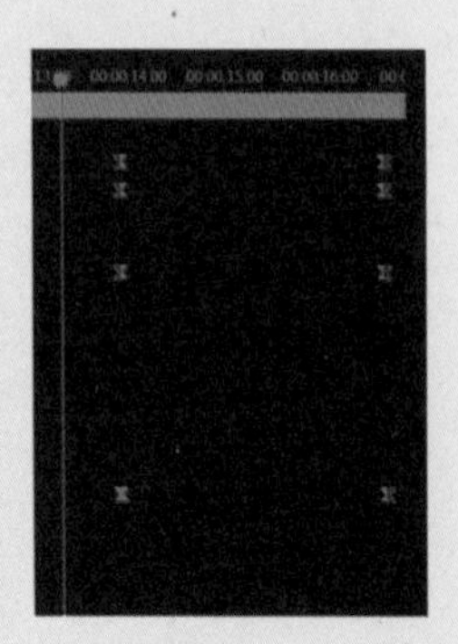

图8.4.46

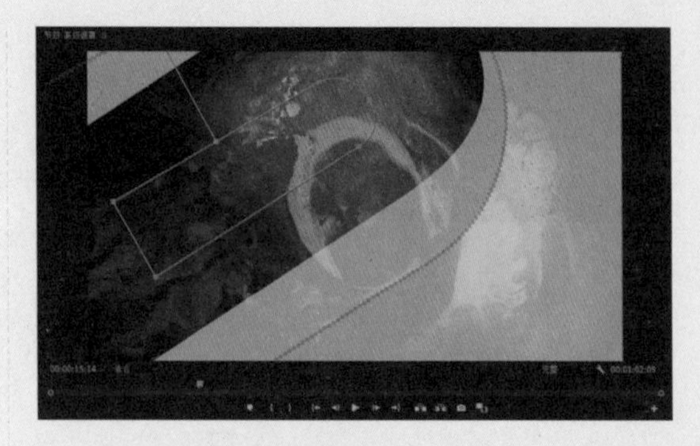

图8.4.47

36 为空白的片头添加文字效果。将播放头指针放在视频开头，并将前面多余的视频删除，如图 8.4.48 所示。

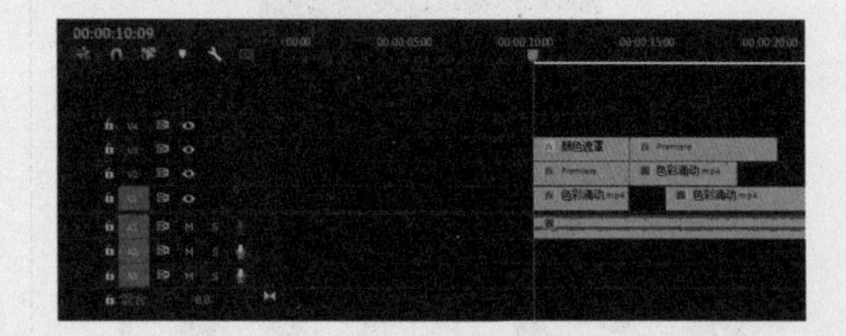

图8.4.48

37 打开“工具”面板，使用“文字工具”T在监视器中适当位置输入文字 Premiere，如图 8.4.49 和图 8.4.50 所示。

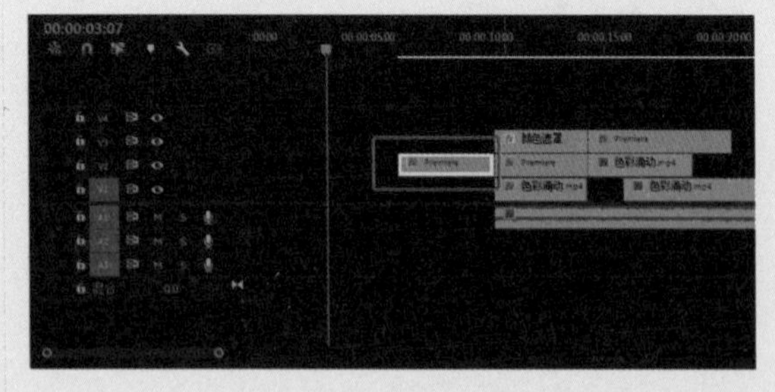

图8.4.49

38 复制文字图层并各剪裁一半制作文字进场效果。按住 Alt 键拖动文字图层，拖至 V2 轨道后复制一层，如图 8.4.51 所示。

39 为视频添加效果。执行“窗口”→“效果”命令，打开“效果”面板，搜索“轨道遮罩”效果，将“轨道遮罩键”效果拖至 V1 和 V2 时间轴上的两个文字层上，如图 8.4.52 所示。

图8.4.50

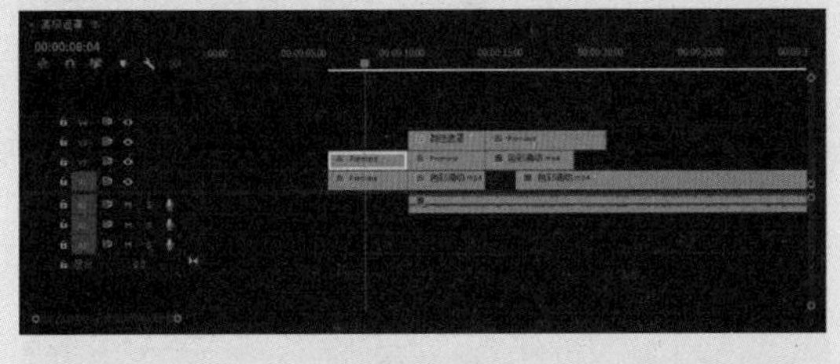

图8.4.51

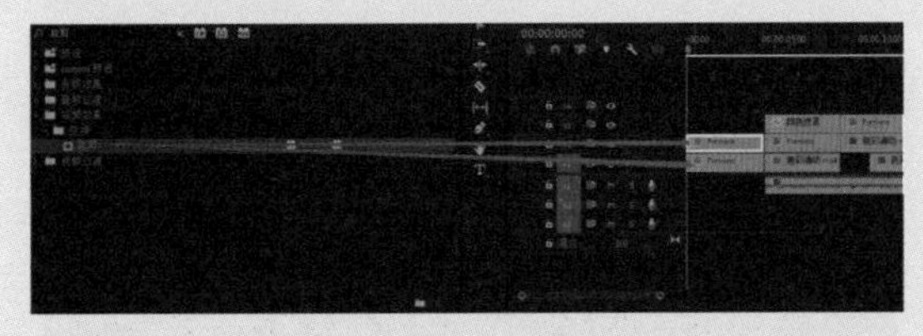

图8.4.52

40 选中 V1 轨道的文字图层，为文字位置属性添加关键帧设置动画效果。将播放头指针移至 00:00:00:00 的位置，在“效果控件”面板中找到“裁剪”下的“底部”参数，单击其按钮将其被激活，将“底部”至设置为 50.0%，如图 8.4.53 所示，效果如图 8.4.54 所示。

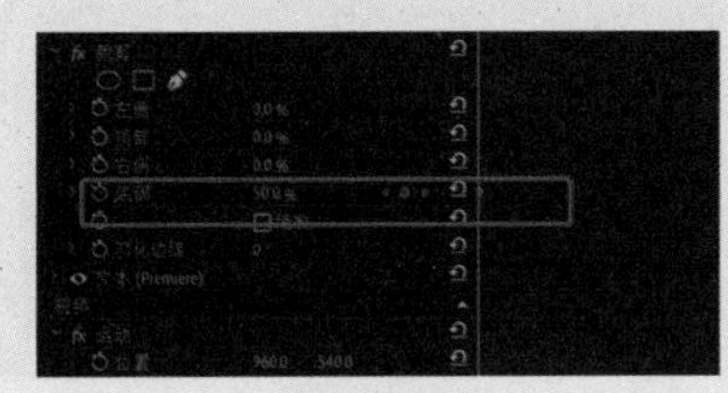

图8.4.53

41 选中 V2 轨道的文字图层，为文字位置属性添加关键帧设置动画效果。将播放头指针移至 00:00:00:00 的位置，在“效果控件”面板中找到“裁剪”下的“顶部”参数，单击其按钮将其被激活，将“顶部”值设置为 50.0%，如图 8.4.55 所示，效果如图 8.4.56 所示。

图8.4.54

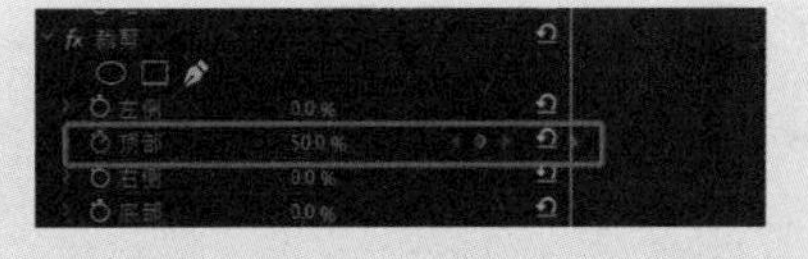

图8.4.55

图8.4.56

42 选中 V1 轨道的 Premiere 文字，在“效果控件”面板中找到“矢量运动”属性，单击“位置”前的按钮，设置其数值为 −262.0，如图 8.4.57 和图 8.4.58 所示。

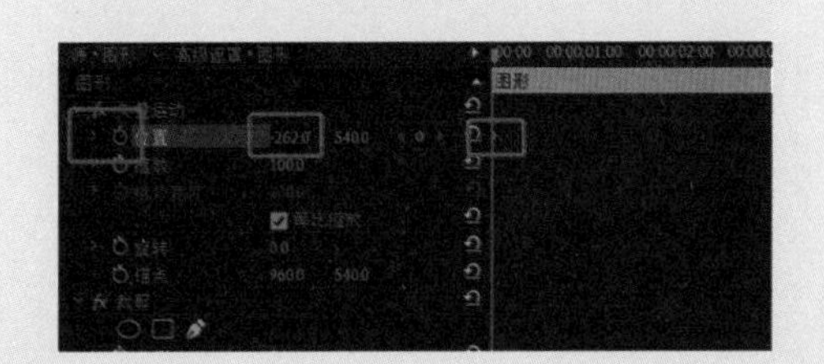

图8.4.57

图8.4.58

43 将播放头指针移至合适的位置，再次设置“位置”值为953.0，添加另一个关键帧，使文字的上半部分从左到右进入画面，停留在画面中间，如图8.4.59和图8.4.60所示。

图8.4.59

图8.4.60

44 选中V2的Premiere文字，重复步骤42和步骤43，使文字的下半部分从右进入画面中间，如图8.4.61所示。

45 按空格键播放，效果如图8.4.62~图8.4.64所示。

46 执行“文件”→“保存”命令或按快捷键Ctrl+S，保存编辑好的项目文件。

图8.4.61

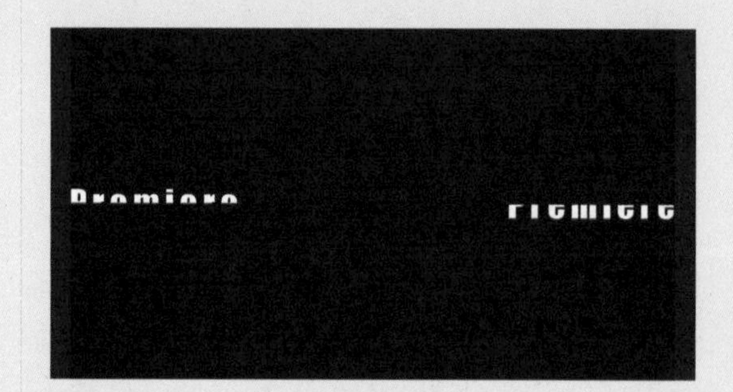

图8.4.62

图8.4.63

图8.4.64

8.5 综合应用案例

影视节目内容的编辑制作，也是 Premiere Pro 的主要应用领域。影视栏目片头的制作，通常需要根据栏目内容的特点来设计影像动画效果。只要恰当地利用创意表现，贴合栏目的主题与特色，并不需要运用复杂的特效，即可制作出优秀的片头作品，如图 8.5.1 和图 8.5.2 所示。

图8.5.1

图8.5.2

01 启动 Premiere Pro 2022，单击“新建项目”按钮。在弹出的“新建项目”对话框中，输入项目名称为“综合案例”，并单击“位置”后面的“浏览”按钮，在弹出的对话框中设置项目的存储位置，单击“确定”按钮，如图 8.5.3 所示。

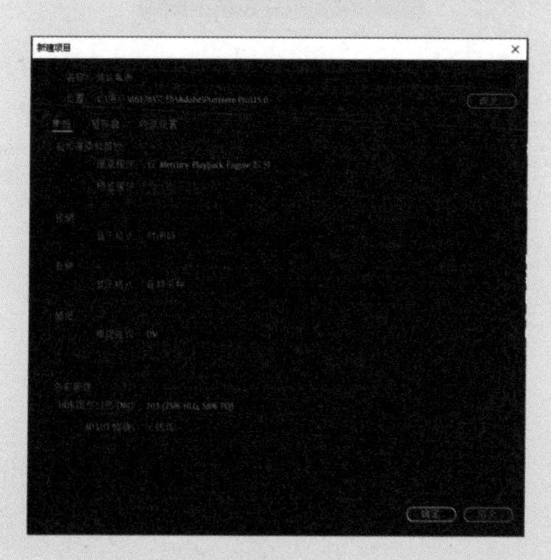

图8.5.3

02 导入素材。在“项目”窗口的空白处双击，弹出“导入”对话框，选择素材视频文件并导入。也可以将素材“漂流 .mp4”“动效素材 01.mp4”“动效素材 02.mp4”“动效素材 03.mp4”“截图 1.png”“截图 2.png”“截图 3.png”拖入项目面板中，如图 8.5.4 所示。

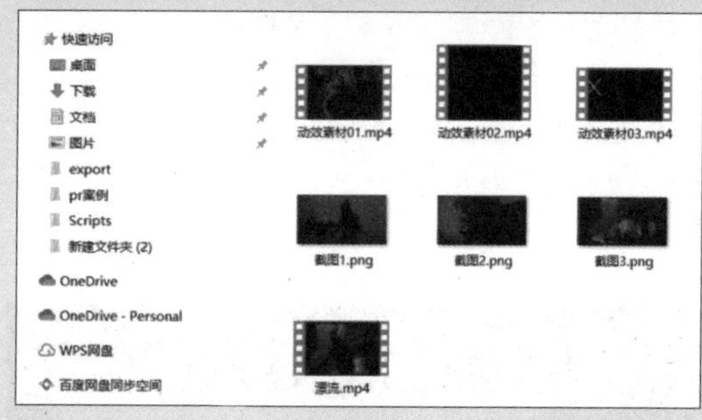

图8.5.4

03 快捷新建合成。将视频素材“动效素材 01.mp4”拖入时间轴，软件即可为项目创建和背景素材尺寸相同的合成“动效素材 01”，如图 8.5.5 所示。

图8.5.5

04 重命名合成。执行“窗口”→“项目”命令，打开“项目”面板，选中“动效素材 01”合成，右击并在弹出的快捷菜单中选择“重命名”选项，将合成名称改为“场景 1”，如图 8.5.6 所示。

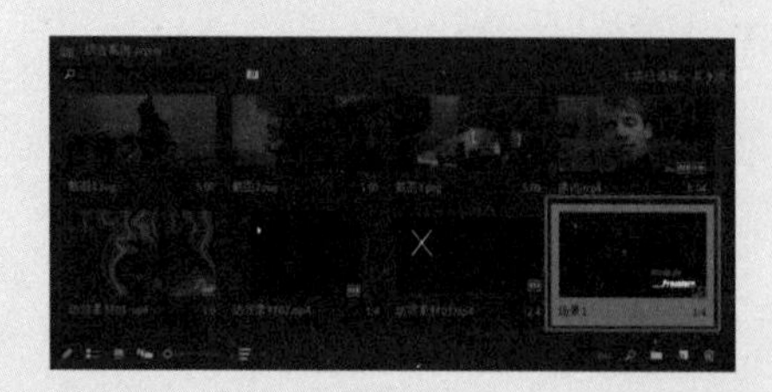

图8.5.6

05 选中“项目”面板中的“漂流 .mp4”视频素材，并拖入 V2 视频轨道中，如图 8.5.7 所示。

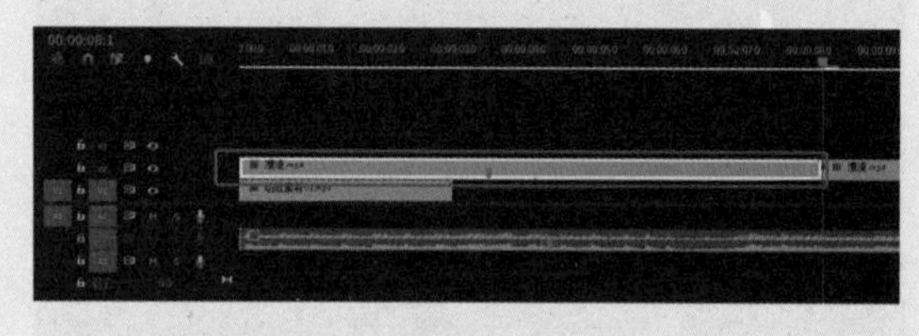

图8.5.7

06 项目中需要重复利用该视频素材，所以可以重复以上操作以复制轨道或直接按住 Alt 键拖动 V2 轨道的视频素材至 V3 轨道，即可复制该素材，如图 8.5.8 所示。

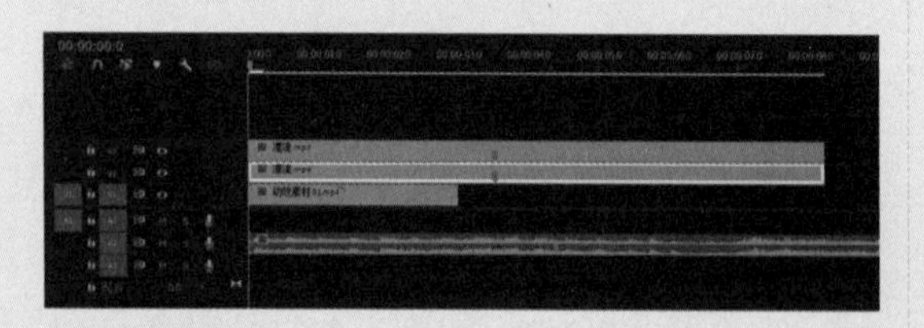

图8.5.8

07 为了画面美观可以适当裁剪视频。执行“窗口”→“效果”命令，打开“效果”面板，搜索“裁剪”，如图 8.5.9 所示。

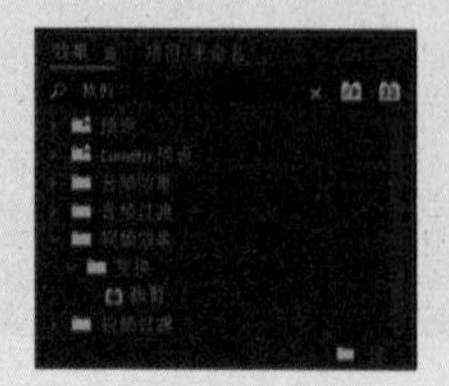

图8.5.9

08 将“裁剪”效果拖至 V2 轨道的视频素材上，如图 8.5.10 所示。

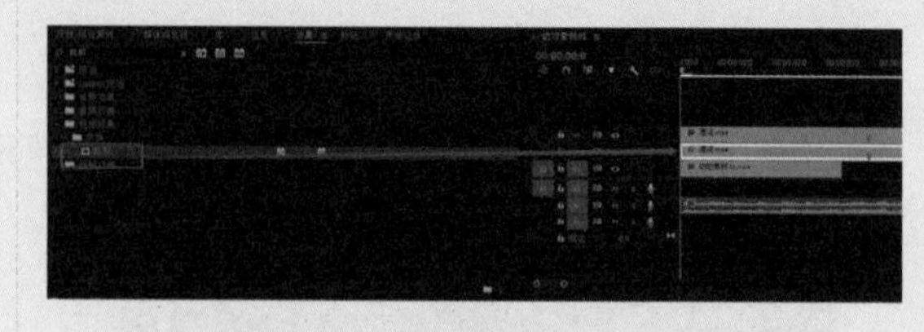

图8.5.10

09 缩放视频大小。选中 V2 轨道，执行“窗口”→“效果控件”命令，在打开的“效果控件”面板中找到“缩放”参数，并设置为 34.0，如图 8.5.11 所示。

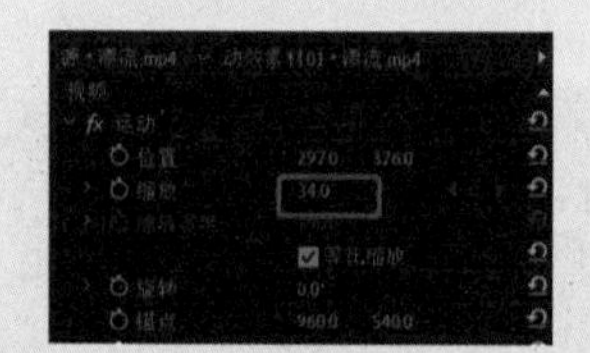

图8.5.11

10 裁剪视频尺寸。在“效果控件”面板中找到“裁剪”参数，设置“左侧”值为 21.0%，“顶部”值为 4.0%，“右侧”值为 27.0%，“底部”值为 0.0%，如图 8.5.12 所示。

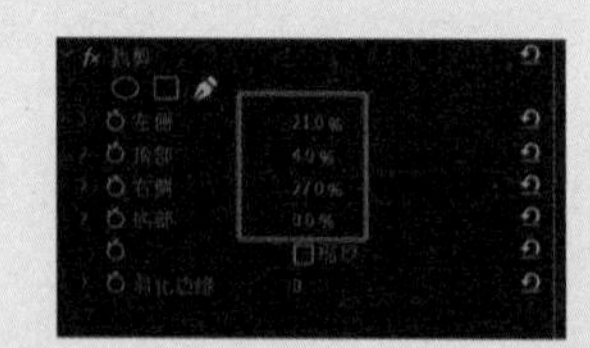

图8.5.12

11 适当调整视频素材位置。选中 V2 轨道，在“效果控件”面板中找到“运动”参数，设置“位置”值为 297.0 和 376.0，如图 8.5.13 所示。

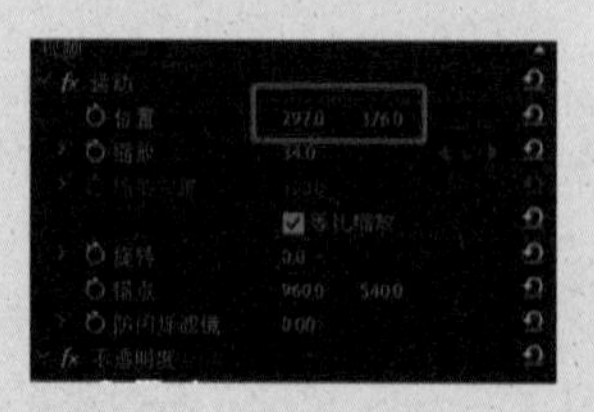

图8.5.13

12 适当调整视频素材位置。选中V3轨道，在“效果控件”面板中找到“运动”参数，设置“旋转”值为180.0°，设置“位置”值为1626.2和256.4。V3轨道视频即可调整为垂直翻转效果，如图8.5.14和图8.5.15所示。

图8.5.14

图8.5.15

13 执行“窗口”→“项目”命令，打开“项目”面板，将“动效素材02”拖至“场景1”时间轴的V4轨道。选中V4轨道中的“动效素材02”，在“效果控件”面板中找到“运动”参数，设置“位置”值为756.0和482.0，“缩放”值为21.0，如图8.5.16所示。在“效果控件”面板中找到“不透明度”参数，调整混合模式为“滤色”，如图8.5.16~图8.5.18所示。

图8.5.16

14 打开“项目”面板，将“动效素材03”拖至“场景1”时间轴的V5轨道。选中V5轨道中的“动效素材02”。在“效果控件”面板中找到“运动”参数，设置“位置”值为321.0和171.0，“缩放”值为21.0，如图8.5.19所示。在“效果控件”面板中找到“不透明度”参数，调整混合模式为“滤色”，如图8.5.19~图8.5.21所示。

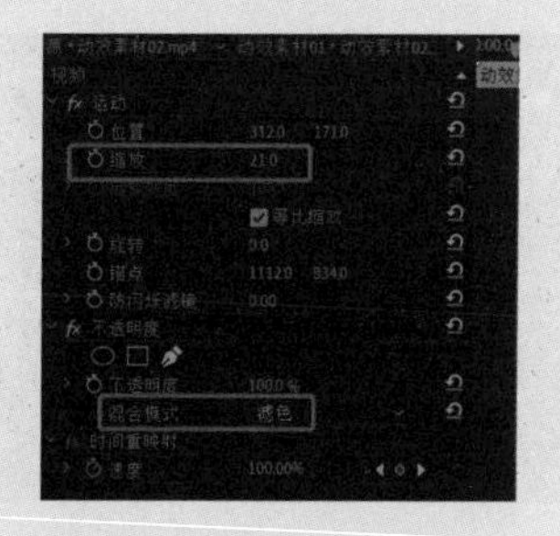

图8.5.17

图8.5.18

图8.5.19

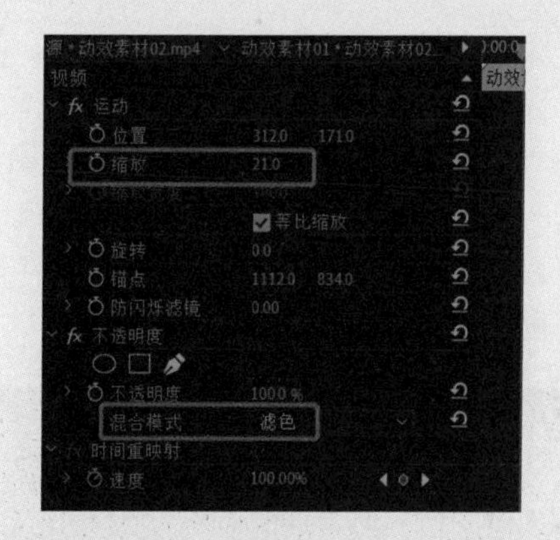

图8.5.20

15 可以将鼠标指针移至文字图层尾部进行拖曳，

或者直接使用“剃刀工具”对素材进行剪裁，如图 8.5.22 所示。

图8.5.21

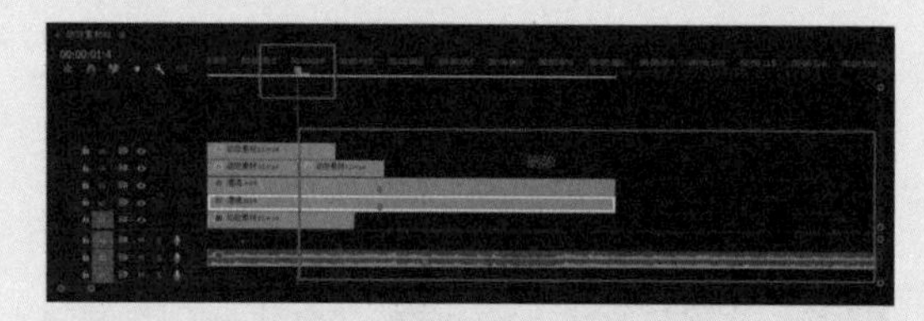

图8.5.22

16 按空格键播放时间轴即可观察效果，如图 8.5.23 所示。

图8.5.23

17 为视频内容增加适当的出场效果。选中 V2 视频素材，为其“剪裁”效果设置关键帧。在“效果控件”面板中找到“裁剪”参数，在 00:00:00:00 位置单击“顶部”前的按钮建立第一个关键帧，设置“顶部”值为 100%，如图 8.5.24 所示。

图8.5.24

18 在 00:00:01:00 位置，修改“顶部”值为 5.0% 设置第二个关键帧。视频实现了从外侧向内侧逐渐出现的效果，如图 8.5.25 所示。

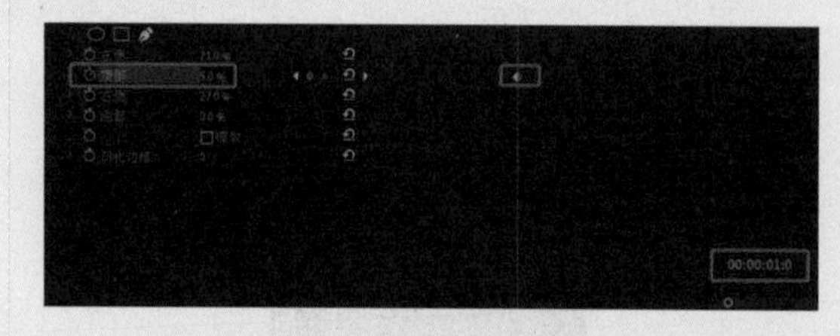

图8.5.25

19 为视频内容增加适当的出场效果。选中 V3 视频素材，为其“剪裁”效果设置关键帧。在“效果控件”面板中找到“裁剪”参数，在 00:00:00:00 位置单击”顶部”前的按钮建立第一个关键帧，设置“顶部”值为 100.0%，如图 8.5.26 所示。

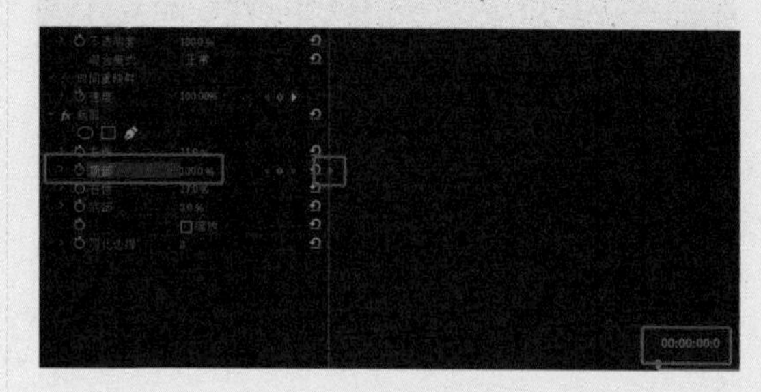

图8.5.26

20 在 00:00:01:00 位置，修改“顶部”值为 15.0% 设置第二个关键帧，如图 8.5.27 所示。

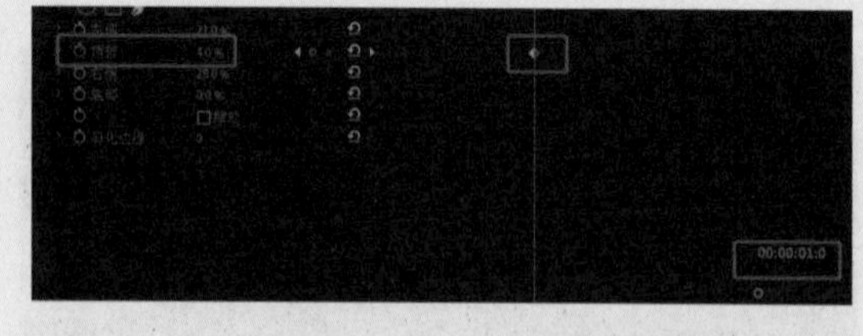

图8.5.27

21 为了使动画效果更加流畅自然，可以框择关键帧并右击，在弹出的快捷菜单中选择“缓入”选项。此时视频素材会分别从视频下方和上方移动出现，如图 8.5.28 和图 8.5.29 所示。

22 为了给视频加上更加丰富的视频效果，可以为两个视频添加不同的颜色滤镜。选中V2视频，执行“窗口”→“效果”命令，打开“效果”面板，并搜索“黑白”双击使用，如图8.5.30所示。

图8.5.28

图8.5.29

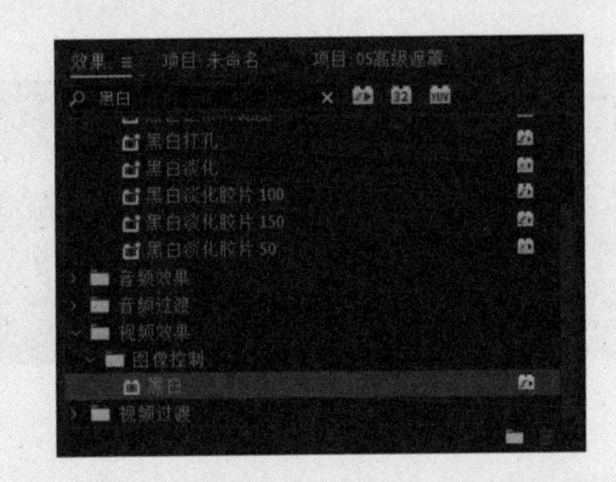

图8.5.30

23 选中V3视频素材，在“效果”面板中搜索“Lemetri颜色”，并双击使用，如图8.5.31所示。

24 选中V3视频素材，在“效果控件”面板中找到“Lemetri颜色”参数，将“色温”值为-250.0，“色彩”值为37.0，“高光”值为32.0，“阴影”值为28.0，“白色”值为33.0，如图8.5.32所示。

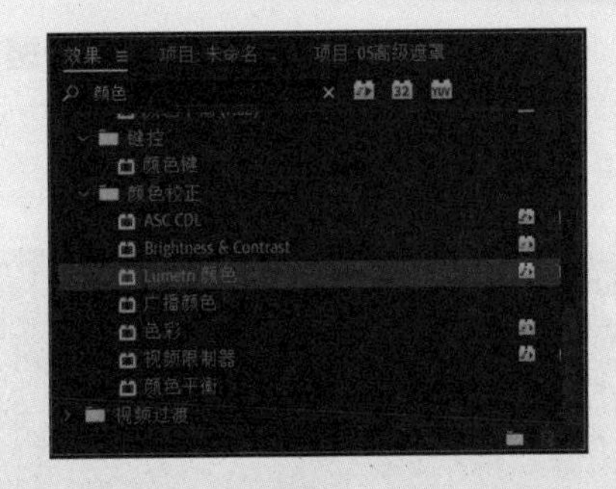

图8.5.31

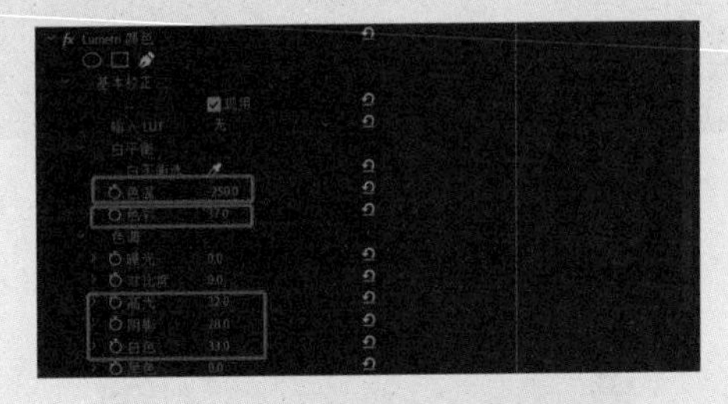

图8.5.32

25 播放时间轴观察视频效果，如图8.5.33所示。

图8.5.33

26 为了使画面更协和，调整背景的不透明度。在“效果控件”面板中找到“不透明度”参数，设置为35.0%，如图8.5.34和图8.5.35所示。

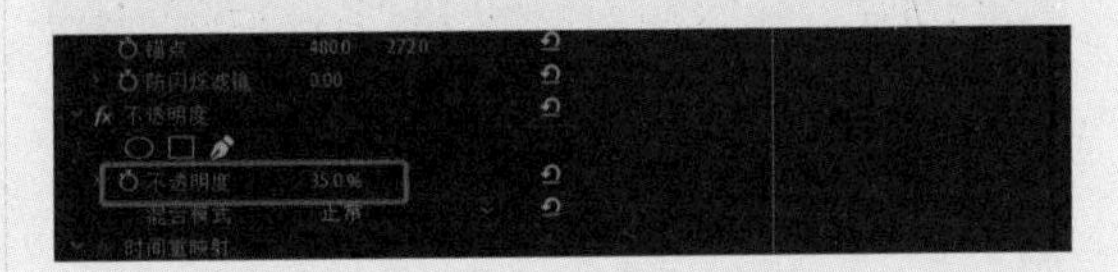

图8.5.34

27 为了更加生动的画面效果，为文字轨道添加动画效果，使第一帧在画面外，最后一帧在画面内。选中V8文字轨道，在“效果控件”面板中找到“矢量运动”中的“位置”参数，在

00:00:01:08的位置单击“位置”参数前的■按钮，第一帧的“位置”参数为1804.0和540.0，如图8.5.36所示。

图8.5.35

图8.5.36

28 添加文字动画。使用“文字工具”■，在监视器适当位置输入文本Made by。在“效果控件”面板中找到“文本”参数，将“源文本”字体设置为Impact，字号设置为55，并选中“填充”复选框，如图8.5.37和图8.5.38所示。

图8.5.37

29 为了使动画效果更加流畅，可以全选关键帧，在空白处右击，在弹出的快捷菜单中选择“临时插值”→“贝塞尔曲线”选项，如图8.5.39所示。

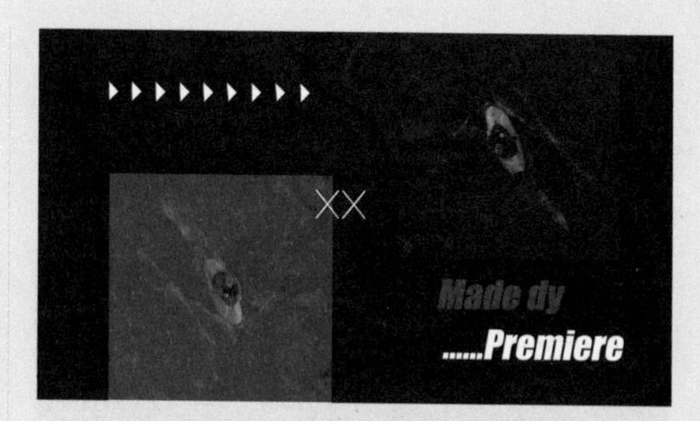

图8.5.38

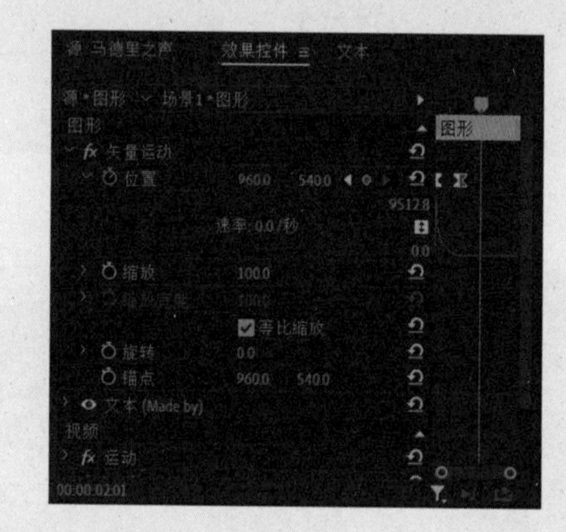

图8.5.39

30 调整运动速度曲线。单击“位置”前的■按钮，展开其位置曲线，通过拖曳对曲线进行调整，如图8.5.40所示，最终画面如图8.5.41所示。

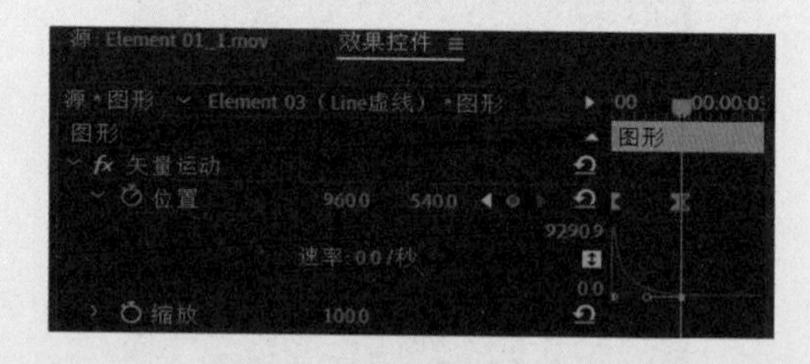

图8.5.40

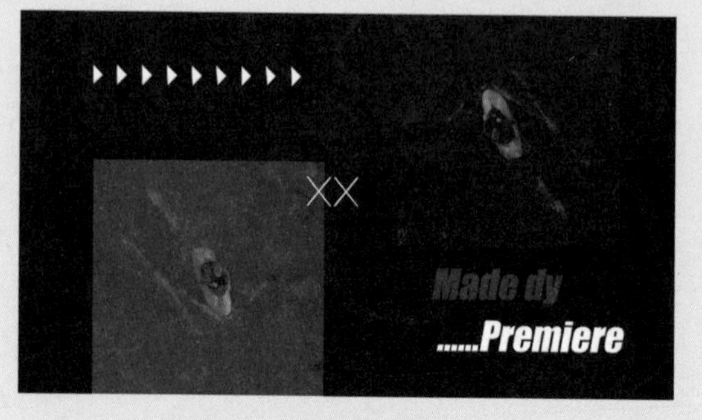

图8.5.41

31 接下来进入下一个场景的制作。单击“场景 1”前的■按钮将该项目关闭，如图 8.5.42 所示。

图8.5.42

32 快捷新建合成。打开“项目”面板，将“漂流.mp4”拖入“时间轴”面板，软件即可新建“漂流 .mp4”合成，如图 8.5.43 所示。

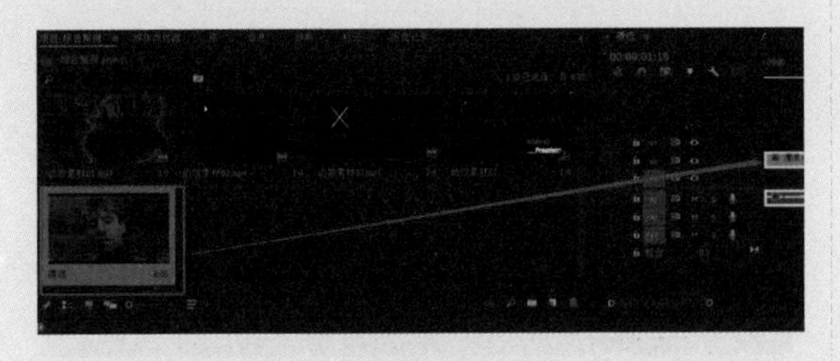

图8.5.43

33 调整 V2 视频素材的位置及大小。选中 V2 视频素材，打开“效果预设”面板，将“位置”参数设置为 1181.0 和 540.0，如图 8.5.44 所示。

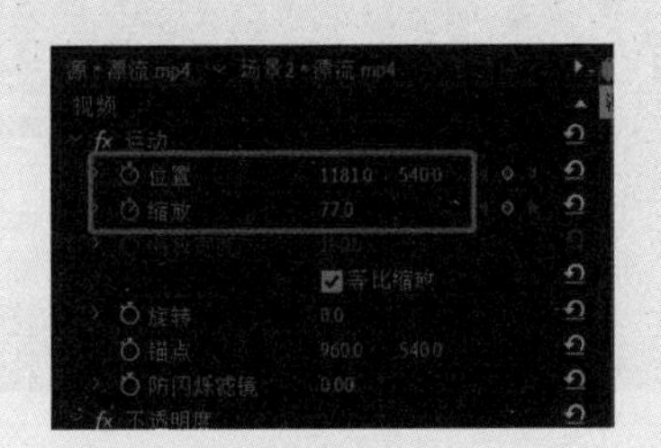

图8.5.44

34 选中 V2 轨道视频素材，执行“窗口”→“效果”命令，打开“效果”面板，搜索“裁剪”效果，双击“裁剪”效果应用到 V2 轨道视频素材中，如图 8.5.45 所示。

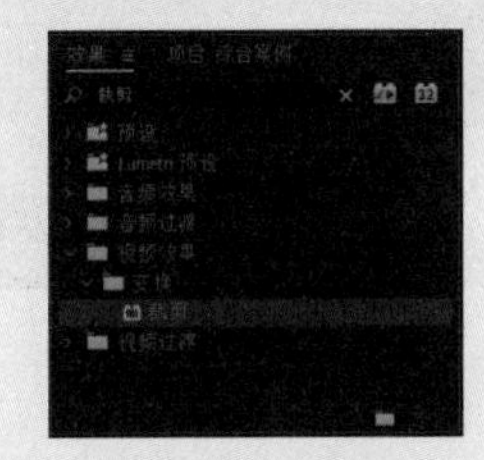

图8.5.45

35 裁剪视频尺寸。选中 V2 轨道视频，在“效果控件”面板中找到→“裁剪”参数，设置“左侧”值为 39.0%，“顶部”值为 8.0%，“右侧”值为 0.0%，“底部”值为 37.0%，如图 8.5.46 所示。

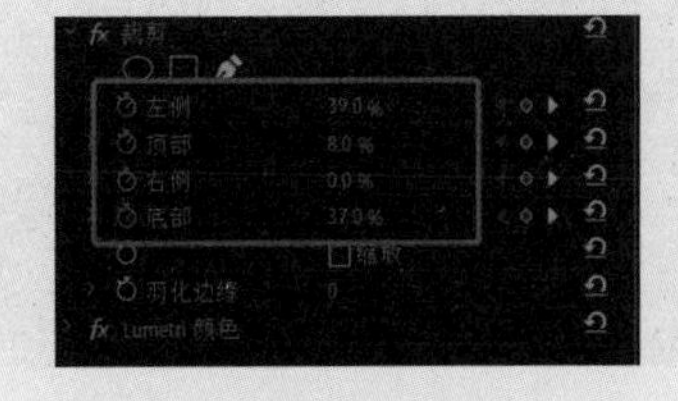

图8.5.46

36 为视频添加颜色滤镜。选中 V2 视频素材，打开“效果”面板，搜索“Lemetri 颜色”效果，双击将其应用到 V2 视频轨道上，如图 8.5.47 所示。

图8.5.47

37 选中 V2 视频素材，在“效果控件”面板中找到“Lemetri 颜色”中的“基本校正”参数，设置“色温”值为 -219.0，“色彩”值为 13.0，“对比度”值为 36.0，“高光”值为 9.0，“白色”值为 20.0，如图 8.5.48 所示。

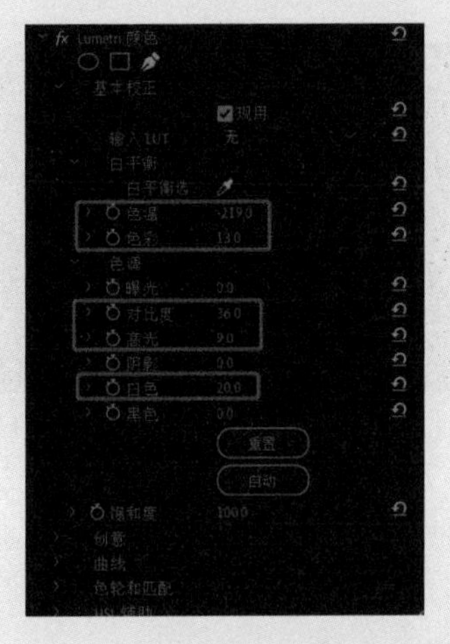

图8.5.48

38 选中“文字工具” T，在监视器中输入 Premiere，如图 8.5.49 所示。

图8.5.49

39 选中 V3 文字图层轨道，执行“窗口”→“基本图形”命令，打开“基本图形”面板，字体设置为 Impact，字号为 150，如图 8.5.50 所示。

40 将文字设置为描边文字。在“外观”参数区域取消选中“填充”复选框，选中“描边”复选框，并设置为 2.0，如图 8.5.51 所示。

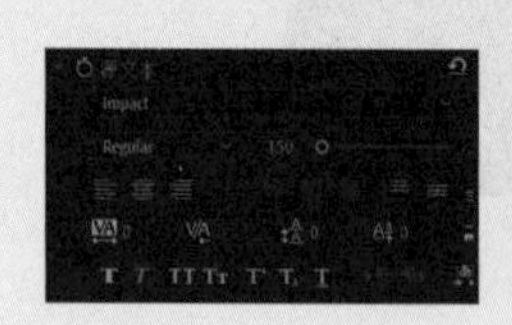

图8.5.50　图8.5.51

41 复制文字图层。按住 Alt 键，将 V3 轨道的文字图层拖入 V4、V5、V6 轨道，复制三个图层，并合理设置 V3、V4、V5、V6 四个文本图层的位置，如图 8.5.52 所示。

图8.5.52

42 为了设置文本动画，将 V6 轨道上移至 V9 轨道，将 V5 轨道上移至 V7 轨道，将 V4 轨道上移至 V5 轨道，如图 8.5.53 所示。

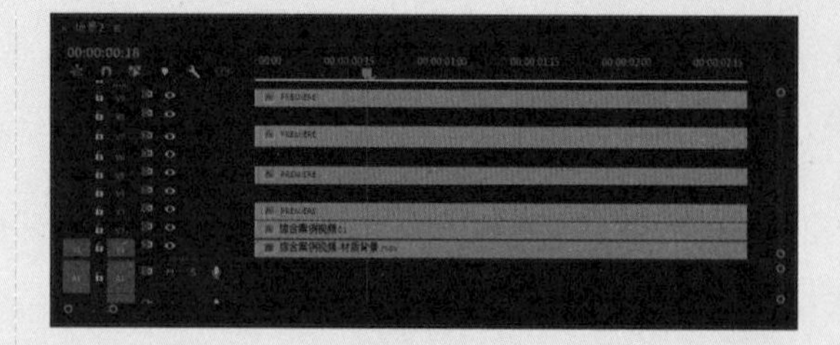

图8.5.53

43 制作填充文字和描边文字交错出现的动画。按住 Alt 键，将 V3 轨道文字图层拖至 V4 轨道，如图 8.5.54 所示。

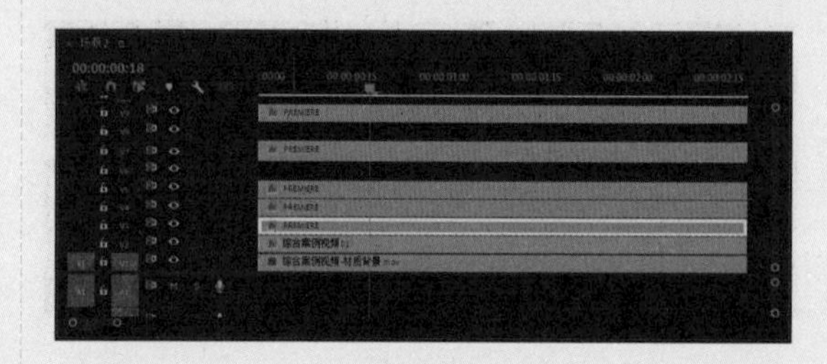

图8.5.54

44 按住 Alt 键，将 V5 轨道文字图层拖至 V6 轨道，如图 8.5.55 所示。

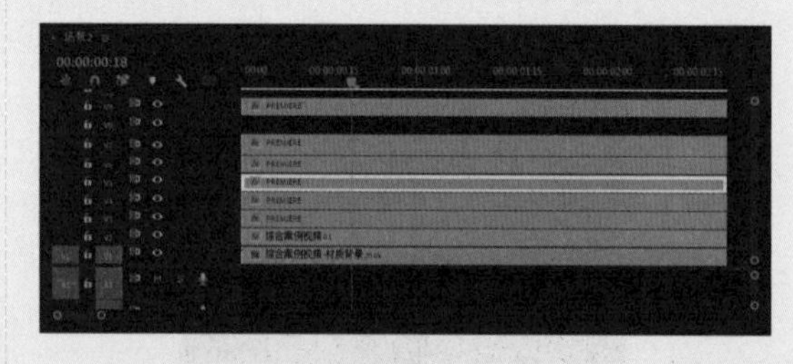

图8.5.55

45 按住 Alt 键，将 V7 轨道文字图层拖至 V8 轨道，如图 8.5.56 所示。

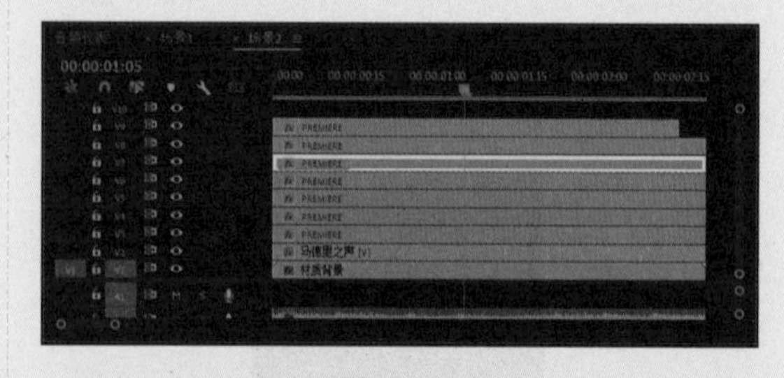

图8.5.56

46 按住 Alt 键，将 V9 轨道文字图层拖至 V10 轨道，如图 8.5.57 所示。

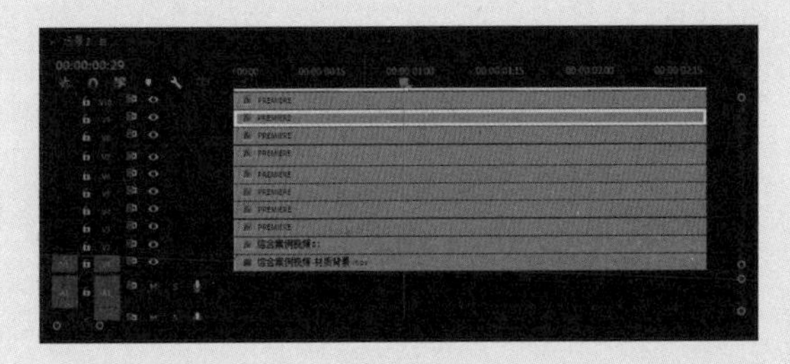

图8.5.57

47 重命名文字图层轨道以便区分。为了区分描边文字和填充文字，依次选中 V4、V6、V8、V10 轨道，右击，在弹出的快捷菜单中选择“重命名”选项，将 V4、V6、V8、V10 轨道均重命名为“填充文字”，如图 8.5.58 所示。

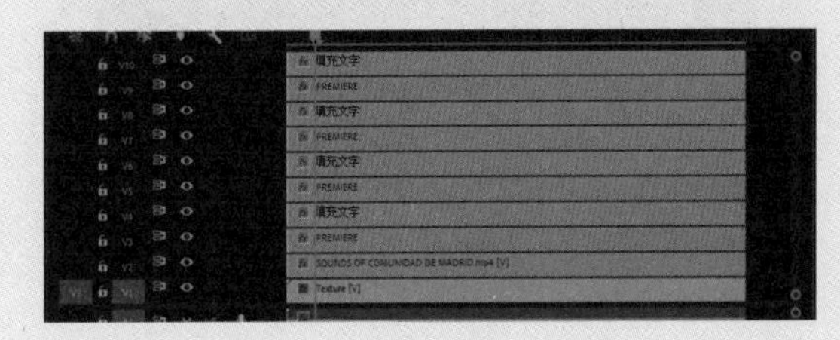

图8.5.58

48 依次选中 V4、V6、V8、V10 文字图层轨道，执行“窗口”→“基本图形”命令，打开“基本图形”面板，选中“填充”复选框，如图 8.5.59 和图 8.5.60 所示。

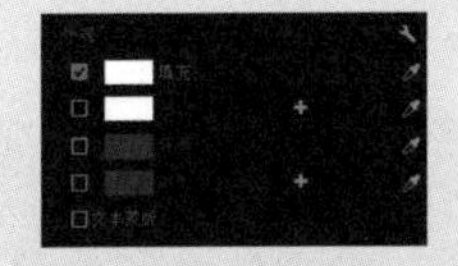

图8.5.59

图8.5.60

49 为了制作出文字随机闪动的效果，可以将填充轨道和描边轨道交错分布。使用“剃刀工具” 剪裁文字轨道长度，按 Delete 键将多余部分删除。左右拖曳文字图层轨道移动位置，如图 8.5.61 所示。

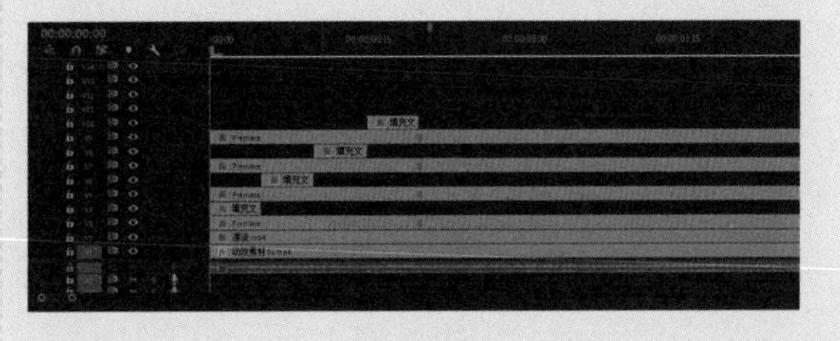

图8.5.61

50 为了使文字闪动效果更加丰富，可以重复复制填充文字。按住 Alt 键拖动文字轨道即可完成复制，也可以按照喜好选择复制图层的次数，如图 8.5.62 所示。

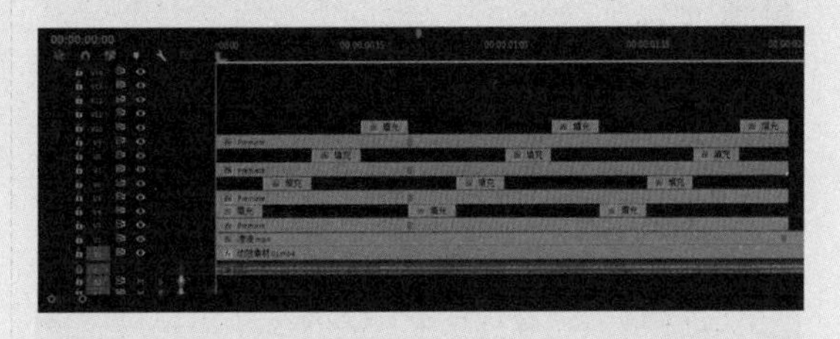

图8.5.62

51 单击“播放”按钮，此时的画面如图 8.5.63 所示。

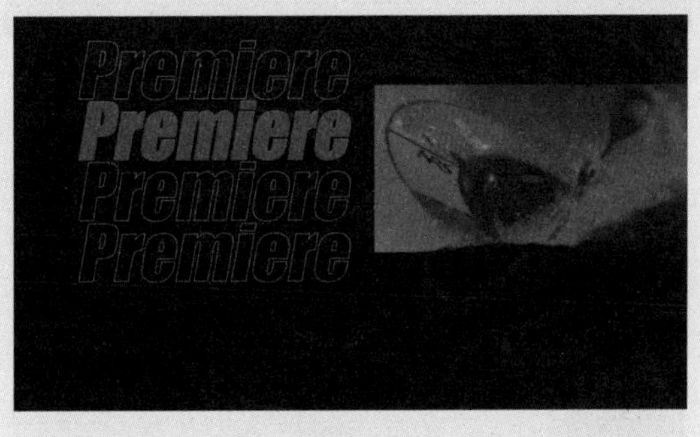

图8.5.63

52 为了使视频效果更丰富，可以为项目导入更多的装饰性视频素材。打开“项目”面板，将“漂流 .mp4”拖至“场景 2”时间轴中的 V2、V3 轨道，如图 8.5.64 和图 8.5.65 所示。

53 打开“项目”面板，将“动效素材 02.mp4”

拖至“场景 2”时间轴的 V5 轨道。选中 V5 轨道中的“综合案例视频 – 元素 02.mov”素材，在“效果控件”面板中找到“运动”参数，设置“位置”值为 163.9 和 247.2，如图 8.5.66 和图 8.5.67 所示。

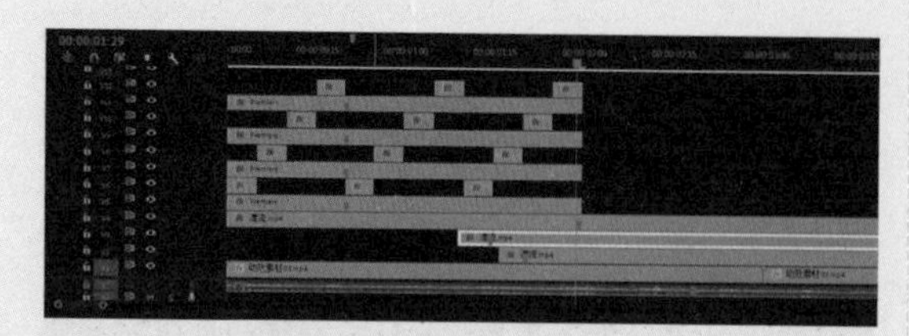

图8.5.64

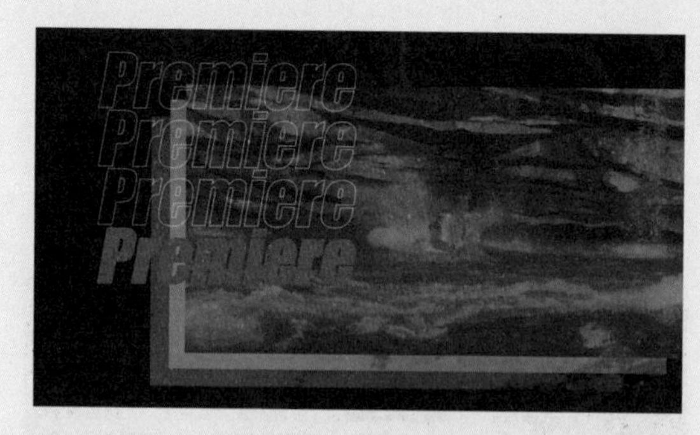

图8.5.65

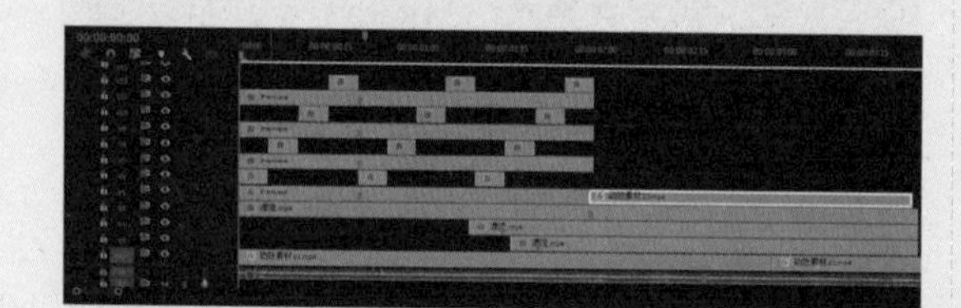

图8.5.66

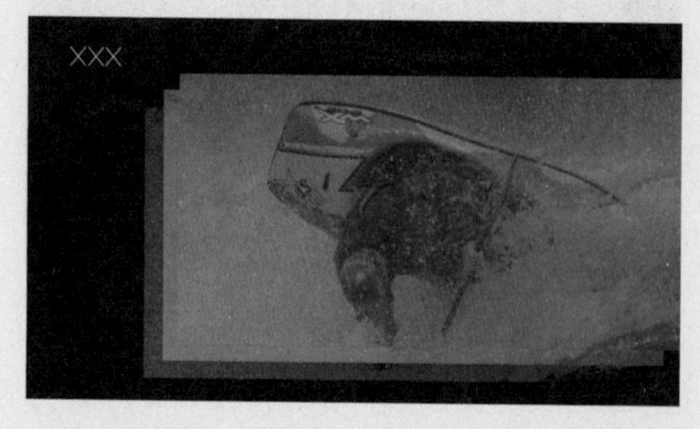

图8.5.67

54 为配合音乐踩点效果，添加图片素材丰富视频效果。打开“项目”面板，将“截图 1.png”“截图 2.png”“截图 3.png”拖至“场景 2”时间轴的 V5 轨道中，如图 8.5.68 和图 8.5.69 所示。

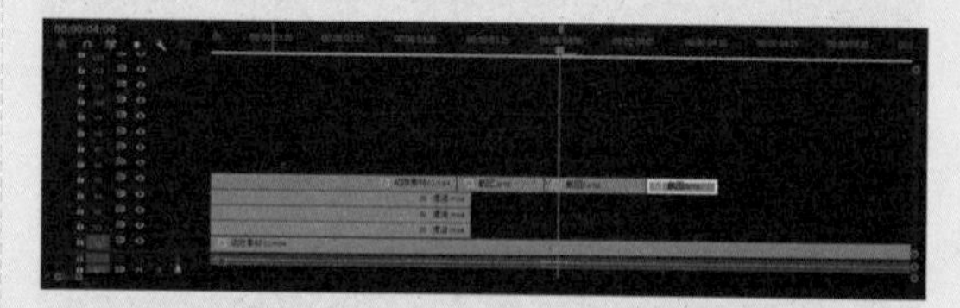

图8.5.68

图8.5.69

55 打开“项目”面板，将“漂流 .mp4”拖至“场景 2”时间轴的 V4 轨道中，并在 V6 轨道中添加四个 Premiere 文字，分别设置不同的大小，呈越来越小的效果，如图 8.5.70~图 8.5.72 所示。

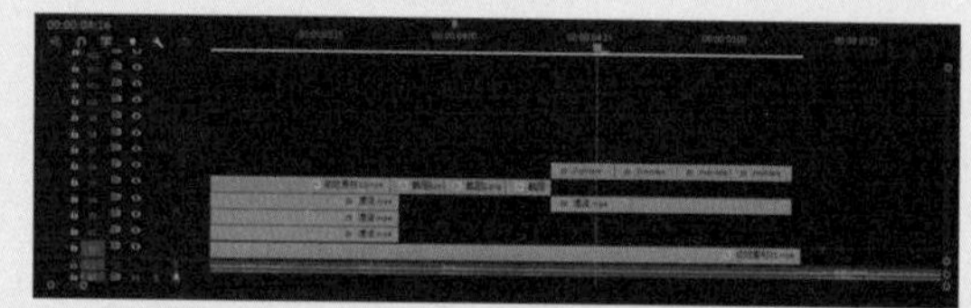

图8.5.70

图8.5.71

56 在视频中间添加 Premiere 文字，如图 8.5.73 和图 8.5.74 所示。

图8.5.72

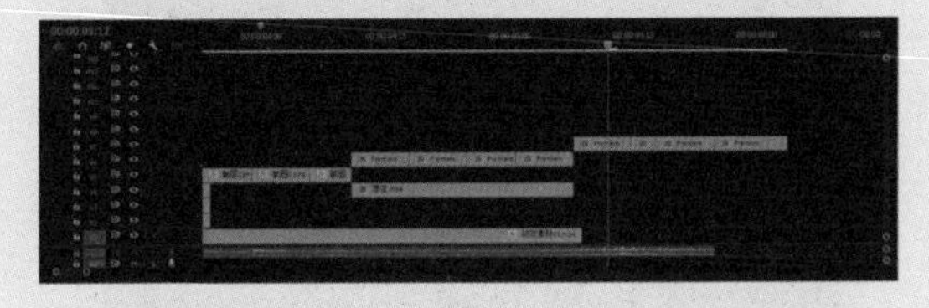

图8.5.73

图8.5.74

57 将此文本的颜色改为蓝色。执行“窗口”→“基本图形”命令，打开“基本图形”面板，将文字颜色更改为蓝色，如图 8.5.75 所示。

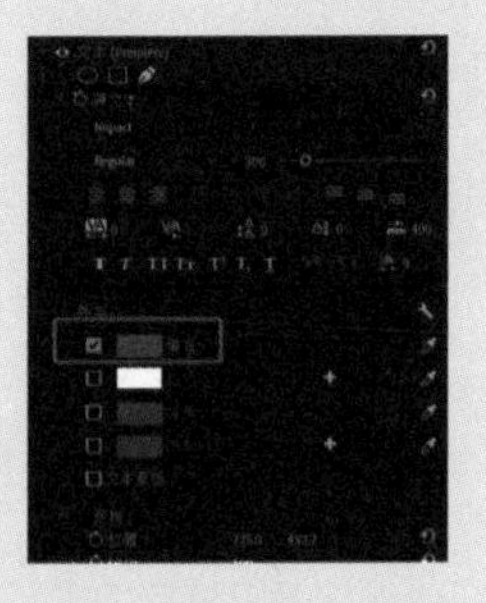

图8.5.75

58 合并“场景 1”和“场景 2”。执行“文件”→“新建”→“序列”命令或按快捷键 Ctrl+N，打开“新建序列”对话框，在“可用预设”列表中展开 DV-NTSC 文件夹并选中“标准 48kHz”类型，将“序列名称”设置为“场景”。选中“设置”选项卡，在“编辑模式”下拉列表中选择“自定义”选项，然后设置“时基”参数为 25.00 帧 / 秒。在“新建序列”对话框中单击“确定”按钮后，即可在“项目”面板中查看到新建的序列，如图 8.5.76 和图 8.5.77 所示。

图8.5.76

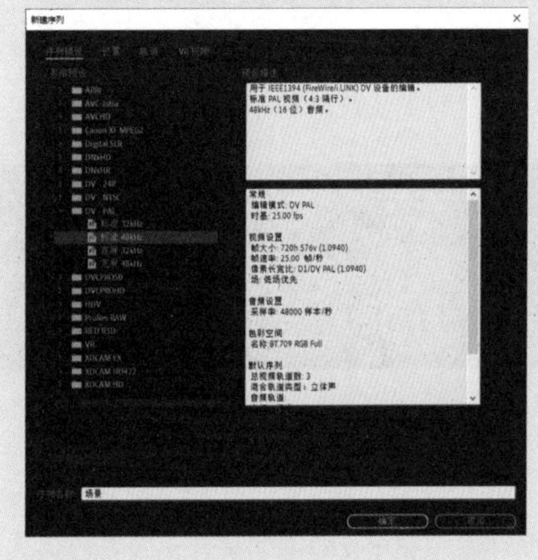

图8.5.77

59 将“场景 1”和“场景 2”合并至合成“场景”中。双击“项目”面板中的“场景”合成。将“项目”面板中“场景 1”拖至“场景”时间轴中。释放鼠标在弹出的“剪辑不匹配警告”对话框中单击“更改序列设置”按钮，可以在时间轴中观察到时间轴中的“场景 1”，如图 8.5.78~图 8.5.80 所示。

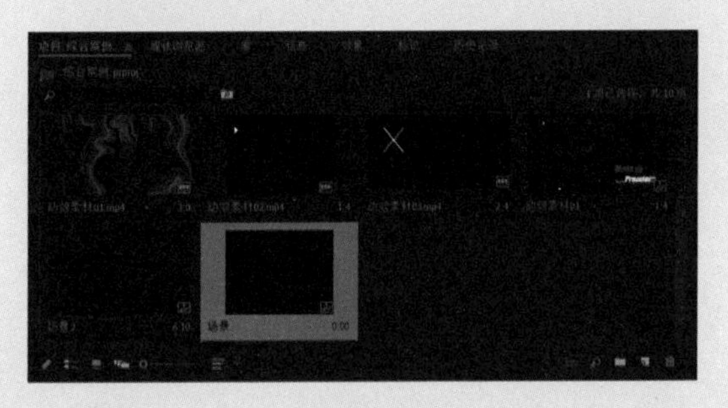

图8.5.78

图8.5.79

图8.5.80

60 导入场景2。将“项目”面板中的“场景2”拖至“场景”时间轴中，将场景2入点对齐到场景1的出点，如图8.5.81所示。

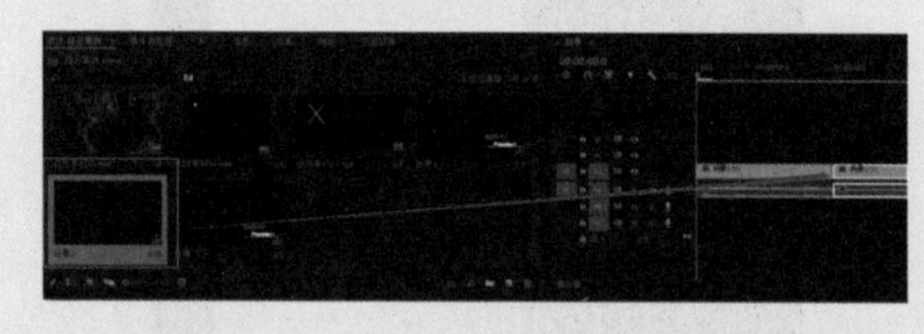

图8.5.81

61 在“时间轴”面板或“节目监视器”面板中，将播放头指针定位在需要开始预览的位置，然后单击“节目监视器”面板中的“播放－停止切换”按钮▶或按空格键，对编辑完成的影片进行播放预览，如图8.5.82和图8.5.83所示。

图8.5.82

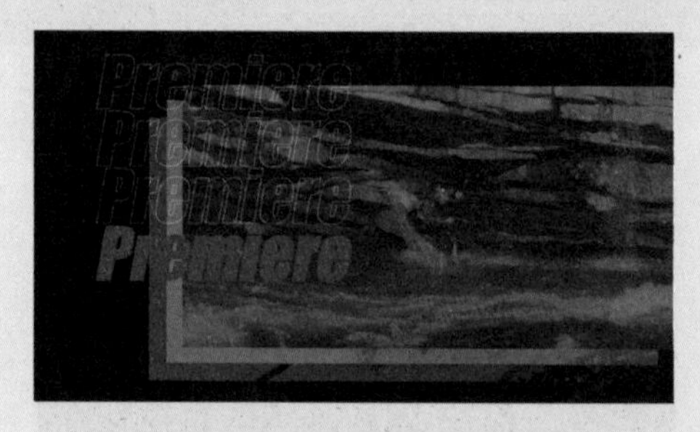

图8.5.83

62 执行“文件”→“保存”命令或按快捷键Ctrl+S，对编辑好的文件进行保存。